Web前端开发技术

HTML5、CSS3、JavaScript 第4版·题库·微课视频版

储久良 ◎ 著

清华大学出版社

北京

内 容 简 介

本书紧扣互联网行业发展对 Web 前端开发工程师职业的新要求，结合多年来各高校教学的反馈意见和建议，在第 3 版的基础上新增 12 个大思政案例、8 个小思政实验项目，优化 5 个综合案例，对相关标记语法和示范案例进行更新与补充。全书详细地介绍 HTML、CSS、DIV、HTML5 基础和 CSS3 应用、JavaScript、DOM 与 BOM、HTML5 高级应用等内容。

本书内容结构合理、由浅入深，循序渐进地引导读者快速入门，并能提高初级及以上读者的实际应用水平，使其快速适应 Web 前端开发工程师职业的新需求。

本书可作为高等学校计算机科学与技术、软件工程、信息管理与信息系统、网络工程、物联网工程、信息科学技术、数字媒体技术、数据科学与大数据技术及其他文、理科相关专业或计算机公共基础的"网页开发与设计""网站建设与网页制作""Web 客户端编程""Web 前端开发技术""Web 应用技术"等课程的教材，也可作为 IT 相关岗位的工程技术人员的参考书，还可作为初学者的自学参考书。

本书封面贴有清华大学出版社防伪标签，无标签者不得销售。
版权所有，侵权必究。举报：010-62782989，beiqinquan@tup.tsinghua.edu.cn。

图书在版编目（CIP）数据

Web 前端开发技术：HTML5、CSS3、JavaScript：题库·微课视频版/储久良著. —4 版. —北京：清华大学出版社，2023.1(2024.8重印)
（清华科技大讲堂丛书）
ISBN 978-7-302-61544-6

Ⅰ.①W… Ⅱ.①储… Ⅲ.①超文本标记语言－程序设计－教材 ②网页制作工具－教材 ③JAVA 语言－程序设计－教材 Ⅳ.①TP312.8 ②TP393.092.2

中国版本图书馆 CIP 数据核字(2022)第 140508 号

策划编辑：魏江江
责任编辑：王冰飞
封面设计：刘　键
责任校对：时翠兰
责任印制：曹婉颖

出版发行：清华大学出版社
网　　址：https://www.tup.com.cn，https://www.wqxuetang.com
地　　址：北京清华大学学研大厦 A 座　　邮　编：100084
社 总 机：010-83470000　　邮　购：010-62786544
投稿与读者服务：010-62776969，c-service@tup.tsinghua.edu.cn
质量反馈：010-62772015，zhiliang@tup.tsinghua.edu.cn
课件下载：https://www.tup.com.cn，010-83470236

印 装 者：大厂回族自治县彩虹印刷有限公司
经　　销：全国新华书店
开　　本：185mm×260mm　　印　张：28.25　　字　数：702 千字
版　　次：2013 年 7 月第 1 版　2023 年 1 月第 4 版　　印　次：2024 年 8 月第 9 次印刷
印　　数：239001～259000
定　　价：65.00 元

产品编号：094727-01

前言 PREFACE

党的二十大报告指出：教育、科技、人才是全面建设社会主义现代化国家的基础性、战略性支撑。必须坚持科技是第一生产力、人才是第一资源、创新是第一动力，深入实施科教兴国战略、人才强国战略、创新驱动发展战略，开辟发展新领域新赛道，不断塑造发展新动能新优势。高等教育与经济社会发展紧密相连，对促进就业创业、助力经济社会发展、增进人民福祉具有重要意义。

本书第1版自2013年7月由清华大学出版社出版以来，受到全国各类高等院校的青睐。该教材覆盖的地域广，使用的学校层次多。2015年，第1版教材获"第四届中国大学出版社图书奖优秀教材二等奖"。2016年，第2版教材入选"教育部高等学校软件工程专业教学指导委员会规划教材"。2019—2021年，第3版教材连续3年被评为清华大学出版社年度畅销图书。2020年，第3版教材在推荐参评"首届全国教材建设奖优秀教材评选活动"中被评为"首批江苏省优秀培育教材"。多年来该教材陆续被武汉大学、重庆大学、华南理工大学、吉林大学、北京理工大学、西北农林科技大学、东南大学、河海大学等全国300多所高等院校选作教材或教学参考书。

目前，Web前端开发技术已经成为21世纪高等学校学生及信息技术和数字技术（以下简称IT&DT）职员跨入互联网世界最基础的入门技术。随着"互联网＋"模式的不断推广与普及，IT&DT行业对Web前端开发工程师所掌握知识和能力的要求也逐步提高，结合IT&DT行业发展的需要和各类高校的教学反馈与建议，作者在保持前3个版本教材的原有特色和编写风格的基础上适时地在教材中融入思政元素，关注教学创新，强化应用能力，拓宽学生视野，激发学习兴趣，并将纸质教材与数字资源有机融合，形成了新形态教材及完善的在线题库系统，以期满足信息技术和数字技术新时代的需要与高等学校培养应用型人才的需要。

教材编写特色

内容新颖全面：紧贴Web前端开发工程师的职业需求，精心策划教学内容，全面讲解HTML、CSS、DIV、HTML5基础和CSS3应用、JavaScript、DOM与BOM、HTML5高级应用等内容。

思政案例丰富：从商业网站精选实例，每章融入思政元素，遴选一个思政案例或综合实例，将本章和相邻章节的知识融会贯通。全书提供12个大思政案例、8个小思政实验项目、5个综合案例，并对全书各章中的教学示范案例进行同步优化和更新。

讲解图文并茂：使用大量图表进行归纳与分析，以提高教学效率。

代码规范统一：提供风格统一、格式规范的源代码，帮助读者养成良好的编程习惯。

微课视频精美：关键知识和操作技能配合精美的微课视频讲解，让学生无师自通。

配套在线题库：为各高校使用教材的教师提供布置在线作业、单元测验等功能。

本次修订内容

第 4 版修订教材共规划了 17 章。第 1～11 章、第 13 章将原来的"综合案例"改为"思政案例"，构建了 12 个大思政案例。第 12 章、第 14～17 章对原来的综合案例进行了功能和表现的优化。另外将第 6 章中的"音频、视频及 Flash 文件"改为新的"embed 标记"；删除了部分不建议使用的标记，更新了部分标记语法和属性。此外，完善和优化了大多数示范案例，对全书实验项目进行了更新和完善，新增了 8 个小思政实验项目，更好地满足了各类高校的教学需要。

主要内容

第 1 章和第 2 章重点介绍 Web 的起源、Web 的特点与工作原理、Web 前端开发技术、Web 前端开发工具以及 HTML 基础语法和文档结构等知识；第 3～6 章重点介绍 HTML 网页中格式化文本与段落、列表、超链接与浮动框架、图像与多媒体文件的应用；第 7～10 章重点介绍 CSS 基础、DIV 与 SPAN、CSS 样式属性、DIV＋CSS 页面布局；第 11 章和第 12 章重点介绍表格、表单等页面布局技术；第 13 章重点介绍 HTML5 基础与 CSS3 应用；第 14～16 章重点介绍 JavaScript 基础、JavaScript 事件分析、DOM 与 BOM 初步应用；第 17 章重点介绍 HTML5 高级应用。

教学资源

为了方便各类高校选用该教材进行教学和读者自学，第 4 版教材依然提供了大量的配套资源和实例代码。该教材中的教学案例以统一格式进行命名，例如 edu_2_1_1.html 表示第 2 章中 2.1 节的第 1 个案例。每章资源以子目录形式存放，例如 ch5 存放第 5 章的教学资源，包括教学案例、图片、音/视频等资源。另外同步改编了配套实验与实践教材《Web 前端开发技术实验与实践——HTML5、CSS3、JavaScript》(第 4 版)，除此之外还准备了各种辅助教学材料，包括：

(1) 教学大纲。
(2) 一套完整的教学 PPT。
(3) 电子教案。
(4) 一套完整的教学案例代码。
(5) 一套完整的教学与实验中所需的图片、文字、音/视频素材。
(6) 一套完整的练习与实验参考答案。
(7) 1000 分钟的关键知识点微课视频讲解。
(8) 在线作业、单元测验及 6 套完整的考试试卷。
(9) 思政案例。

资源下载提示

课件等资源：扫描封底的"课件下载"二维码，在公众号"书圈"下载。
素材（源码）等资源：扫描目录上方的二维码下载。
在线作业：扫描封底的作业系统二维码，登录网站在线做题及查看答案。
视频等资源：扫描封底的文泉云盘防盗码，再扫描书中相应章节的二维码，可以在线学习。

第 4 版教材由储久良负责总体策划、撰写和审校。值此教材再版之际,再次对长期以来关心和支持教材改版工作的各位高校老师表示感谢!感谢福建师范大学张大平、四川旅游学院罗婉丽等教师对教材的再版工作提出了很多宝贵意见。

本书的修订与再版得到清华大学出版社相关人员的大力支持,在此表示衷心的感谢。在修订本书的过程中,作者参阅了大量的 Web 前端开发、JavaScript 应用、HTML5 和 CSS3 等方面的相关书籍以及主流网络媒体资源,在此对这些书籍与资源的贡献者表示感谢。

由于移动互联网技术发展迅速,加上作者水平有限,书中的错误在所难免,恳请各位专家和读者批评指正。

作　者

2023 年 1 月

目录

第1章 Web前端开发技术综述 1

- 1.1 Web概述 1
  - 1.1.1 Web的起源 2
  - 1.1.2 Web的特点 3
  - 1.1.3 Web的工作原理 3
  - 1.1.4 Web的相关概念 4
- 1.2 Web前端开发工程师的职业需求 5
  - 1.2.1 Web前端开发的由来 6
  - 1.2.2 Web前端开发工程师的职业要求 6
- 1.3 Web前端开发技术 7
  - 1.3.1 HTML 7
  - 1.3.2 CSS 8
  - 1.3.3 JavaScript 8
- 1.4 Web前端开发工具 9
  - 1.4.1 Visual Studio Code 9
  - 1.4.2 HBuilder X 10
- 1.5 浏览器工具 10
  - 1.5.1 Microsoft Edge 10
  - 1.5.2 Google Chrome 11
  - 1.5.3 Mozilla Firefox 11
  - 1.5.4 Safari 11
  - 1.5.5 Opera 11
- 1.6 思政案例1——社会主义核心价值观  12
- 本章小结 13
- 练习1 13

| 实验 1 | 14 |

第 2 章　HTML 基础　15

- 2.1　HTML 文档的结构　15
- 2.2　头部 head　16
  - 2.2.1　标题 title 标记　16
  - 2.2.2　元信息 meta 标记　17
- 2.3　主体 body　19
  - 2.3.1　body 标记　19
  - 2.3.2　body 标记的属性　20
- 2.4　HTML 基本语法　22
  - 2.4.1　标记的类型　22
  - 2.4.2　HTML 属性　23
- 2.5　注释　24
- 2.6　HTML 文档的编写规范　25
  - 2.6.1　HTML 代码的书写规范　25
  - 2.6.2　HTML 文档的命名规则　26
- 2.7　HTML 文档的类型　27
  - 2.7.1　<!doctype>标记　27
  - 2.7.2　HTML5 的 DTD 定义　27
- 2.8　思政案例 2——传统美德故事：铁杵磨成针　27
- 本章小结　29
- 练习 2　29
- 实验 2　30

第 3 章　格式化文本与段落　32

- 3.1　Web 页面初步设计　32
  - 3.1.1　向 Web 页面中添加文字信息　32
  - 3.1.2　标题字标记　33
  - 3.1.3　添加空格与特殊符号　34
- 3.2　格式化文本标记　35
  - 3.2.1　文本修饰标记　35
  - 3.2.2　字体标记　37
- 3.3　段落与排版标记　38
  - 3.3.1　段落标记　38
  - 3.3.2　换行标记　38
  - 3.3.3　水平分隔线标记　38

3.3.4　拼音/音标注释标记 ··· 40
　　　3.3.5　段落缩进标记 ··· 40
　　　3.3.6　预格式化标记 ··· 40
　3.4　思政案例3——公民基本道德规范 ··· 42
　本章小结 ··· 43
　练习3 ·· 43
　实验3 ·· 45

第4章　列表 ·· 47

　4.1　列表概述 ··· 47
　4.2　无序列表 ··· 47
　4.3　有序列表 ··· 49
　4.4　列表嵌套 ··· 51
　4.5　定义列表 ··· 53
　4.6　思政案例4——中国传统文化故事：悬梁刺股 ·· 54
　本章小结 ··· 55
　练习4 ·· 56
　实验4 ·· 56

第5章　超链接与浮动框架 ·· 58

　5.1　超链接概述 ·· 58
　5.2　超链接的语法、路径及分类 ·· 59
　　　5.2.1　超链接的语法 ··· 59
　　　5.2.2　超链接的路径 ··· 60
　　　5.2.3　超链接的分类 ··· 61
　5.3　超链接的应用 ·· 61
　　　5.3.1　创建HTTP文档下载超链接 ··· 61
　　　5.3.2　创建FTP站点访问超链接 ·· 62
　　　5.3.3　创建图像超链接 ·· 62
　　　5.3.4　创建电子邮件超链接 ·· 62
　　　5.3.5　创建页面书签链接 ··· 64
　5.4　浮动框架 ··· 67
　5.5　思政案例5——公民基本道德规范诠释 ··· 68
　本章小结 ··· 70
　练习5 ·· 70
　实验5 ·· 71

第 6 章 图像与多媒体文件 73

6.1 图像 73
6.1.1 插入图像 73
6.1.2 设置图像的替代文本 75
6.1.3 设置图像的高度和宽度 75
6.1.4 设置图像的边框 75
6.1.5 设置图像的对齐方式 76
6.1.6 设置图像的间距 77
6.1.7 设置图像的热区链接 77

6.2 滚动文字 79
6.2.1 添加滚动文字 79
6.2.2 设置滚动文字的背景颜色与滚动循环 80
6.2.3 设置滚动方向与滚动方式 80
6.2.4 设置滚动速度与滚动延迟 80
6.2.5 设置滚动范围与滚动空白空间 81

6.3 embed 标记 82

6.4 思政案例 6——中国影响世界的十大杰出发明创造 83

本章小结 87
练习 6 87
实验 6 88

第 7 章 CSS 基础 90

7.1 CSS 概念 90
7.1.1 CSS 的基本概念 90
7.1.2 传统 HTML 的缺点 91
7.1.3 CSS 的特点 91
7.1.4 CSS 的优势 91
7.1.5 CSS 的编辑方法 91

7.2 使用 CSS 控制 Web 页面 92
7.2.1 CSS 基本语法 92
7.2.2 CSS 选择器类型 93
7.2.3 CSS 选择器声明 97
7.2.4 CSS 定义与引用 98

7.3 CSS 继承与层叠 103

7.4 思政案例 7——预防冠状病毒这样做 104

本章小结 107
练习 7 107

实验 7 ··· 108

第 8 章 DIV 与 SPAN ··· 110

8.1 DIV 图层 ··· 110
8.1.1 DIV 定义 ··· 110
8.1.2 DIV 应用 ··· 112
8.2 图层嵌套与层叠 ··· 112
8.2.1 DIV 嵌套 ··· 112
8.2.2 DIV 层叠 ··· 113
8.3 span 标记 ·· 114
8.4 思政案例 8——经典励志成语故事选编 ···························· 116

本章小结 ·· 121
练习 8 ··· 121
实验 8 ··· 121

第 9 章 CSS 样式属性 ·· 123

9.1 CSS 属性值中的单位 ·· 123
9.1.1 绝对单位 ··· 123
9.1.2 相对单位 ··· 124
9.2 CSS 字体样式 ·· 124
9.2.1 字体大小 font-size 属性 ···································· 124
9.2.2 字体样式 font-style 属性 ··································· 125
9.2.3 字体系列 font-family 属性 ································· 125
9.2.4 字体变体 font-variant 属性 ································· 126
9.2.5 字体粗细 font-weight 属性 ································· 127
9.2.6 字体 font 属性 ·· 127
9.3 CSS 文本样式 ·· 128
9.3.1 字符间距、行距与首行缩进属性 ··························· 128
9.3.2 字符装饰、英文大小写转换属性 ··························· 130
9.3.3 水平对齐、垂直对齐属性 ·································· 131
9.4 CSS 颜色与背景 ··· 133
9.4.1 颜色 color 属性 ·· 133
9.4.2 背景 background 属性 ······································ 134
9.5 CSS 列表样式 ·· 138
9.6 CSS 盒模型 ··· 140
9.6.1 CSS 盒模型结构 ··· 140
9.6.2 边界属性设置 ·· 140

9.6.3 边框属性设置 ··· 141
9.6.4 填充属性设置 ··· 144
9.7 思政案例 9——中华礼仪用语 ······································ 146
本章小结 ··· 150
练习 9 ··· 150
实验 9 ··· 151

第 10 章 DIV+CSS 页面布局 ·· 154

10.1 页面布局设计 ··· 154
10.1.1 "三行模式"和"三列模式" ··································· 154
10.1.2 "三行二列模式"和"三行三列模式" ··························· 155
10.1.3 多行多列复杂模式 ·· 157
10.2 导航菜单设计 ··· 158
10.2.1 对象的显示与隐藏 ·· 159
10.2.2 一级水平导航菜单 ·· 160
10.2.3 二级水平导航菜单 ·· 161
10.3 思政案例 10——中华传统文化典故 ································· 168
本章小结 ··· 174
练习 10 ·· 174
实验 10 ·· 175

第 11 章 表格 ··· 178

11.1 表格概述 ··· 178
11.2 表格标记 ··· 179
11.3 表格的属性设置 ··· 181
11.3.1 表格属性 ·· 182
11.3.2 表格的边框样式属性 ·· 184
11.3.3 表格的单元格间距、单元格边距属性 ···························· 185
11.3.4 表格的水平对齐属性 ·· 186
11.4 设置表格行的属性 ··· 187
11.5 设置单元格的属性 ··· 189
11.6 表格的嵌套 ··· 191
11.7 思政案例 11——社会主义核心价值观解读 ··························· 193
本章小结 ··· 199
练习 11 ·· 199
实验 11 ·· 200

第 12 章 表单 202

- 12.1 表单概述 202
- 12.2 定义域和域标题 204
- 12.3 表单信息的输入 205
  - 12.3.1 单行文本输入框与密码框 205
  - 12.3.2 复选框与单选按钮 207
  - 12.3.3 图像按钮 208
  - 12.3.4 提交、重置及普通按钮 209
  - 12.3.5 文件选择框与隐藏框 211
- 12.4 多行文本输入框 212
- 12.5 下拉列表框 214
- 12.6 综合案例 1——通用会议注册表 215
- 本章小结 218
- 练习 12 218
- 实验 12 219

第 13 章 HTML5 基础与 CSS3 应用 220

- 13.1 HTML5 概述 220
- 13.2 HTML5 文档结构 221
  - 13.2.1 HTML5 页面结构 221
  - 13.2.2 HTML5 新增的结构元素 222
- 13.3 HTML5 新增的页面元素 227
  - 13.3.1 hgroup 标记 227
  - 13.3.2 figure 标记与 figcaption 标记 227
  - 13.3.3 mark 标记与 time 标记 228
  - 13.3.4 details 标记与 summary 标记 229
  - 13.3.5 progress 标记与 meter 标记 230
  - 13.3.6 input 标记与 datalist 标记 231
- 13.4 HTML5 表单 232
  - 13.4.1 HTML5 新增的表单属性 233
  - 13.4.2 HTML5 新增的表单元素 237
  - 13.4.3 HTML5 新增的 input 类型 239
- 13.5 HTML5 视频与音频 243
  - 13.5.1 video 标记及属性 243
  - 13.5.2 audio 标记及属性 245

13.6　CSS3 基础应用 · 246
13.6.1　CSS3 新特性 · 247
13.6.2　CSS3 浏览器兼容性 · 247
13.6.3　CSS3 边框 · 248
13.6.4　CSS3 转换 transform 属性 · 255
13.6.5　CSS3 过渡 transition 属性 · 259
13.6.6　CSS3 动画 animation 属性 · 261
13.6.7　CSS3 多列属性 · 265
13.6.8　CSS3 文本效果 · 267
13.7　思政案例 12——卧薪尝胆 · 269
本章小结 · 271
练习 13 · 272
实验 13 · 273

第 14 章　JavaScript 基础 · 275

14.1　JavaScript 概述 · 275
14.1.1　JavaScript 简介 · 275
14.1.2　第一个 JavaScript 程序 · 276
14.1.3　JavaScript 放置的位置 · 277
14.2　JavaScript 程序 · 280
14.2.1　语句和语句块 · 280
14.2.2　代码 · 281
14.2.3　消息对话框 · 281
14.2.4　JavaScript 注释 · 284
14.3　标识符和变量 · 284
14.3.1　命名规范 · 284
14.3.2　数据类型 · 285
14.3.3　变量 · 287
14.3.4　转义字符 · 288
14.4　运算符和表达式 · 288
14.4.1　算术运算符和表达式 · 289
14.4.2　关系运算符和表达式 · 291
14.4.3　逻辑运算符和表达式 · 292
14.4.4　赋值运算符和表达式 · 293
14.4.5　位运算符和表达式 · 294
14.4.6　条件运算符和表达式 · 295
14.4.7　其他运算符和表达式 · 296
14.5　JavaScript 程序控制结构 · 297
14.5.1　顺序结构 · 297

14.5.2　分支结构 ………………………………………………… 298
　　　14.5.3　循环结构 ………………………………………………… 303
14.6　JavaScript 函数 …………………………………………………… 310
　　　14.6.1　常用系统函数 ……………………………………………… 311
　　　14.6.2　自定义函数 ………………………………………………… 319
　　　14.6.3　带参数返回的 return 语句 ………………………………… 320
　　　14.6.4　函数变量的作用域 ………………………………………… 322
14.7　综合案例 2——手机批发业务-产品选购 🎥 ……………………… 323
本章小结 …………………………………………………………………… 326
练习 14 …………………………………………………………………… 326
实验 14 …………………………………………………………………… 327

第 15 章　JavaScript 事件分析 ……………………………………… 329

15.1　JavaScript 事件概述 ……………………………………………… 329
　　　15.1.1　事件类型 …………………………………………………… 329
　　　15.1.2　事件句柄 …………………………………………………… 330
　　　15.1.3　事件处理 …………………………………………………… 331
　　　15.1.4　事件处理程序的返回值 …………………………………… 335
15.2　表单事件 …………………………………………………………… 337
　　　15.2.1　获得焦点与失去焦点事件 ………………………………… 337
　　　15.2.2　提交及重置事件 …………………………………………… 338
　　　15.2.3　改变及选择事件 …………………………………………… 339
15.3　鼠标事件 …………………………………………………………… 340
　　　15.3.1　鼠标单击、双击事件 ……………………………………… 340
　　　15.3.2　鼠标移动事件 ……………………………………………… 341
15.4　键盘事件 …………………………………………………………… 342
15.5　窗口事件 …………………………………………………………… 344
15.6　综合案例 3——用户注册信息的验证 🎥 ………………………… 345
本章小结 …………………………………………………………………… 348
练习 15 …………………………………………………………………… 348
实验 15 …………………………………………………………………… 349

第 16 章　DOM 和 BOM ……………………………………………… 351

16.1　JavaScript 常用对象 ……………………………………………… 351
　　　16.1.1　Array 对象 ………………………………………………… 352
　　　16.1.2　Date 对象 ………………………………………………… 354
　　　16.1.3　Math 对象 ………………………………………………… 357
　　　16.1.4　Number 对象 ……………………………………………… 359
　　　16.1.5　String 对象 ………………………………………………… 359

16.1.6 Boolean 对象 ·· 362
16.2 HTML DOM ·· 363
    16.2.1 DOM 简介 ·· 363
    16.2.2 DOM 节点树 ·· 363
    16.2.3 DOM 节点 ·· 364
    16.2.4 DOM 节点访问 ·· 365
    16.2.5 DOM 节点操作 ·· 369
16.3 BOM ·· 375
    16.3.1 window 对象 ·· 375
    16.3.2 navigator 对象 ·· 378
    16.3.3 screen 对象 ·· 379
    16.3.4 history 对象 ·· 380
    16.3.5 location 对象 ·· 381
16.4 综合案例 4——福彩投注站的投注小程序 ·· 382
本章小结 ·· 387
练习 16 ·· 387
实验 16 ·· 389

第 17 章 HTML5 高级应用 ·· 391

17.1 HTML5 Web Storage ·· 391
    17.1.1 localStorage 对象 ·· 391
    17.1.2 sessionStorage 对象 ·· 393
    17.1.3 浏览器端数据库 IndexedDB ·· 395
17.2 HTML5 Canvas 画布 ·· 405
    17.2.1 canvas 标记 ·· 405
    17.2.2 Canvas 坐标 ·· 407
    17.2.3 Canvas 路径 ·· 407
    17.2.4 用 Canvas 绘制线段 ·· 409
    17.2.5 用 Canvas 绘制文本 ·· 410
    17.2.6 Canvas 渐变 ·· 411
    17.2.7 用 Canvas 绘制图像 ·· 412
17.3 HTML5 拖放 ·· 414
    17.3.1 设置元素为可拖放 ·· 415
    17.3.2 拖放事件 ·· 415
    17.3.3 dataTransfer 对象 ·· 415
    17.3.4 拖放操作的实现步骤 ·· 416
17.4 HTML5 Web Worker ·· 418
    17.4.1 Web Worker 的工作原理 ·· 418
    17.4.2 创建 Web Worker 文件 ·· 418

17.4.3 创建 Web Worker 对象 …………………………………………… 418

17.4.4 终止 Web Worker …………………………………………… 419

17.5 综合案例 5——简易图书管理系统 …………………………………………… 420

本章小结 …………………………………………… 427

练习 17 …………………………………………… 427

实验 17 …………………………………………… 429

参考文献 …………………………………………… 430

第 1 章

Web 前端开发技术综述

本章学习目标

Web是一种典型的分布式应用结构。Web应用中的信息交换与传输都要涉及客户端和服务器端,因此Web开发技术分为客户端开发技术(又名"Web前端开发技术")和服务器端开发技术两大类。Web前端(客户端)的主要任务是信息内容呈现和用户界面(User Interface,UI)设计。Web前端开发技术主要包括HTML、CSS、JavaScript、DOM、BOM、AJAX、jQuery及其他插件技术。学习完本章后,读者能对Web前端开发技术有一个总体的认识。

Web前端开发工程师应知应会以下内容:
- 了解Web的发展历史。
- 了解Web前端开发工程师的职业需求。
- 掌握Web网站的相关基本概念。
- 了解各种Web前端开发技术及其在Web网页中的作用。
- 熟悉各种常用的Web前端开发工具、浏览器工具,并学会使用主流开发工具。

1.1 Web 概述

1980年,Tim Berners-Lee(蒂姆·伯纳斯·李)在欧洲核子研究组织(European Organization for Nuclear Research,CERN)中最大的欧洲核子物理实验室(European Particle Physics Laboratory,EPPL)工作时建议建立一个以超文本系统为基础的项目,使得科学家之间能分享和更新他们的研究结果。他与Robert Cailliau(罗伯特·卡里奥)一起建立了一个叫作ENQUIRE的原型系统。

1984年,Tim Berners-Lee重返欧洲核子物理实验室,他恢复了自己过去的工作,并创造了万维网。为此他写了世界上第一个客户端浏览器(World Wide Web,也是一个编辑器)和第一个Web服务器httpd。Tim Berners-Lee建立了世界上的第一个网站,网址是"http://info.cern.ch/hypertext/WWW/TheProject.html",现在的网址是"http://info.cern.ch/",如图1-1所示,并于1991年8月6日发布。它解释了什么是万维网、如何使用网页浏览器和如何建立一个Web服务器等。Tim Berners-Lee后来在这个网站里列出了其他网站,因此它也是世界上第一个万维网导航站点。

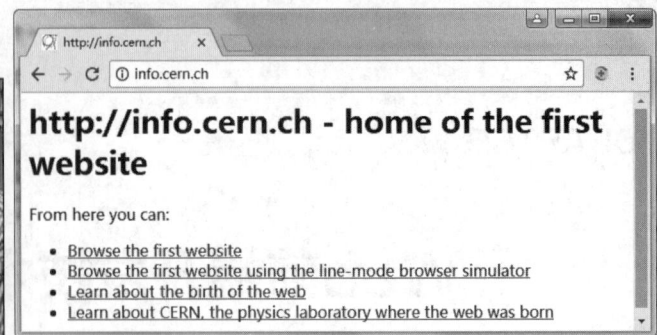

图 1-1　万维网发明人和世界上的第一个网站

1.1.1　Web 的起源

最早的网络构想可以追溯到 1980 年 Tim Berners-Lee 构建的 ENQUIRE 项目。这是一个类似于维基百科(wiki)的超文本在线编辑数据库。尽管它与现在使用的万维网大不相同，但是它们有许多相同的核心思想，甚至还包括 Tim Berners-Lee 的万维网之后的下一个项目语义网中的一些构想。

1989 年 3 月，Tim Berners-Lee 撰写了 *Information Management：A Proposal*(关于信息化管理的建议)一文，文中提及 ENQUIRE 并且描述了一个更加精巧的管理模型。1990 年 11 月 12 日，他和 Robert Cailliau 合作提出了一个更加正式的关于万维网的建议。1990 年 11 月 13 日，他在一台 NeXT 工作站(正式名称是 NeXT Computer)上写了第一个网页以实现他文中的想法。NeXT 工作站如图 1-2 所示，后来这台工作站成为世界上第一台互联网服务器。

图 1-2　Tim Berners-Lee 使用的 NeXT 工作站

在 1990 年的圣诞假期，Tim Berners-Lee 设计了一套开展网络工作所必需的工具——第一个万维网浏览器(同时也是编辑器)和第一个 Web 服务器。

1991 年 8 月 6 日，他在 alt.hypertext 新闻组上发布了万维网项目简介的文章，这一天标志着因特网上万维网公共服务的首次亮相。

万维网中至关重要的概念——超文本起源于 20 世纪 60 年代的几个项目。例如 Ted Nelson(泰德·尼尔森)的 Project Xanadu 项目和 Douglas Engelbart(道格拉斯·英格巴特)的 NLS 项目。这两个项目的灵感都来源于 Vannevar Bush(万尼瓦尔·布什)在其 1945 年的论文《和我们想的一样》中为微缩胶片设计的"记忆延伸"(memex)系统。

Tim Berners-Lee 的另一个重大突破是将超文本嫁接到因特网上。在他的 *Weaving the Web*(《编织网络》)一书中，他解释说他曾一再向这两种技术的使用者建议它们的结合是可行的，但是却没有任何人响应他的建议，最后他只好自己执行了这个计划。他发明了一个全球网络资源唯一认证的系统——统一资源标识符(Uniform Resource Identifier，URI)。

为了不让 World Wide Web 被少数人控制，Tim 组织成立了 World Wide Web

Consortium，即人们通常所说的 W3C，致力于"引导 Web 发挥其最大潜力"。人们所熟知的 HTML 协议的各个版本都出自 W3C 会议。可贵的是，W3C 的 HTML 规范是以"建议"的形式发布的，并不强迫任何厂商或个人接受。至于 Microsoft 公司利用 HTML 协议的开放性扩展自己的标准，打败 Netscape，应该是 Tim 始料未及的事件。

1.1.2 Web 的特点

1．易导航和图形化的界面

Web 非常流行的一个很重要的原因就在于它可以在一页上同时显示色彩丰富的图形和文本，而在 Web 之前因特网上的信息只有文本形式。Web 具有可以将图形、音频、视频等信息集于一体的特性。同时，Web 导航非常方便，只需要从一个链接跳到另一个链接，就可以在各个页面、各个站点之间进行浏览了。

2．与平台无关性

无论计算机系统是什么平台，都可以通过因特网访问万维网。浏览万维网对计算机系统平台没有任何限制。Windows、UNIX、Macintosh 以及其他平台都能通过一种叫作浏览器（Browser）的软件实现对万维网的访问，例如 Chrome、Edge、Firefox 等。

3．分布式结构

大量的图形、音频和视频信息会占用相当大的磁盘空间，用户事先很难预知信息的多少。对于 Web 来说，信息可以放在不同的站点上，而没有必要集中在一起，浏览时只需要在浏览器中指明这个站点就可以了。这样就使物理上不一定在一个站点的信息在逻辑上是一体的，从用户的角度来看这些信息也是一体的。

4．动态性

由于各 Web 站点的信息包含站点本身的信息，因此信息的提供者可以经常对站点上的信息进行更新与维护。一般来说，各信息站点都尽量保证信息的时效性，所以 Web 站点上的信息需要动态更新，这一点可以通过信息的提供者实时维护。

5．交互性

Web 的交互性首先表现在它的超链接上，用户的浏览顺序和所访问的站点完全由用户自己决定。另外，通过表单 Form 的形式可以从服务器方获得动态的信息。用户通过填写 Form 可以向服务器提交请求，服务器根据用户的请求返回响应信息。

1.1.3 Web 的工作原理

用户通过客户端浏览器访问因特网上的网站或者其他网络资源时，通常需要在客户端的浏览器的地址栏中输入需要访问网站的统一资源定位符（Uniform Resource Locator，URL），或者通过超链接方式链接到相关网页或网络资源；然后通过域名服务器进行全球域名解析，并根据解析结果决定访问指定 IP 地址（IP Address）的网站或网页。

在获取网站的 IP 后，客户端的浏览器向指定 IP 地址上的 Web 服务器发送一个 HTTP（HyperText Transfer Protocol，超文本传输协议）请求。在通常情况下，Web 服务器会很快响应客户端的请求，将用户所需要的 HTML 文本、图片和构成该网页的其他一切文件发送回用户。如果需要访问数据库系统中的数据，Web 服务器会将控制权转给应用服务器，根据 Web 服务器的数据请求读写数据库，并进行相关数据库的访问操作，应用服务器将数据查询响应发送给 Web 服务器,再由 Web 服务器将查询结果转发给客户端的浏览器,浏览器将客户端请求的页面内容组成一个网页显示给用户。这就是 Web 的工作原理,如图 1-3 所示。

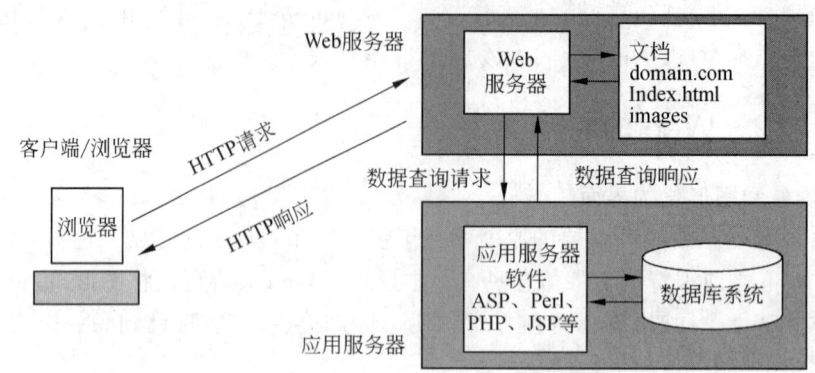

图 1-3 Web 的工作原理

大多数网站的网页中包含很多超链接,有内链接和外链接。通过超链接可以设置资源下载、页面浏览及链接其他网络资源。像这样通过超链接把有用的相关资源组织在一起,就形成了一个所谓的信息的"网"。这个网运行在因特网上,使用十分方便,这就构成了 Tim Berners-Lee 在 1990 年初所说的万维网。

1.1.4 Web 的相关概念

1. URL

URL(Uniform Resource Locator)即统一资源定位器(或统一资源定位符),可以理解为网页地址。它如同网络上的门牌,是因特网上标准的资源的地址(Address)。它由 Tim Berners-Lee 发明用来作为万维网的地址,现已被万维网联盟编制为因特网标准 RFC1738。

URL 由协议类型、主机域名及路径和文件名三部分组成,其构成如下:

协议类型://主机域名或 IP 地址(端口号)/路径/文件名

第一部分是协议类型(或称为服务类型),如表 1-1 所示;第二部分是资源主机域名或 IP 地址(包括端口号),HTTP 默认的端口号是 80;第三部分是主机资源的具体地址,例如目录和文件名等。

表 1-1 URL 中的协议类型

序号	服务(协议)类型	含义
1	http	超文本传输协议
2	https	用加密传送的超文本传输协议
3	ftp	文件传输协议
4	mailto	电子邮件地址
5	ldap	轻量目录访问协议
6	news	Usenet 新闻组
7	file	本地计算机或网上分享的文件
8	gopher	Internet Gopher Protocol(因特网查找协议)

第一部分和第二部分之间用":// "符号隔开,第二部分和第三部分之间用"/"符号隔开。第一部分和第二部分是不可缺少的,第三部分有时可以省略。下面是一些例子:

```
http://www.edu.cn/kexuetansuo_12385/index.shtml
ftp://ftp.pku.edu.cn/
http://58.195.195.22:8089/web/index.html
```

2. Web 服务器

Web 服务器也称为网站服务器,是指在因特网上提供 Web 访问服务的站点,它是由计算机软件和硬件组成的有机整体。网站一般采用 PHP、JSP、ASP 等技术开发成 B/S(Browser/Server)架构,由若干个网页有序地组织在一起,第一个网页也称为主页,所以主页的设计非常重要。通常需要为 Web 服务器配置 IP 地址和域名,这样才能对外提供 Web 服务。

3. 超链接

Web 页面一般由若干超链接构成。所谓超链接(Hyper Link),是指从一个网页指向另一个目标的连接关系,这个目标可以是另一个网页,也可以是相同网页上的不同位置,还可以是一个图片、一个电子邮件地址、一个文件甚至一个应用程序。

文本超链接在浏览器中表现为带有下画线的文字,当将鼠标指针移动到文字上时,浏览器会将光标转变为手的形状。如图 1-4 所示为世界上第一个网站上的超链接。

网页中超链接的格式如下:

```
<a href="http://info.cern.ch/hypertext/WWW/TheProject.html">Browse the first website</a>
```

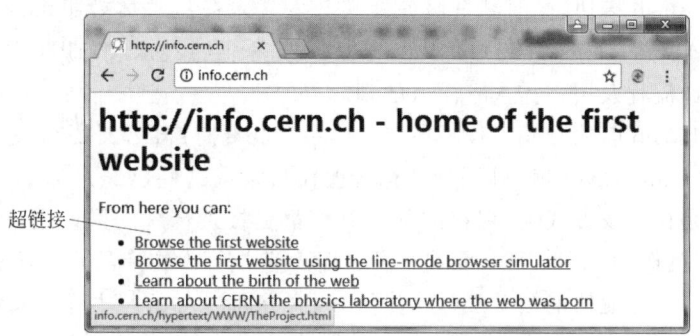

图 1-4 世界上第一个网站上的超链接

1.2 Web 前端开发工程师的职业需求

2005 年以后,互联网进入 Web 2.0 时代,网站的客户端(前端)由此发生了翻天覆地的变化。网站不再是 Web 1.0 时代承载单一的文字和图片的信息提供者,富媒体(Rich Media,RM)让网站的内容更加生动,软件化的交互形式为用户提供了更好的使用体验。Web 2.0 时代更注重用户的交互作用,用户成为网站内容的浏览者和提供者,网站需要前端技术来实现。

1.2.1　Web前端开发的由来

Web前端开发是从网页制作演变而来的,名称上有很明显的时代特征。Web前端开发工程师是一个很新的职业,在国内乃至国际上真正开始受到重视的时间不超过10年。

随着Web 2.0概念的普及和W3C组织的推广,网站重构的影响力正以惊人的速度增长。HTML+CSS布局、DHTML和AJAX像一阵旋风,铺天盖地席卷而来,包括新浪、搜狐、网易、腾讯、淘宝等在内的各行各业的IT企业都对自己的网站进行了重构。

随着人们对用户体验的要求越来越高,前端开发的技术难度越来越大,Web前端开发工程师这一职业终于从设计和制作不分的局面中独立出来。

我国互联网行业的发展呈现迅猛的增长势头,对网站开发、设计制作的人才需求随之大增。Web前端开发正是采用HTML、CSS、DIV、JavaScript、DOM、AJAX等技术实现网站整体风格优化与改善用户体验的工作。在欧美技术发达国家,前端开发和后台开发人员的比例为1∶1,而在我国目前依旧在1∶3以下,人才缺口较大。截至2021年6月,中国网站数量为422万个,域名总数为3136万个。目前我国各行业领域几乎都要建设自己的网站,网络调查结果表明,未来几年国内各大行业对Web前端开发方面的人才需求量将会大幅度提升,Web前端开发工程师也会日益受到重视。

1.2.2　Web前端开发工程师的职业要求

Web前端开发工程师的职业要求是利用HTML、CSS、JavaScript、DOM、AJAX等各种Web技术进行产品的界面开发。编写标准、优化的代码,并增加交互动态功能,开发JavaScript以及Flash模块,同时结合服务器端开发技术模拟整体效果,进行富互联网应用(Rich Internet Applications,RIA)的Web开发,致力于通过技术改善用户体验,这需要对用户体验、交互操作流程及用户需求有深入的理解。

一位优秀的Web前端开发工程师在知识体系上既要有广度,又要有深度。以前会使用Photoshop和Dreamweaver就可以制作网页,现在只掌握这些已经远远不够了。无论是在开发难度上,还是在开发方式上,现在的网页制作都更接近传统的网站服务器端开发,所以现在不再叫网页制作,而是叫Web前端开发。Web前端开发在产品开发环节中的作用变得越来越重要,需要更专业的前端工程师才能做好,这方面的专业人才近年来备受青睐。Web前端开发是一项很特殊的工作,涵盖的知识面非常广,要求Web前端开发工程师既有具体的技术,又有抽象的理念。简单地说,其主要职责就是把网站的界面更好地呈现给用户。

Web前端开发工程师掌握的具体技术要求如下:

(1) 必须掌握基本的Web前端开发技术,其中包括HTML5、CSS3、JavaScript、DOM、BOM、AJAX等。在掌握这些技术的同时,还要清楚地了解它们在不同浏览器上的兼容性情况、渲染原理和存在的问题。

(2) 必须掌握网站性能优化、搜索引擎优化(SEO)和服务器端开发技术的基础知识。

(3) 必须学会运用各种Web前端开发与测试工具进行辅助开发。

(4) 除了要掌握技术层面的知识外,还要掌握理论层面的知识,包括Web视觉设计、网站配色、网站交互设计模式、代码的可维护性、组件的易用性、分层语义模板和浏览器分级支持等。

1.3 Web前端开发技术

随着因特网技术的飞速发展与普及,Web技术也在同步发展,并且应用领域越来越广。WWW(World Wide Web)已经是当今时代不可或缺的信息传播载体。全球范围内的资源互通互访、开放共享已经成为WWW最有实际应用价值的领域。开发具有用户动态交互、富媒体应用的新一代Web网站需要HTML、CSS、JavaScript、DOM、AJAX等组合技术,其中HTML、CSS、JavaScript三大技术被称为"Web标准三剑客"。

1.3.1 HTML

HTML(HyperText Markup Language)是超文本标记语言,而不是编程语言。HTML是Web页面的结构。HTML使用标记来描述网页。网页的内容包括标题、副标题、段落、无序列表、定义列表、表格、表单等。

HTML是SGML(Standard Generalized Markup Language,标准通用标记语言)下的一个应用(也称为一个子集),也是一种标准规范,它通过标记符号来标记要显示的网页中的各个部分。SGML是一种定义电子文档结构和描述其内容的国际标准语言,是所有电子文档标记语言的起源。

HTML文档是用来描述网页,由HTML标记和纯文本构成的文本文件。Web浏览器可以读取HTML文档,并以网页的形式显示出它们。例如在Chrome浏览器的URL中输入网址"http://www.edu.cn",所看到的网页就是浏览器对HTML文档进行解释的结果,如图1-5所示。

图1-5 中国教育和科研计算机网的首页

右击网页的任何位置,从弹出的快捷菜单中选择"查看网页源代码"命令,如图1-6所示。其中<head>、<meta>、<title>、<link>等都是HTML的标记,浏览器能够正确地理解这些标记,并呈现给用户。

下面简单介绍HTML超文本标记语言的发展历史。

- HTML1.0:1993年6月,互联网工程工作小组(IETF)发布工作草案。
- HTML2.0:1995年11月发布RFC1866,它在2000年6月发布RFC2854之后被宣布已经过时。

图 1-6　中国教育和科研计算机网首页的源代码

- HTML3.2：1996 年 1 月 14 日发布，W3C 推荐标准。
- HTML4.0：1997 年 12 月 18 日发布，W3C 推荐标准。
- HTML4.01：1999 年 12 月 24 日发布，W3C 推荐标准。
- HTML5：2014 年 10 月 28 日发布，W3C 推荐标准。

1.3.2　CSS

由于 Netscape 和 Microsoft 两家公司在自己的浏览器软件中不断地将新的 HTML 标记和属性（如字体标记和颜色属性）添加到 HTML 规范中，导致创建具有清晰的文档内容并独立于文档表现层的站点变得越来越困难。为了解决这个问题，Hakon Wium Lie（哈肯·维姆·莱，挪威）和 Bert Bos（伯特·波斯，荷兰）于 1994 年共同发明了级联样式表。

1．CSS 的作用

级联样式表(Cascading Style Sheet,CSS)也称为层叠样式表。在设计 Web 网页时采用 CSS 技术，可以有效地对页面的布局、字体、颜色、背景和其他效果实现更加精确的控制。只要对相应的代码做一些简单的修改，就可以改变同一页面的不同部分，或者同一网站的不同页面的外观和格式。采用 CSS 技术是为了解决网页内容与表现分离的问题。

CSS 语言是一种标记语言，不需要编译，属于浏览器解释型语言，可以直接由浏览器解释执行。CSS 标准由 W3C 的 CSS 工作组制定和维护。

2．CSS 的发展历史

- CSS1：1996 年 12 月 17 日发布，W3C 推荐标准。
- CSS2：1999 年 1 月 11 日发布，W3C 推荐标准，CSS2 添加了对媒介（打印机和听觉设备）、可下载字体的支持。
- CSS3：将 CSS 划分为更小的模块，这些模块包括盒子模型、列表模块、超链接方式、语言模块、背景和边框、文字特效、多栏布局等。

1.3.3　JavaScript

在 HTML 基础上，使用 JavaScript 可以开发交互式 Web 页面。JavaScript 的出现使得网页和用户之间实现了一种实时性的、动态的、交互性的关系，使网页包含更多活跃的元素和更加精彩的内容。这也是 JavaScript 与 HTML DOM 共同构成 Web 网页的行为。

1．JavaScript 的由来

JavaScript 是一种基于对象和事件驱动并具有相对安全性的客户端脚本语言,同时也是一种广泛用于客户端 Web 开发的脚本语言,常用来给 HTML 网页添加动态的功能,例如响应用户的各种操作。JavaScript 最初由 Netscape 的 Brendan Eich(布兰登·艾奇)设计,是一种由 Netscape 的 LiveScript 发展而来、原型化继承面向对象动态类型的客户端脚本语言,主要目的是为服务器端脚本语言提供数据验证的基本功能。在 Netscape 与 Sun 公司合作之后,LiveScript 更名为 JavaScript,同时 JavaScript 也成为原 Sun 公司的注册商标。欧洲计算机制造商协会(European Computer Manufacturers Association,ECMA)以 JavaScript 为基础制定了 ECMAScript 标准。

2．JavaScript 的组成

一个完整的 JavaScript 实现是由以下 3 个不同部分组成的:
- 核心(ECMAScript)。
- 文档对象模型(Document Object Model,DOM)。
- 浏览器对象模型(Browser Object Model,BOM)。

1.4 Web 前端开发工具

在 HTML 基础上,使用 JavaScript 可以开发交互式 Web 页面。JavaScript 的出现使得网页和用户之间实现了一种实时性的、动态的、交互性的关系,使网页包含更多活跃元素和更加精彩的内容。用于开发 Web 前端应用的工具有很多,如 Visual Studio Code、Adobe Dreamweaver、Sublime Text、WebStorm、HBuilder X 等,用户可以根据使用习惯进行选择,其中,VS Code、HBuilder X 是目前业界主流的开发工具。

1.4.1 Visual Studio Code

Visual Studio Code(简称 VS Code)是一款免费、开源的现代化轻量级代码编辑器,支持几乎所有主流的开发语言的语法高亮、智能代码补全、自定义热键、括号匹配、代码片段、代码对比、集成 git 等特性,支持插件扩展,并针对网页开发和云端应用开发做了优化。该软件跨平台支持 Windows、Mac 以及 Linux。VS Code 程序界面如图 1-7 所示。

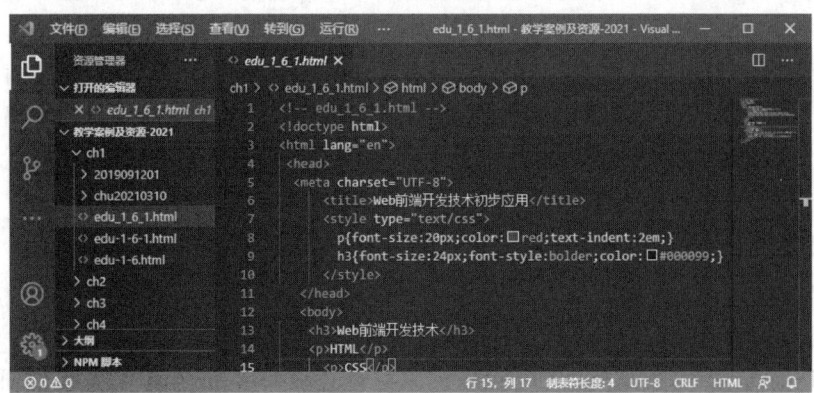

图 1-7　VS Code 程序界面

1.4.2 HBuilder X

HBuilder 是 DCloud(数字天堂)推出的一款支持 HTML5 的 Web 开发 IDE。HBuilder 的编写用到了 Java、C、Web 和 Ruby。HBuilder 的主体用 Java 编写,它基于 Eclipse,所以顺其自然地兼容了 Eclipse 的插件。HBuilder 的最大优势是快,通过完整的语法提示和代码输入法、代码块等大幅提升了 HTML、JavaScript、CSS 的开发效率。HBuilder 是一个典型的 IDE,语言处理功能非常强大,但在字处理、轻量方面不如其他优秀的编辑器。新的 HBuilder X(简称 HX)是 IDE 和编辑器的完美结合,HBuilder X 提供轻量且世界顶级的高效字处理能力。HBuilder X 程序界面如图 1-8 所示。

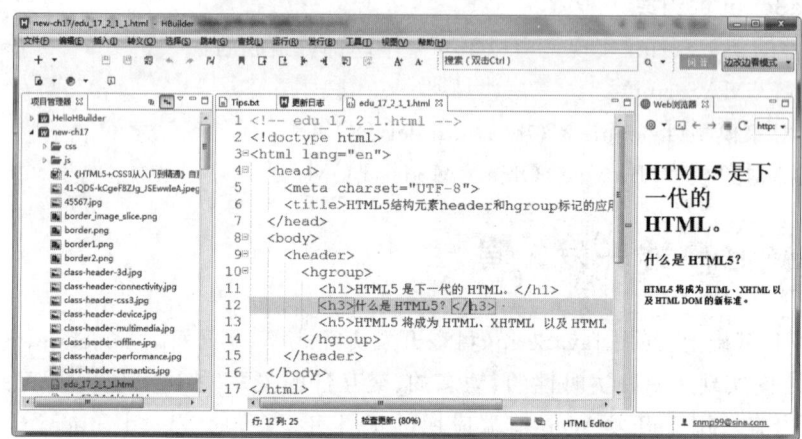

图 1-8　HBuilder X 程序界面

1.5　浏览器工具

使用 HTML、CSS、JavaScript 组合技术设计的 Web 网站经过发布后才能通过浏览器观看其设计效果。基于 Internet 的各类网页浏览器有很多,据 StatCounter 市场研究公司统计分析,2021 年 4 月～2022 年 4 月全球浏览器市场份额统计结果表现:排名全球前六名的浏览器分别是 Google Chrome、Safari、Microsoft Edge、Mozilla Firefox、Opera 和 Samsung Internet,如图 1-9 所示。

各类浏览器对应的标识如图 1-10 所示。作为 Web 前端开发工程师,一定要了解不同浏览器的使用性能和特点,了解它们的差异,这样在编写 Web 网页代码时才能充分考虑浏览器的兼容性,让网站在不同浏览器中的显示效果与风格相同。

1.5.1　Microsoft Edge

2021 年 5 月 19 日,微软宣布 IE 浏览器将在次年退出市场,2022 年 6 月 15 日,Windows 10 系统不再支持 IE 浏览器,取而代之的是更新、更快、更安全的 Edge 浏览器。Microsoft Edge 于 2015 年启用,与谷歌旗下的 Chrome 浏览器基础技术相同,是一款快速而安全的浏览器,可帮助用户保护数据,节省时间和金钱。Microsoft Edge 现在可以在 Windows、Linux、macOS、iOS 和 Android 上使用。

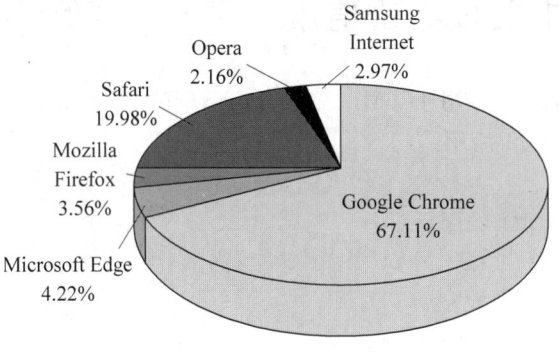

图 1-9 StatCounter 统计数据

图 1-10 主流浏览器对应的标识

1.5.2 Google Chrome

Google Chrome 又称 Google 浏览器，它是一个由 Google 公司开发的开源网页浏览器。该浏览器基于其他开源代码软件编写，包括 WebKit 和 Mozilla，目标是提升稳定性、速度和安全性，并创造出简单且高效的使用者界面。该软件的名称来自于称为 Chrome 的网络浏览器图形用户界面(Graphic User Interface，GUI)。该软件的 beta(测试)版本在 2008 年 9 月 2 日发布，提供了 43 种语言版本，有支持 Windows、Mac OS X 和 Linux 的版本并提供下载。目前 Chrome 已成为使用较广泛的浏览器。

1.5.3 Mozilla Firefox

Mozilla Firefox 的中文名为"火狐"，是一个开源的网页浏览器，使用 Gecko 引擎(即非 IE 内核)，可以在多种操作系统(例如 Windows、Mac 和 Linux)上运行。Firefox 由 Mozilla 基金会与数百个志愿者开发，原名为"Phoenix"(凤凰)，之后改名为"Mozilla Firebird"(火鸟)，再改为现在的名字，Firefox 的市场份额在全球荣居第三位。

1.5.4 Safari

Safari 是苹果计算机的最新操作系统 Mac OS X 中的新的浏览器，用来取代之前的 Internet Explorer for Mac。Safari 使用了 KDE 的 KHTML 作为浏览器的计算核心。目前该浏览器已支持 Windows 平台，但是与运行在 Mac OS X 上的 Safari 相比，有些功能出现丢失。Safari 也是 iPhone、iPod Touch、iPad 操作系统 iOS 的默认浏览器。

1.5.5 Opera

Opera 浏览器是一款由挪威的 Opera Software ASA 公司制作的支持多页面标签式浏览的网络浏览器，是跨平台的浏览器，可以在 Windows、Mac、FreeBSD、Solaris、BeOS、OS/2、QNX、Linux 等多种操作系统上运行。Opera 浏览器创始于 1995 年 4 月，到 2022 年 5 月，其官方发布的个人计算机用的最新版本为 Opera 86。此外，Opera 还有手机用的版本，例如在 Windows Mobile 和 Android 手机上安装的 Opera Mobile 和 Opera Mini，也支持多语言，包括简体中文和繁体中文。

1.6 思政案例1——社会主义核心价值观

扫一扫

思政素材

扫一扫

视频讲解

本例以"社会主义核心价值观"为主题，介绍运用 HTML、CSS、JavaScript 三大技术设计宣传展示页面。代码如下，页面效果如图 1-11 所示。

```html
1  <!-- edu_1_6_1.html -->
2  <!doctype html>
3  <html lang="en">
4    <head>
5      <meta charset="UTF-8">
6      <title>社会主义核心价值观</title>
7      <style type="text/css">
8        body{text-align: center;margin:0 50px;}
9        p{font-size: 20px;text-indent: 2em;text-align: left;}
10       h3{font-size: 28px;text-shadow: 0px 0px 5px yellow;color:red;}
11     </style>
12   </head>
13   <body>
14     <h3>社会主义核心价值观基本内容</h3>
15     <div id="">
16       <img src="image-1-6-1.jpg">
17     </div>
18     <p>党的十八大报告提出,要大力加强社会主义核心价值体系建设,"倡导富强、民主、文明、和谐,倡导自由、平等、公正、法治,倡导爱国、敬业、诚信、友善,积极培育和践行社会主义核心价值观"。</p>
19     <a href="http://paper.people.com.cn/">来源：人民网-人民日报</a>
20     <script type="text/javascript">
21       alert("我们要努力成为德智体美劳全面发展的社会主义建设者和接班人！");
22     </script>
23   </body>
24 </html>
```

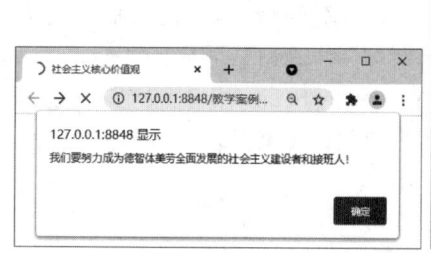
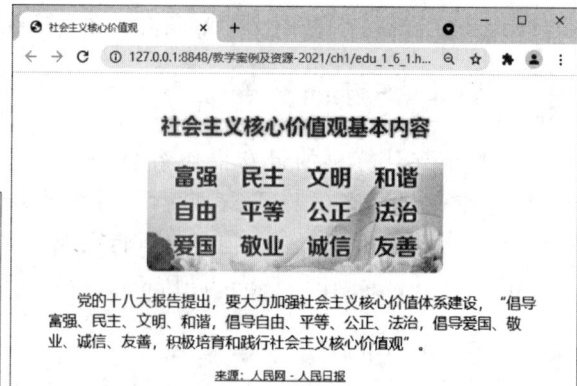

图 1-11 社会主义核心价值观展示页面

在上述代码中，第 8 行定义 body 标记样式为内容居中、边界上下为 0、左右为 50px；第 9 行定义 p 标记样式为字大小为 20px、首行缩进两个字符、文本居左对齐；第 10 行定义 h3 标记样式为字大小为 28px、颜色为红色、文本带阴影（水平、垂直偏移量为 0，阴影为 5px、颜色为黄色）；第 13~23 行是 HTML 的主体，包含标题字、图层、段落、超链接、脚本标记的定义,其中第14行定义h3标题字,第15~17行定义一个img标记,设置src属性值为image-1-6-1.jpg,第18行定义p标记,第19行定义超链接a标记,第20~22行定义脚本script标记,在其中插入告警消息框alert()输出信息"我们要努力成为德智体美劳全面发展的社会主义建设者和接班人!"。

本章小结

本章从Web概述、Web前端开发工程师的职业要求、Web前端开发技术、Web前端开发工具、Web浏览器工具五大方面对Web前端开发技术进行综述。

Web概述重点阐述了Web的起源、Web的特点、Web的工作原理。为适应互联网行业迅速发展对IT开发人才的需要,接下来介绍了Web前端开发工程师这一人才紧缺岗位的职业需求。

Web前端开发技术重点介绍了Web网页设计的"三剑客",分别是HTML、CSS、JavaScript,三者在网页设计中的作用各不相同。其中,HTML是Web网页的内容;CSS是Web网页的表现;JavaScript和HTML DOM是网页的行为,实现网页的动态、交互功能。

Web前端开发工具重点介绍了目前Web前端开发常用的工具。

Web浏览器工具重点介绍了各大主流网络浏览器,通过使用了解浏览器之间的差异。

扫一扫

自测题

练习1

1．选择题

(1) HTML是一种(　　)语言。
　　A．编译型　　　　　　　　　　B．超文本标记
　　C．高级程序设计　　　　　　　D．面向对象的编程

(2) 世界上第一个网页是(　　)。
　　A．http://www.w3c.org　　　　B．http://info.cern.ch
　　C．http://www.microsoft.com　D．http://www.baidu.com

(3) 访问FTP站点使用的协议类型是(　　)。
　　A．http　　　B．ftp　　　C．https　　　D．mailto

(4) 下列不是开发HTML网页的软件是(　　)。
　　A．VS Code　　　　　　　　　B．HBuilder X
　　C．WebStorm　　　　　　　　D．Visual Basic

(5) 设计JavaScript语言的公司是(　　)。
　　A．Netscape　　B．Microsoft　　C．Sun　　D．Google

2．填空题

(1) HTML文档是由_____构成的_____文件。

(2) 世界上第一个网站的发明人是_____。

(3) 在网页任何位置右击,从弹出的菜单中选择_____命令或者使用_____快捷键,可以查看网页的源代码。

(4) 列出常用的Web前端开发工具(3个以上):_____、_____、_____。

（5）HTML 的全称是_____。URL 的全称是_____。CSS 的全称是_____。

（6）列出常用的主流网络浏览器（3 个以上）：_____、_____、_____。

3．简答题

（1）简述 Web 的工作原理。

（2）Web 具有哪些特点？

（3）写出 URL 的格式，并说明它的组成及作用。

（4）分别说明 HTML、CSS、JavaScript 在 Web 网页设计中的作用。

实验 1

1. 学会使用 VS Code 和 HBuilder X 等编辑软件将思政案例的代码输入编辑器中，并进行调试，通过浏览器查看网页效果，与图 1-11 进行比较。

2. 下载 HBuilder X、Sublime Text、WebStorm 等软件，练习使用各种编辑器软件，试着比较它们的优缺点。

CHAPTER 2

第2章

HTML基础

本章学习目标

通过本章的学习,读者能够掌握 HTML 文档的基本结构,了解 HTML 头部 head 和主体 body 两大部分在网页设计中的作用;了解 head、body 标记中可以包含哪些标记;了解 HTML 标记的作用、语法及类型,学会编写简易的 Web 网页代码。

Web 前端开发工程师应知应会以下内容:
- 掌握 HTML 文档的基本结构。
- 了解标记的类型、语法。
- 学会 body 标记的属性的设置方法。
- 学会给网页添加注释。
- 了解元信息 meta 标记的作用。

2.1 HTML 文档的结构

HTML 文档由头部 head 和主体 body 两部分组成。在头部 head 标记中可以定义标题、样式等,头部信息不显示在网页上;在主体 body 标记中可以定义段落、标题字、超链接、脚本、表格、表单等元素,主体内容是网页要显示的信息。

HTML 文档的基本结构如下:

```
1.   <!DOCTYPE html>
2.   <html>
3.     <head>
4.       <meta charset="utf-8">
5.       <title>Web 网页标题</title>
6.     </head>
7.     <body>
8.       ...
9.     </body>
10.  </html>
```

HTML 文档以<html>标记开始,以</html>标记结束。所有的 HTML 代码都位于这两个标记之间。浏览器根据 HTML 文档类型和内容来解释整个网页,然后呈现给用户。在一般情况下,每个 HTML 文档都应该有且只有一个 html、head 和 body 元素。

扫一扫
视频讲解

【例 2-1-1】 HTML 文档的基本结构展示。其代码如下,页面效果如图 2-1 所示。

```
 1  <!--
 2      程序名称: edu_2_1_1.html
 3      程序功能: HTML 文档结构
 4      设计人员: Web 前端开发工程师
 5      设计时间: 2022/5/31
 6  -->
 7  <!doctype html>
 8  <html lang = "en">
 9      <head>
10          <meta charset = "UTF-8">
11          <title>HTML 文档结构</title>
12          <style type = "text/css">
13              p{font-size:24px; /*定义字体大小*/}
14          </style>
15      </head>
16      <body>
17          <p>HTML 文档结构由 head、body 标记组成</p>
18          <h3>标题字 h3</h3>
19          <hr size = 3 color = "red">
20          <a href = "http://www.baidu.com">百度</a>
21          <script type = "text/javascript">
22              document.write("这是简单的网页!");   //向页面输出信息
23          </script>
24      </body>
25  </html>
```

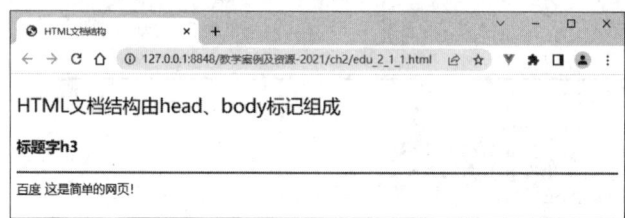

图 2-1 HTML 文档结构展示

代码中第 9~15 行是头部标记所包含的代码,头部标记所包含的内容不会在网页上显示;第 16~24 行是主体标记所包含的代码,也是网页要显示的主要信息。

2.2 头部 head

HTML 文档的头部 head 标记主要包含页面标题标记、元信息标记、样式标记、脚本标记、链接标记等。头部 head 标记所包含的信息一般不会显示在网页上。

2.2.1 标题 title 标记 ▶

基本语法

`<title>标题信息显示在浏览器的标题栏上</title>`

语法说明

title 标记是成对标记，<title>是开始标记，</title>是结束标记，两者之间的内容为显示在浏览器的标题栏上的信息。

【例 2-2-1】 标题 title 标记的应用。其代码如下，页面效果如图 2-2 所示。

扫一扫

视频讲解

```
 1  <!-- edu_2_2_1.html -->
 2  <!doctype html>
 3  <html lang="en">
 4      <head>
 5          <meta charset="UTF-8">
 6          <title>页面标题</title>
 7      </head>
 8      <body>
 9          页面标题显示在浏览器的标题栏上
10      </body>
11  </html>
```

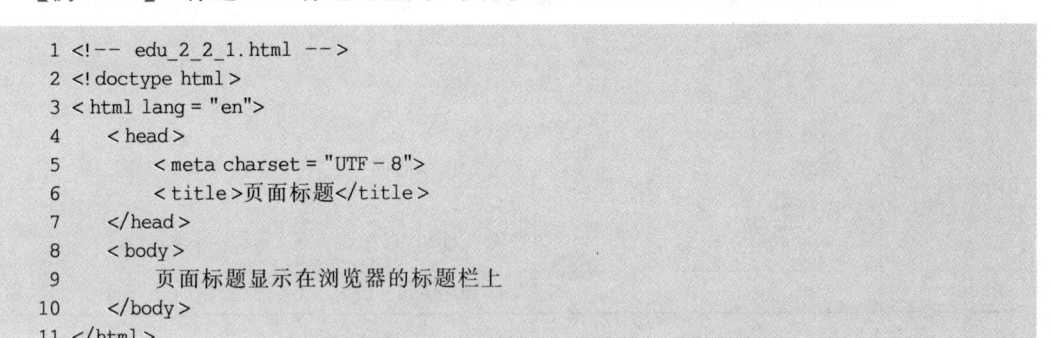

图 2-2　标题 title 标记的应用

2.2.2　元信息 meta 标记

meta 标记用来描述一个 HTML 网页文档的属性，也称为元信息（meta-information），这些信息并不会显示在浏览器的页面中，例如作者、日期和时间、网页描述、关键词、页面刷新等。meta 标记是单个标记，位于文档的头部，其属性定义了与文档相关联的"名称/值"对。

1. meta 标记

基本语法

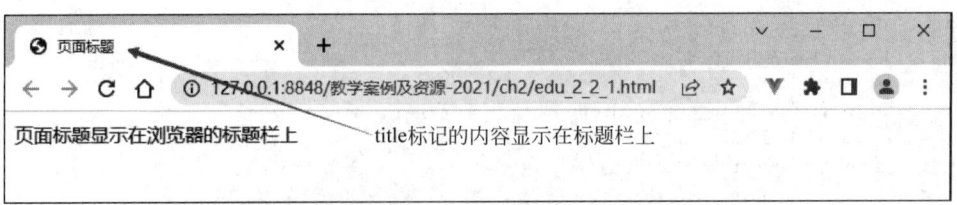

属性说明

name 属性与 content 属性。name 属性用于描述网页，它是"名称/值"形式中的名称，name 属性的值所描述的内容通过 content 属性表示，便于搜索引擎机器人查找、分类，其中最重要的是 description、keywords 和 robots。

http-equiv 属性与 content 属性。http-equiv 属性用于提供 HTTP 协议的响应头报文，它回应给浏览器一些有用的信息，以帮助浏览器正确、精确地显示网页内容。它是"名称/值"形式中的名称，http-equiv 属性的值所描述的内容通过 content 属性表示。meta 标记的属性、取值及说明如表 2-1 所示。

表 2-1　meta 标记的属性、取值及说明

属　性	取　值	说　明
name	author description keywords generator	定义网页作者 定义网页简短描述 定义网页关键词 定义编辑器
http-equiv	content-type expires refresh set-cookie	内容类型 网页缓存过期时间 刷新与跳转(重定向)页面 如果网页过期,那么存盘的 cookie 将被删除
content	some_text	定义与 http-equiv 或 name 属性相关的元信息

2．meta 标记的使用方法

1) name 属性设置

```
1 < meta name = "keywords" content = "信息参数"/>
2 < meta name = "description" content = "信息参数"/>
3 < meta name = "author" content = "信息参数"/>
4 < meta name = "generator" content = "信息参数"/>
5 < meta name = "copyright" content = "信息参数">
6 < meta name = "robots" content = "信息参数">
```

robots 告诉搜索引擎机器人抓取哪些页面。其属性的取值及说明如表 2-2 所示。

表 2-2　robots 属性的取值及说明

取　值	说　明
all	文件将被检索,且页面上的链接可以被查询
none	文件将不被检索,且页面上的链接不可以被查询
index	文件将被检索
noindex	文件将不被检索,但页面上的链接可以被查询
follow	页面上的链接可以被查询
nofollow	文件将被检索,但页面上的链接不可以被查询

2) http-equiv 属性设置

```
1 < meta http - equiv = "cache - control" content = "no - cache">;
2 < meta http - equiv = "refresh" content = "时间; url = 网址参数">
3 < meta http - equiv = "content - type" content = "text/html; charset = 信息参数"/>
4 < meta http - equiv = "expires" content = "信息参数"/>
```

第 1 行说明禁止浏览器从本地计算机的缓存中访问页面内容,同时访问者将无法脱机浏览。第 2 行说明多长时间网页自动刷新,加上 URL 中的网址参数就代表多长时间自动链接其他网址。第 3 行中的 content-type 代表的是 HTTP 协议的头部,它可以向浏览器传回一些有用的信息,以帮助浏览器正确、精确地显示网页内容,与之对应的属性值为 content, content 中的内容其实就是各个参数的变量值。第 4 行设置 meta 标记的 expires(期限),可以用于设定网页在缓存中的过期时间。一旦网页过期,必须到服务器上重新传输。网页到

期时间的设置格式如下：

```
<meta http-equiv="expires" content="Fri 12 Jan 2001 18:18:18 GMT">
```

注：必须使用 GMT 的时间格式，或直接设置为 0（数字表示多少时间后过期）。
在 HTML5 规范和新版本软件中，第 3 行 meta 标记已经改为下列简洁形式：

```
<meta charset="UTF-8">
```

【例 2-2-2】 元信息 meta 标记的应用。其代码如下。

```
1  <!-- edu_2_2_2.html -->
2  <!doctype html>
3  <html lang="en">
4      <head>
5          <title>中国教育和科研计算机网 CERNET</title>
6          <meta charset="UTF-8">
7          <meta content="IE=EmulateIE7" http-equiv="X-UA-Compatible">
8          <meta name="keywords" content="中国教育网,中国教育,科研发展,教育信息化,
             CERNET,CERNET2,下一代互联网,人才,人才服务,教师招聘,教育资源,教育服务,教育博
             客,教育黄页,教育新闻,教育资讯" />
9          <meta name="description" content="中国教育网(中国教育和科研计算机网)是权威的
             教育门户网站,是了解中国教育的对内、对外窗口。网站提供关于中国教育、科研发展、教
             育信息化、CERNET 等新闻动态、最新政策,并提供教师招聘、高考信息、考研信息、教育资
             源、教育博客、教育黄页等全面多样的教育服务。" />
10         <meta name="copyright" content="www.edu.cn" />
11         <meta name="robots" content="all" />
12     </head>
13     <body>
14         <p>这是中国教育和科研计算机网的头部部分标记的应用</p>
15     </body>
16 </html>
```

代码是参照"中国教育和科研计算机网"的首页的部分代码改写而成的。通过此段代码的示范能够让读者掌握在页面中如何正确地使用 meta 标记。代码中的第 2 行是定义 HTML 文档类型（HTML5）；第 8～11 行使用 meta 标记定义属性 name 的值分别为 keywords、description、copyright、robots 以及相应的 content 属性值。

2.3 主体 body

主体 body 是一个 Web 页面的主要部分，其设置内容是读者实际看到的网页信息。所有 WWW 文档的主体部分都是由 body 标记定义的。在主体 body 标记中可以放置网页中所有的内容，例如图片、图像、表格、文字、超链接等元素。

2.3.1 body 标记

1. 基本语法

```
<body>
    这是网页的内容…
</body>
```

2．语法说明

<body>是开始标记,</body>是结束标记,两者之间所包括的内容为网页上显示的信息。

【例 2-3-1】 在 body 标记中插入相关标记。其代码如下,页面效果如图 2-3 所示。

```
1  <!-- edu_2_3_1.html -->
2  <!doctype html>
3  <html lang="en">
4  <head>
5  <meta charset="UTF-8">
6    <title>简易网页设计</title>
7    <style type="text/css">
8      p{text-indent:2em;/*首行缩进两个字符*/}
9    </style>
10 </head>
11 <body text="green">
12   <h3 align="center">Web前端开发技术课程简介</h3>
13   <hr color="red">
14   <p>"Web前端开发技术"课程是计算机科学与技术、信息管理与信息系统、软件工程等专业的一门基础课程,也是其他计算机相关专业的公共基础课程,通过对Web前端开发三大主流技术的学习和研究,让学生理解和掌握HTML、JavaScript、CSS等相关知识,通过实验培养学生设计与开发Web站点的基本操作技能。</p>
15 </body>
16 </html>
```

代码中第 11～15 行是主体部分,其中第 12 行是插入 h3 标记修饰标题;第 13 行是插入水平分隔线标记并将水平分隔线设置成红色;第 14 行是插入一个段落 p 标记介绍课程。

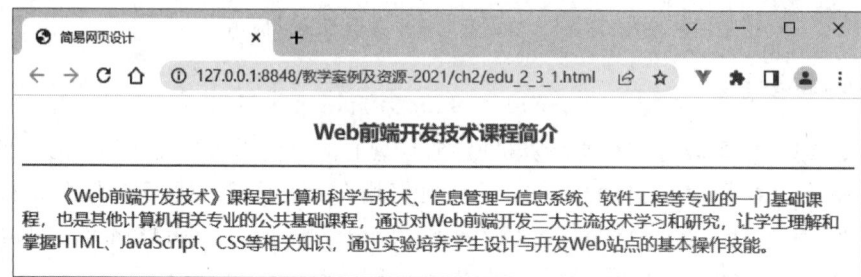

图 2-3　主体 body 标记的应用

2.3.2　body 标记的属性

设置 body 标记的属性可以改变页面的显示效果。该标记的属性主要有 topmargin、leftmargin、text、bgcolor、background、link、alink、vlink。在 HTML5 中可以使用 CSS 属性替代。

1．基本语法

```
<body leftmargin="50px" topmargin="50px" text="#000000" bgcolor="#339999"
link="blue" alink="white" vlink="red" background="body_image.jpg">
```

2．属性说明

body 标记的属性、取值及说明如表 2-3 所示。

表 2-3 body 标记的属性、取值及说明

属性	取值	说明
text	rgb(r,g,b)	rgb 函数(整数),r、g、b 的取值范围为 0~255。
	rgb(r%,g%,b%)	rgb 函数(百分比),r、g、b 的取值范围为 0~100。
	♯rrggbb 或 ♯rgb	十六进制数据(6 位或 3 位),例如♯rrggbb 或♯rgb,r、g、b 为十六进制数,取值范围为 0~9,A~F。♯3F0 可转换为♯33FF00。
	colorname	颜色的英文名称,例如 red、green、blue 等
bgcolor	同上	规定文档的背景颜色。不赞成使用
alink	同上	规定文档中活动链接的颜色。不赞成使用
link	同上	规定文档中未访问链接的默认颜色。不赞成使用
vlink	同上	规定文档中已被访问链接的颜色。不赞成使用
background	URL	规定文档的背景图像。不赞成使用
topmargin	pixel	规定文档中上边距的大小
leftmargin	pixel	规定文档中左边距的大小

【例 2-3-2】 主体 body 标记属性的应用。其代码如下,其页面效果如图 2-4 所示。

扫一扫

视频讲解

```
 1  <!-- edu_2_3_2.html -->
 2  <!doctype html>
 3  <html lang="en">
 4    <head>
 5      <meta charset="UTF-8">
 6      <title>body 属性应用</title>
 7      <meta name="Generator" content="EditPlus">
 8      <meta name="Author" content="储久良">
 9      <style type="text/css">
10        div{background:♯99CCCC;width:500px;height:150px;}
11      </style>
12    </head>
13    <body text="rgb(00,00,00)" bgcolor="♯F0F0F0" background="" link="rgb(0%,100%,0%)" alink="white" vlink="red" topmargin="60px" leftmargin="60px">
14      <div id="" class="">
15        <p>欢迎访问我们的站点,我们为您提供网站地图。</p>
16        网站导航:
17        <a href="http://www.baidu.com">百度</a>
18        <a href="http://www.163.com">网易</a>
19        <a href="http://www.sina.com.cn">新浪</a>
20        <a href="http://www.sohu.com.cn">搜狐</a>
21      </div>
22    </body>
23  </html>
```

代码中第 10 行定义 div 的背景、宽度和高度;第 13 行设置 body 属性,其中设置网页信息显示的颜色为黑色,背景色为♯F0F0F0,链接的颜色为绿色,活动链接为白色,访问过的链接为红色,网页中的文档左边距、上边距均为 60px;第 15 行插入一个段落;第 17~20 行插入 4 个超链接。

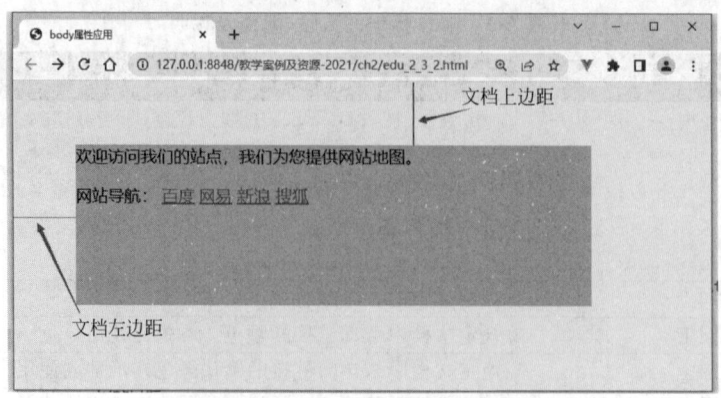

图 2-4 主体 body 标记属性的应用

2.4 HTML 基本语法

HTML 文档结构主要由若干标记构成,随着页面复杂程度的不同,所使用的标记数量和标记属性设置也不相同。掌握 HTML 标记语法和属性语法是设计 Web 页面的基础。

2.4.1 标记的类型

HTML 标记是由尖括号包围的关键词,用于说明指定内容的外貌和特征,也可称为标签(Tag),本书统一约定为标记。<html></html>、<head></head>、<body></body>、
、<hr>等都是标记。标记通常分为单(个)标记和双(成对)标记两种类型。

1．单(个)标记

仅使用单个标记就能够表达特定的意思,称为单(个)标记。W3C 定义的新标准(XHTML1.0/HTML4.01)建议单个标记应以"/"结尾,即<标记名称/>。

1) 基本语法

<标记名称>或<标记名称/>

2) 语法说明

最常用的单标记有
、<hr>、<link>。
、
表示换行,<hr>、<hr/>表示水平分隔线,<link>表示链接标记。

2．双(成对)标记

HTML 标记通常是成对出现的,例如和。标记对中的第一个标记是开始标记(也称为首标记),第二个标记是结束标记(也称为尾标记)。

1) 基本语法

<标记名称>内容</标记名称>

2) 语法说明

内容:被成对标记说明特定外貌的部分。

例如,<html>与</html>之间的文本描述网页。<body>与</body>之间的文本是可见的页面内容。表示重要文本标记让浏览器将内容"表示重要文本"以标准粗体方式显示。

标记可以相互嵌套,但是不能交叉,尽管浏览器能够理解,但不是好的编程习惯。

例如将 h3 标记与 i 标记交叉了,错误代码如下:

```
<h3><i>这是错误的交叉嵌套的代码</h3></i>      <!-- 交叉嵌套错误 -->
```

正确代码如下:

```
<h3><i>这是正确嵌套不交叉的代码</i></h3>
```

2.4.2 HTML 属性

HTML 使用标记来描述网页,浏览器根据标记解释标记所包含内容的效果。每一个标记均定义了一个默认的显示效果,这些默认效果是通过标记的附加信息(也称为属性 Attribute)来定义的。如果要修改某一个效果,那就需要修改该标记的附加信息。

例如,段落 p 标记默认内容是居左对齐,如果需要将段落居中对齐显示,只需要设置对齐 align 属性。其代码如下:

```
<p align="center">这个段落居中显示</p>
```

1. 基本语法

```
<标记名称 属性名1="属性值1" 属性名2="属性值2" … 属性名n="属性值n"></标记名称>
```

2. 语法说明

属性应在开始标记(首标记)内定义,且与首标记名称之间至少留一个空格。例如在上例的 p 标记中,align 为属性,center 为属性值,属性与属性值之间通过赋值号"="连接,属性值可以直接书写,也可以使用双引号("")括起来。多个属性/值对之间至少留一个空格。

作为 Web 前端开发工程师应该养成良好的编写属性/值对的习惯,建议统一为属性值加上双引号,即:

```
属性名n="属性值n"
```

下列写法也是正确的:

```
<p align=center>这个段落居中显示</p>
```

【例 2-4-1】 标记语法及属性语法的应用。其代码如下,页面效果如图 2-5 所示。

```
1  <!-- edu_2_4_1.html -->
2  <!doctype html>
3  <html lang="en">
4  <head>
5    <meta charset="UTF-8">
6    <title>标记语法及属性语法应用</title>
7    <style type="text/css">
8      h2{text-align:center;background:#6699FF;padding:20px;}
9      p{text-indent:2em;}
```

扫一扫

视频讲解

```
10    </style>
11    </head>
12    <body background="" text="red">
13        <h2 align="center">新 年 寄 语</h2>
14        <hr size="2" color="#6600FF" width="100%"/>
15        <p align="left">轻轻送上我忠诚的祈求和祝愿,祈求分别的时光像流水瞬间逝去,祝愿再会时,紧握的手中溢满友情和青春的力量。</p>
16        <p align="right">有一种跌倒叫站起,有一种失落叫收获,有一种失败叫成功——坚强些,朋友,明天将属于你!</p>
17    </body>
18 </html>
```

代码中第8~9行分别定义标题字h2样式(对齐、背景和填充等属性)、p样式(首行缩进两个字符);第12~17行是HTML的主体,包含标题字、水平分隔线、段落等标记的定义,其中第12行定义主体body的所有文本信息的颜色属性,第13行定义标题字h2的对齐align属性(居中对齐),第14行定义水平分隔线hr的粗细、颜色、宽度等属性,第15行定义段落p的对齐align属性(左对齐),第16行定义段落p的对齐align属性(右对齐)。

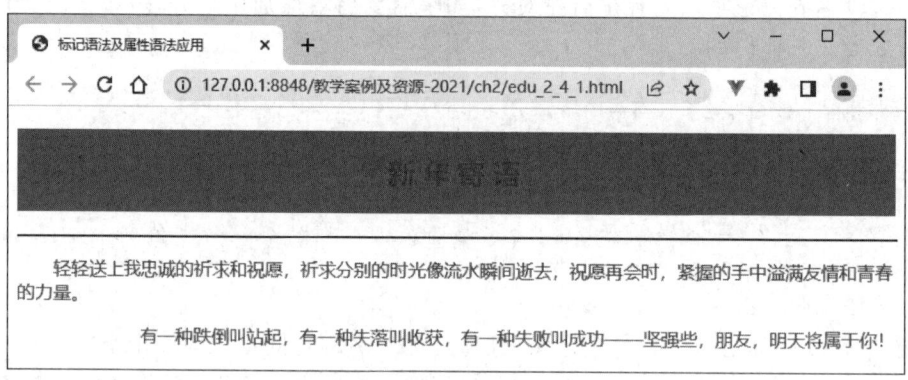

图2-5 标记语法及属性语法的应用

2.5 注释

为了提高代码的可读性、可维护性,作为Web前端开发工程师必须养成良好的编程习惯。通过注释标记给脚本代码或样式定义增加注释文本信息,可以给Web编程人员阅读和理解代码提供帮助,为后期软件的维护和升级奠定基础。用户可以使用锯齿格式编写代码,即代码向右缩进4个字符,也可自定义缩进量。

在HTML代码中插入注释标记可以提高代码的可读性。浏览器不会解释注释标记,注释标记的内容也不会显示在页面上。

在HTML代码中添加注释的方法有两种,即<!--注释信息-->和<comment>注释信息</comment>。但第2种方法在很多浏览器(Chrome等)中会显示在页面上,所以不建议采用。

1. <!--注释信息-->基本语法

```
<!-- 显示一个段落 -->
```

2. 语法说明

以左尖括号和感叹号的组合(<!--)开始,以右尖括号(-->)结束。

【例 2-5-1】 给网页添加注释。其代码如下,页面效果如图 2-6 所示。

```
1  <!-- edu_2_5_1.html -->
2  <!doctype html>
3  <html lang = "en">
4      <head>
5          <meta charset = "UTF-8">
6          <title>注释应用</title>
7      </head>
8      <body>
9          <!-- 显示一个段落 -->
10         <p>这是一个段落</p>
11         <script type = "text/javascript">
12             document.write("HTML注释的应用");
13         </script>
14     </body>
15 </html>
```

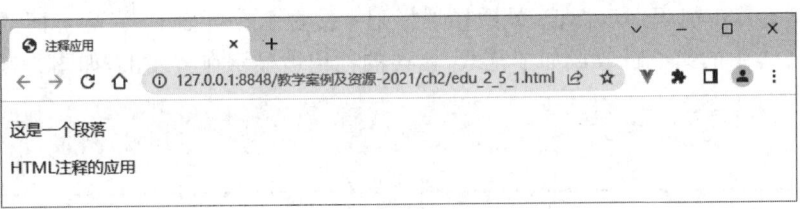

图 2-6 给网页添加注释

代码中第 1 行和第 9 行定义注释语句;第 11～13 行是在 body 标记中插入脚本标记;第 12 行是向页面输出信息。

2.6 HTML 文档的编写规范

HTML 文档是 Web 网页的重要文本文件,也是 Web 前端开发工程师设计网站的重要信息载体。文档的编写质量直接影响网站的呈现形式、访问速度、网络流量和用户体验,所以遵循 HTML 文档的编写规范十分重要。

2.6.1 HTML 代码的书写规范

HTML 语法是 Web 页面设计所应遵循的基本规范,养成按规范编写代码的习惯能够大大减少设计页面中存在的缺陷。下面是进行 HTML 页面编码时需要注意的基本规范:

(1) HTML 标记是由尖括号包围的关键词。所有标记均以"<"开始、以">"结束。结束标记在开始标记的名称前加上斜杠"/"。例如头部标记的格式如下:

```
<head> … </head>
```

(2) 根据标记的类型正确地书写标记,单个标记最好在右尖括号前加一个斜杠"/",如换行标记是单个标记
,成对标记最好同时输入开始标记和结束标记,以免忘记。

（3）标记可以相互嵌套(也称为包含)，但不能交叉。例如：

<head><title> … </title></head>　　<!-- 这是正确的书写格式 -->
<head><style> … </head></style>　　<!-- 这是错误的书写格式 -->

（4）HTML 代码在书写时不区分大小写，例如将头部标记写成<HEAD>、<head>、<Head>、<HEAd>都可以，但建议在同一个 Web 开发项目中保持一种风格，如统一成小写标记名称。

（5）若代码中包含任意多的回车符和空格，在显示 HTML 页面时均不起作用，这时可使用
和 来实现换行和插入空格。为了使代码清晰，建议不同的标记单独占一行。

（6）在给标记设置属性时，属性值建议用引号标注起来。例如段落内容居中的格式如下：

<p align = "center">这是段落信息居中显示</p>

（7）在书写开始标记与结束标记时，左尖括号与标记名或与斜杠"/"之间不能留有多余空格，否则浏览器不能识别该标记，导致错误标记直接显示在页面上，影响页面的美观效果。例如将例 2-5-1 中的第 9 行改成如下格式，错误的标记被显示在页面上，如图 2-7 所示。

<!-- 显示一个段落 -->

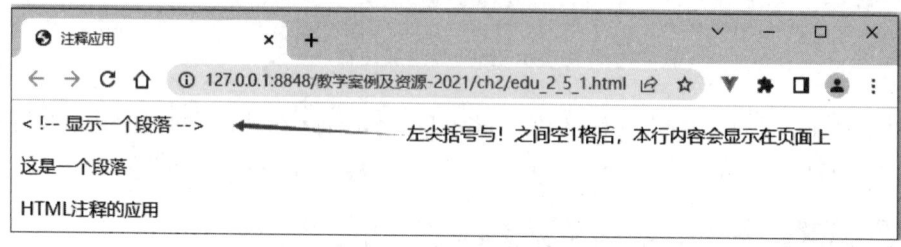

图 2-7　添加注释的应用

（8）在编写 HTML 代码时应该使用锯齿结构，即向右缩进 2～4 个字符，使代码结构清晰，提高代码的可读性，为后期的阅读和维护提供帮助。

2.6.2　HTML 文档的命名规则

HTML 文档是展示 Web 前端开发工程师成果的最好表示方式，为了便于文档的规范化管理，在编写 HTML 文档时必须遵循 HTML 文档的命名规则。

HTML 文档的命名规则如下：

（1）文档的扩展名为 htm 或者 html，建议统一用 html。

（2）文档的名称只可由英文字母、数字或下画线组成，建议以字母或下画线开始。

（3）文档名称中不能包含特殊符号，例如空格、$、& 等。

（4）文档名称区分大小写，特别是在 UNIX、Linux 系统中用大小写表示的文件是不同的。

（5）Web 服务器主页一般命名为 index.html 或 default.html。

2.7 HTML 文档的类型

Web 世界中存在许多不同的文档,只有了解了文档的类型,浏览器才能正确地显示文档。HTML 也有多个不同的版本,只有完全明白页面中使用的确切 HTML 版本,浏览器才能正确地显示出 HTML 页面。

2.7.1 <!doctype>标记

doctype 是 Document Type 的英文缩写,<!doctype>标记不是 HTML 标记。此标记可告知浏览器文档使用哪种 HTML 或 XHTML 规范。<!doctype>声明位于文档中最前面的位置,处于<html>标记之前。

基本语法

```
<!doctype element-name DTD-type DTD-name DTD-url>
<!-- HTML 4.01 中 Strict 类型文档声明 -->
<!DOCTYPE HTML PUBLIC "-//W3C//DTD HTML 4.01//EN" "http://www.w3.org/TR/html4/strict.dtd">
```

语法说明

<!doctype>表示开始声明文档类型定义(Document Type Definition,DTD),其中 doctype 是关键字。

element-name 指定该 DTD 的根元素名称。

DTD-type 指定该 DTD 的类型。若设置为 PUBLIC,则表示该 DTD 是标准公用的;若设置为 SYSTEM,则表示该 DTD 是私人制定的。

DTD-name 指定该 DTD 的文件名称。

DTD-url 指定该 DTD 文件所在的 URL 地址。

>是指结束 DTD 的声明。

2.7.2 HTML5 的 DTD 定义

```
<!doctype html>
```

在 HTML 文档中规定 doctype 是非常重要的,这样浏览器就能了解预期的文档类型。HTML4.01 中的 doctype 需要对 DTD 进行引用,因为 HTML4.01 基于 SGML。HTML5 不基于 SGML,因此不需要对 DTD 进行引用,但是需要用 doctype 来规范浏览器的行为。

2.8 思政案例 2——传统美德故事:铁杵磨成针

以"传统美德故事:铁杵磨成针"为主题,参照给定的 HTML 代码和图像资源设计 Web 网页,效果如图 2-8 所示。

HTML 代码如下:

```
1 <!-- edu_2_8_1.html -->
2 <!doctype html>
3 <html lang="en">
4   <head>
```

扫一扫

思政素材

扫一扫

视频讲解

图 2-8 传统美德故事：铁杵磨成针

```
5      <meta charset="UTF-8">
6      <title>传统美德故事:铁杵磨成针</title>
7      <style type="text/css">
8          div{text-align: center;}
9          p{text-align: left;text-indent: 2em;margin: 3px;}
10         strong,em{color: red;}
11     </style>
12   </head>
13   <body bgcolor="#FEFEFE" leftmargin="100px" rightmargin="100px">
14       <h2 align="center">传统美德故事:铁杵磨成针</h2>
15       <hr size="1" color="red" width="100%"/>
16       <div id="" class="">
17           <img src="image-2-8-1.jpg">
18           <p>唐朝大诗人李白,小时候不喜欢读书。一天,趁老师不在屋,李白悄悄溜出门去玩儿。他来到山下小河边,见一位老婆婆,在石头上磨一根铁杵。李白很纳闷,上前问:"老婆婆,您磨铁杵做什么?"老婆婆说:"我在磨针。"李白吃惊地问:"哎呀!铁杵这么粗大,怎样能磨成针呢?"老婆婆笑呵呵地说:"只要天天磨,铁杵总能越磨越细,还怕磨不成针吗?"</p>
19           <p>聪明的李白听后,想到自己,心中惭愧,转身跑回了书屋。从此,他牢记<strong>"只要功夫深,铁杵磨成针"</strong>的道理,发奋读书,最后成为有名的大诗人。</p>
20           <p><em><u>"书山有路勤为径,学海无涯苦作舟。"</u></em>中华民族自强不息的精神,在勤奋读书方面表现得格外突出。不论是善于治国的政治家,还是胸怀韬略的军事家;不论是思维敏捷的思想家,还是智慧超群的科学家,他们之所以在事业上不同凡响,都是与他们从小的远大抱负分不开的。俗话说"有志者立长志,无志者常立志",立志,贵在少年。</p>
21       <hr size="1" color="red" width="100%"/>
22       </div>
23   </body>
24 </html>
```

上述代码中第4～12行是HTML的头部，包含元信息、标题和样式的定义。第13～23行是HTML的主体，包含h2、hr、img、div、p、strong、em、u等标记的定义。其中第13行定义主体body的背景颜色和左右空白等属性；第14行定义标题字h2的对齐align属性（居中对齐）；第15行和第21行定义hr的粗细、颜色、宽度等属性；第16～22行定义div标记，其内包裹了一个img标记和3个p标记；第19行使用strong标记以加粗、红色显示"只要功夫深,铁杵磨成针";第20行使用em和u标记以斜体、带下画线、红色显示"书山有路勤为径,学海无涯苦作舟"。

本章小结

本章介绍了HTML文档的基本结构。HTML文档主要包含<html></html>、<head></head>、<body></body>3个标记。

<body></body>之间的内容是HTML文档的主体部分,会显示在页面上。body标记的常用属性有text、bgcolor、background、link、vlink、alink、topmargin、leftmargin等。在head标记中重点介绍了标题title标记和元信息meta标记,其中meta标记有两个属性,分别是name、http-equiv,它们都是"属性/值"对中的属性,其值由属性content给定。

本章还介绍了HTML标记语法和HTML属性语法。HTML标记分为单标记和成对标记。成对标记由开始标记和结束标记组成。标记属性必须在开始标记中定义,多个"属性/值"对之间至少留一个空格,首个属性与开始标记之间至少留一个空格。

HTML5中文档类型的定义改成简洁型,即<!doctype html>。

扫一扫
自测题

练习2

1．选择题

(1) 下列标记中用于设置页面标题的标记是(　　)。
　　A．<caption>　　B．<title>　　C．<html>　　D．<head>
(2) 下列标记中能够显示网页内容的标记是(　　)。
　　A．<title>　　B．
　　C．<html>　　D．<body>
(3) 下列选项中正确表达页面注释格式的是(　　)。
　　A．<!--注释-->　　　　　　　　　　B．<--注释-->
　　C．<!注释>　　　　　　　　　　　　D．<!comment>
(4) 以下(　　)不是元信息meta标记的属性。
　　A．name　　B．color　　C．content　　D．http-equiv
(5) 设置body显示信息的颜色为红色的属性是(　　)。
　　A．text　　B．color　　C．bgcolor　　D．background
(6) 以下标记中不是成对标记的是(　　)。
　　A．<html>　　B．
　　C．<body>　　D．<head>

2．填空题

(1) HTML文档通常以_____或_____作为扩展名,网站的首页文件通常命名为_____或_____。

(2) HTML文档是用来描述网页的,一般由_____和_____两部分组成。

(3) HTML中的标记分为_____标记和_____标记两种。部分标记是单标记,大多数标记是_____标记,由_____标记(或_____标记)和_____标记(或_____标记)组成。

(4) 使用标记定义HTML5中的文档类型的正确写法是_____。

3．简答题

（1）简述一个 HTML 文档应包含几个基本标记，并举例说明。

（2）写出 HTML 文档的命名规则。

实验 2

1．按图 2-9 所示的效果完成页面设计。3 号标题内容为"天下兴亡，匹夫有责"，文字居中。水平分隔线的粗细为 1、颜色为♯FF3333。img 标记的 src 属性值为 image-ex-2-1-tianxia.jpg、宽度为 350px。段落内容："天下兴亡，匹夫有责"源自顾炎武的《日知录·正始》中"保天下者,匹夫之贱与有责焉耳矣"一句，后被梁启超精炼为"天下兴亡，匹夫有责"。这句话说的是，国家的振兴或衰亡，每一个普通人都负有责任。

图 2-9　"天下兴亡，匹夫有责"释义页面

2．按图 2-10 所示的效果完成页面设计。页面标题为"天安门"，在浏览器窗口中显示标题、水平分隔线、图像和段落。其中网页的背景颜色为♯FFFFEE；标题为 h2、水平居中；水平分隔线的粗细为 1、颜色为红色；图像为 image-ex-2-2-tiananmen.jpg、宽度为 512px。段

图 2-10　天安门简介页面

落内容:天安门,坐落在中华人民共和国首都北京市的中心、故宫的南端,与天安门广场以及人民英雄纪念碑、毛主席纪念堂、人民大会堂、中国国家博物馆隔长安街相望,占地面积4800平方米,以杰出的建筑艺术和特殊的政治地位为世人所瞩目。

注:在 head 标记中插入 style 标记。内容如下:

```
1  <style type="text/css">
2    p{font-size: 24px;text-indent: 2em;text-align: left;}
3    body{text-align: center;}
4  </style>
```

第3章 格式化文本与段落

CHAPTER 3

本章学习目标

网页内容的排版包括文本格式化、段落格式化和整个页面的格式化,这是设计一个网页的基础。文本格式化标记分为字体标记、文字修饰标记。字体标记和文字修饰标记包括对于字体样式的一些特殊修改。段落格式化标记分为段落标记、换行标记、水平分隔线标记等。

通过对文本与段落格式化知识的学习,读者能够掌握页面内容的初步设计,理解并掌握 HTML 标题字标记、空格及特殊符号的使用;理解格式化标记中的文本修饰标记以及字体 font 标记的语法和使用;理解段落与排版标记的语法,学会编写简易的 Web 页面代码。

Web 前端开发工程师应知应会以下内容:
- 掌握标题字(h1~h6)标记的语法及属性设置方法。
- 理解文本格式化标记的类型与作用,并学会使用各种样式。
- 学会使用字体 font 标记。
- 学会使用段落与排版标记。
- 学会使用各类格式化标记设计简易的 Web 页面。

3.1 Web 页面初步设计

Web 页面设计需要遵循简洁、一致性、有好的对比度的设计原则。简洁是指以满足人们的实际需求为目标,要求简练、准确。一致性是指网站中的各个页面使用相同的页边距,页面中的每个元素与整个页面以及站点的色彩和风格保持一致。对比度在于强调、突出关键内容,以吸引浏览者,鼓励他们去发掘更深层次的内容。

3.1.1 向 Web 页面中添加文字信息

在 HTML 文件中,主体内容被包含在<body></body>标记之间,并且 body 标记有很多自身的属性,例如设置页面背景、设置页面边界等。

1．基本语法

<body>向这里添加内容</body>

2．语法说明

body 标记定义文档的主体。

body 标记包含文档的所有内容(例如文本、超链接、图像、表格和列表等)。

一个简单的 HTML 文档必须包含最基本的必备的标记。

3.1.2 标题字标记

标题字标记由 h1~h6 共 6 种标记组成。标记中的字母 h 是英语 Heading 的简称。作为标题字,h1 标记定义最大的标题字,h6 标记定义最小的标题字。h1 标记到 h6 标记属于块级标记,它们必须在 HTML 中首尾成对出现。浏览器会自动地在标题的前后添加空行。

1．基本语法

```
<h1 align="left|center|right|justify">1号标题文字</h1>
<h2 align="left|center|right|justify">2号标题文字</h2>
<h3 align="left|center|right|justify">3号标题文字</h3>
<h4 align="left|center|right|justify">4号标题文字</h4>
<h5 align="left|center|right|justify">5号标题文字</h5>
<h6 align="left|center|right|justify">6号标题文字</h6>
```

2．语法说明

h 后面的数字越小,标题字越大。标题字标记的 align 属性用来定义标题字的对齐方式,对齐方式有 4 种,分别是 left、center、right、justify。但是一般推荐设计者使用 CSS 样式表来定义对齐方式。

标题文字的大小由它们的重要性决定,等级越高的标题字号越大。在设计时要对各级标题有所规划。

【例 3-1-1】 标题字标记的应用。其代码如下,页面效果如图 3-1 所示。

```
 1  <!-- edu_3_1_1.html -->
 2  <!doctype html>
 3  <html lang="en">
 4   <head>
 5    <meta charset="UTF-8">
 6  <title>直接插入内容和标题字标记的应用</title>
 7   </head>
 8   <body>
 9     <!-- 不使用标记,直接插入内容 -->
10     不使用任何标记,直接插入内容.
11     <!-- 使用 h1-h6 标题字标记,并分别应用对齐方式 -->
12     <h1 align="center">Web 前端开发技术</h1>
13     <h2 align="left">Web 前端开发技术</h2>
14     <h3 align="center">Web 前端开发技术</h3>
15     <h4 align="right">Web 前端开发技术</h4>
16     <h5 align="justify">Web 前端开发技术</h5>
17     <h6 align="center">Web 前端开发技术</h6>
```

```
18      </body>
19  </html>
```

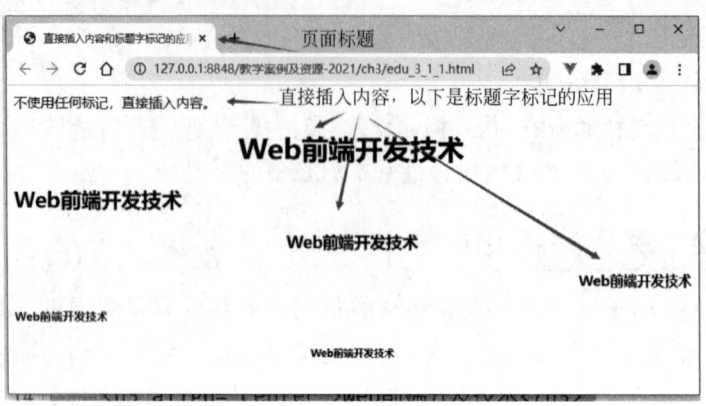

图 3-1　直接插入内容和标题字应用

3.1.3　添加空格与特殊符号

在 HTML 文档中，添加空格的方式与在其他文档中添加空格的方式不同，在网页中通过代码控制来添加空格，而在其他编辑器中通过键盘空格键来输入空格。

1．基本语法

```
<body>
     &lt;&reg;&times;
</body>
```

2．语法说明

在网页中添加空格使用" "，其中"nbsp"是指 Non Breaking Space，空格数量与" "的个数相同。

在网页中插入特殊字符与插入空格符号的方式相同。特殊字符如表 3-1 所示。

表 3-1　特殊字符对应的符号代码

显示结果	说　　明	符号代码
	显示一个空格	
<	小于	&lt;
>	大于	&gt;
&	& 符号	&amp;
"	双引号	&quot;
©	版权	&copy;
®	注册商标	&reg;
×	乘号	&times;
÷	除号	&divide;

对于 HTML 文档中特殊字符对应的代码，浏览器解释后会显示对应的特殊符号。

【例3-1-2】 插入特殊符号的应用。其代码如下,页面效果如图3-2所示。

```
1  <!-- edu_3_1_2.html -->
2  <!DOCTYPE html>
3  <html>
4    <head>
5      <meta charset="utf-8">
6      <title>插入特殊符号</title>
7    </head>
8    <body>
9          目前在IT公司中,前端的岗位越来越成为不可或缺的,前端的地位也愈见明显,很多学校已经体系地传授前端课程,众多培训机构也将前端知识作为主流课程,也有越来越多的同学加入前端学习的行列中,作为前端工程师或者前端的学习者,我们有必要去了解前端的发展史。<br>    那么首先让我们来了解一下浏览器的发展历程。
10     <hr color="blue">
11     <p align="center">版权所有&copy;Web前端技术大讲堂</p>
12   </body>
13 </html>
```

代码中第9行有两处插入4个特殊符号-空格和
换行,第10行插入蓝色的水平分隔线,第11行插入版权特殊符号"©"。

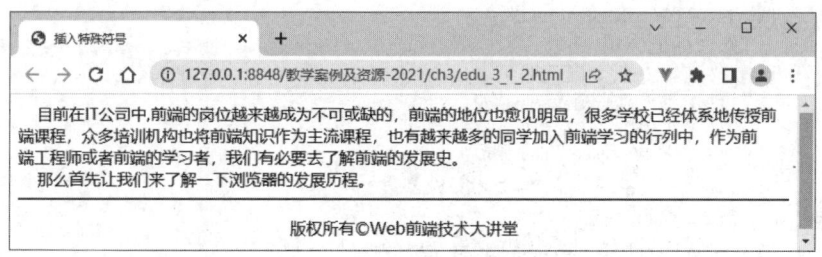

图3-2 空格与特殊符号的应用

3.2 格式化文本标记

HTML中提供了很多格式化文本的标记,例如文字加粗、斜体、下画线、底纹、上/下标等。

3.2.1 文本修饰标记

对于文本修饰标记,各类浏览器均支持,在各类网页开发工具中仍然有这类标记。常见的文本修饰标记如表3-2所示。

表3-2 常见的文本修饰标记

标记	说明
软件工程专业!	定义粗体
<i>软件工程专业!</i>	定义斜体
<u>软件工程专业!</u>	定义下画线
<del>软件工程专业!</del>	定义删除线
^{软件工程专业!}	定义上标

续表

标记	说明
<sub>软件工程专业！</sub>	定义下标
<strong>软件工程专业！</strong>	定义着重文字，与<b></b>的效果相同
<em>软件工程专业！</em>	定义加重语气，与<i></i>的效果相同
<small>软件工程专业！</small>	变小字号
<big>软件工程专业！</big>	变大字号

扫一扫

视频讲解

【例 3-2-1】 文本修饰标记的应用。其代码如下，页面效果如图 3-3 所示。

```
 1  <!-- edu_3_2_1.html -->
 2  <!doctype html>
 3  <html lang="en">
 4  <head>
 5      <meta charset="UTF-8">
 6      <title>文本修饰标记应用</title>
 7      <style type="text/css">
 8          *{text-align:center; /*所有标记的内容居中显示*/}
 9      </style>
10  </head>
11  <body>
12      <h3 align="center">文本修饰标记应用</h3>
13      <hr size="2" color="red">
14      <!-- 修饰标记应用 -->
15      <b>软件工程专业全国就业最好！</b><br>
16      <i>软件工程专业全国就业最好！</i><br>
17      <u>软件工程专业全国就业最好！</u><br>
18      <del>软件工程专业全国就业最好！</del><br>
19      X<sup>2</sup>+2X+5=0<br>
20      X<sub>1</sub>=2<br>
21      <small>软件工程专业全国就业最好！</small><br>
22      <big>软件工程专业全国就业最好！</big><br>
23      <strong>软件工程！</strong>
24      <em>软件工程！</em>
25  </body>
26  </html>
```

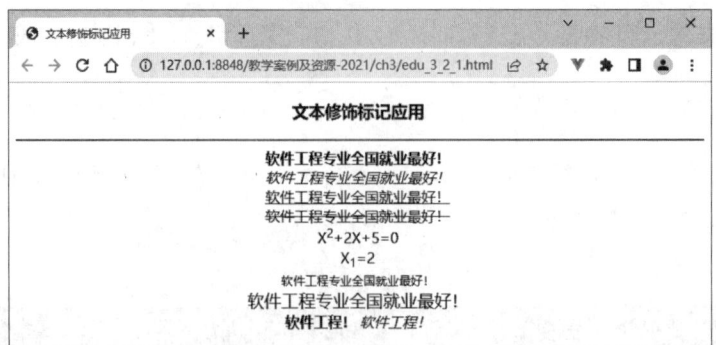

图 3-3 文本修饰标记的应用

上述代码中第 12 行是标题字标记的应用；第 14 行是注释标记的应用；第 15~24 行定义不同的文本修饰标记。

3.2.2 字体标记

在不指定任何样式的情况下,浏览器会把字体显示为16px、黑色、宋体,因此在设计网页时要根据需要更改不同段落的字体。在HTML5中可以使用CSS中的字体属性替代。

字体标记(font)规定文本的字体系列、字体尺寸、字体颜色,所有浏览器均支持font标记。

1. 基本语法

```
<font face="" size="" color="">…</font>
```

2. 属性说明

字体标记(font)的属性、取值及说明如表3-3所示。

表3-3 字体标记(font)的属性、取值及说明

属性	取值	说明
size	+1～+7、1～7、-1～-7	正数字越大字号越大,负数字越大字号越小。 "+":表示字号比原来的字号大一些(其中,+1:18px;+2:24px;+3:32px;+4～+7:48px)。 "-":表示字号比原来的字号越来越小些(其中,-1:13px;-2～-7:12px)
color	rgb(r,g,b)、rgb(r%,g%,b%) #rrggbb 或 #rgb colorname	规定文本的颜色。可以使用rgb()函数、十六进制数、颜色的英文名称来表达
face	字体1,字体2,…,字体n	face属性可以有多个值,用逗号分隔。字体使用方式为从左向右依次选用。如果前面的字体不存在,则使用后一个字体。若都不存在,则默认使用"宋体"

【例3-2-2】 网页字体样式的应用。其代码如下,页面效果如图3-4所示。

扫一扫

视频讲解

```
1  <!-- edu_3_2_2.html -->
2  <!doctype html>
3  <html lang="en">
4    <head>
5      <meta charset="UTF-8">
6      <title>文字样式</title>
7    </head>
8    <body>
9      <strong>文字样式为黑体、颜色#000FFF、大小从-1到-7:</strong>
10     <font face="黑体" size="-1" color="#000FFF">-1字</font>
11     <font face="黑体" size="-3" color="#000FFF">-3字</font>
12     <font face="黑体" size="-5" color="#000FFF">-5字</font>
13     <font face="黑体" size="-7" color="#000FFF">-7字</font><br>
14     <strong>文字样式为宋体、颜色#FF0066、大小从1到7:</strong>
15     <font face="宋体" size="2" color="#FF0066">2字</font>
16     <font face="宋体" size="4" color="#FF0066">4字</font>
17     <font face="宋体" size="6" color="#FF0066">6字</font><br>
18     <strong>文字样式为隶书、颜色#FF0066、大小从+1到+7:</strong>
19     <font face="黑体" size="+1" color="#FF0066">1字</font>
20     <font face="黑体" size="+3" color="#FF0066">3字</font>
21     <font face="黑体" size="+5" color="#FF0066">5字</font>
22     <font face="黑体" size="+7" color="#FF0066">7字</font>
23   </body>
24 </html>
```

代码中第 10～13 行设置字体为黑体、颜色为♯000FFF、大小为－1～－7；第 15～17 行设置字体为宋体、颜色为♯FF0066、大小为 1～7；第 19～22 行设置字体为"黑体、颜色为♯FF0066、大小为＋1～＋7。可以按 F12 进入浏览器调试状态，查看"元素"的"计算样式"结果。

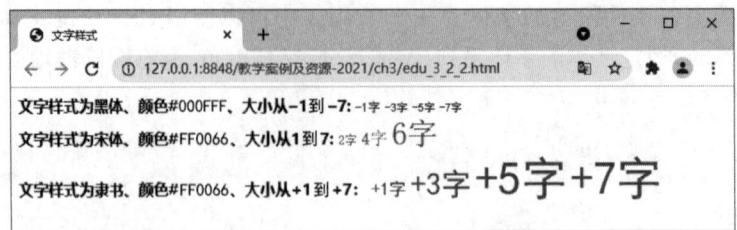

图 3-4　网页字体样式的应用

3.3 段落与排版标记

网页的外观是否美观，在很大程度上取决于其排版。当页面中出现大段的文字时，通常采用分段进行规划，对换行也有极其严格的划分。本节从段落的细节设置入手，利用段落与排版标记处理大段的文字。

3.3.1 段落标记

在 HTML 文档中，合理地使用段落会使文字的显示更加美观、表达更加清晰。段落标记 p 用来开始一个段落，它是一个块级标记，该标记中不能再包含其他的任何块级标记。

基本语法

```
< p align = "left|center|right|justify">段落正文内容</p>
```

p 标记会自动在其前后创建一些空白。浏览器会自动添加这些空间。段落 p 标记的 align 属性有 4 个可选值，分别表示左对齐、居中对齐、右对齐、两端对齐。

3.3.2 换行标记

在 HTML 文档中插入换行标记 br 的作用和在普通文档中插入回车符的作用一样，都表示强制性换行。

基本语法

```
< br >或< br/>
```

在 HTML 文档中，换行 br 标记属于单标记，表示插入换行符。

3.3.3 水平分隔线标记

水平分隔线标记 hr 用一条线将页面区域按照功能进行分隔。hr 标记是单标记。

基本语法

```
< hr width = "" size = "" color = "" align = "" noshade >
```

水平分隔线标记 hr 的属性、取值及说明如表 3-4 所示。

表 3-4 hr 标记的属性、取值及说明

属　性	取　值	说　明
width	像素(px)或百分比	设置水平分隔线的宽度
size	整数,单位为 px	设置水平分隔线的高度
color	rgb()函数、十六进制数、颜色的英文名称	设置水平分隔线的颜色
align	left|center|right	设置水平分隔线的对齐方式

扫一扫

视频讲解

【例 3-3-1】 段落、换行与水平分隔线标记的应用。其代码如下,页面效果如图 3-5 所示。

```
 1  <!-- edu_3_3_1.html -->
 2  <!doctype html>
 3  <html lang = "en">
 4    <head>
 5      <meta charset = "UTF-8">
 6      <title>段落、换行与水平分隔线标记的应用</title>
 7    </head>
 8    <body>
 9      <h5 align = "center">段落 p 标记对齐方式</h5>
10      <hr color = "blue">
11      <p align = "left">网页的外观是否美观,很大程度上取决于其排版.</p>
12      <p align = "center">网页的外观是否美观,很大程度上取决于其排版.</p>
13      <p align = "right">网页的外观是否美观,很大程度上取决于其排版.</p>
14      <h4>换行与水平分隔线标记的应用</h4>
15      <p><em>大小为 3、宽度为 60%、居中</em></p>
16      <hr size = "3" width = "60%" color = "#330099" align = "center">
17      <strong>宽度为 600px、大小为 5、绿色、居右对齐</strong><br><br>
18      <hr width = "600px" size = "5" color = "#00ee99" align = "right">
19    </body>
20  </html>
```

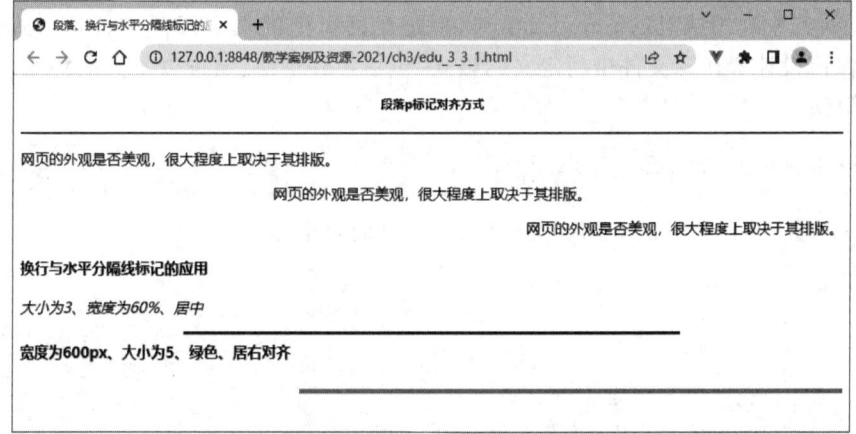

图 3-5 段落与水平分隔线应用

代码中第 11～13 行定义 3 个 p 标记,分别应用对齐属性;第 16 行插入一条"大小为 3、宽度为 60%、居中"的水平分隔线;第 18 行插入一条"大小为 5、宽度为 600px、居右对齐"的

水平分隔线。

3.3.4 拼音/音标注释标记

ruby 标记定义 ruby 注释（中文注音或字符）。ruby 标记与 rt 标记一同使用。ruby 标记由一个或多个字符（需要一个解释/发音）和一个提供该信息的 rt 标记组成，还包括可选的 rp 标记，定义当浏览器不支持 ruby 标记时显示的内容。其效果如图 3-6 所示。

图 3-6 ruby 标记的应用

ruby 标记用来将需要注释或注音标的文字内容包围住。

rt 标记中放置音标或注释，这个标记要跟在需要注释的文本的后面。

rp 标记是防备那些不支持 ruby 标记的浏览器，主要用来放置括号。对于支持这个标记的浏览器，rp 标记的 CSS 样式是{display:none;}，也就是不可见。

基本语法

```
<ruby>
    中<rp>(</rp><rt>zhong</rt><rp>)</rp>
    国<rp>(</rp><rt>guo</rt><rp>)</rp>
</ruby>
```

3.3.5 段落缩进标记

段落缩进标记 blockquote 是块级标记，常称为块引用标记。该标记引用的内容能够向右缩进 5 个英文字符的位置，并在其内容的周围增加外边距。

基本语法

```
<blockquote>引用的内容</blockquote>
```

3.3.6 预格式化标记

在 HTML 中利用成对的<pre></pre>标记对网页中的文字段落进行预格式化，浏览器会完整保留设计者在源文件中所定义的格式，包括各种空格、缩进以及其他特殊格式。

基本语法

```
<pre>预格式化文本</pre>
```

【例 3-3-2】预格式化的应用。其代码如下，页面效果如图 3-7 所示。

扫一扫
视频讲解

```
1    <!-- edu_3_3_2.html -->
2    <!doctype html>
3    <html lang="en">
4      <head>
5        <meta charset="UTF-8">
6        <title>注释、块引用和预格式化标记的应用</title>
7        <style type="text/css">
8          ruby{font-size:42px;font-family:黑体;text-align:right;}
9        </style>
10     </head>
11     <body>
```

12	<h5>注释 ruby 标记－标注读音</h5>
13	<p align = "center">
14	<ruby>
15	智<rp>(</rp><rt>zhì</rt><rp>)</rp>
16	慧<rp>(</rp><rt>huì</rt><rp>)</rp>
17	地<rp>(</rp><rt>dì</rt><rp>)</rp>
18	球<rp>(</rp><rt>qiú</rt><rp>)</rp>
19	</ruby>
20	</p>
21	<h5>段落缩进标记的应用</h5>
22	<hr color = "green">
23	<p>这段文字没有缩进。段落缩进 blockquote 标记是块级标记,常称为块引用标记。该标记引用的内容能够向右缩进 5 个英文字符的位置,并在其内容的周围增加了外边距。</p>
24	<blockquote>这段文字行首缩进 5 个字符位置。段落缩进 blockquote 标记是块级标记,常称为块引用标记。该标记引用的内容能够向右缩进 5 个英文字符的位置,并在其内容的周围增加了外边距。</blockquote>
25	<!-- pre 标记:原样输出 -->
26	<h3>
27	<pre>
28	春 晓
29	
30	孟浩然
31	春眠不觉晓,
32	处处闻啼鸟。
33	夜来风雨声,
34	花落知多少。
35	</pre>
36	</h3>
37	</body>
38	</html>

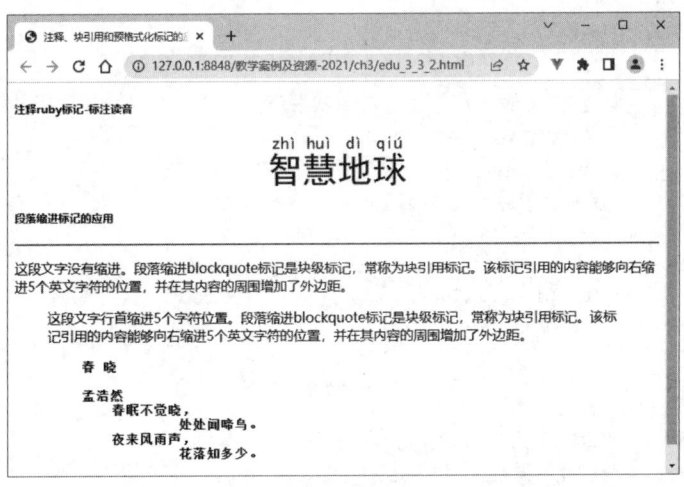

图 3-7　预格式化

代码中第 14～19 行设置 ruby 标记标注汉语拼音;第 23 行的文字没有设置块引用,没有缩进;第 24 行设置块引用,这段文字行首缩进 5 个字符位置;第 27～35 行设置预格式化标记,所有内容原样输出在页面上。

3.4 思政案例3——公民基本道德规范

以"公民基本道德规范二十字"为主题，参照给定的 HTML 代码完成 Web 网页的设计，页面效果如图 3-9 所示。

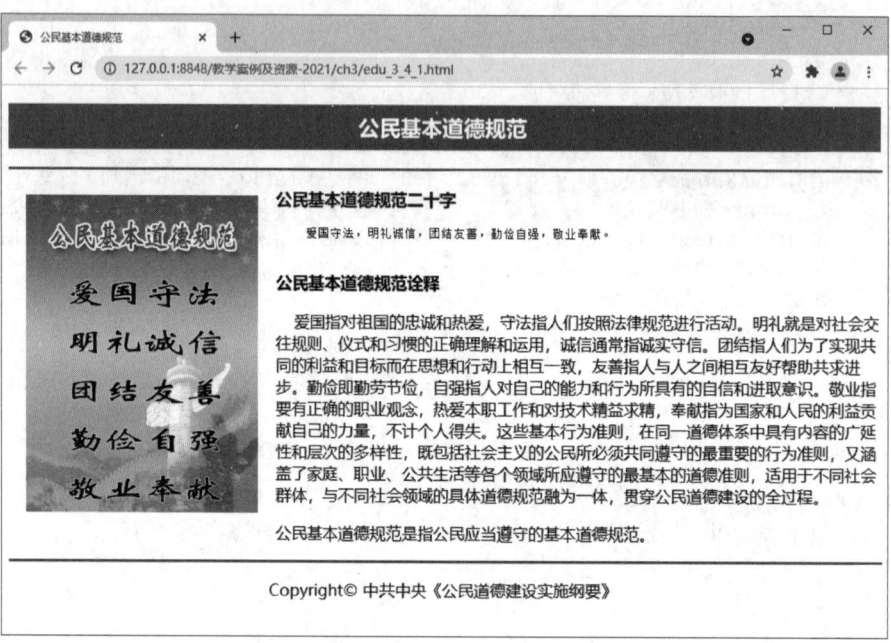

图 3-9 "公民基本道德规范"页面

HTML 代码如下：

```
1  <!-- edu_3_4_1.html -->
2  <!doctype html>
3  <html lang="en">
4    <head>
5      <meta charset="UTF-8">
6      <title>公民基本道德规范</title>
7      <style type="text/css">
8        h2{background:#FE0000;line-height:50px;color:white;}
9        img{float:left;margin:20px;}
10       blockquote,p{font-size:18px;}
11     </style>
12   </head>
13   <body>
14     <h2 align="center">公民基本道德规范</h2>
15     <hr width="100%" size="3" color="red">
16     <img src="image-3-4-1.jpg">
17     <h3>公民基本道德规范二十字</h3>
18     <pre>
19  爱国守法,明礼诚信,团结友善,勤俭自强,敬业奉献。
20     </pre>
21     <h3>公民基本道德规范诠释</h3>
```

```
22      <p>    爱国指对祖国的忠诚和热爱,守法指人们按照法律规范进行
        活动。明礼就是对社会交往规则、仪式和习惯的正确理解和运用,诚信通常指诚实守信。团
        结指人们为了实现共同的利益和目标而在思想和行动上相互一致,友善指人与人之间相互
        友好帮助共求进步。勤俭即勤劳节俭,自强指人对自己的能力和行为所具有的自信和进取意
        识。敬业指要有正确的职业观念,热爱本职工作和对技术精益求精,奉献指为国家和人民的
        利益贡献自己的力量,不计个人得失。这些基本行为准则,在同一道德体系中具有内容的广
        延性和层次的多样性,既包括社会主义的公民所必须共同遵守的最重要的行为准则,又涵盖
        了家庭、职业、公共生活等各个领域所应遵守的最基本的道德准则,适用于不同社会群体,与
        不同社会领域的具体道德规范融为一体,贯穿公民道德建设的全过程。
23      </p>
24      <blockquote>公民基本道德规范是指公民应当遵守的基本道德规范。</blockquote>
25      <hr width="100%" size="3" color="red">
26      <p align="center">Copyright&copy;中共中央《公民道德建设实施纲要》</p>
27      </body>
28      </html>
```

上述代码中第 4~12 行是 HTML 的头部,其中第 8 行定义 h2 标记样式:背景颜色为 #FE0000,行高为 50px,文字颜色为白色;第 9 行定义 img 标记样式:向左浮动、边界为 20px;第 10 行定义 blockquote、p 标记样式:字体大小为 18px。第 13~27 行是 HTML 的主体,其中第 14 行应用标题字 h2 标记;第 15 行、第 25 行定义两条水平分隔线;第 16 行应用图像 img 标记,加载图像 image-3-4-1.jpg;第 17 行和第 21 行应用标题字 h3 标记;第 18~20 行应用预格式化标记;第 22 行和第 26 行定义两个段落,分别应用空格和特殊符号;第 24 行应用段落缩进标记。

本章小结

本章主要介绍了格式化文字与段落的各种标记,包括标题字标记、字体标记、文本修饰标记以及与段落相关的标记。<h1>~<h6>是标题字标记,通过 align 属性设置标题字的对齐方式。空格与特殊字符都需要通过代码控制来添加。字体标记主要用于改变文字的字体、颜色和大小。文本修饰标记主要是对文本进行一些特殊的修饰。

段落与排版标记会使网页文字显得更加清晰,本章介绍了段落 p 标记、换行 br 标记、水平分隔线 hr 标记、注释 ruby 标记、段落缩进 blockquote 标记的使用方法。

在网页设计中对网页的文字进行必要的布局并添加页面效果,从而使网页更加美观和丰富,要合理地使用本节介绍的各种文本和段落标记。

练习 3

1. 选择题

(1) 下列属性中不是字体标记的属性的是( )。

    A. align   B. size   C. color   D. face

(2) 关于标题字标记的对齐方式,下列标记属性的取值不正确的是( )。

    A. 居中对齐:<h1 align="middle">…</h1>

    B. 右对齐:<h2 align="right">…</h2>

    C. 左对齐:<h4 align="left">…</h4>

D. 两端对齐：< h6 align="justify">…</h6>

(3) 下列选项中表示字体标记的是（　　）。
　　A. < boby ></body >　　　　　　　　B. < font ></font >
　　C. < br >　　　　　　　　　　　　　D. < p ></p >

(4) 下列选项中表示段落标记的是（　　）。
　　A. < html ></html >　　　　　　　　B. < boby ></body >
　　C. < p ></p >　　　　　　　　　　　D. < pre ></pre >

(5) 在 HTML 中，< h3 ></h3 >是（　　）标记。
　　A. 标题字　　　　　　　　　　　　　B. 预格式化
　　C. 换行　　　　　　　　　　　　　　D. 随意显示信息

(6) 在下列标记中，设置页面标题的标记是（　　）。
　　A. < title ></title >　　　　　　　B. < caption ></caption >
　　C. < head ></head >　　　　　　　　D. < html ></html >

(7) 下列标记中表示单标记的是（　　）。
　　A. body 标记　　　　　　　　　　　B. br 标记
　　C. html 标记　　　　　　　　　　　D. title 标记

(8) < title ></title >标记放在（　　）标记内。
　　A. < pre ></pre >　　　　　　　　　B. < head ></head >
　　C. < body ></body >　　　　　　　　D. </head >< body >

(9) 下列选项中表示版权符号的是（　　）。
　　A. <　　　　B. >　　　　C. ®　　　　D. ©

(10) HTML 中< hr >的作用是（　　）。
　　A. 插入一条水平分隔线　　　　　　　B. 换行
　　C. 插入一个空格　　　　　　　　　　D. 加粗字体

2．填空题

(1) HTML 网页文件的主体标记是_____，设置页面标题的标记是_____。

(2) HTML 文档的开始标记是_____，结束标记是_____。

(3) 设置文档标题以及其他不在 Web 网页上显示的信息的开始标记是_____，结束标记是_____。

(4) 网页中可显示的信息包含在以_____为开始标记，以_____为结束标记之间。

(5) 网页标题会显示在浏览器的标题栏中，则网页标题可使用_____标记来定义。

(6) 与< b ></b >标记功能相同的标记是_____；与< i ></i >标记功能相同的标记是_____。

(7) _____标记由一个或多个需要解释/发音的字符和一个提供该信息的_____标记组成，还包括可选的_____标记，定义当浏览器不支持 ruby 标记时显示的内容。

3．简答题

(1) 试比较段落标记与块引用标记的相同点与不同点。

(2) 简述有哪些段落与排版标记，并说明其作用。

实验 3

1. 编写代码实现如图 3-10 所示的页面效果。要求如下：

(1) body 标记：设置左右空白 200px、背景图像为 image-ex-3-1.png、字体大小为 18px。

(2) 标题：h3、居中。

(3) hr 标记：粗细为 1px、颜色为♯000FFF、宽度为 100%。

(4) 其余可以使用 p 标记或不使用标记，使用空格和换行标记来实现效果。

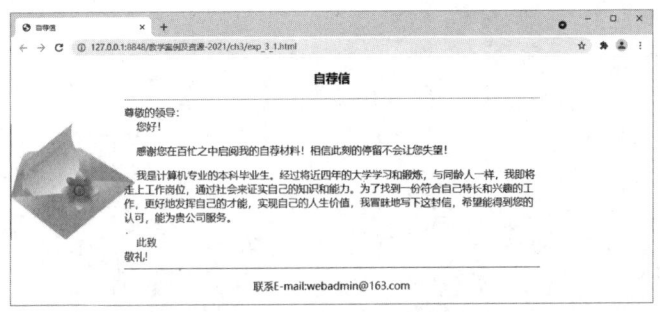

图 3-10 "自荐信"页面

注：在 head 标记中插入 style 标记。内容如下：

```
1 <style type="text/css">
2   body{background: url(image-ex-3-1.png) no-repeat left center;font-size: 18px;}
3 </style>
```

2. 按要求设计 Web 页面，效果如图 3-11 所示。要求如下：

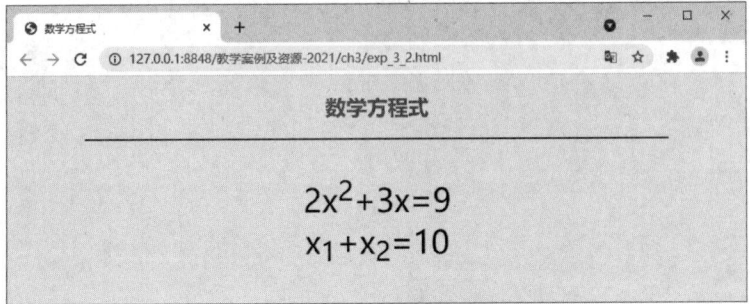

图 3-11 标题字标记及文本标记的应用

(1) body 标记：设置背景颜色为♯F2FFC1。

(2) h2 标记：内容为"数学方程式"，样式采用 style 标记定义，颜色为红色、文本居中对齐。

(3) hr 标记：宽度为 80%、大小为 2px、颜色为蓝色。

(4) p 标记：文本居中显示，通过 style 标记定义字体大小为 36px，将两个方程式插入其中。方程式分别为 $2x^2+3x=9$、$x_1+x_2=10$。

注：在 head 标记中插入 style 标记。内容如下：

```
1  <style type = "text/css">
2    h2{color:red;text - align:center;}
3    p{font - size: 36px;}
4  </style>
```

CHAPTER 4

第4章

列 表

本章学习目标

大型 IT 网站(例如网易、搜狐、新浪等)首页的导航栏目均采用列表方式来显示信息。通过对本章列表知识的学习,读者能够了解列表的类型,掌握无序列表、有序列表、定义列表的作用及使用方法;学会使用不同类型列表及嵌套列表来解决网页设计中遇到的一些实际问题。

Web 前端开发工程师应知应会以下内容:
- 了解列表的类型。
- 掌握无序列表、有序列表、定义列表标记的语法及属性设置方法。
- 学会使用无序、有序及定义列表设计 Web 网页。
- 学会使用嵌套列表设计小型网站首页。

4.1 列表概述

使用列表能对网页中的相关信息进行合理的布局,将项目有序或无序地罗列在一起,便于用户浏览和操作。列表分为无序列表、有序列表、定义列表、菜单列表和目录列表 5 种,常用的列表有 3 种,分别是无序列表、有序列表、定义列表。列表类型与标记符号如表 4-1 所示。

表 4-1 列表类型与标记符号

列表类型	标记符号	备注
无序列表	<ul>…</ul>	常用
菜单列表	<menu>…</menu>	不常用
目录列表	<dir>…</dir>	不常用
有序列表	<ol>…</ol>	常用
定义列表	<dl>…</dl>	常用

4.2 无序列表

无序列表标记 ul(unordered list)为成对标记,<ul>是开始标记,</ul>是结束标记,在两者之间插入若干个列表项 li(list items)标记,完成无序列表的插入。

1．基本语法

```
<ul type="">
    <li type="">项目名称</li>
    <li type="">项目名称</li>
    ...
</ul>
```

2．语法说明

ul 标记的 type 属性有 3 个值，如表 4-2 所示。列表项 li 标记的 type 属性的取值与 ul 标记相同。设置 ul 标记的 type 属性会使其包含的列表项按统一风格显示，设置其中某一列表项的 type 属性值时只会影响它自身的显示风格，其他列表项按原样显示。

表 4-2　ul 标记的 type 属性及说明

属 性 值	说　　明
disc	实心圆形●
circle	空心圆形○
square	实心正方形■

【例 4-2-1】 无序列表的应用。其代码如下，页面效果如图 4-1 所示。

```
 1 <!-- edu_4_2_1.html -->
 2 <!doctype html>
 3 <html lang="en">
 4     <head>
 5         <meta charset="UTF-8">
 6         <title>无序列表</title>
 7     </head>
 8     <body>
 9         <h4>Disc 项目符号列表：</h4>
10         <ul type="disc">
11             <li>计算机科学与技术专业</li>
12             <li>软件工程专业</li>
13             <li type="circle">信息管理与信息系统专业</li>
14         </ul>
15         <h4>Circle 项目符号列表：</h4>
16         <ul type="circle">
17             <li>计算机科学与技术专业</li>
18             <li type="square">软件工程专业</li>
19             <li>信息管理与信息系统专业</li>
20         </ul>
21         <h4>Square 项目符号列表：</h4>
22         <ul type="square">
23             <li>计算机科学与技术专业</li>
24             <li>软件工程专业</li>
25             <li>信息管理与信息系统专业</li>
26         </ul>
27     </body>
28 </html>
```

代码中第 10～14 行列表符号为实心圆形，但第 13 行定义了列表项的 type 属性值为

"circle",所以此项前面显示空心圆;第 16～20 行列表符号为空心圆形,但第 18 行定义了列表项的 type 属性值为"square",所以此项前面显示实心正方形;第 22～26 行列表符号为实心正方形。通过设置 type 属性值来改变列表项前面的符号。

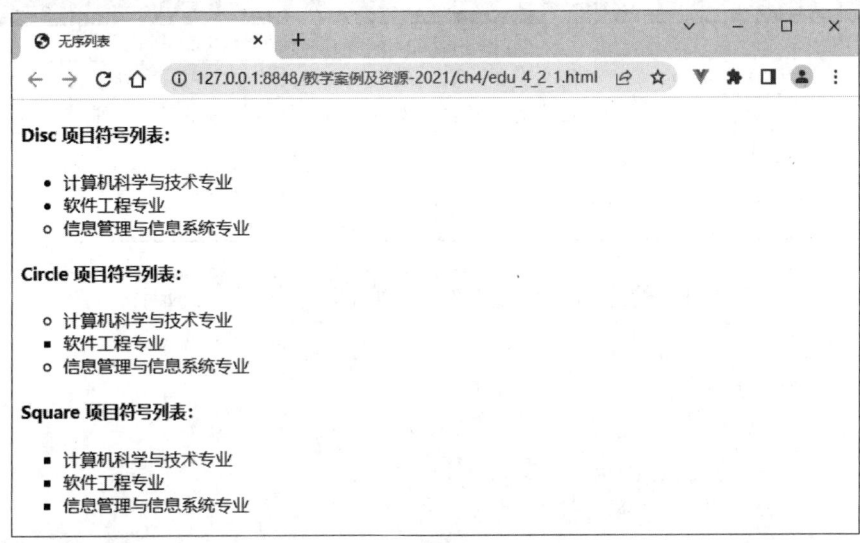

图 4-1　无序列表的应用

4.3　有序列表

　　有序列表 ol(ordered list)标记是成对标记,以< ol >为起始标记,以</ol >为结束标记,在其间使用< li ></li >标记完成有序列表项目的插入。

1．基本语法

```
< ol type = "" start = "">
    < li type = ""  value = "n">项目名称</li>
    < li type = ""  value = "n">项目名称</li>
    …
</ol>
```

在< ol >、</ol >标记之间必须使用< li ></li >标记来添加列表项值。

2．属性说明

1)列表 ol 标记的属性

- type:列表项前面的编号,编号是有序的,有 5 种类型。
- start:定义有序列表的起始编号,默认值为 1。当设置其为非 1 时,列表项前编号的起始位置会发生改变。例如 start = "5",当 type = "1"时,表示从第 5 个开始编号;当 type = "A"时,表示从 E 开始编号,以此类推。

2)列表项 li 标记的属性

- type:只影响当前列表项前面的编号类型,后续列表项前面的编号类型依旧遵循 ol 标记的 type 属性的取值。
- value:改变当前列表项前面编号的值,并影响其后所有列表项编号的值。

有序列表 ol 标记的属性、取值及说明如表 4-3 所示。

表 4-3 有序列表 ol 标记的属性、取值及说明

属性	取值	说明
type	1	定义有序列表中列表项前面的编号为数字列表
	A	定义有序列表中列表项前面的编号为大写字母列表
	a	定义有序列表中列表项前面的编号为小写字母列表
	I	定义有序列表中列表项前面的编号为大写罗马字母列表
	i	定义有序列表中列表项前面的编号为小写罗马字母列表
start	数值	有序列表中列表项的起始数字

扫一扫

视频讲解

【例 4-3-1】有序列表的应用。其代码如下，页面效果如图 4-2 所示。

```
1  <!-- edu_4_3_1.html -->
2  <!doctype html>
3  <html lang="en">
4    <head>
5      <meta charset="UTF-8">
6      <title>有序列表</title>
7    </head>
8    <body>
9      <h4>1 数字编号：</h4>
10     <ol>
11       <li>计算机科学与技术专业</li>
12       <li>软件工程专业</li>
13       <li>信息管理与信息系统专业</li>
14       <li>电子信息工程专业</li>
15     </ol>
16     <h4>A 字母编号：</h4>
17     <ol type="A">
18       <li>计算机科学与技术专业</li>
19       <li>软件工程专业</li>
20       <li>信息管理与信息系统专业</li>
21       <li>电子信息工程专业</li>
22     </ol>
23     <h4>aI 混合编号：</h4>
24     <ol type="a">
25       <li>计算机科学与技术专业</li>
26       <li type="I" value="5">软件工程专业</li>
27       <li>信息管理与信息系统专业</li>
28       <li>电子信息工程专业</li>
29       <li>电子科学与技术专业</li>
30       <li>物联网工程专业</li>
31     </ol>
32   </body>
33 </html>
```

代码中第 10~15 行实现数字编号的有序列表；第 17~22 行实现大写字母编号的有序列表；第 24~31 行实现小写字母和大写罗马混合编号的有序列表，由于第 26 行设置了列表项的 type 属性为"I"、value 属性为"5"，致使当前列表项前的编号变成大写罗马字母，开始顺序为"V"，大写罗马字母中第 5 个正好是 V。从第 3 个列表项开始向后所有列表项的编号顺序随之发生改变，顺序从第 6 个小写字母 f 开始向后连续编号，分别是 f、g、h、i。

第4章 列表

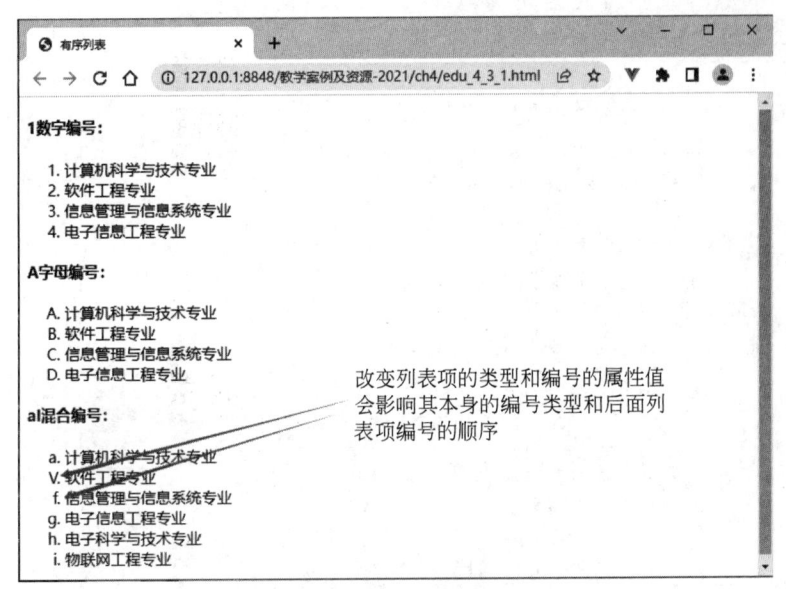

图 4-2　有序列表的应用

4.4　列表嵌套

　　在一个列表中嵌入另一个列表,作为此列表的一部分,称为列表嵌套。有序列表、无序列表可以混合嵌套,浏览器能够自动地嵌套排列。

　　使用列表嵌套不仅能使网页的内容布局更加合理、美观,而且使其内容看起来更加简洁。列表嵌套的方式分为无序列表的嵌套、有序列表的嵌套,还可以是无序列表和有序列表的混合嵌套。列表嵌套不能交叉嵌套,例如< ul >< ol ></ul ></ol >是错误的嵌套。当然,定义列表也可以与无序列表、有序列表进行嵌套。

基本语法

```
 1 <ul>           <!--  无序列表中嵌套有序列表  -->
 2     <li>项目名称
 3         <ol>            <!--  有序列表中又嵌套无序列表  -->
 4             <li>项目名称</li>
 5             <li>项目名称
 6                 <ul>
 7                     <li>项目名称</li>
 8                     <li>项目名称</li>
 9                     …
10                 </ul>
11             </li>
12             <li>项目名称</li>…
13         </ol>
14     </li>
15     <li>项目名称</li>
16     <li>项目名称</li>
17 </ul>
```

【例 4-4-1】　有序列表和无序列表嵌套的应用。其代码如下,页面效果如图 4-3 所示。

扫一扫

视频讲解

```html
1  <!-- edu_4_4_1.html -->
2  <!doctype html>
3  <html lang="en">
4    <head>
5      <meta charset="UTF-8">
6      <title>有序列表和无序列表嵌套</title>
7    </head>
8    <body>
9      <h4>清华大学出版社图书分类</h4>
10     <ol type="1">
11       <li><h4>计算机与电子信息</h4>
12         <ol type="A">
13           <li>数据库</li>
14           <li>电子信息</li>
15           <li>计算机组成与原理</li>
16           <li>计算机基础
17             <ul type="disc">
18               <li>计算机文化基础</li>
19               <li>公共基础</li>
20               <li>软件技术基础</li>
21               <li>计算机导论</li>
22               <li>计算思维</li>
23             </ul>
24           </li>
25         </ol>
26       </li>
27       <li><h4>理工</h4></li>
28       <li><h4>经管与人文</h4></li>
29     </ol>
30   </body>
31 </html>
```

代码中第 10~29 行定义有序列表,第 12~25 行在有序列表中嵌套了一个有序列表,第 17~23 行又在有序列表中嵌套了一个无序列表。

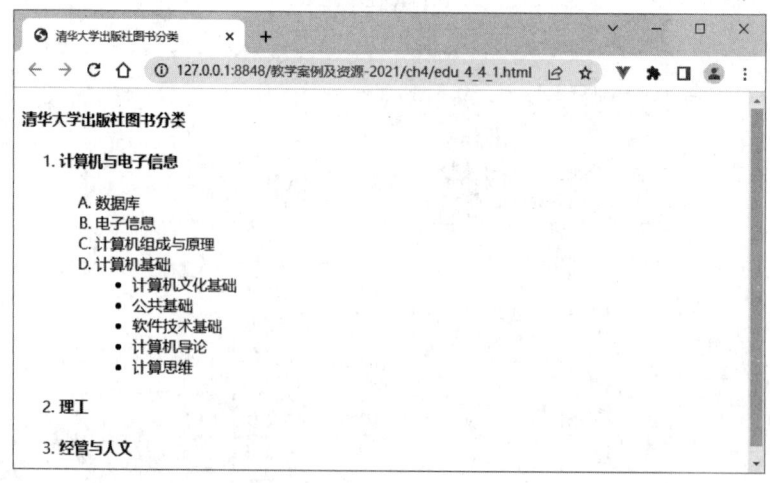

图 4-3 列表嵌套的应用——清华大学出版社图书分类

4.5 定义列表

定义列表 dl(definition list)标记是成对标记,以< dl >为首标记,以</dl >为尾标记。定义列表由 dt(definition term)标记和 dd(definition description)标记组成。定义列表中每一个元素的标题使用< dt >…</dt >标记定义;后面跟随< dd >…</dd >标记,用于描述列表中元素的内容。

1. 基本语法

```
<dl>
    <dt>项目 1</dt>
        <dd>描述 1</dd>
        <dd>描述 2</dd>
        <dd>描述 3</dd>
    <dt>项目 2</dt>
        <dd>描述 1</dd>
        <dd>描述 2</dd>
        …
    <dt>项目 n</dt>
</dl>
```

2. 语法说明

在网页中每一个 dt 标记可由一个或多个 dd 标记组成。这两个标记只能在 dl 标记中使用。定义列表的每一列表项前面既没有符号,也没有编号。

【例 4-5-1】 用定义列表展示联系人信息。其代码如下,页面效果如图 4-4 所示。

扫一扫

视频讲解

```
 1  <!-- edu_4_5_1.html -->
 2  <!doctype html>
 3  < html lang = "en">
 4      < head >
 5          < meta charset = "UTF - 8">
 6          < title >定义列表</title >
 7      </head >
 8      < body >
 9          < h4 >定义列表展示联系人信息</h4 >
10          < dl >
11              < dt >联系人:</dt >
12                  < dd >张有为</dd >
13                  < dd >电话: 010 - 11011011 </dd >
14                  < dd > E - mail: xyz@sina.com </dd >
15              < dt >联系地址:</dt >
16                  < dd >上海市复旦大学计算机系 10 计算机班</dd >
17              < dt >邮政编码:</dt >
18                  < dd > 200433 </dd >
19          </dl >
20      </body >
21  </html >
```

代码中第 10~19 行定义了定义列表,第 11 行、第 15 行、第 17 行定义了列表项的标题,第 12~14 行、第 16 行、第 18 行定义了列表项的描述。

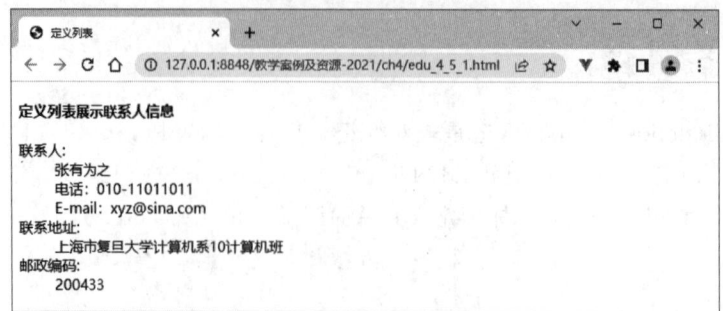

图 4-4 用定义列表展示联系人信息

4.6 思政案例4——中国传统文化故事：悬梁刺股

以"中国传统文化故事：悬梁刺股"为主题，参照代码完成简易网页设计，页面效果如图 4-5 所示。

HTML 代码如下：

```
1  <!-- edu_4_6_1.html -->
2  <!doctype html>
3  <html lang="en">
4    <head>
5      <meta charset="UTF-8">
6      <title>中国传统文化故事</title>
7      <style type="text/css">
8        *{padding:0;margin:0;}
9        p{text-indent:2em;line-height:1.5em;}
10       ul{margin:20px auto;
11          text-align:center;}
12       li{margin:5px auto;font-family:黑体;
13          font-size:20px;width:220px;display:inline-block;}
14       div{width:760px;margin:10px auto;height:500px;
15          background-color:#FEFEEE;padding:50px;
16          box-shadow:10px 10px 10px #998899;border-radius:25px;
17       }
18       ul li:hover{font-style:italic;color:red;}
19     </style>
20   </head>
21   <body>
22     <div>
23       <img src="image-4-6-1.jpg">
24         <h2 align="center">中国传统文化故事:悬梁刺股</h2>
25       <hr>
26       <p>我们伟大的祖国有非常悠久的历史。按照古代的传统说法，从传说中的黄帝到现在，有四千多年的历史，通常叫作"上下五千年"。期间流传有许多的神话、历史故事等。快来一起了解下我国的文化历史吧。</p>
27       <p>悬梁刺股这一历史典故表现了孙敬、苏秦好学勤读的刻苦精神，表明只要付出时间和精力就会有收获的道理，用以激励人发愤读书。如果想要把事情做成功，就要下定决心，明确目标。要肯吃苦，肯努力。世上无难事，只怕有心人。</p>
28       <hr>
29       <ul type="circle">
30         <li>1.悬梁刺股</li>
31         <li>2.画龙点睛</li>
```

54

```
32            <li>3.铁杵磨针</li>
33            <li>4.毛遂自荐</li>
34            <li>5.孔融让梨</li>
35            <li>6.水滴石穿</li>
36            <li>7.塞翁失马</li>
37            <li>8.自相矛盾</li>
38            <li>9.刻舟求剑</li>
39        </ul>
40    </div>
41  </body>
42 </html>
```

图 4-5 "中国传统文化故事"页面

上述代码中第 7～19 行定义 style 标记。其中第 8 行定义全局样式为填充和边界均为 0。第 9 行定义 p 标记样式为首行缩进两个字符、行高 1.5 em。第 10～11 行定义 ul 标记样式为有边界(上下为 20px、左右自动)、内容居中对齐。第 12～13 行定义 li 标记样式为有边界(上下为 5px、左右自动)、字体黑体、字体大小 20px、宽度 220px、行内块显示方式。第 14～17 行定义了 div 标记样式为宽度 760px、有边界(上下为 10px、左右自动)、高度 500px、背景颜色♯FEFEEE、边框有阴影(水平偏移量、垂直偏移量、模糊尺寸均为 10px,颜色♯998899)、圆角边框半径 25px。第 18 行定义 li 标记上的盘旋样式为斜体、红色。

第 22～40 行定义了 div 标记,作为容器,用于包裹 img、h2、hr、p 和 ul 标记。其中第 23 行定义 img 标记,并设置 src 属性为 image-4-6-1.jpg,用于显示页面 Logo。第 29～39 行定义无序列表,用于显示"中国传统文化故事"。

本章小结

本章介绍了 5 种类型的 HTML 列表,分别是无序列表、有序列表、定义列表、菜单列表和目录列表,常用的列表有 3 种,分别是无序列表、有序列表和定义列表。菜单列表和目录列表可以认为是无序列表的特例。

  列表可以嵌套,但不能交叉嵌套,否则会发生语法错误。列表可以由无序列表和有序列表的多层子列表构成,从而使得网页内容的呈现更具层次感和美观。

  无序列表的列表项有项目符号(3种),有序列表的列表项有项目编号(5种),定义列表项目前既没有编号,也没有符号。

练习 4

1．选择题

(1) 下列 HTML 标记中属于非成对标记的是(　　)。

  A．< ol >　　　　　B．< ul >　　　　　C．< meta >　　　　　D．< font >

(2) 下列标记中可以定义有序列表的标记是(　　)。

  A．< dl ></ dl >　　　　　　　　　　B．< ol ></ ol >

  C．< ul ></ ul >　　　　　　　　　　D．< dd ></ dd >

(3) 定义列表中的项目描述使用的标记是(　　)。

  A．< dl ></ dl >　　B．< dd ></ dd >　　C．< dt ></ dt >　　D．< li ></ li >

(4) 无序列表的 type 属性的默认值是(　　)。

  A．circle　　　　　B．square　　　　　C．disc　　　　　D．line

(5) 有序列表的编号种类有(　　)个。

  A．3　　　　　　　B．4　　　　　　　C．1　　　　　　　D．5

2．填空题

(1) 在 HTML 文档中,ul 标记之间必须使用< li ></ li >标记,作用是_____。

(2) 在 HTML 文档中,常用的列表有_____、_____和定义列表。

(3) 设置有序列表的_____属性可以改变编号的起始值,该属性值的类型是_____,表示从哪一个数字或字母开始编号。设置列表项的_____属性后可以使该项目前面的编号发生变化,但后续列表项前面的编号类型仍遵循原来的编号规则,只是顺序发生了改变。

3．简答题

(1) 简述列表类型及常用列表。

(2) 简述定义列表与无序列表、有序列表的差异。

(3) 简述无序列表与有序列表外在表现的差异。

实验 4

1．编写代码实现"专业建设成果"页面,效果如图 4-6 所示。

2．编写代码实现"第四届中国大学出版社图书奖公示"页面,如图 4-7 所示。要求如下:

  (1) 页面标题为"第四届中国大学出版社图书奖公示"。

  (2) 页面内容:以 2 号标题显示"第四届中国大学出版社图书奖公示",页面背景色为"♯CCFFCC",按图所示的效果完成页面设计。

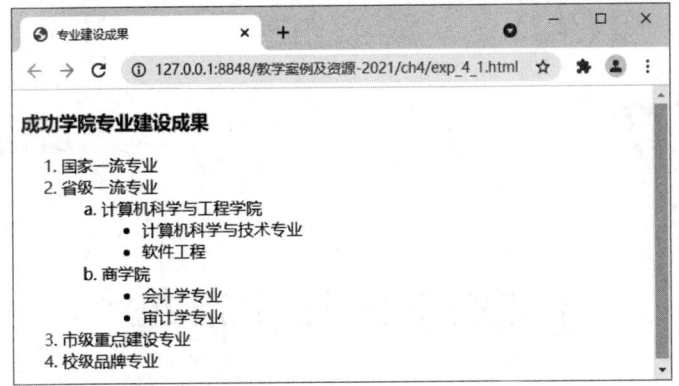

图 4-6 "专业建设成果"页面

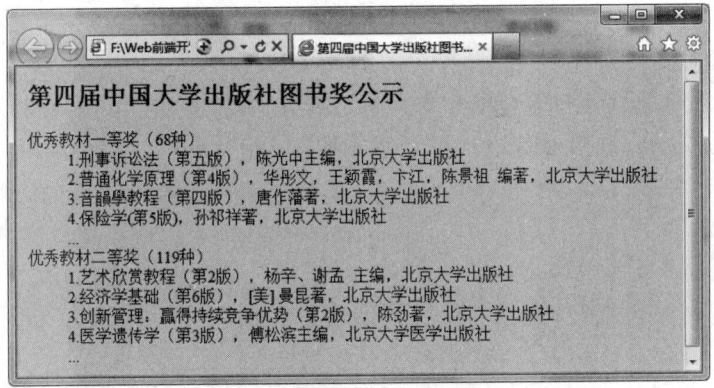

图 4-7 "第四届中国大学出版社图书奖公示"页面

第 5 章 超链接与浮动框架

CHAPTER 5

本章学习目标

　　通过对本章超链接和浮动框架等知识的学习,读者能够掌握超链接和浮动框架的语法和创建方法,理解超链接的分类以及路径等相关概念,学会利用超链接设置书签、文件下载、FTP 下载、电子邮件链接等,会使用超链接与浮动框架关联设计 Web 网页导航。

　　Web 前端开发工程师应知应会以下内容:
- 掌握超链接的基本标记语法和属性设置方法。
- 理解超链接的分类,以及路径、书签等概念。
- 学会使用超链接实现文件下载、FTP 下载、电子邮件链接、图像链接。
- 学会使用超链接制作书签。
- 学会使用浮动框架实现内嵌页面的显示。

5.1 超链接概述

　　有了超链接,各个独立的网页便可以有机地链接在一起构成一个网站。所谓超链接,是指从一个网页指向一个目标的连接关系,这个目标可以是另一个网页,也可以是相同网页上的不同位置,还可以是一个图片、一个电子邮件地址、一个文件,甚至一个应用程序。用户通过浏览器浏览网页,打开页面上的超链接后,可以访问新的页面上的内容。例如百度首页,如图 5-1 所示,单击网页中的"新闻"链接,会跳转到百度新闻的首页。

图 5-1　百度首页和百度新闻页面

5.2 超链接的语法、路径及分类

5.2.1 超链接的语法

在网页文件中,超链接通常使用链接 a 标记的超文本引用 href(HyperText Reference)属性建立目标对象,当前文档便是链接源,href 设置的属性值是目标文件。

1. 基本语法

```
<a href = "url" name = "" title = "提示信息" target = "窗口名称">超链接标题</a>
```

2. 语法说明

超链接 a 标记以<a>开始,以</a>结束。其间内容为超链接标题。超链接由目的地址、链接标题、打开位置三部分组成。

3. 属性说明

- href:链接指向的目标文件。
- name:规定锚(anchor)的名称。
- title:指向链接的提示信息。
- target:指定打开的目标窗口,如表 5-1 所示。

表 5-1 target 属性的取值及说明

属 性 值	说　　明
_self	在当前框架中打开链接
_blank	在一个全新的空白窗口中打开链接
_top	在顶层框架中打开链接,也可以理解为在根框架中打开链接
_parent	在当前框架的上一层打开链接
framename	在指定的框架或浮动框架内打开链接,框架名称可以自定义

【例 5-2-1】 超链接的应用。其代码如下,页面效果如图 5-2 所示。

扫一扫

视频讲解

```
 1  <!-- edu_5_2_1.html -->
 2  <!doctype html>
 3  <html lang = "en">
 4      <head>
 5          <meta charset = "UTF - 8">
 6          <title>超链接应用</title>
 7      </head>
 8      <body>
 9          <h3>超链接导航</h3>
10          <a href = "http://www.baidu.com" title = "BaiDu">百度</a><br>
11          <a href = "http://www.edu.cn" target = "_blank" title = "CERNET">中国教育与科研计
            算机网</a><br>
12          <a href = "http://www.sina.com.cn" target = "_self" title = "Sina">新浪</a>
13      </body>
14  </html>
```

代码中第 10~12 行在主体 body 标记插入 3 个超链接标记,分别设置了超链接的 href、title、target 属性。当将光标移到超链接"中国教育与科研计算机网"上时,会弹出提示信息"CERNET",如图 5-2 所示。通常,文本超链接的标题会显示带下画线的蓝色文本。

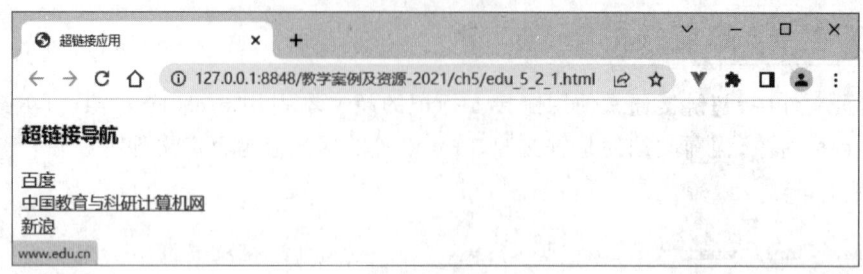

图 5-2 超链接的应用

5.2.2 超链接的路径

在网页设计中超链接 a 标记的 href 属性定义链接所访问的目标地址,也称为访问路径。每一个网页都有一个相对固定的地址,即统一资源定位符(URL),通过独立的 URL 可以访问不同网站上的不同页面。在 HTML 文档中提供了 3 种路径,分别是绝对路径、相对路径和根路径。

1. 绝对路径

绝对路径指文件的完整路径,包括盘符或文件传输的协议 http、ftp 等,一般用于网站的外部链接。绝对路径有两种:一种是从盘符开始定义的文件路径,例如"E:\web\index.html";另一种是从协议开始定义的 URL 网址,例如中国教育与科研计算机网的网址"http://www.edu.cn"。

2. 相对路径

相对路径是指相对于当前文件的路径,从当前文件所在位置指向目标文件的路径。采用相对路径是建立两个文件之间的相互关系,相对路径一般用于网站内部链接。相对位置的输入方法如表 5-2 所示。

表 5-2 相对位置的输入方法

相对位置	输入方法	代码示例
同一目录	输入要链接的文档	\<a href="tongzhi.html">通知\</a>
上一目录	先输入"../",再输入目录名	\<a href="../index.html">首页\</a>
下一目录	先输入目录名,后加"/"	\<a href="ks/note.html">考试通知\</a>

3. 根路径

根路径是指从网站的最底层开始,一般网站的根目录就是域名下对应的文件夹,例如 E 盘上存放一个网站,双击 E 盘进入 E 盘看到的就是网站的根目录,这种路径称为根路径,所以根路径以斜杠"/"开头,然后书写文件夹名,接着书写子文件夹名或文件名,以此类推,直到写完路径为止。例如"/web/news/show.html"。

根路径一般用于创建内部链接。通常不建议采用此种链接形式。

根目录路径和相对路径都是以某个位置为起点的相对路径,但是根目录路径一般用于有多台服务器的大型网站,建议对路径的概念不太熟悉的初学者在做链接时采用相对路径。

5.2.3 超链接的分类

在 HTML 文档中,超链接可以分为内部链接和外部链接两种。内部链接是指网站内部文件之间的链接,而外部链接是指网站内的文件链接到网站外的文件。将 URL 设置为相对路径为内部链接,而将 URL 设置为文件的绝对路径为外部链接。

【例 5-2-2】 内部链接和外部链接的应用。其代码如下,页面效果如图 5-3 所示。

扫一扫

视频讲解

```
1  <!-- edu_5_2_2.html -->
2  <!doctype html>
3  <html lang="en">
4    <head>
5      <meta charset="UTF-8">
6      <title>内部链接和外部链接</title>
7    </head>
8    <body>
9      <h2>内部链接:</h2>
10     <p><a href="index.html">通知</a>指向网站内的页面链接</p>
11     <h2>外部链接:</h2>
12     <p><a href="http://www.163.com/">网易</a>指向网站外的页面链接</p>
13   </body>
14 </html>
```

代码中第 10 行定义访问当前目录下 index.html 的内部链接,第 12 行定义访问网易网站的外部链接。

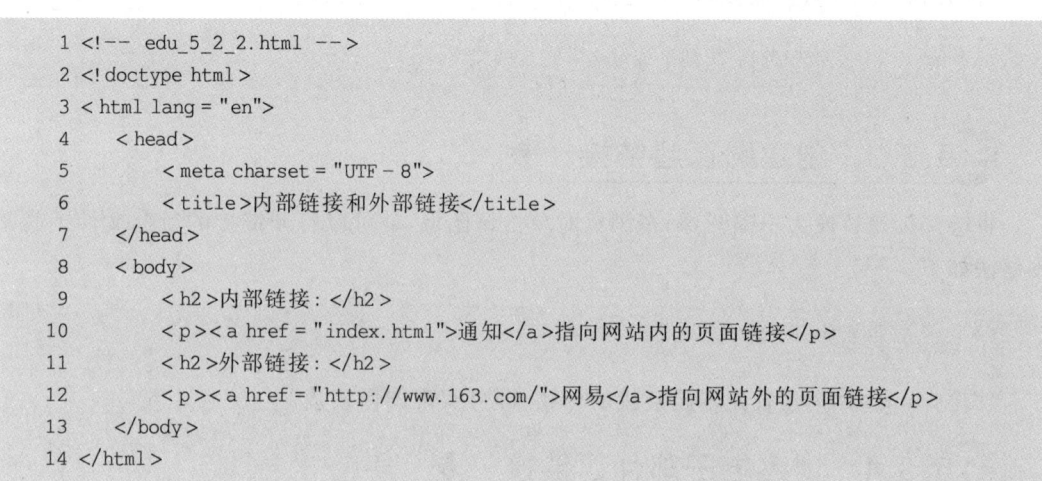

图 5-3 内部链接和外部链接的应用

5.3 超链接的应用

在网络上能够通过链接访问不同的资源或网页。链接对象多种多样,可分为文件、FTP 站点、图像、电子邮件及书签等。

5.3.1 创建 HTTP 文档下载超链接

网站经常提供软件、文件等资料的下载,下载文件的链接指向文件所在的相对路径或绝

对路径,文件类型为 *.doc、*.pdf、*.exe、*.rar 等。其基本语法如下:

```
< a href = "url">链接内容</a>
```

5.3.2 创建 FTP 站点访问超链接

FTP 服务器链接和网页链接的区别在于所用协议不同,浏览网页采用 http 协议,而访问 FTP 服务器采用 ftp 协议。FTP 需要从服务器管理员处获得登录的权限,不过部分 FTP 服务器可以匿名访问,从而获得一些公开的文件。其基本语法如下:

```
< a href = "ftp://服务器 IP 地址或域名">链接的文字</a>
```

5.3.3 创建图像超链接

将链接标题替换为一幅图像,在浏览时单击该图像,就可以打开链接的目标文件。其基本语法如下:

```
< a href = "URL">< img src = "" alt = ""></a>
```

使用<img>标记代替原来超链接的标题,即可实现图像链接。

5.3.4 创建电子邮件超链接

一般网站上都会设置"联系我们"这样的栏目或超链接,目的是方便用户及时与网站管理员进行沟通与联系,这就是人们常说的电子邮件链接。其基本语法如下:

```
< a href = "mailto:E-mail 地址[?subject = 邮件主题[& 参数 = 参数值]] ">链接内容</a>
```

邮件地址必须完整,例如 intel@qq.com。其参数有 cc(抄送)、bcc(密送)、subject(主题)、body。多个收件人用分号";"分隔;多个参数用"&"连接,"&"与关键字之间不能留空格;空格用"%20"代替。

举例如下:

```
< a href = "mailto:some@mysoft.com;jlchu@163.com?cc = xyz@163.com
&bcc = anbo@sina.com&subject = Hello%20again&body = 下周二开会讨论">发送邮件</a>
```

【例 5-3-1】 超链接的综合应用。其代码如下,页面效果如图 5-4~图 5-8 所示。

```
1  <!-- edu_5_3_1.html -->
2  <!doctype html >
3  < html lang = "en">
4      < head >
5          < meta charset = "UTF-8">
6          < title >超链接的应用</title >
7          < style type = "text/css">
8              h1{background:#9999CC;color:white;padding:10px;height:50px;
                 text-align:center;}
```

扫一扫

视频讲解

```
 9              img{width:70px;height:45px;}
10          </style>
11      </head>
12      <body>
13          <h1>超链接的应用</h1>
14          <h3><a href="ch5.ppt">1.HTTP下载-文件 ch5.ppt</a></h3>
15          <h3><a href="ftp://ftp.pku.edu.cn">2.FTP下载-北京大学FTP站点</a></h3>
16          <h3>3.图像超链接
17          <a href="https://www.baidu.com//">
18              <img border="0" src="bd_logo1.png"/>
19          </a></h3>
20          <h3>4.邮件超链接-有问题可以给我
21          <a href="mailto:someone@microsoft.com;xyz@163.com?cc=jlchu@163.com&bcc=12345678@qq.com&subject=Hello%20again&body=同学们：你们好！">发送邮件</a></h3>
22          <p>应该使用%20来替换单词之间的空格,这样浏览器就可以正确地显示文本了。</p>
23      </body>
24  </html>
```

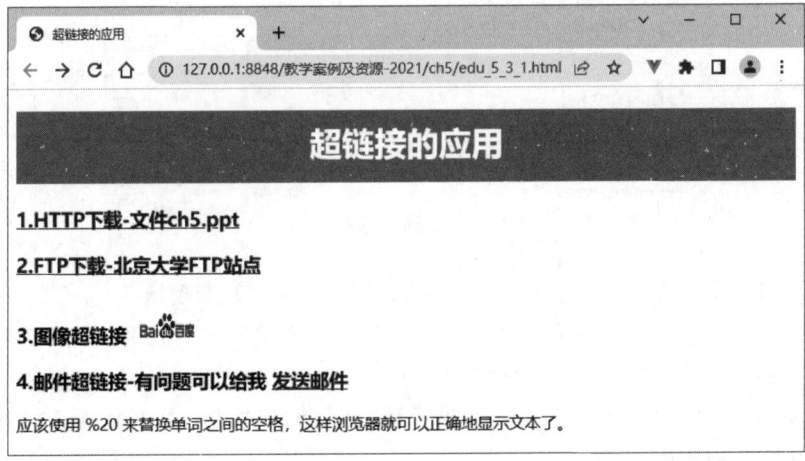

图 5-4　超链接的应用

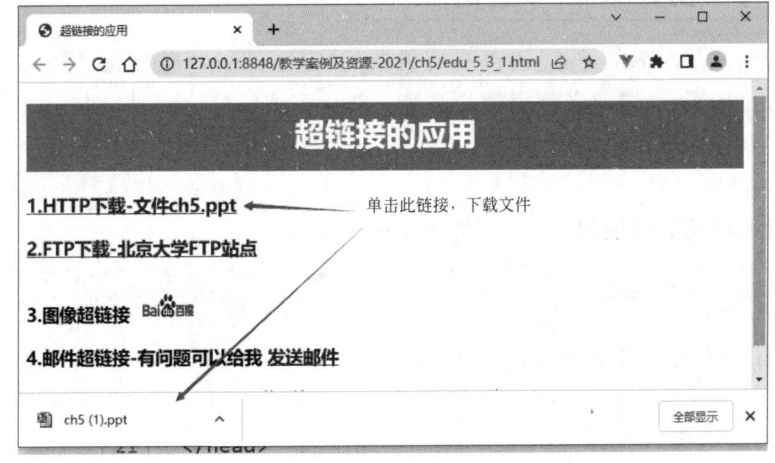

图 5-5　HTTP 下载链接

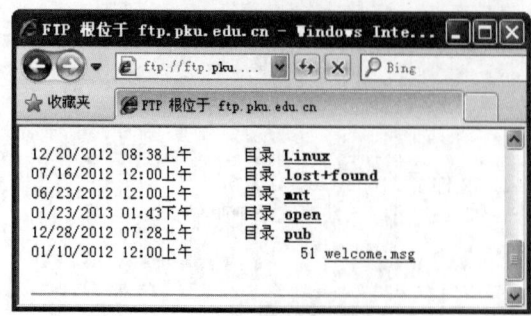
图 5-6　FTP 下载链接

图 5-7　图像超链接

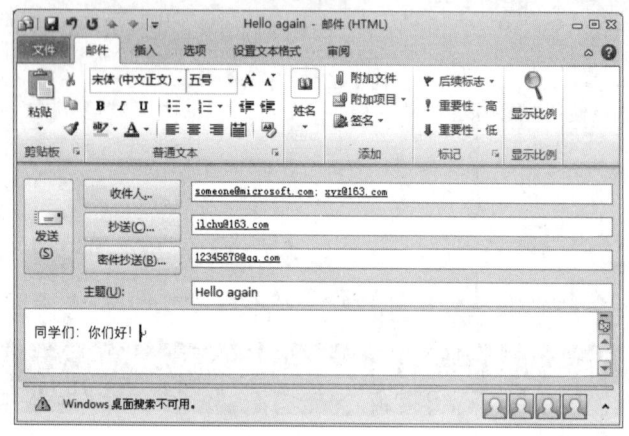
图 5-8　邮件超链接

代码中第 14 行定义 ch5.ppt 文件的 HTTP 下载链接，单击超链接进入文件下载页面，如图 5-5 所示。第 15 行定义访问北京大学 FTP 站点的 FTP 下载链接，单击超链接进入 FTP 站点下载文件页面，如图 5-6 所示。第 16～19 行定义图像超链接，单击图像超链接进入百度搜索页面，如图 5-7 所示。第 20～21 行定义邮件超链接，单击邮件超链接进入邮件设置页面，如图 5-8 所示。

5.3.5　创建页面书签链接

书签是指到文章内部的链接，可以实现段落间的任意跳转。实现这样的链接要先定义一个书签作为目标端点，再定义到书签的链接。链接到书签分为两种，即链接到同一页面中的书签和链接到不同页面中的书签。

1．定义书签

通过设置超链接 a 标记的 name 属性来定义书签。

< a name = "书签名">书签标题</a>

name 属性的值是定义书签的名称，供书签链接引用。超链接< a ></ a >之间的信息为书签的标题。

2．定义书签链接

通过设置超链接 a 标记的 href 属性来定义书签链接。

基本语法

```
<a href="#书签名">书签标题</a>        <!-- 同一页面内 -->
<a href="URL#书签名">书签标题</a>     <!-- 不同页面间 -->
```

第一种是同一页面内的书签,第二种是不同页面间的书签,其中 URL 设置 HTML 文件名称,"#书签名"表示引用名称为"书签名"的书签。

【例 5-3-2】 书签链接的应用。

编写 edu_5_3_2.html 和 edu_5_3_2_1.html,页面效果如图 5-9 和图 5-10 所示。

edu_5_3_2.html 的代码如下:

扫一扫

视频讲解

```
1  <!-- edu_5_3_2.html -->
2  <!doctype html>
3  <html lang="en">
4    <head>
5      <meta charset="UTF-8">
6      <title>链接到同一页面的书签</title>
7    </head>
8    <body>
9      <h3><a name="software">主流的网页设计软件</a></h3>
10     <ul>
11       <li><a href="#dw">Dreamweaver MX[同页]</a></li>
12       <li><a href="#fl">Flash MX[同页]</a></li>
13       <li><a href="#fw">Fireworks MX[同页]</a></li>
14       <li><a href="edu_5_3_2_1.html#EditPlus">EditPlus[异页]</a></li>
15     </ul>
16     <h2><a name="dw">Dreamweaver MX</a></h2>
17     <p>    Dreamweaver 是美国 Macromedia 公司(现已被 Adobe 公司收购,成为 Adobe Dreamweaver)开发的集网页制作和网站管理于一身的所见即所得网页编辑器,它是第一套针对专业网页设计师特别发展的视觉化网页开发工具,利用它可以轻而易举地制作出跨越平台限制和跨越浏览器限制的充满动感的网页。</p>
18     <h4 align="right"><a href="#software">返回</a></h4>
19     <h2><a name="fl">Flash MX</a></h2>
20     <p>    Flash 是美国 Macromedia 公司所设计的二维动画软件,全称 Macromedia Flash(被 Adobe 公司收购后称为 Adobe Flash),主要用于设计和编辑 Flash 文档。附带的 Macromedia Flash Player 用于播放 Flash 文档。
21     现在,Flash 已经被 Adobe 公司购买,最新版本为 Adobe Flash CS6 Professional,播放器也更名为 Adobe Flash Player。</p>
22     <h4 align="right"><a href="#software">返回</a></h4>
23     <h2><a name="fw">Fireworks MX</a></h2>
24     <p>    Adobe Fireworks 可以加速 Web 设计与开发,是一款创建与优化 Web 图像和快速构建网站与 Web 界面原型的理想工具。Fireworks 不仅具备编辑向量图形与位图图像的灵活性,还提供了一个预先构建资源的公用库,并可与 Adobe Photoshop、Adobe Illustrator、Adobe Dreamweaver 和 Adobe Flash 软件进行集成。在 Fireworks 中将设计迅速转变为模型,或利用来自 Illustrator、Photoshop 和 Flash 的其他资源。然后直接置入 Dreamweaver 中轻松地进行开发与部署。</p>
25     <h4 align="right"><a href="#software">返回</a></h4>
26   </body>
27 </html>
```

代码中第 9 行定义根书签名称为"software",供所有的"返回"书签链接引用;第 10~15 行利用无序列表定义 4 个书签链接,其中前 3 个为同页面书签链接,最后一个为不同页面书签链接,跳转到 edu_5_3_2_1.html 页面上访问书签 EditPlus;第 16 行、第 19 行、第 23 行定义 3 个书签,分别为"dw""fl""fw",供第 11~13 行定义的书签链接引用;第 18 行、第 22 行、第 25 行定义"返回"书签链接,返回根书签所在的位置。单击图 5-9 中的"EditPlus[异页]"访问 edu_5_3_2_1.html 页面上的 EditPlus 书签,如图 5-10 所示。

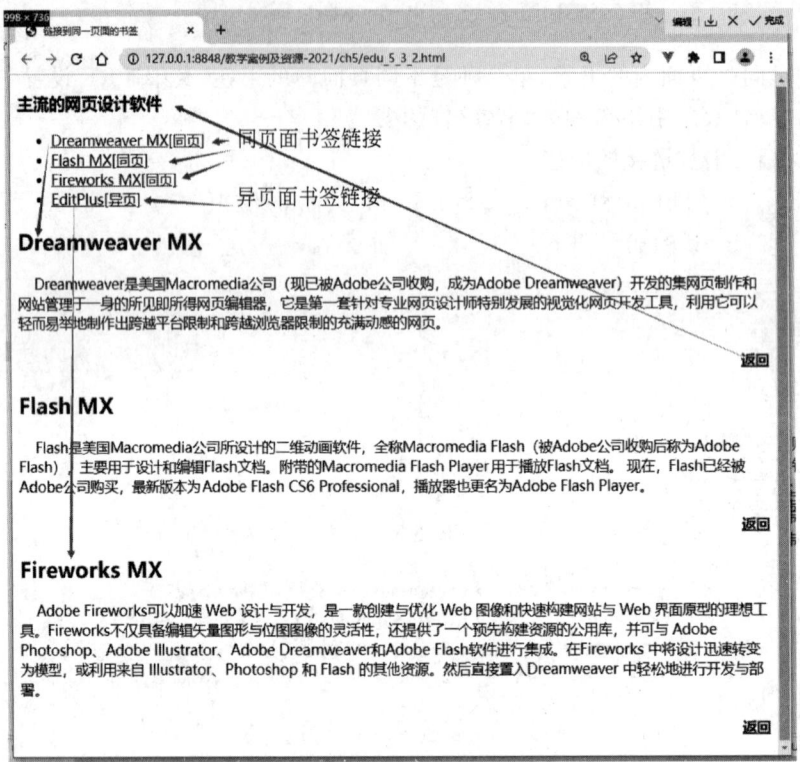

图 5-9　同页面书签链接

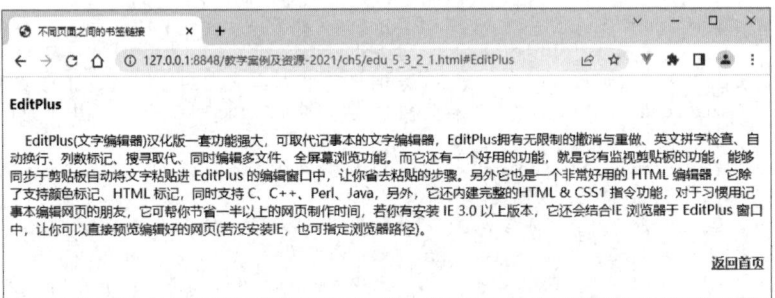

图 5-10　不同页面书签链接

edu_5_3_2_1.html 的代码如下:

```
1  <!-- edu_5_3_2_1.html -->
2  <!doctype html>
3  <html lang="en">
4    <head>
5      <meta charset="UTF-8">
6      <title>不同页面之间的书签链接</title>
7    </head>
8    <body>
```

```
 9      <h4><a name = "EditPlus">EditPlus</a></h4>
10      <p>    EditPlus(文字编辑器)汉化版是一套功能强大,可取代记
        事本的文字编辑器,EditPlus拥有无限制的撤销与重做、英文拼写检查、自动换行、列数
        标记、搜寻取代、同时编辑多文件、全屏幕浏览功能。它还有一个好用的功能,就是它有监
        视剪贴板的功能,能够同步于剪贴板自动将文字粘贴进 EditPlus 的编辑窗口中,让你省
        去粘贴的步骤。另外它也是一个非常好用的 HTML 编辑器,它除了支持颜色标记、HTML 标
        记、还支持 C、C++、Perl、Java,另外,它还内建完整的 HTML & CSS1 指令功能,对于习惯用记
        事本编辑网页的朋友,它可帮你节省一半以上的网页制作时间,若你有安装 IE 3.0 以上
        版本,它还会结合 IE 浏览器于 EditPlus 窗口中,让你可以直接预览编辑好的网页(若没
        安装 IE,也可指定浏览器路径)。
11      </p>
12      <h4 align = "right"><a href = "edu_5_3_2.html#software">返回首页</a></h4>
13      </body>
14      </html>
```

上述代码中第9行在标题字 h4 标记内定义书签名称为"EditPlus",作为 edu_5_3_2.html 页面的书签链接的目标。第12行定义返回 edu_5_3_2.html 页面的书签链接,单击"返回首页"返回 edu_5_3_2.html 页面,如图 5-9 所示。

5.4 浮动框架

浏览器窗口中含有的孤立的子窗口称为浮动框架,也称为内联框架。在浏览器窗口中嵌入浮动框架可使用 iframe 标记,该标记为成对标记,必须插入在 body 标记中,而不能插入在 frameset 标记中。

1. 基本语法

```
<iframe 属性名称 = "value" name = "iframename"></iframe>
<a href = "target.html" target = "iframename">链接标题</a>
```

2. 语法说明

属性名称及相关说明如表 5-3 所示。

表 5-3 浮动框架的属性

属 性	说 明	属 性	说 明
src	设置源文件属性	height	设置浮动框架窗口高度
name	设置框架名称	frameborder	设置框架边框
width	设置浮动框架窗口宽度	scrolling	设置框架滚动条

【例 5-4-1】 应用浮动框架。其代码如下,页面效果如图 5-11 和图 5-12 所示。

```
1   <!-- edu_5_4_1.html -->
2   <!doctype html>
3   <html lang = "en">
4     <head>
5       <meta charset = "UTF-8">
6       <title>浮动框架应用</title>
7       <style type = "text/css">
8         a{width:300px;margin:0 10px;}
```

扫一扫

视频讲解

```
 9          h3{font-size:28px;color:#0000FF;text-align:center;}
10          div{margin:0 auto;text-align:center;}
11      </style>
12  </head>
13  <body>
14      <div id="" class="">
15          <h3>浮动框架应用</h3>
16          <hr color="red">
17          <iframe name="leftiframe" src="http://www.tsinghua.edu.cn" width="300" height="300"></iframe>
18            
19          <iframe name="rightiframe" src="http://www.pku.edu.cn" width="300" height="300"></iframe>
20          <p>
21              <a href="http://www.gov.cn" target="leftiframe">在左边浮动框架内显示中央人民政府网站</a>
22              <a href="http://www.moe.gov.cn/" target="rightiframe">在右边浮动框架内显示教育部网站</a>
23          </p>
24      </div>
25  </body>
26  </html>
```

图 5-11 在浮动框架内显示指定网页的初始图

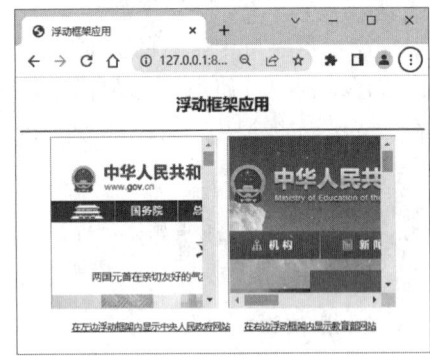

图 5-12 单击超链接后的页面效果图

代码中第 17 行在 div 标记中插入一个名称为 leftiframe 的浮动框架,并为该框架设置了内部显示的网页、宽度、高度;第 19 行在 div 标记中插入一个名称为 rightiframe 的浮动框架,并为该框架设置了内部显示的网页、宽度、高度、框架的左右边距等属性;第 21 行、第 22 行将浮动框架 leftiframe、rightiframe 设置为超链接的链接目标。单击超链接在左、右浮动框架中分别显示不同的页面,如图 5-12 所示。

5.5 思政案例5——公民基本道德规范诠释

本例以"公民基本道德规范诠释"为主题,参照代码完成页面设计,效果如图 5-13 和图 5-14 所示。设计要求:采用超链接与浮动框架组合设计,其中每个超链接的 href 属性值分别为 edu_5_5_1_1.html、edu_5_5_1_2.html、edu_5_5_1_3.html、edu_5_5_1_4.html、edu_5_5_1_5.html。单击超链接后,让超链接的 href 指定的页面在浮动框架内打开。浮动框架内嵌页面中的段落 p 标记样式统一为首行缩进两个字符,水平分隔线为红色。其中爱国守法内嵌页面的效果如图 5-13 所示，其余内嵌页面的效果与其相似，在此省略效果图。

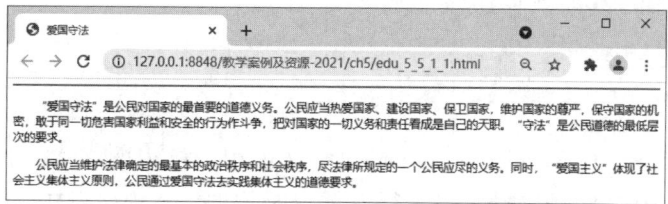

图 5-13 公民基本道德规范诠释-爱国守法内嵌页面

图 5-14 "公民基本道德规范诠释"页面

HTML 代码如下：

```
1  <!-- edu_5_5_1.html -->
2  <!doctype html>
3  <html lang="en">
4  <head>
5    <meta charset="UTF-8">
6    <style type="text/css">
7      body{text-align: center;}
8      ul{list-style-type:none;text-align: center;}
9      li{display: inline;margin:1px 22px;font-size: 22px;}
10     div{width: 837px;height: 680px;margin: 0 auto;border:1px solid #EEF3AA;}
11     a:active,a:visited,a:link{text-decoration: none;color:black}
12     a:hover{text-decoration: none;border-bottom: 5px solid red;color:red}
13    </style>
14  </head>
15  <body>
16    <div>
17      <img src="image-5-5-2.jpg">
18      <ul>
19        <li><a href="edu_5_5_1_1.html" target="content">爱国守法</a></li>
20        <li><a href="edu_5_5_1_2.html" target="content">明礼诚信</a></li>
21        <li><a href="edu_5_5_1_3.html" target="content">团结友善</a></li>
22        <li><a href="edu_5_5_1_4.html" target="content">勤俭自强</a></li>
23        <li><a href="edu_5_5_1_5.html" target="content">敬业奉献</a></li>
24      </ul>
```

```
25        < iframe frameborder = "0" name = "content" src = "edu_5_5_1_1.html"
              width = "100 % " height = "260px"></iframe>
26        </div>
27    </body>
28 </html>
```

上述代码中第 6～13 行定义 style 标记,定义了相关标记的样式。其中,第 7 行定义 body 标记的样式为内容居中对齐;第 8 行定义 ul 标记的样式为列表样式类型为无、内容居中对齐;第 9 行定义 li 标记的样式为行内显示、有边界(上下 1px、左右 22px)、字体大小为 22px;第 10 行定义 div 标记的样式为宽度 837px、高度 680px、有边界(上下 0、左右自动)、有边框(粗细 1px、实线型、颜色♯EEF3AA);第 11 行定义 a:active、a:visited、a:link 样式为无字符装饰、颜色为黑色;第 12 行定义 a:hover 样式为无字符装饰、底部有边框(粗细 5px、线型为实线、颜色为红色)、颜色为红色。第 15～27 行在图层 div 标记中插入一个 img 和一个 ul 标记,每个 li 标记内包裹一个超链接,分别设置超链接的 href(分别为 edu_5_5_1_1. html～edu_5_5_1_5. html)和 target 属性(值为 content)。其中第 25 行定义浮动框架标记,设置其 frameborder(值为 0)、name(值为 content)、src(默认为 edu_5_5_1_1. html)、width (值为 100%)、height(值为 260px)。

本章小结

本章主要学习了超链接和浮动框架的知识,重点介绍了超链接的语法、超链接中的路径以及与浮动框架的关联。读者要学会使用绝对路径、相对路径以及根路径设置超链接目标,理解超链接的类型及每种类型适用的场合,其中内部链接用于网站内部资源之间的链接,而外部链接用于网站外部的链接。

本章还介绍了超链接的不同链接对象的语法和使用方法,包括下载文件链接、书签链接、FTP 链接、图像链接和电子邮件链接。

扫一扫
自测题

练习 5

1．选择题

(1) 下列电子邮件链接格式正确的是(　　)。
  A．< a href＝"mailto:xxx. com. cn? subject＝你好!">…</a>
  B．< a href＝"mailto:xxx@. net? subject＝你好!">…</a>
  C．< a href＝"mailto:xxx@com? subject＝你好!">…</a>
  D．< a href＝"mailto:xxx@xxx. com? subject＝你好!">…</a>

(2) 当链接指向(　　)文件时,不打开该文件,而是提供给浏览器下载。
  A．ASP   B．HTML   C．ZIP   D．CGI

(3) 下列选项中不是超链接的 target 属性的取值的是(　　)。
  A．_self   B．_new   C．_blank   D．_top

(4) 在网页中能够定义超链接的标记是(　　)。
  A．< link >…</link >   B．< h1 >…</h1 >
  C．< a >…</a >   D．< ul >…</ul >

(5)＜img＞标记中规定图像 URL 的属性是(　　)。
　　A．href　　　　　　B．src　　　　　　C．type　　　　　　D．align
(6)在 HTML 中定义一个书签链接应该使用的语句是(　　)。
　　A．＜a href＝"＃book1"＞text＜/a＞　　B．＜a name＝"book1"＞text＜/a＞
　　C．＜a target＝"＃book1"＞text＜/a＞　　D．＜a link＝"＃book1"＞text＜/a＞
(7)下列在 body 中插入浮动框架的语句正确的是(　　)。
　　A．＜body＞＜iframe src＝"" name＝"rightframe"＞…＜/body＞
　　B．＜body＞＜iframe src＝"" name＝"rightframe"＞＜/iframe＞…＜/body＞
　　C．＜body＞＜frame src＝"" name＝"rightframe"＞…＜/body＞
　　D．＜body＞＜frame src＝"" name＝"rightframe"＞＜/frame＞…＜/body＞

2．填空题
(1)如果要创建一个指向电子邮件 someone@mail.com 的超链接,代码应该如下：

　　＜a _____＞指向 someone@mail.com 的超链接＜/a＞

(2)在指定页内超链接的时候,如果在某一位置使用了＜a _____ ＝"target1"＞书签＜/a＞语句定义书签名为 target1,那么当单击超链接＜a href＝_____＞书签链接＜/a＞时能够跳转到同页面中定义的书签 target1 位置上。
(3)超链接路径分为_____、_____、_____。网站内部链接一般使用_____路径,当然_____路径也可以用于内部链接；外部链接一般使用_____路径。
(4)浮动框架的 name 属性的值为"leftframe",在此浮动框架中打开"中国教育网(URL 为 http://www.edu.cn)"网站正确超链接是_____。

3．简答题
(1)简述什么是绝对路径和相对路径。
(2)写出制作页面书签的步骤,并举例说明。
(3)如果想通过单击不同的超链接在浮动框架中打开不同的页面,需要如何设置？

实验 5

1．根据提供的图像和超链接资源完成页面导航设计,资源与对应的超链接如表 5-4 所示,效果如图 5-15 所示。编写符合以下要求的文档：在 HTML 文档中插入一张图片,为图片加上链接,指向它所在的网站。

表 5-4　图像与超链接的对应关系

序号	图片名称	URL
1	ipadblank1.gif	http://www.apple.com.cn/iphone/
2	ipadblank2.gif	http://www.apple.com.cn/iphone/
3	ipadblank3.gif	http://www.apple.com.cn/macbook-pro/
4	ipadblank4.gif	http://www.apple.com.cn/supplierresponsibility/

2．按以下要求设计 Web 页面,效果如图 5-16 所示。
(1)页面标题为"桂林山水风景图片"。

图 5-15　图片超链接的页面

（2）正文标题为红色的"桂林山水风景图片",图片分别为 image51.jpg、image52.jpg、image53.jpg、image54.jpg；采用无序列表布局,每一个列表项的内容为图像链接,单击小图可以浏览大图。

（3）定义样式。img 标记的样式为"宽度 100px、高度 100px、边框 0px"；h3 标记的样式为"红色、居中"；ul 标记的样式为"去除列表项前的符号、内容居中显示"；li 标记的样式为"显示方式为行内显示（display:inline）、宽度 120px、行高 30px"。

图 5-16　"桂林山水风景图片"页面

CHAPTER 6

第6章

图像与多媒体文件

本章学习目标

优秀的商业网站往往通过为页面添加大量的图像、声音、视频、动画等多媒体信息来丰富网站的内容,吸引更多网络访问者的关注。目前大型商业网站非常注重对Web前端开发技术的研究,通过组合各类前端开发技术来改善用户体验和增加用户互动环节,最大限度地获取商业利润。本章重点介绍图像、滚动文字、音频等多媒体信息在HTML文档中的使用方法。

Web前端开发工程师应知应会以下内容:
- 掌握图像img标记的语法以及属性和图像热区链接的设置方法。
- 掌握滚动文字marquee标记的语法及属性设置方法。
- 掌握嵌入多媒体文件embed标记的语法及属性设置方法。
- 学会用超链接插入动画、音频、视频等多媒体信息。

6.1 图像

图像是网页中必不可少的元素,灵活地应用图像会给网页增色不少,而且图像直观明了、绚丽美观,是文字无法替代的。

网页上常见的图像格式有JPEG(Joint Photographic Experts Group)、GIF(Graphics Interchange Format)和PNG(Portable Network Graphics)等,BMP格式不常用。

在HTML文档中使用img标记在网页上插入图像。设置它的属性可以控制图像的路径、尺寸和替换文字等。

6.1.1 插入图像

用户可以使用HTML的img标记将图像插入网页中,也可以使用CSS设置成某元素的背景图像,根据图像的格式不同,其适用的地方也不同。

1. 基本语法

< img src = "URL" alt = "替代文本">

2. 语法说明

img标记是单(个)标记,图像样式由img标记的属性决定。img标记有两个必选属性,分别是 src、alt，其他属性为可选属性，img 标记的具体属性、取值及说明如表 6-1 所示。

src 指"source"。源属性的值是图像的 URL 地址。用户可以采用绝对路径或相对路径来表示文件的位置，例如 src="D:/web/ch6/images1.jpg" 是采用绝对路径，而 src="images1.jpg" 是采用相对路径。

表 6-1 img 标记的属性、取值及说明

属性	取值	说明
alt	text	规定图像的替代文本
src	URL	规定显示图像的 URL
name	text	规定图像的名称
height	pixels、%	定义图像的高度
width	pixels、%	设置图像的宽度
align	top|middle|bottom|left|center|right	规定如何根据周围的文本来排列图像，分水平、垂直两个方向
border	pixels	定义图像周围的边框
hspace	pixels	定义图像左侧和右侧的空白
vspace	pixels	定义图像顶部和底部的空白
usemap	URL	将图像定义为客户器端图像映射

扫一扫

视频讲解

【例 6-1-1】 设置图像的替代文本。其代码如下，页面效果如图 6-1 和图 6-2 所示。

```
 1  <!-- edu_6_1_1.html -->
 2  <!doctype html>
 3  <html lang="en">
 4   <head>
 5    <meta charset="UTF-8">
 6    <title>插入图像及相关属性应用</title>
 7    <style type="text/css">
 8      body{text-align: center;}
 9    </style>
10   </head>
11   <body>
12    <h3>网页中插入图像</h3>
13    <hr color="#3300ff">
14    <img src="images1.jpg" alt="网络机房" title="网络机房">
15   </body>
16  </html>
```

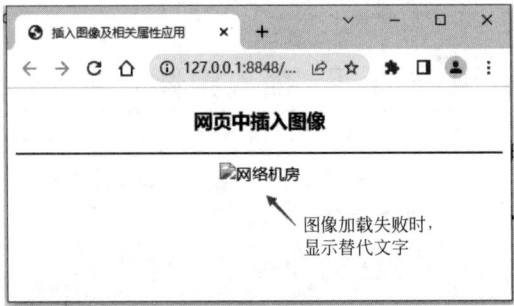

图 6-1 图像插入及属性应用　　　　图 6-2 图像 alt 属性应用

代码中第 14 行插入一幅图像，并设置 alt 属性值为"网络机房"。当图像加载成功时，会显示图 6-1 所示效果；当图像加载不成功时，会显示图 6-2 所示效果。

6.1.2 设置图像的替代文本

img 标记的 alt 属性用来为图像设置替代文本。替代文本有以下两个作用：
- 在浏览网页时，在鼠标指针悬停在图像上的，鼠标指针旁边会出现替代文本。
- 当图像加载失败时，在图像的位置上会显示红色的"×"，并显示替代文本。

1．基本语法

< img src = "URL" alt = "替代文本">

2．语法说明

替代文本既可以是中文也可以是英文。

6.1.3 设置图像的高度和宽度

img 标记的 width 和 height 属性用来设置图像的宽度和高度。在默认情况下，网页中的图像大小由图像原来的宽度和高度来决定。如果不设置图像的宽度和高度，则图像的大小和原图一样。

1．基本语法

< img src = "URL" width = "value" height = "value">

2．语法说明

- 图像高度和宽度的单位可以是像素，也可以是百分比。
- 在设置图像的宽度和高度属性时，可以只设置宽度和高度属性中的一个，另一个属性将按原图的宽度、高度等比例显示。如果同时设置两个属性，图像会发生变形。

6.1.4 设置图像的边框

默认图像是没有边框的，通过 img 标记的 border 属性可以为图像设置边框的宽度，但边框的颜色是不可以调整的，当未设置图像链接时，边框的颜色为黑色；当设置图像链接时，边框的颜色和链接文字的颜色一致，默认为深蓝色。通过样式表可以修改边框的线型、宽度和颜色。

1．基本语法

< img src = "URL" border = "value">

2．语法说明

value 为边框线的宽度，用数字表示，单位为像素。

【例 6-1-2】 设置图像的高度、宽度及边框。其代码如下，页面效果如图 6-3 所示。

```
1 <!-- edu_6_1_2.html -->
2 <!doctype html>
3 < html lang = "en">
```

扫一扫

视频讲解

```
4    <head>
5        <meta charset = "UTF-8">
6        <title>设置图像宽度、高度及边框</title>
7        <style type = "text/css">
8            ul{list-style-type:none; /*去除列表项前的符号*/}
9            li{float:left;padding:0 20px; /*垂直排列变成水平排列*/}
10       </style>
11   </head>
12   <body>
13       <h2 align = "center">设置图像宽度、高度及边框</h2>
14       <hr color = "#6600CC">
15       <ul>
16           <li><img src = "images1.jpg" alt = "原图"></li>
17           <li><img src = "images1.jpg" width = "100px" alt = "宽度为100px" border = "5">
               </li>
18           <li><img src = "images1.jpg" width = "75px" height = "50px" alt = "宽75px高
               50px" border = "10"></li>
19       </ul>
20   </body>
21 </html>
```

代码中第 15～19 行在主体 body 标记中插入一个无序列表，并在无序列表中利用列表项插入 3 个图像，同时对图像分"不设置高度、宽度及边框""只设置宽度和边框""宽度、高度及边框同时设置"等情况进行设置，并通过替代文本显示。

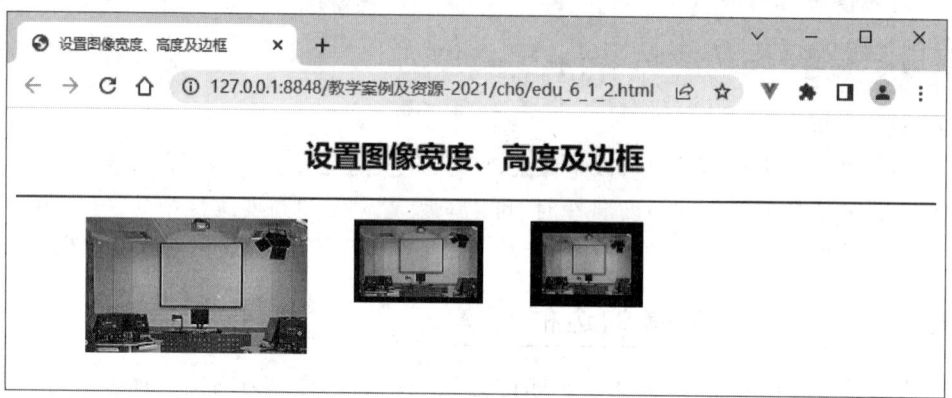

图 6-3　设置图像的宽度、高度及边框

6.1.5　设置图像的对齐方式

图像和文字之间的对齐方式通过 img 标记的 align 属性来设置。图像对齐方式分水平对齐方式和垂直对齐方式两种，其中水平对齐方式的取值有 left、center、right，垂直对齐方式的取值有 top、middle、bottom，表示图像与同行文字的相对位置。

1．基本语法

<img src = "URL" align = "value">

2．语法说明

align 属性的取值及说明如表 6-2 所示。

表 6-2 align 属性的取值及说明

取 值	说 明
top	图像的顶端和当前行的文字顶端对齐,当前行的高度相应扩大
middle	图像的水平中线和当前行的文字中线对齐,当前行的高度相应扩大
bottom	图像的底端和当前行的文字底端对齐,当前行的高度相应扩大
left	图像左对齐,浮动游离于文字之外,文字环绕图像周围,文字行的高度没有任何变化
center	图像中线和当前行的文字中线对齐,当前行的高度相应扩大
right	图像右对齐,浮动游离于文字之外,文字环绕图像周围,文字行的高度没有任何变化

6.1.6 设置图像的间距

图像 img 标记的 hspace 和 vspace 属性用来控制图像的水平距离和垂直距离,而且两者均以 px 为单位。注意在编写代码时不需要给属性值加上单位 px,否则不会产生效果。

1．基本语法

```
< img src = "URL"  hspace = "水平间距数值"  vspace = "垂直间距数值">
```

2．语法说明

hspace 调整图像左右两边的空白距离,vspace 调整图像上下两边的空白距离。

在实际应用中很少直接使用图像的对齐属性和图像的间距属性,一般都采用 CSS 替代,所以此处不再举例。

6.1.7 设置图像的热区链接

除了对整幅图像设置超链接外,还可以将图像划分为若干区域,这叫作"热区",每个区域可设置不同的超链接。此时包含热区的图像可以称为映射图像。

1．基本语法

```
< img src = "图像地址" usemap = "#映射图像名称">
< map name = "映射图像名称" id = "映射图像名称">
    < area shape = "热区形状 1" coords = "热区坐标 1" href = "URL1">
    < area shape = "热区形状 2" coords = "热区坐标 2" href = "URL2">
    ...
</map>
```

2．属性语法

usemap 属性将图像定义为客户端图像映射。图像映射指的是带有可单击区域的图像。usemap 属性与 map 标记的 name 或 id 属性相关联(适应不同浏览器的需要),usemap 属性的值以"♯"开始,后面紧跟"映射图像名称",以建立< img >标记与< map ></map >标记之间的关系。它指向特殊的< map >区域。用户计算机上的浏览器将把鼠标在图像上单击时的坐标转换成特定的行为,包括加载和显示另一个文档。

map 标记是成对标记。name 或 id 属性映射图像的名称,与 img 标记的 usemap 属性的值关联。

area 标记是单(个)标记,定义图像映射中的区域。< area >标记总是嵌套在< map ></map >标记中。该标记有 3 个属性,分别是 shape、coords、href。href 属性定义此区域的目标 URL。shape 和 coords 属性的取值及说明如表 6-3 所示。

表 6-3 shape 和 coords 属性的取值及说明

取值		说明	取值	说明
shape	rect	矩形区域	x1,y1,x2,y2	代表矩形的两个顶点坐标
	circle	圆形区域	center-x,center-y,radius（coords）	代表圆心和半径
	poly	多边形区域	x1,y1,x2,y2,…,xi,yi,…,xn,yn,x1,y1	代表各顶点坐标（首、尾坐标相同，形成封闭图形）

扫一扫
视频讲解

【例 6-1-3】 图像热区链接的应用。其代码如下，页面效果如图 6-4 所示。

```
1  <!-- edu_6_1_3.html -->
2  <!doctype html>
3  <html lang = "en">
4    <head>
5      <meta charset = "UTF-8">
6      <title>图像热区链接</title>
7    </head>
8    <body>
9      <p>
10        <a><img src = "tu.jpg" align = "bottom" width = "200" height = "150" border = "3" alt = "美女" usemap = "#girl"></a>
11        <map name = "girl">
12          <area shape = "circle" href = "http://www.baidu.com" coords = "50,50,30" alt = "百度">
13        </map>
14      </p>
15    </body>
16  </html>
```

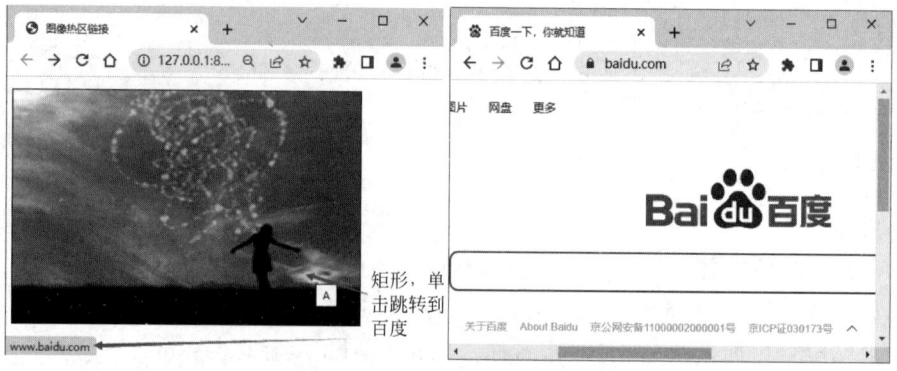

图 6-4 图像热区链接

代码中第 10 行定义图像链接，并在 img 标记中设置 usemap 属性引用图像热区 girl；第 11～13 行定义图像映射 map，第 12 行定义半径为 30px，圆心坐标为（50px，50px）的圆形热区，设置了热区超链接，当鼠标指针指向热区时会显示"百度"提示信息，单击热区时会访问百度页面。

6.2 滚动文字

如果要设计一个更加生动的网站,还需要在网页中添加多媒体元素。多媒体元素可以更好地体现设计者的个性,通常滚动文字可以增加文字的动态效果。

6.2.1 添加滚动文字

通过 marquee 标记可以添加滚动文字(内容),增加动态效果,丰富网页的内容。

1. 基本语法

```
<marquee width="" height="" bgcolor="" direction="up|down|left|right" behavior="scroll|slide|alternate" hspace="" vspace="" scrollamount="" scrolldelay="" loop="" onMouseOver="this.stop()" onMouseOut="this.start()">滚动内容</marquee>
```

2. 语法说明

marquee 标记是成对标记,以<marquee>开始,以</marquee>结束,将需要滚动的内容放到 marquee 标记之间,同时也可以设置滚动内容的样式。

marquee 标记中 onMouseOver="this.stop()"属性值对的作用是当鼠标指针移动到滚动文字区域时,滚动内容将暂停滚动;onMouseOut="this.start()"属性值对的作用是当鼠标指针移出滚动文字区域时,滚动内容将继续滚动。

【例 6-2-1】 添加滚动文字。其代码如下,页面效果如图 6-5 所示。

扫一扫

视频讲解

```
1  <!-- edu_6_2_1.html -->
2  <!doctype html>
3  <html lang="en">
4    <head>
5      <meta charset="UTF-8">
6      <title>添加滚动文字</title>
7      <style type="text/css">
8        h4{font-size:20px;color:#33CC33;font-family:隶书;}
9      </style>
10   </head>
11   <body>
12     <h3 align="center">添加滚动文字</h3>
13     <hr color="#000066">
14     <marquee><h4>该文字为滚动效果</h4></marquee>
15   </body>
16 </html>
```

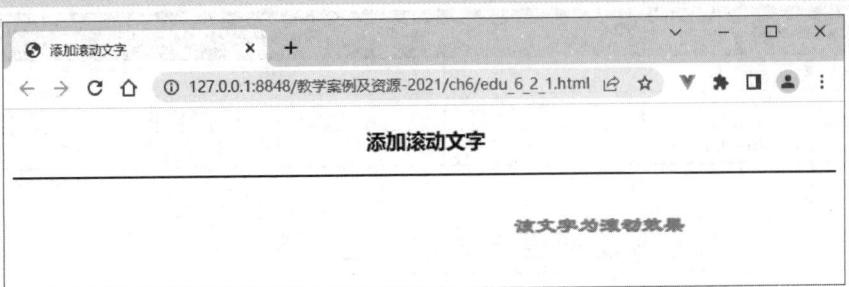

图 6-5 添加滚动文字

代码中第 14 行定义了滚动文字，文字的字体为隶书，字号为 20px，颜色为♯33CC33，滚动效果为默认方式，即从右向左单向滚动。

6.2.2 设置滚动文字的背景颜色与滚动循环 ▶

为了能够突出显示滚动文字的内容，可以通过 bgcolor 属性为滚动文字添加背景颜色，这样滚动文字在网页中就会更加明显，同时也可以设置滚动的次数。

1．基本语法

```
<marquee bgcolor="" loop="5">滚动内容</marquee>
```

2．语法说明

文字的背景颜色采用多种方法添加，最常用的设置方法是使用十六进制数和 rgb() 函数。

在默认情况下，滚动文字将会不停地循环滚动。使用 loop 属性可以设置滚动文字的循环滚动次数，循环滚动次数直接使用数字表示，一般为整数，-1 表示无限循环。

6.2.3 设置滚动方向与滚动方式 ▶

在没有设定文字的滚动方向时，通常默认以从右到左的顺序滚动。在很多情况下，滚动文字可能需要从其他方向开始滚动，可以用 direction 属性进行设置。滚动文字的方向确定了以后，滚动文字就会一直滚动下去，如果需要停止，则需要设置 behavior 属性来实现不同的滚动方式，例如滚动一次就停止、交替滚动、循环滚动等。

1．基本语法

```
<marquee direction="滚动方向" behavior="滚动方式">滚动内容</marquee>
```

2．语法说明

direction 属性决定滚动方向，其属性值及说明如表 6-4 所示。

表 6-4 direction 的属性值及说明

属性值	说　　明	属性值	说　　明
up	向上滚动	left	向左滚动，为默认值
down	向下滚动	right	向右滚动

behavior 属性用来设置滚动方式，其具体属性值及说明如表 6-5 所示。

表 6-5 behavior 的属性值及说明

属性值	说　　明
scroll	循环往复滚动，为默认值
slide	滚动一次就停止
alternate	来回交替滚动

6.2.4 设置滚动速度与滚动延迟 ▶

在设置滚动文字后，用户可能会考虑到滚动的快慢问题，使用 scrollamount 属性可以设置滚动文字的速度。滚动延迟就是滚动文字的暂停，使用 scrolldelay 属性来设置滚动文字的延迟时间。

1．基本语法

<marquee scrollamount="滚动速度" scrolldelay="延迟时间">滚动内容</marquee>

2．语法说明

滚动速度实际上就是滚动文字每次移动的长度，这个长度用数字表示，单位为像素。

延迟时间以毫秒为单位，其值设置得越小，滚动速度越快。

6.2.5 设置滚动范围与滚动空白空间

设置滚动范围就是设置滚动的背景面积范围，在默认情况下是一个和文字等高、浏览器等宽的颜色带。该面积可以通过 width 和 height 属性来控制。

设置滚动空白空间就是设置滚动文字背景和它周围的文字及图像之间的空白空间范围。在默认情况下，滚动对象周围的文字或图像是与滚动背景紧密连接的，使用 hspace 和 vspace 可以设置它们之间的空白空间。

1．基本语法

<marquee width="" height="" hspace="" vspace="">滚动内容</marquee>

2．语法说明

宽度值和高度值均用数字表示，单位为像素。

hspace、vspace 属性的值是整数，单位为像素。

【例 6-2-2】 设置滚动文字的滚动空白与滚动范围。其代码如下，页面效果如图 6-6 所示。

扫一扫

视频讲解

```
 1  <!-- edu_6_2_2.html -->
 2  <!doctype html>
 3  <html lang="en">
 4    <head>
 5      <meta charset="UTF-8">
 6      <title>设置滚动文字的滚动空白与滚动范围</title>
 7      <style type="text/css">
 8        p{font-size:18px;color:#000033;text-indent:2em;   /*首行缩进*/}
 9      </style>
10    </head>
11    <body>
12      <h3 align="center">设置滚动文字的滚动空白与滚动范围</h3>
13      <hr color="#330099">
14      <marquee bgcolor="#F1F1F1" width="600px" height="100px" hspace="100" vspace="100" direction="up" behavior="alternate" scrollamount="1" scrolldelay="20">
15        <p>设置滚动空白空间就是设置滚动文字背景和它周围文字及图像之间的空白空间范围。在默认情况下，滚动对象周围的文字或图像是与滚动背景紧密连接的，使用 hspace 和 vspace 可以设置它们之间的空白空间。</p>
16      </marquee>
17    </body>
18  </html>
```

代码中第 14 行定义了滚动文字的背景颜色为 #C4E1C6、宽度为 600px、高度为 100px、背景与周边元素的水平空间空白为 100px，背景与周边元素的垂直空白空间为 100px、滚动方向为向上、滚动行为为交替滚动、滚动速度为 1px、滚动时延为 20ms。

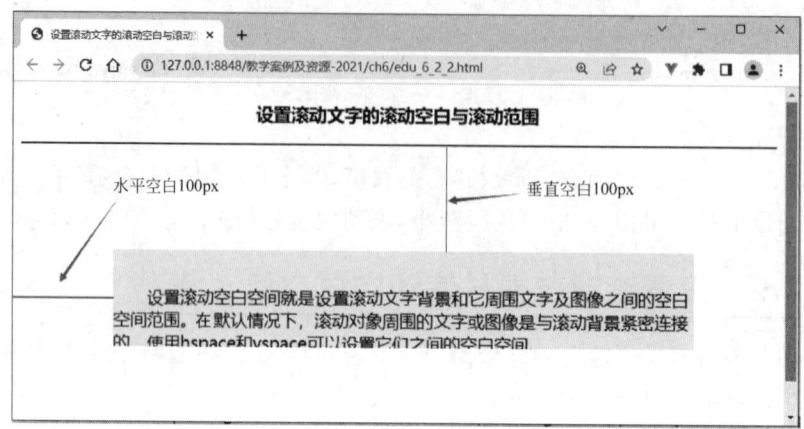

图 6-6　设置滚动文字的滚动空白与滚动范围

6.3　embed 标记

<embed>标记定义了一个容器，用来嵌入外部应用程序或者互动程序（插件）。使用该标记可以嵌入图像、音频、视频以及 HTML 文档，为网页增加更多的炫丽效果。

注：现在已经不建议使用<embed>标记了，可以使用<img>、<iframe>、<video>、<audio>等标记代替它。

1. 基本语法

```
< embed src = "url" width = "" height = "" type = "" ></embed >
```

2. 语法说明

- width、height：整型值，单位为像素。设置宽度和高度会出现播放界面，否则不显示播放界面。如果播放声音、音乐文件作为背景音乐，必须同时将宽度和高度属性的值设置为 0，而不是省略。
- src：设置媒体文件的路径。
- type：MIME_type 规定嵌入内容的 MIME（Multipurpose Internet Mail Extensions）类型。

【例 6-3-1】　embed 标记综合应用。其代码如下，页面效果如图 6-7 所示。

视频讲解

```
1  <!-- edu_6_3_1.html -->
2  <!doctype html>
3  < html lang = "en">
4    < head >
5      < meta charset = "UTF - 8">
6      < title >embed 标记综合应用</title >
7      < style type = "text/css">
8        div{text - align: center;font - size: 18px;font - family: 黑体;}
9      </style >
10   </head >
```

```
11      <body>
12        <div>
13          <h3>embed标记综合应用——分别嵌入img、video、audio、html等文件</h3>
14          <hr color="red">
15          <embed src="image-6-3-1.jpg">
16          <embed src="edu_6_1_1.html" type="text/html" width="300px"
              height="200px">
17          <embed type="video/webm" src="mp4-6-3-movie.mp4" width="400"
              height="300">
18          <embed src="蔡琴明月几时有.mp3" width="0" height="0">
19        </div>
20      </body>
21  </html>
```

图 6-7　embed 标记综合应用

上述代码中第 8 行定义 div 标记的样式为文本居中对齐、字体大小为 18px、字体为黑体。第 15 行定义 embed 标记内嵌一幅图像。第 16 行定义 embed 标记内嵌一个 HTML 文件。第 17 行定义 embed 标记内嵌一个视频文件。第 18 行定义 embed 标记内嵌一个音频文件用作背景音乐，需要将 width 和 height 属性的值设置为 0。

6.4　思政案例 6——中国影响世界的十大杰出发明创造

思政素材

本例以"中国影响世界的十大发明创造"为主题，运用图像、滚动文字及嵌入内容等标记来设计一个简化的"中国影响世界的十大发明创造"展示页面，效果如图 6-8 所示，其子页面如图 6-9 所示。

HTML 代码如下：

视频讲解

```
1  <!-- edu_6_4_1.html -->
2  <!doctype html>
3  <html lang="en">
4    <head>
5      <meta charset="UTF-8">
6      <title>中国影响世界的十大杰出发明创造</title>
7      <style type="text/css">
8        #page{margin:0 auto;text-align:center;}
```

图 6-8 "中国影响世界的十大杰出发明创造"展示页面

```
9      .year-mar{width:1014px;height:35px;padding:5px 0;margin:0 auto;}
10     .year-mar img{float:left;}
11     .year-mar marquee {color:red;font-size:18px;position:relative;}
12     ul {list-style-type:none;width:910px;text-align:left;}
13     li {display:inline;font-size:24px;margin:0 18px;}
14     a:visited,a:link,a:active {text-decoration:none;color:#111111;}
15     a:hover{text-decoration:none;color:#800080;}
16     .main-div {border:2px solid #FAFAFA;padding:5px;margin:0 auto;
17     width:1000px;height:360px;box-shadow:0 0 5px gray;}
18     </style>
19     </head>
20     <body>
21     <div id="page">
22       <div><img src="image-6-4-logo.jpg" alt=""></div>
23       <div class="year-mar">
24         <marquee width="914px" height="35px;">
25           <a href="https://baijiahao.baidu.com/s?id=1687416214243531150&wfr=spider&for=pc" target="_blank">中国影响世界的十大杰出发明创造</a>
26         </marquee>
27       </div>
28       <div class="main-div">
29         <ul>
30           <li><a href="embed-6-4-1.html" target="embed">汉字激光照排系统</a></li>
```

第6章 图像与多媒体文件

(a) 汉字激光照排系统子页面

(b) 人工合成牛胰岛素子页面

(c) 陆相生油理论子页面

(d) 网购子页面

(e) 杂交水稻子页面

(f) 复方蒿甲醚子页面

(g) 人字形铁路子页面

(h) 侯氏制碱法子页面

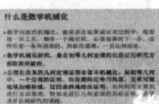
(i) 数学机械化方法子页面

(j) 中国高铁子页面

图6-9 "中国影响世界的十大杰出发明创造"展示页面的各子页面

```
31        <li><a href = "embed-6-4-2.html" target = "embed">人工合成牛胰岛素
          </a></li>
32        <li><a href = "embed-6-4-3.html" target = "embed">陆相生油理论</a>
          </li>
33        <li><a href = "embed-6-4-4.html" target = "embed">网购</a></li>
34        <li><a href = "embed-6-4-5.html" target = "embed">杂交水稻</a></li>
35        <li><a href = "embed-6-4-6.html" target = "embed">复方蒿甲醚</a></li>
36        <li><a href = "embed-6-4-7.html" target = "embed">人字形铁路</a></li>
37        <li><a href = "embed-6-4-8.html" target = "embed">侯氏制碱法</a></li>
38        <li><a href = "embed-6-4-9.html" target = "embed">数学机械化方法</a>
          </li>
39        <li><a href = "embed-6-4-10.html" target = "embed">中国高铁</a></li>
```

```
40          </ul>
41          <embed name="embed" src="embed-6-4-1.html" type="text/html" width=
            "1014px" height="350px">
42        </div>
43      </div>
44    </body>
45  </html>
```

上述代码中第 7~18 行分别定义了相关标记及伪类样式,其中第 16~17 行定义类 main-div 的样式为有边框、有阴影(阴影尺寸 5px、灰色)、有填充、有边界以及宽度和高度。第 21~43 行在 id 为"page"的 div 中插入 3 个子 div,其中第 22 行插入图像;第 23~27 行在第 2 个 div 中插入滚动文字;第 28~42 行在 div 中插入无序列表和嵌入内容 embed 标记。在每个列表项中插入文字超链接,并设置相应的 href 属性(值为 embed-6-4-1.html~embed-6-4-10.html)和 target 属性(值为 embed)。embed 标记默认加载 embed-6-4-1.html 页面,并设置 name 属性(值为 embed)与超链接关联。当单击任意一个超链接时,href 所指定的页面将会在 embed 标记所定义的容器中展开(与 iframe 标记的功能相同)。

第 1 个超链接对应子页面 embed-6-4-1.html,其代码如下:

```
1   <!-- embed-6-4-1.html -->
2   <!doctype html>
3   <html>
4     <head>
5       <meta charset="UTF-8">
6       <title>汉字激光照排系统</title>
7       <style type="text/css">
8         .container{width:1024px;height:300px;background:#667788;}
9         .bt{font-size:22px;font-weight:bold;color:#800080;text-align:
            center;padding:2px 16px;}
10        .cont1{text-indent:2em;font-size:18px;adding:10px;}
11        .right{text-align:right;padding-right:30px;}
12        .pic{position:relative;width:350px;height:200px;float:left;}
13        .pic img{width:100%;height:100%;}
14        .image,
15        .image img {width:400px;height:320px;}
16        .content {width:610px;height:250px;float:left;margin:0 10px;}
17      </style>
18    </head>
19    <body>
20      <div id="container">
21        <div class="pic">
22          <img src="image-6-4-1.jpg" alt="汉字激光照排系统">
23        </div>
24        <div class="content">
25          <div class="bt">汉字激光照排系统</div>
26          <div class="cont1">
27            <p>激光照排技术,就是将文字通过计算机分解为点阵,然后控制激光在感光底片
               上扫描,用曝光点的点阵组成文字和图像。通俗一点来讲,实际上就是电子排版系
               统的简称。电子排版系统的诞生,给出版印刷行业带来了一次革命性的变革。使用
               激光照排系统不但可以避免铅字排版的低效益和对工人的健康伤害,其好处还在于
               它的易改动、成本低和效率极高等特点。</p>
28          </div>
29          <div class="right">王选被称为"汉字激光照排系统之父",被誉为"有市场眼光的科
            学家"。</div>
```

```
30            </div>
31          </div>
32      </body>
33 </html>
```

上述代码中第 7~17 行在 style 标记中定义若干样式,其中第 12 行中定义类 pic 的样式为相对定位、宽度 350px、高度 200px、向左浮动。第 20~31 行在 id 为 container 的 div 中分别插入两个子 div,一个用于显示图像,一个用于显示带标题的文字段落,两个 div 左右排列(样式在第 12 行、第 16 行)。

其余超链接对应的子页面的代码与 embed-6-4-1.html 类似,此处省略。

本章小结

本章主要介绍了在网页中插入图像、滚动文字、音频及其他多媒体文件的方法,着重介绍了 img 标记、marquee 标记、embed 标记的语法及其属性的设置方法,运用这些标记可以对所开发的网站进行重新布局、页面美化,不断改善用户体验,吸引更多网络访问者浏览自己的网站。

练习 6

扫一扫

自测题

1. 选择题

(1) 指定滚动文字的滚动延时的标记正确的是(   )。
    A. < marquee scrollamount ="200"> … </marquee >
    B. < marquee loop="200"> … </marquee >
    C. < marquee auto="200"> … </marquee >
    D. < marquee scrolldelay="200"> … </marquee >

(2) 能够播放 Flash 和视频文件的 HTML 标记是(   )。
    A. < embed src=""></embed >   B. < bgsound src=""/>
    C. < marquee ></marquee >   D. < a href=""></a >

(3) < img alt="这是图像">,这个标记的作用是(   )。
    A. 添加图像链接
    B. 决定图像的排列方式
    C. 当浏览器完全读入图像时在图像位置显示的文字
    D. 当浏览器尚未完全读入图像时在图像上方显示的"×",并显示替代文本

(4) HTML 代码< a href="#"><img src="/blog/name/images.jpg"></a>表示(   )。
    A. 按某种方式对齐加载的图像   B. 设置一个图像链接
    C. 设置围绕一个图像的边框的大小   D. 加入一条水平线

2. 填空题

(1) 在网页中插入图像使用_____标记,插入多媒体文件使用_____标记,插入滚动文字使用_____标记。

(2) 在给图像指定超链接时,默认情况下总是会显示蓝色边框,如果不想显示蓝色边框,应使用语句< a href="test.html"><img src="image1.gif" _____></a>。

（3）热区 area 标记的 shape 属性的取值为"rect"表示热区的形状为_____；shape 属性的取值为"circle"表示热区的形状为_____；shape 属性的取值为"poly"表示热区的形状为_____。

3．简答题

（1）设置滚动文字 marquee 标记的 hspace 和 vspace 属性的作用是什么？

（2）使用<img>标记可以在页面中插入图像，如何设置图像的高度和宽度？如何设置替换文本？

实验 6

1．设置图像的相关对齐属性，编程实现如图 6-10 所示的效果。

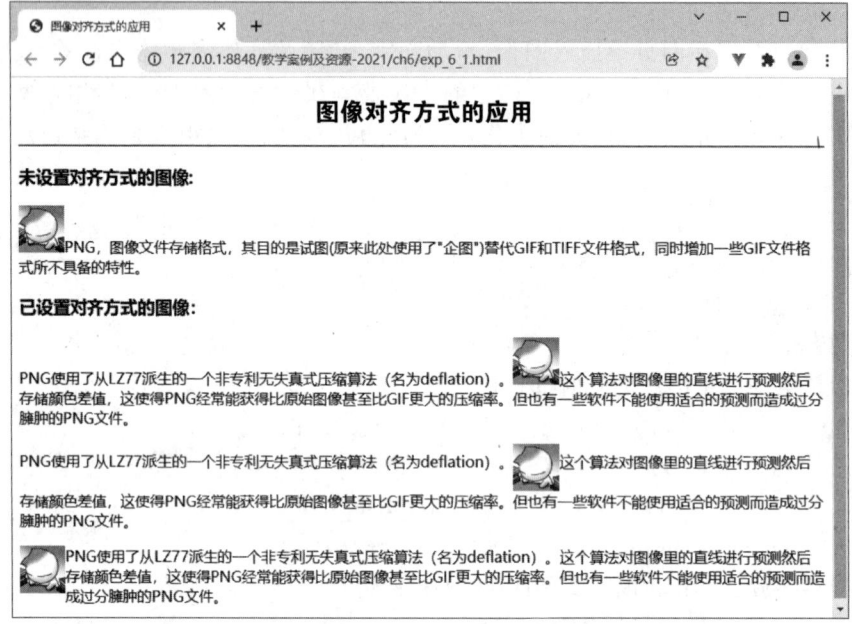

图 6-10　图像对齐方式的应用

2．设计一个图像画廊，页面效果如图 6-11 所示。采用无序列表加载 5 幅图像，并利用滚动文字 marquee 标记及其属性实现 5 幅图像从右向左交替滚动显示。

图 6-11　"图像画廊"页面

在设计中需要用到样式表(直接将下列代码插入头部 head 标记中),代码如下:

```
<style type = "text/css">
    img{width:100px;height:100px;border:2px #CC0066 ridge;}
    ul{list - style - type:none;}
    li{float:left;}
</style>
```

第 7 章

CHAPTER 7

CSS基础

> **本章学习目标**
>
> 　　大家在网页设计过程中经常需要对网页中同样的内容进行重复的属性设置，这既浪费时间，也造成了代码冗余，还带来了后期网站改版、维护困难等诸多问题。CSS(Cascading Style Sheet,层叠样式表)就是为了简化页面元素修饰、美化页面而诞生的，本章引入CSS主要是为了对网页的字体、颜色、布局等元素进行精确控制，解决网页内容与网页表现分离的问题，进一步提高网站的可维护性，方便网站快速重构，实现网站定期换肤的功能。
>
> 　　Web前端开发工程师应知应会以下内容：
> - 理解CSS的概念、特点。
> - 掌握CSS的基本语法、选择器的分类及声明的结构。
> - 掌握CSS的定义及引用方式。
> - 理解CSS继承与层叠的含义。

7.1 CSS 概念

　　CSS属于动态HTML技术，它扩充了HTML标记的属性设置，使得页面显示效果更加丰富，表现效果更加灵活，它与DIV配合使用可以很好地对页面进行分割和布局。传统HTML网页设计往往是内容和表现混合，随着网站规模不断扩大，无论是修改网页还是维护网站都显得越来越困难。CSS对页面元素、布局等能够进行更加精确的控制，同时能够实现内容和表现的分离，使得网站的设计风格趋向统一、维护更加容易。

7.1.1 CSS 的基本概念

　　CSS也称为级联样式表，用来进行网页风格设计。CSS由Hakon Wium Lie(哈肯·维姆·莱,挪威)和Bert Bos(伯特·波斯,荷兰)于1994年共同发明。

　　在设计网页时采用CSS技术可以有效地对页面的布局、字体、颜色、背景和其他效果实现更加精确的控制，只要对相应的代码做一些简单的修改，就可以改变同一页面的不同部分的效果，也可以改变同一网站中不同网页的外观和格式。

7.1.2 传统 HTML 的缺点

HTML 标记用来定义文档内容,例如通过 h1、p、table 等标记表达"这是标题""这是段落""这是表格"等信息,而文档布局由浏览器完成。随着新的 HTML 标记(例如字体标记和颜色属性)添加到 HTML 规范中,要实现页面美观、文档内容清晰、独立于文档表现层的站点变得越来越困难。传统 HTML 的缺点主要体现在以下几方面。

1．维护困难

为了修改某个特殊标记的格式,需要花费很多的时间,尤其对于整个网站而言,后期修改和维护的成本很高。

2．标记不足

HTML 自身的标记并不丰富,很多标记都是为网页内容服务的,而关于使页面美观的标记,例如文字间距、段落缩进等,在 HTML 中很难找到。

3．网页过"胖"

由于对各种风格样式没有进行统一控制,用 HTML 编写的页面往往体积过大,占用了很多宝贵的带宽。

4．定位困难

在整体布局页面时,HTML 对于各个模块的位置调整显得有限。

7.1.3 CSS 的特点

CSS 通过定义标记或标记属性的外在表现对页面结构风格进行控制,分离文档的内容和表现,克服了传统 HTML 的缺点。将 CSS 嵌入页面中,通过浏览器解释执行,因为 CSS 文件是文本文件,只要理解了 HTML 就可以掌握它。

7.1.4 CSS 的优势

CSS 可以称得上 Web 设计领域的一个突破,它的诞生使得网站开发者如鱼得水,其具有以下几个优势。

1．表现和内容分离

CSS 通过定义 HTML 标记设置如何显示网页的格式,使得页面内容和表现分离,简化了网页格式设计,也使得对网页格式的修改更加方便。

2．增强了网页的表现力

CSS 样式属性提供了比 HTML 更多的格式设计功能。例如,可以通过 CSS 样式去掉网页中超链接的下画线,甚至可以为文字添加阴影、翻转效果等。

3．使整个网站的显示风格趋于统一

将 CSS 样式定义到样式表文件中,然后在多个网页中同时应用样式表文件中的样式,就可以确保多个网页具有统一的格式,并且可以随时更新样式表文件,实现自动更新多个网页格式的功能,从而大大降低了网站的开发与维护成本。

7.1.5 CSS 的编辑方法

编辑 CSS 主要有以下两种方法:

(1) 将 CSS 规则写在 HTML 文件中。根据其位置又可以分为两种形式，一种是写在某个元素的属性部分，作为 style 属性的值；另一种是写在 head 标记中，通过 style 标记包含。

(2) 将 CSS 规则写在单独的文件中。建议采用此种方式，该文件称为 CSS 文件，它是纯文本文件，可以使用任何编辑器编辑。CSS 文件的扩展名为.css。在需要应用 CSS 规则的多个 HTML 文件中引用该 CSS 文件，可以实现内容和表现的分离，同时提高网站的可维护性。

7.2 使用 CSS 控制 Web 页面

CSS 控制 Web 页面是通过 CSS 规则实现的，CSS 规则由选择器和声明组成，声明由属性和属性值对组成。CSS 提供了丰富的选择器类型，包括标记选择器、类选择器、id 选择器、伪类选择器及属性选择器等，能够灵活地对整个页面、页面中的某个标记或一类标记进行样式设置。

7.2.1 CSS 基本语法

CSS 是一个包含一个或多个规则的文本文件。CSS 规则由两个主要的部分构成，即选择器(Selector)和声明(Declaration)。

选择器通常是需要改变样式的 HTML 元素。

声明由一个或多个属性与属性值对组成。属性是 CSS 的关键字，例如 font-family(字体)、color(颜色)和 border(边框)等。属性用于指定选择器某一方面的特性，属性值用于指定选择器的特性的具体特征。

1. 基本语法

```
selector{property1: value1; property2: value2; property3: value3; …}
```

2. 语法说明

1) 选择器

选择器可以是 HTML 标记的名称或者属性的值，也可以是用户自定义的标识符。

2) 属性/属性值对

"属性:属性值"必须一一对应，属性与属性值之间必须用":"连接，每个属性/属性值对之间用分号(;)分隔。

3) 属性

在 CSS 中对属性命名与在脚本语言中对属性命名有一点不同，即属性名称的写法不同。在 CSS 中，属性名为两个或两个以上单词的组合时，单词之间以连词符号(-)分隔，例如背景颜色属性 background-color；而在脚本中，对象属性则连写成 backgroundColor，如果属性由两个以上的单词构成，则从第 2 个单词开始向后，所有单词的首字母必须大写。

下面是一个简单样式表的示例：

```
p{background-color:red; font-size:20px; color:green;}
```

在上例的 CSS 规则中 p 为选择器，background-color、font-size、color 为属性，red、20px、green 为属性值，该 CSS 规则将 HTML 中的所有段落统一设置成"背景色为红色、字体大小

为 20px 字体颜色为绿色"。通常,为了增强样式定义的可读性,建议每行只描述一个属性,格式如下:

```
p{
    background-color:red;
    font-size:20px;
    color:green;
}
```

4) 复合属性

在 CSS 中,有些属性可以表示多个属性的值。例如对于文字的设置有 font-family、font-size、font-style,这些属性可以用一个属性——font 来表示。例如:

```
p{font-style:italic; font-size:20px; font-family: 黑体;}
```

可以直接使用 p{font:italic 20px 黑体;}来表示。

值得注意的是,使用 font 复合属性在一个声明中设置所有字体属性时,应按照 font-style、font-variant、font-weight、font-size/line-height、font-family 的顺序,可以不设置其中的某个值,例如"font:100% verdana;"仅设置了 font-size、font-family 属性,其他未设置的属性会使用其默认值。类似的复合属性还有 border、margin、padding 等。

5) 多个属性值

在 CSS 中,有些属性可以设置多个属性值,用逗号(,)分隔。例如:

```
selector{font-family: "楷体_gb2312", "黑体", "Times New Roman";}
```

该样式表说明可以使用楷体_gb2312、黑体、Times New Roman 3 种字体来设置 selector 的字体效果。若在系统中找不到楷体_gb2312,则使用黑体;若没有黑体,则使用 Times New Roman,即按字体出现的先后顺序优先选择。

6) CSS 注释

和其他语言一样,CSS 允许用户在源代码中嵌入注释。CSS 注释被浏览器忽略,不影响网页效果。注释有助于用户记住复杂的样式规则的作用、应用的范围等,便于样式规则的后期维护和应用。CSS 注释以字符"/*"开始,以字符"*/"结束。下面是注释样例:

```
/* 这是多行注释    CSS 文件名:out.css
   功能说明:定义样式
*/
/* 单行注释    样式  段落 p */
p{font-size:20px; /* 行尾注释    定义字号 */}
```

"/*…*/"这种格式可以单独一行书写,也可以写在语句的后面,可以注释一行,也可以注释多行。另外,注释不能嵌套。

7.2.2 CSS 选择器类型

CSS 选择器主要有 5 种类型,即标记选择器、类选择器、id 选择器、伪类选择器及属性选择器。

1. 标记选择器

标记选择器(也可称为"元素选择器")即直接使用 HTML 标记名称作为选择器,它定义的样式作用于页面中所有与选择器同名的标记,前面的示例代码均属于标记选择器,这里不再详细介绍。

2. 类选择器

任何合法的 HTML 标记都可以使用 class 属性,class 属性用于定义页面上的 HTML 元素标记组,这些标记组通常具有相同的功能或作用,因此它们可以设置相同的样式规则。

首先创建类,用户需要给它命名,类名可以是任何形式,建议用户以描述性的名称来命名,这样对于整个代码的维护及协同开发有很大帮助。在为类选择了名字之后,用户可以通过设置 class 属性为 HTML 标记分配类。如果是多个类,要用空格分隔。HTML 标记可以是多个类的一部分。示例代码如下:

```
<p class = "c2">著名诗人</p>
<ol class = "c1">
    <li class = "c2">李白</li>
    <li class = "c3 c4">杜甫</li>
    <li>杜牧</li>
</ol>
```

在 HTML 标记中设置了 class 属性之后,用户可以使用它作为 CSS 的类选择器。

类选择器由点号"."及类名称直接相连构成。示例代码如下:

```
.c2{color:red; font - weight:bold;}
.c3{font - style:italic;}
```

标记选择器和类选择器可以联合使用,使用方式是标记选择器与类选择器直接相连,称为联合选择器,可以用来设置特定类中的特定标记。示例代码如下:

```
p.c2{color:green; font - size:20px;}
li.c3{color:red;}
```

在上面的代码中,前者选择所有 class = "c2"的< p >元素,后者选择所有 class = "c3"的< li >元素。

3. id 选择器

HTML 标记的 id 属性与 class 属性类似,可以用于各类标记中,也可以作为 CSS 选择器来使用。id 具有很多限制,只有页面上的标记(body 标记及其子标记)能具有给定的 id。在 HTML 文件内,每个 id 属性的取值必须唯一,且只能用于指定的一个标记。id 属性的取值必须以字母开头,由字母、数字、下画线、连字符组成。如果作为 CSS 选择器使用,通常建议使用字母、数字及下画线的组合作为 id 名称。

id 选择器由井号"#"及 id 名称直接相连构成。示例代码如下:

```
1  #right{color:red; text - align:right; font - size:20px;}
2  <p id = "right">使用 id 选择器设置样式。</p>
```

对于 CSS 来说,id 选择器与 class 选择器的功能很相似,但不完全相同。一般来说,class 选择器更加灵活,能完成 id 选择器的所有功能,还能完成更加复杂的功能。如果对样式的可重用性要求较高,应该使用 class 选择器将新元素添加到类中来完成。对于需要唯一标识的页面元素,可以使用 id 选择器。

4．伪类选择器

前面介绍的选择器都是能够与 HTML 中的具体标记对应的，但是像段落的第 1 行、超链接访问前与访问后等，就没有 HTML 标记与之对应，从而也没有简单的 CSS 选择器应用，为此 CSS 引进了伪类选择器。其用法如下：

标记:伪类名{/＊CSS 规则＊/}

常用伪类如表 7-1 所示。

表 7-1 常用伪类

伪类名	说　　明
link	设置 a 标记在未被访问前的样式
hover	设置 a 标记在鼠标指针悬停时的样式
active	设置 a 标记在被用户激活（在鼠标单击与释放之间）时的样式
visited	设置 a 标记在被访问后的样式
first-letter	作用于块，设置第一个字符的样式
first-line	作用于块，设置第一行的样式表
first-child	设置第一个子标记的样式
lang	设置具有 lang 属性的标记的样式

【例 7-2-1】 伪类选择器演示。其代码如下，页面效果如图 7-1 所示。

扫一扫

视频讲解

```
 1  <!-- edu_7_2_1.html -->
 2  <!doctype html>
 3  <html lang="en">
 4    <head>
 5      <meta charset="UTF-8">
 6      <title>选择器演示</title>
 7      <style type="text/css">
 8        a:link{color:gray;text-decoration:none;}
 9        a:visited{color:blue;text-decoration:none;}
10        a:hover{color:red;text-decoration:underline;}
11        a:active{color:yellow;text-decoration:underline;}
12        p:first-letter{font-weight:bold;font-family:"黑体";}
13        p:first-line{font-size:32px;}
14      </style>
15    </head>
16    <body>
17      <p>在支持 CSS 的浏览器中，链接的不同状态都可以不同的方式显示，这些状态包括：活动状态，已被访问状态，未被访问状态和鼠标悬停状态。<br>
18      注意：a:hover 必须被置于 a:link 和 a:visited 之后，才是有效的。a:active 必须被置于 a:hover 之后，才是有效的。
19      </p>
20      <a href="http://www.baidu.com">搜索一下：百度</a>
21    </body>
22  </html>
```

代码中第 8～13 行定义伪类选择器，分别设置了超链接未访问、已访问、鼠标悬停、激活的样式，以及段落第一个字为黑体加粗、第一行字号为 32px 的样式。

用户特别要注意 a:hover 必须置于 a:link 和 a:visited 之后才是有效的，a:active 必须置于 a:hover 之后才是有效的。设置的顺序如下：

图 7-1 伪类选择器演示

```
a:link{color:blue;}
a:visited{color:blue;}
a:hover{color:red;}
a:active{color:yellow;}
```

5．CSS 属性选择器

除了使用 CSS 的标记、class、id、伪类选择器外，还可以使用属性选择器给带有指定属性的 HTML 标记设置样式，如表 7-2 所示。低版本的浏览器不支持属性选择器。

表 7-2 CSS 属性选择器及描述

选 择 器	描　　述
[attribute]	用于选取带有指定属性的标记
[attribute=value]	用于选取带有指定属性和值的标记
[attribute~=value]	用于选取属性值中包含指定词汇的标记（用空格分隔的字词列表）
[attribute|=value]	用于选取带有以指定值开头的属性值的标记（属性值是 value 或者"value-"开头）
[attribute^=value]	匹配属性值以指定值开头的每个标记
[attribute$=value]	匹配属性值以指定值结尾的每个标记
[attribute*=value]	匹配属性值中包含指定值的每个标记

1）属性选择器

在定义属性选择器时，需要通过方括号"[]"将属性包围住，例如[target]、[color]。另外，只需要匹配属性名。格式如下：

```
[属性名]{属性:属性值;属性:属性值;…;}
[title]{color:red;} /*带有 title 属性的所有元素设置样式*/
```

2）属性和值选择器

指定属性名，同时指定了该属性的属性值，以指定"属性/值"的所有标记设置样式。例如为[class="p1"]的所有段落设置统一样式。格式如下：

```
[class="p1"]{font-size:24px;color:red;border:5px solid blue;}
```

3）多个值的属性和值选择器

可以对具有指定值的 name 属性的所有标记设置样式。其适用于由空格分隔的属性值。

```
[name~ = value]{background:#FF00CC;}  /*属性值是以空格分隔的词汇列表中的一个单独的词*/
[name^ = value]{background:#FF00CC;}  /*属性值是以 value 开头的*/
[name$ = value]{background:#FF00CC;}  /*属性值是以 value 结尾的*/
[name* = value]{background:#C3C;}     /*属性值中包含了 value*/
[name| = value]{background:#C3C;}     /*属性值是 value 或者是以"value-"开头的值*/
```

【例 7-2-2】 属性选择器的应用。其代码如下,页面效果如图 7-2 所示。

```
 1  <!-- edu_7_2_2.html -->
 2  <!doctype html>
 3  <html lang = "en">
 4    <head>
 5      <meta charset = "UTF-8">
 6      <title>属性选择器的应用</title>
 7      <style type = "text/css">
 8        [title]{font-size:18px;color:green;}
 9        p[name = "chu"]{font-style:italic;}
10        p[name~ = "chu"]{font-weight:bold;}
11        p[name^ = "chu"]{text-align:center;}
12        p[name$ = "jiu"]{color:blue;}
13        p[name* = "jiang"]{color:red;text-decoration:underline;}
14      </style>
15    </head>
16    <body>
17      <h3>属性选择器的应用</h3>
18      <p title = "p1" name = "chu">[title][name = "chu"]属性和值选择器,绿色、18px、斜体、居中</p>
19      <p name = "jiu chu ">[name = "jiu chu "]属性值包含指定值的选择器,标粗</p>
20      <p name = "linchujiu">属性值中以 jiu 结尾的,蓝色</p>
21      <p name = "changjianghuanghe">属性值中包含 jiang 字符串、红色、下画线</p>
22    </body>
23  </html>
```

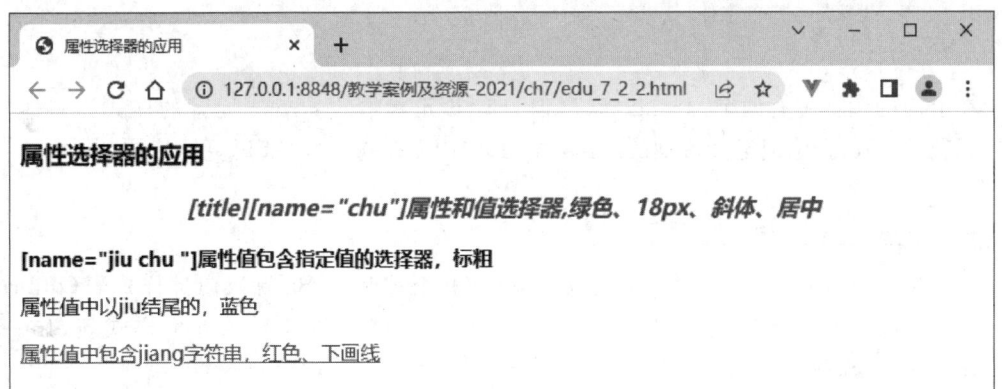

图 7-2 属性选择器的应用(Chrome 浏览器)

7.2.3 CSS 选择器声明

在声明各种 CSS 选择器时,如果某些选择器的风格是完全相同的,或者部分相同,都可以利用集体声明的方法,用","分隔多个选择器,对风格相同的 CSS 选择器同时声明。

1．集体声明

集体声明示例的代码如下：

```
h1,h2,h3,h4,h5,p{color:purple;font-size:16px;}
h2.special,.special,#one{text-decoration:underline;}
```

2．全局声明

对于实际网站中的一些小型页面，例如弹出的小对话框和上传附件的小窗口等，希望这些页面中所有的标记都使用同一种CSS样式，但又不希望通过逐个加入集体声明列表的方式，这时可以利用全局声明符号"*"。示例代码如下：

```
*{color:purple;font-size:16px;}
```

3．派生选择器（上下文选择器）

另外，根据标记所在位置的上下文关系来定义样式，可以使标记更加简洁。派生选择器允许根据文档的上下文关系来确定某个标记的样式。通过合理地使用派生选择器，可以使CSS代码变得更加整洁。

例如，要让列表项\<li\>中的\<strong\>标记变为斜体字，而不是通常的粗体字，可以这样定义一个派生选择器：

```
1 li strong{font-style:italic;font-weight:normal;}
2 strong{font-weight:bold;}
```

测试代码如下：

```
1 <p><strong>我是粗体字,不是斜体字,因为我不在列表当中,所以这个规则对我不起作用
  </strong></p>
2 <ol>
3    <li><strong>我是斜体字.这是因为strong元素位于li标记内.</strong></li>
4    <li>我是正常的字体.</li>
5 </ol>
```

在上面的例子中有两个strong标记，但只有li元素中的strong元素的样式为斜体字，而且无须为strong标记定义特别的class或id，应用派生选择器，代码更加简洁。

7.2.4 CSS定义与引用

CSS按其位置可以分为4种，即内联样式表（Inline Style Sheet）、内部样式表（Internal Style Sheet）、链接外部样式表（Link External Style Sheet）以及导入外部样式表（Import External Style Sheet）。

1．内联样式表（行内样式表）

内联样式表的CSS规则写在首标记内，只对所在的标记有效。几乎任何一个HTML标记上都可以设置style属性。属性值包含CSS规则的声明，不包含选择器。

1）基本语法

```
<标记 style="属性1:属性值1;属性2:属性值2;…">修饰的内容</标记>
```

第7章 CSS基础

2）语法说明
- 标记是指 HTML 标记，例如 p、h1、body 等标记。
- 标记的 style 定义的声明只对自身起作用。
- style 属性的值可以包含多个属性/值对，每个属性/值对之间用";"分隔。
- 标记自身定义的 style 样式优先于其他所有样式定义。

【例 7-2-3】 内联样式表的使用。其代码如下，页面效果如图 7-3 所示。

```
1  <!-- edu_7_2_3.html -->
2  <!doctype html>
3  <html lang = "en">
4    <head>
5      <meta charset = "UTF-8">
6      <title>内联样式(Inline Style)</title>
7    </head>
8    <body>
9      <p style = "font-size:20px;font-style:italic;">这个内联样式(Inline Style)定义段落文字大小 20px,文字风格为斜体。</p>
10     <p>这段文字没有使用内联样式。</p>
11   </body>
12 </html>
```

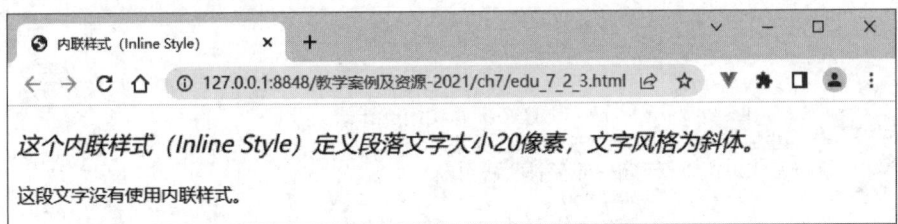

图 7-3 内联样式表的使用

代码中第 9 行采用内联样式表定义段落 p 标记的样式，通过设置 style 属性值为"font-size:20px;font-style:italic;"来实现。style 属性的值相当于 CSS 规则中的声明部分，由多个"属性/值"对构成，"属性/值"对之间用";"分隔。

值得注意的是，内容和表现的分离是创建 CSS 的初衷，这一技术的产生将使内联样式的应用大为减色，使用 HTML+CSS 的方式更有意义。除非有特别的用途，否则开发者应该避免使用内联样式表。

2．内部样式表

内部样式表写在 HTML 的<head></head>中，只对所在的网页有效。使用<style></style>标记对来放置 CSS 规则。

1）基本语法

```
<style type = "text/css">
    选择器 1{属性 1: 属性值 1;属性 2: 属性值 2;…}
    选择器 2{属性 1: 属性值 1;属性 2: 属性值 2;…}
    …
    选择器 n{属性 1: 属性值 1;属性 2: 属性值 2;…}
</style>
```

2)语法说明
- style 标记是成对标记,有一个 type 属性,是指 style 元素以 CSS 的语法定义。
- 选择器 1、选择器 2、……、选择器 n,可以定义 n 个选择器,再定义声明部分。
- 属性和属性值之间用冒号连接,"属性/属性值"对之间用分号分隔。

【例 7-2-4】 内部样式表的使用。其代码如下,页面效果如图 7-4 所示。

扫一扫

视频讲解

```
1  <!-- edu_7_2_4.html -->
2  <!doctype html>
3  <html lang="en">
4    <head>
5      <meta charset="UTF-8">
6      <title>内部样式(Internal Style)</title>
7      <style type="text/css">
8        .int_css{
9          border-width:2px;              /*定义边框的宽度*/
10         border-style:solid;            /*定义边框的样式*/
11         text-align:center;             /*定义文本的对齐方式*/
12         color:red;                     /*定义颜色*/
13       }
14       #h1_css{
15         font-size:28px;                /*定义字体的大小*/
16         font-style:italic;             /*定义字体的样式*/
17       }
18     </style>
19   </head>
20   <body>
21     <h1 class="int_css">h1 这个标题使用类样式。</h1>
22     <h1 id="h1_css">h1 这个标题使用 id 样式。</h1>
23     <h1>h1 这个标题没有使用样式。</h1>
24   </body>
25 </html>
```

代码中第 7~18 行定义内部样式表,其中第 8 行定义类选择器;第 14 行定义 ID 选择器;第 21 行 h1 引用类选择器 int_css,该标记样式生效;第 22 行 h1 引用 ID 选择器 h1_css,该标记样式生效;第 23 行是默认样式。

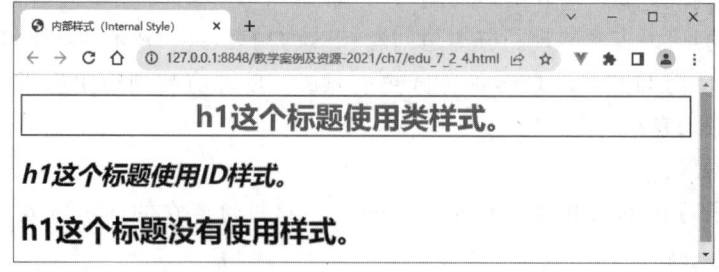

图 7-4 内部样式表的使用

3．外部样式表

外部样式表是将 CSS 规则写在以.css 为扩展名的 CSS 文件中,在需要用到此样式的网页中引用该 CSS 文件。一个 CSS 文件可以供多个网页引用,从而实现整体页面风格统一的设置。根据引用的方式不同可以分为链接外部样式表和导入外部样式表,它们形式上的区别在于链接外部样式表通过链接 link 标记来定义,导入外部样式表通过"@import url("外部样式文件名称");"来定义,且定义的位置必须在其他规则之前。

1) 链接外部样式表

(1) 基本语法。

```
< link type = "text/css" rel = "stylesheet" href = "out.css">
```

(2) 语法说明。

link 标记是单(个)标记,也是空标记,它仅包含属性。此标记只能存在于 head 部分,不过它可以出现多次。link 标记的属性、取值及说明如表 7-3 所示。

表 7-3　link 标记的属性、取值及说明

属性	取值	说明
type	MIME_type	规定被链接文档的 MIME 类型
rel	stylesheet	定义当前文档与被链接文档之间的关系
href	URL	定义被链接文档的位置

扫一扫

视频讲解

【例 7-2-5】　链接外部样式表的使用。其代码如下,页面效果如图 7-5 所示。

- CSS 文件 out.css

```
1  /*样式表文件 out.css*/
2  .int_css{
3      border-width:2px;              /*定义边框的宽度*/
4      border-style:solid;            /*定义边框的样式*/
5      text-align:center;             /*定义文本的对齐方式*/
6      color:green;                   /*定义颜色*/
7  }
8  #h1_css{
9      font-size:28px;                /*定义字体的大小*/
10     font-weight:bold;              /*定义字体的粗细*/
11 }
```

- HTML 文件 edu_7_2_5.html

```
1  <!-- edu_7_2_5.html -->
2  <!doctype html>
3  < html lang = "en">
4      < head >
5          < meta charset = "UTF-8">
6          <title>链接外部样式(External Style)</title>
7          < link type = "text/css" rel = "stylesheet" href = "out.css">
8      </head>
9      < body>
10         < h1 class = "int_css">这个标题 h1 使用了链接外部样式中的类样式。</h1>
11         < h1 id = "h1_css">这个标题 h1 使用链接外部样式中的 id 样式。</h1>
12         <h1>这个标题 h1 没有使用样式。</h1>
13     </body>
14 </html>
```

代码中第 7 行在 head 标记中插入 link 标记链接外部样式表文件 out.css,属性 href 的值为 CSS 文件的路径,可以是绝对路径或相对路径。第 10 行引用了外部样式表中定义的类选择器 int_css,该 h1 标题字样式生效。第 11 行引用了外部样式表中定义的 id 选择器

#h1_css,该 h1 标题字样式生效。

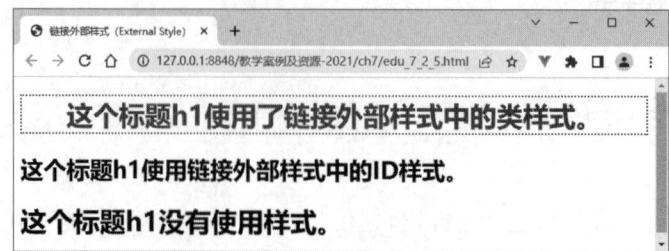

图 7-5　链接外部样式表的使用

2）导入外部样式表

（1）基本语法。

```
<style type="text/css">
  @import  url("外部样式表文件1名称");
  @import  url("外部样式表文件2名称");
  选择器1{属性1:属性值1;属性2:属性值2;…}
  选择器2{属性1:属性值1;属性2:属性值2;…}
  …
  选择器n{属性1:属性值1;属性2:属性值2;…}
</style>
```

（2）语法说明。

- 导入样式表必须在 style 标记内开头的位置定义，可以同时导入多个外部样式表，每条语句必须以";"结束。一般导入外部样式写在最前面，内部样式写在后面。
- "@import"必须连续书写，即"@"和"import"之间不能留任何空格。
- url("外部样式表文件名称")中的文件名称必须是全称，含扩展名.css，例如 out.css。

【例 7-2-6】　导入外部样式表的使用。其代码如下，页面效果如图 7-6 所示。

```
1  <!-- edu_7_2_6.html -->
2  <!doctype html>
3  <html lang="en">
4    <head>
5      <meta charset="UTF-8">
6      <title>导入外部样式(External Style)</title>
7      <style type="text/css">
8        @import url("out.css");
9        @import url("out1.css");
10       @import url("out2.css");
11       #h2_css{
12         font-size:24px;         /*定义字体的大小*/
13         font-style:italic;      /*定义字体的样式*/
14       }
15     </style>
16   </head>
17   <body>
18     <h1 class="int_css">这个标题 h1 使用了导入外部样式表中的类样式(int_css)。</h1>
19     <h2 id="h2_css">这个标题 h2 使用内部样式中的 id 样式(h2_css)。</h2>
20     <h2>这个标题 h2 没有使用样式,out1.css 和 out2.css 未定义。</h2>
21   </body>
22  </html>
```

代码中第 8~10 行通过"@import"导入 3 个外部样式表文件,分别是 out.css、out1.css、out2.css。若将 3 条@import 规则后置,页面效果如图 7-6(b)所示,控制台会报出问题,如图 7-6(c)所示。第 18 行引用导入外部样式表中的类选择器 int_css,第 19 行引用内部样式表中的 id 样式 h2_css,第 20 行是默认样式。

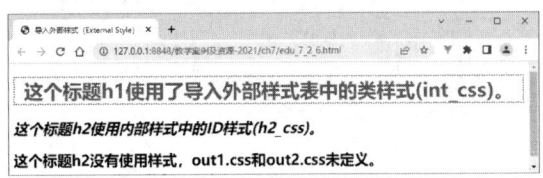

(a) @import 规则前置正常页面

(b) @import 规则后置页面　　　　(c) @import 规则后置出错信息

图 7-6　导入外部样式表的使用

外部样式表与内联样式表和内部样式表相比,具有以下优点:
- 便于复用。一个外部 CSS 文件所定义的样式可以被多个网页共用。
- 便于修改。修改样式只需要修改 CSS 文件,无须修改每个网页。
- 提高显示速度。样式写在网页里,网页文件变"胖",增加了网页传输的负担,降低了网页的显示速度。如果某 CSS 文件已被某网页引用并加载,则其他需要引用该 CSS 文件的网页可以从缓存中直接读取该 CSS 文件,从而提高网页的显示速度。

7.3　CSS 继承与层叠

CSS 继承是指子标记会继承父标记的所有样式风格,并且可以在父标记样式风格的基础上再加以修改,产生新的样式,而子标记的样式风格完全不影响父标记。值得注意的是,并不是父标记的所有属性都会自动传给子标记,有的属性不会继承父标记的属性值,例如边框属性就是非继承的。

CSS 的中文名称是"层叠样式表",其层叠特性和"继承"不一样,可以把层叠特性理解成"冲突"的解决方案,即对同一内容设置了多个不同类型样式产生冲突时的处理,CSS 规定样式的优先级为行内样式>id 样式>class 样式>标记样式。

【例 7-3-1】　CSS 的继承与层叠。其代码如下,页面效果如图 7-7 所示。

```
1  <!-- edu_7_3_1.html -->
2  <!doctype html>
3  <html lang = "en">
4      <head>
5          <meta charset = "UTF-8">
6          <title>继承与层叠</title>
7          <style type = "text/css">
```

```
 8          body{font-size:12px;}     /*文本样式*/
 9          .c1{font-size:28px; color:blue;font-family:"黑体";}   /*class样式*/
10          #p1,#p2{font-family:"幼圆";font-size:36px;}    /*id样式*/
11      </style>
12  </head>
13  <body>
14      这是body的文本内容.
15      <p>第一段 子标记p继承了父标记body的样式。</p>
16      <p class="c1">第二、三、四段都设置了class="c1"。</p>
17      <p class="c1" id="p1">第三段设置了id="p1"。</p>
18      <p class="c1" id="p2" style="font-family:'Arial Black';color:red;">
        行内样式style="font-family:'Arial Black'; color:red;",优先级最高。</p>
19  </body>
20  </html>
```

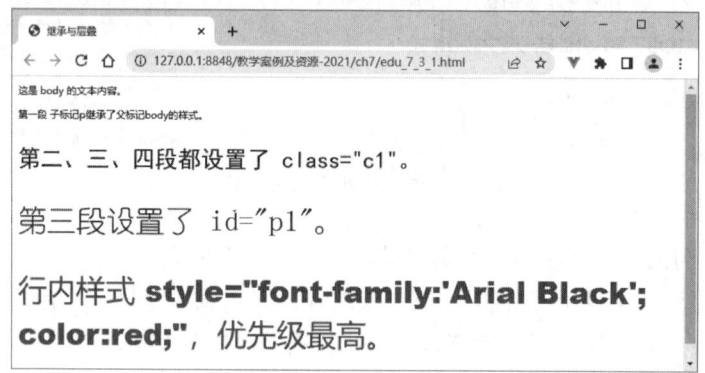

图 7-7　CSS 的继承与层叠

代码中第 15 行定义段落 p 标记与 body 中的文本样式一致,说明它继承了第 8 行所设置的其父标记样式。第 16~18 行定义的 3 个段落 p 标记均设置了 class 属性,根据显示效果,说明 class 样式的优先级高于标记样式。第 17 行设置段落 p 标记的 id 和 class 属性。id 样式修改了字体为幼圆、字号为 36px,说明样式得到了应用,但颜色并没有发生变化,说明 id 样式的优先级高于 class 样式。第 18 行定义的段落 p 标记同样设置了 id 属性,同时增加了行内样式设置,效果显示其字号为 36px,说明 id 样式得到了应用,但字体变为 Arial Black,而不是幼圆,说明行内样式的优先级高于 id 样式;字的颜色变为红色,说明行内样式的优先级高于 class 样式,即行内样式的优先级最高。

7.4 思政案例 7——预防冠状病毒这样做

本例以"预防冠状病毒需要做到这六条"为主题,利用多种样式选择器和外部样式、内部样式相结合的方式,参照如图 7-8 所示的页面效果完成页面设计。

设计要求:在 p 标记内使用多个 span 标记,然后分别给不同 span 标记定义样式效果;使用全局声明将边界和填充设置为 0;使用无序列表显示"预防冠状病毒需要做到这六条",然后在列表项中使用多个 span 标记分别包裹序号和内容,再分别定义它们的样式;最后使用超链接访问"中国疾控中心"网站。

注:在设计页面时以下两点是关键。

第7章 CSS基础

图 7-8 预防冠状病毒需要做到"六条"示意图

（1）在块标记中使用多个 span 标记。语法如下：

```
<p><span id="color1">预防</span><span style="color:red">冠状病毒</span></p>
<li>
  <span class="circle1"> 01 </span>
  <span class="circle2">勤洗手,保持手卫生</span>
</li>
```

（2）定义圆角边框的样式。部分样式如下：

```
.circle1 {
  border:5px dashed white;          /*设置虚线边框*/
  border-radius:55px;               /*设置圆角边框,半径为55px*/
}
```

- HTML 文件

```
 1  <!-- edu_7_4_1.html -->
 2  <!doctype html>
 3  <html lang="en">
 4    <head>
 5      <meta charset="UTF-8">
 6      <title>预防冠状病毒须知</title>
 7      <link href="edu-7-4-1.css" rel="stylesheet" type="text/css">
 8      <style type="text/css">
 9        /*定义内部样式表*/
10        ol {list-style-type: none;padding-left: 20px;}
11        #footer {
12          background: url(image-7-1-2.jpg) no-repeat center center;
13          text-align: center;height: 44px;width: 754px;
14        }
15        a:visited,a:link,a:active {
16          color: white;font-size: 28px;
17          text-decoration: none;padding: 5px auto;
```

```
18            }
19            a:hover {border - bottom: 4px solid red;}
20        </style>
21    </head>
22    <body>
23        <div id = "page">
24            <img src = "image - 7 - 4 - 1.jpg">
25            <h3>中国疾控中心权威提示</h3>
26            <p><span id = "color1">预防</span><span style = "color:red">冠状病毒</span></p>
27            <p><span id = "color2">需要做到这</span><span style = "color:red">六条</span></p>
28            <ol>
29              <li><span class = "circle1"> 01 </span>
30                <span class = "circle2">勤洗手,保持手卫生</span>
31              </li>
32              <li>
33                <span class = "circle1"> 02 </span>
34                <span class = "circle2">保持良好的呼吸道卫生习惯</span>
35              </li>
36              <li>
37                <span class = "circle1"> 03 </span>
38                <span class = "circle2">做好通风和清洁</span>
39              </li>
40              <li>
41                <span class = "circle1"> 04 </span>
42                <span class = "circle2">佩带口罩</span>
43              </li>
44              <li>
45                <span class = "circle1"> 05 </span>
46                <span class = "circle2">出现呼吸道感染症状及时就医</span>
47              </li>
48              <li>
49                <span class = "circle1"> 06 </span>
50                <span class = "circle2">不要接触健康情况不明的动物</span>
51              </li>
52            </ol>
53            <div id = "footer"><a
54              href = "http://www.chinacdc.cn/jkzt/crb/zl/szkb_11803/jszl_2275/202001/t20200125_211423.html">中国疾控中心</a>
55            </div>
56        </div>
57    </body>
58 </html>
```

上述代码中第 7 行链接外部样式表。第 8~20 行定义内部样式表,分别定义标记、id、伪类选择器。第 28~52 行定义有序列表,包含 6 个列表项,每个列表项中包裹两个 span 标记,用于定义不同的样式效果。第 53~55 行在 div 中定义超链接,可以访问"中国疾控中心"网站,样式为加载背景图像并实现在盘旋时有红色下边框显示(代码第 11~14 行)。

• 外部样式表文件

```
1 /* edu - 7 - 4 - 1.css */
2 * {margin: 0;padding: 0;}
3 p,h3,ol{padding - left:20px;}
4 p {font - size: 56px;font - weight: bold;
```

```
 5      font-family:微软雅黑;padding-bottom:5px;}
 6   #color1 {color: #000050;}
 7   #color2 {color: #7755DD;}
 8   h3 {color: #7755DD;font-size: 26px;}
 9   li {
10      width: 500px;font-size: 30px;font-weight: bold;
11      border-radius: 55px;                    /*设置圆角边框*/
12      border: 8px solid #003370;
13      background: #000099;color: white;
14      padding: 4px 20px;margin: 5px 0px;
15   }
16   .circle1 {
17      font-size: 16px;font-weight: bolder;
18      color: white;background: #000099;padding: 3px;
19      border: 5px dashed white;               /*设置虚线边框*/
20      border-radius: 55px;                    /*设置圆角边框*/
21   }
22   #page{
23      width: 754px;margin: 15px auto;
24      border:1px solid #667799;
25      box-shadow: 0 0 10px #0022FF;           /*设置盒子外阴影*/
26   }
```

上述代码中第2行定义全局样式(通配符*),去除标记的默认效果。第9~15行定义li标记样式,其中第11行定义圆角边框。第22~25行定义div标记样式,其中第25行定义边框外部阴影。

本章小结

本章介绍了CSS的基本概念以及如何使用CSS控制网页的显示。

CSS规则由选择器和声明组成,声明即"属性:属性值"对。选择器包括id选择器、类选择器、标记选择器、伪类选择器及属性选择器等,提供了不同的选取页面标记的方式。

根据CSS规则定义的位置不同,将CSS分为内联样式表、内部样式表、链接外部样式表以及导入外部样式表,其中内联样式表是在标记内设置style属性,且仅对该标记有效;内部样式表是在页面的head标记中加入style标记,在style标记中编写CSS规则,它对整个页面都有效;外部样式表是将CSS规则写在单独的文件里,要求该文件的扩展名为.css,称为CSS文件,需要应用规则的页面,通过link标记或者"@import"语句将独立的CSS文件引入页面中,前者称为链接外部样式表,后者称为导入外部样式表。

CSS继承性表明子标记将继承父标记的规则,CSS层叠特性约定了规则冲突时的解决方案。CSS规定样式的优先级为行内样式>id样式>class样式>标记样式。

练习7

1. 选择题

(1) CSS的规则是由选择器和(　　)构成的。

　　A. 声明　　　　　　B. 属性　　　　　　C. 值　　　　　　D. 属性选择器

(2) 下列选项中CSS规则书写正确的是(　　)。

A．body：color＝black B．{body；color：black；}
C．body{color：black；} D．{body：color＝black；}

(3) 下列选项中正确定义所有 h3 标记内的文字为特粗的是（　　）。
A．< h3 style＝"font-size：bolder；" >
B．< h3 style＝"font-weight：bolder；" >
C．h3{font-size：bolder；}
D．h3{font-weight：bolder；}

(4) 在 CSS 中定义能多次引用样式的选择器是（　　）。
A．超链接选择器 B．类选择器
C．id 选择器 D．标记选择器

(5) 下列选项中样式的优先级最高的是（　　）。
A．标记样式 B．id 样式 C．class 样式 D．行内样式

(6) 下列选项中导入外部样式表正确的是（　　）。
A．@import url("chu12015.css") B．@import "chu2015.css"
C．< lik href＝"chu12015.css"/> D．@import url("chu12015.css")；

2．填空题
(1) 在 CSS 文件中使用♯p1{}定义样式，在 HTML 中 p 标记内使用＿＿＿＿属性来引用样式；在 CSS 中使用.p2{}定义样式，在 HTML 中 p 标记内使用＿＿＿＿属性来引用样式。
(2) 引用外部 CSS 文件有两种方式：一是通过＿＿＿＿标记的＿＿＿＿属性；二是通过＿＿＿＿标记内＿＿＿＿来引用。
(3) CSS 文件的扩展名为＿＿＿＿。

3．简答题
(1) 简述属性选择器有几种定义方式。
(2) CSS 按照其定义位置可分为哪几种？分别如何使用？
(3) 如何理解 CSS 的继承与冲突特性？
(4) 简述 id 选择器与类选择器的异同点。

实验 7

1．使用内联样式表及内部样式表设计如图 7-9 所示的页面。设计要求如下：
(1) 使用标题字和段落标记进行文字显示，在内部样式表中定义 body 标记内的信息"居中显示"、定义 p 标记字体为"隶书"。
(2) 通过 p 标记的 style 属性定义字体大小属性（font-size）的值分别为 150%、200%、250%，"朝辞白帝彩云间，"不定义任何样式。

2．按如下要求设计"Web 前端开发工程师工作内容"页面，效果如图 7-10 所示。
(1) 页面标题为"Web 前端开发工程师工作内容"。
(2) 页面题目：以 1 号标题字显示"Web 前端开发工程师工作内容"；以 3 号标题字显示"Web 前端工程师在不同的公司，会有不同的职能，但称呼都是类似的。"。
(3) 采用无序列表显示工作内容，分四方面，分别是"做网站设计、网页界面开发""做网页界面开发""做网页界面开发、前台数据绑定和前台逻辑的处理""设计、开发、数据处理"；

第7章 CSS基础

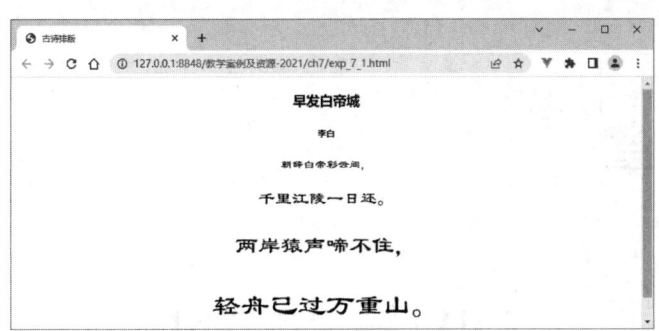

图 7-9　古诗排版效果图

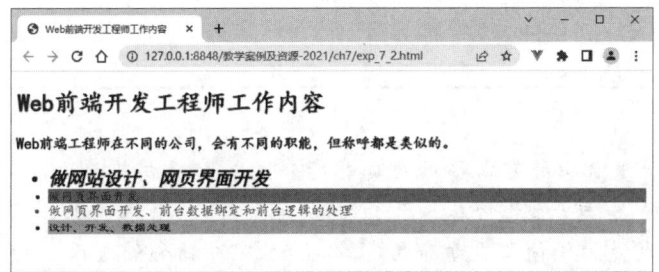

图 7-10　"Web 前端开发工程师工作内容"页面

每一个列表项显示一种不同风格的工作内容，其中第一个列表项 id(li1)样式为"斜体、加粗、24px、黑体"；第二个列表项类(li2)样式为"背景色♯9999CC、字符间距 1px"；第三个列表项 id(li3)样式为"字体大小 18px、颜色红色"；第四个列表项行内样式"颜色♯0000CC、背景色♯C0C0C0、隶书"。

（4）定义全局样式为"楷体、蓝色"。

第 8 章

CHAPTER 8

DIV与SPAN

本章学习目标

在网页设计过程中经常需要对网页进行分区或切割成若干块,并在不同的分区或块中显示相关图、文、表等信息。除了表格、框架外,还有谁能胜任这项工作呢? 还有DIV。DIV就是为了简化页面布局,配合CSS完成精彩的页面布局设计。本章重点介绍DIV的定义、属性以及多DIV和DIV嵌套布局等方面的知识。

Web前端开发工程师应知应会以下内容:

- 掌握div标记的基本用法、常用属性。
- 理解DIV嵌套与层叠的含义。
- 掌握span标记的语法,灵活使用span标记。
- 掌握div与span标记在使用上的差异。
- 学会使用DIV+CSS进行简易页面布局。

8.1 DIV 图层

图层是在设计网页时用于定位元素或者布局的一种容器,它可以将图层中包含的内容放置到浏览器的任意位置,其包含的内容有文字、图像、动画甚至是图层。在一个网页文件中可以使用多个图层,图层可以嵌套、重叠,图层布局比表格布局更加灵活。

8.1.1 DIV 定义

div(division/section)是分区或分节的意思,这意味着它的内容自动地开始一个新行。图层div标记是一个块级标记,可定义文档中的分区或节。用户可以通过< div >的class或id属性应用额外的样式。div标记是成对标记,以< div >开始,以</div >结束。

1. 基本语法

```
< div id = "" class = "" style = "">块包含的内容</div>
```

2. 语法说明

div标记的属性、取值及说明如表8-1所示。

表 8-1 div 标记的属性、取值及说明

属性	取值	说明
id	id	规定元素的唯一 id
class	classname	规定元素的类名(classname)
style	style_definition	规定元素的行内样式(inline style)

style 属性用于设置图层的样式,在未定义前通过浏览器查看不到效果。图层的 style 属性的取值可以由多个"属性/属性值"对构成,其中主要属性如下。

- position:定义图层的定位方式,有 static、fixed、relative、absolute 4 个属性值,常用 relative 和 absolute。若指定为 static,div 遵循 HTML 规则;若指定为 relative,可以用 top、left 设置 div 在页面中的偏移,但此时不可以使用层叠;若指定为 absolute,可以用 top、left 对 div 进行绝对定位;若指定为 fixed,div 的位置相对于屏幕固定不变。
- left、top:定义图层左上角的位置(左边距和上边距)。
- width、height:定义图层的宽度和高度。
- float:设置图层的浮动位置,可以向左、向右浮动或不浮动。
- clear:与浮动属性是一对作用相反的属性,可以清除向左、向右、左右两边浮动或允许浮动。
- z-index:设置图层的层叠的上下层关系,设置此属性可实现多个图层层叠的效果。z-index 值越大,图层的位置越高。子层始终位于父层之上。

div 标记的 style 属性的取值及说明如表 8-2 所示。

表 8-2 div 标记的 style 属性的取值及说明

属性	取值	说明
position	static	表示静态定位,默认设置
	absolute	表示绝对定位,与位置属性配合使用
	relative	表示相对定位,图层不可层叠
	fixed	表示图层位置固定,不滚动
border	线粗细 线型 线颜色	边框,可以设置风格、粗细、颜色等属性
background-color	rgb()|十六进制数|英文颜色名	背景颜色
left	pixes|%	规定图层左边距
top	pixes|%	规定图层与顶部的距离
width	pixes|%	规定图层的宽度
height	pixes|%	规定图层的高度
float	left|right|none	允许浮动元素在左边、右边及不浮动
clear	left|right|both|none	分别表示清除左边、右边、左右两边的浮动和允许左右两边有浮动
z-index	auto|数字	表示子图层会按照父层的属性显示|无单位的整数或负数
overflow	scroll|visible|auto|hidden	内容溢出控制。分别表示始终显示滚动条、不显示滚动条(但超出部分可见)、内容超出时显示滚动条、超出时隐藏内容
display	block|inline|inline-block|inherit|none	按块、行内方式、行内块、继承显示和隐藏等

8.1.2 DIV 应用

div 标记通常设置 id 或 class 属性来引用定义的样式,把文档分割为独立的、不同的部分,对文档进行布局。

扫一扫
视频讲解

【例 8-1-1】 div 标记的应用。其代码如下,页面效果如图 8-1 所示。

```
1  <!-- edu_8_1_1.html -->
2  <!doctype html>
3  <html lang="en">
4  <head>
5    <meta charset="UTF-8">
6    <style type="text/css">
7      .inline_div{display:inline;}
8      #div1{background-color:green;
9            width:300px;height:100px; float:left;}
10     #div3{background-color:yellow; color:black;
11           font-size:200%; clear:both;}
12   </style>
13  </head>
14  <body>
15    <div id="div1" class="inline_div">这是 div1</div>
16    <div class="inline_div">这是 div2</div>
17    <div id="div3">这是 div3</div>
18  </body>
19  </html>
```

上述代码中使用了 3 个 div 标记,从页面效果可以看出 div 是块级标记,可以用来对文档分块;div1 与 div2 在一行显示,说明通过设置 display 属性可以改变其固有的性质。

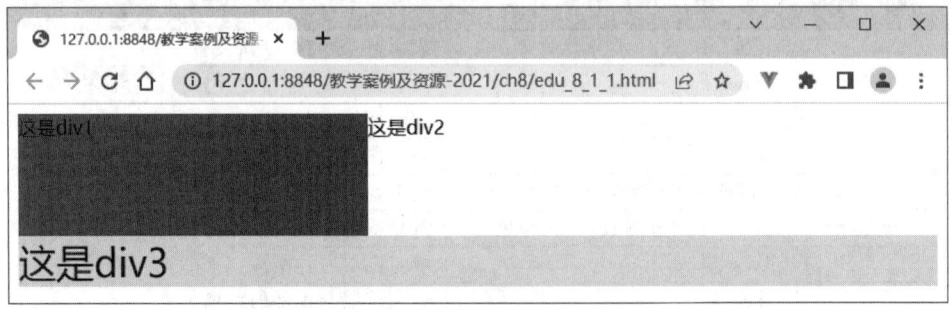

图 8-1 div 标记的应用

8.2 图层嵌套与层叠

在图层中不仅可以包含文字、图像、动画等内容,还可以包含其他的图层,称为图层的嵌套。图层与图层之间可以不相交,也可以重叠,这就给页面布局带来了很大的灵活性,所以用户在设计网页时首先应设计好页面的结构,理清图层与图层之间的关系。

8.2.1 DIV 嵌套

多个 div 既可以单独使用,也可以互相包含,嵌套使用。这一方面可以将页面分割成不同的块,块与块之间没有包含关系;另一方面又可以把功能相近的块组织到一个更大的块中,便于整体控制。

【例8-2-1】 div 的嵌套。其代码如下,页面效果如图 8-2 所示。

扫一扫

视频讲解

```
 1  <!-- edu_8_2_1.html -->
 2  <!doctype html>
 3  <html lang = "en">
 4    <head>
 5      <meta charset = "UTF-8">
 6        <style type = "text/css">
 7          .inline_div{display:inline-block; /*行内显示方式*/}
 8          #wrap{width:450px;height:250px; border:2px solid black;}
 9          #d1, #d2{height:100px; width:40%; background-color: green;
10              margin:20px;}
11          #d2{background-color:yellow;}
12          #d3{height:100px; width:90%; border:2px solid black;
13          background-color: #66FF33; margin:0 auto;}
14          h3{font-size:28px;color: #0033FF;}
15        </style>
16    </head>
17    <body>
18      <h3>图层嵌套的应用</h3>
19      <div id = "wrap">
20        <div id = "d1" class = "inline_div">div1</div>
21        <div id = "d2" class = "inline_div">div2</div>
22        <div id = "d3">div3</div>
23      </div>
24    </body>
25  </html>
```

上述代码中使用 4 个 div 标记演示其嵌套关系,外层<div id = "wrap">中包含 3 个 <div>,其中<div id="d1">与<div id="d2">在同一行,<div id="d3">在第 2 行。

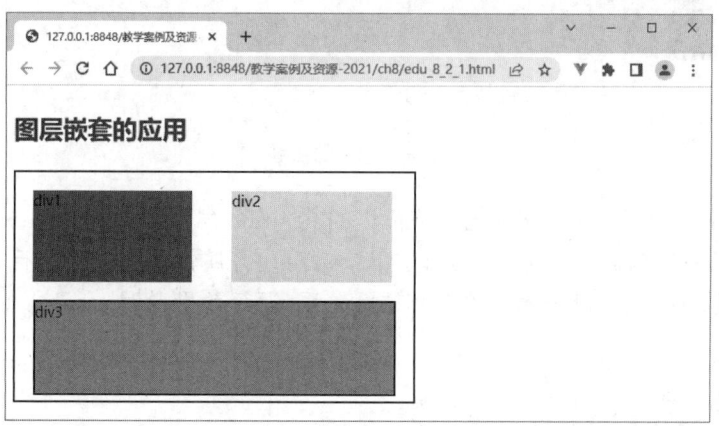

图 8-2 div 的嵌套

8.2.2 DIV 层叠

多个 div 除了可以相互嵌套外,还可以层叠。div 的层叠必须首先将 position 属性设置为 absolute,然后利用 z-index 属性控制层叠关系。

【例 8-2-2】 div 的层叠。其代码如下，页面效果如图 8-3 所示。

```
1  <!-- edu_8_2_2.html -->
2  <!doctype html>
3  <html lang="en">
4   <head>
5    <meta charset="UTF-8">
6     <style type="text/css">
7       body{margin:0; /*margin 表示边界*/}
8       div{position:absolute; /*定位方式为绝对定位*/
9           width:200px;height:200px;}
10      #d1{background-color:black;color:white;
11          z-index:0; /*该图层在最下面*/}
12      #d2{background-color:red;top:25px; left:50px;
13          z-index:1; /*该图层在中间*/}
14      #d3{ background-color:yellow; top:50px; left:100px;
15          z-index:2; /*该图层在最上面*/}
16     </style>
17   </head>
18   <body>
19     <div id="d1">div1</div>
20     <div id="d2">div2</div>
21     <div id="d3">div3</div>
22   </body>
23  </html>
```

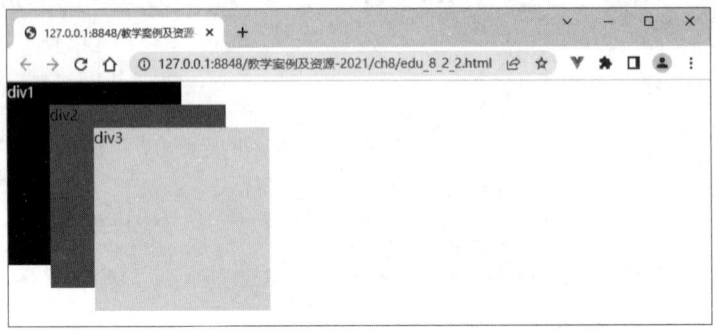

图 8-3 div 的层叠

上述代码中使用了 3 个 div 标记，div 标记的 position 属性值为 absolute（绝对定位），再设置 div 标记的宽度与高度；在子图层中定义 top、left 等属性的值对其进行偏移定位，多个 div 就可能重叠；通过 z-index 属性设置其层叠关系，运行效果说明 z-index 值最大的图层位于最上方。

8.3 span 标记

在使用 CSS 排版的页面中，div 标记和 span 标记是两个常用的标记。利用这两个标记，加上 CSS 对其样式的控制，可以很方便地实现各种效果。

1．span 标记的使用

div 标记是区块（block-level）容器标记，可以容纳段落、标题、表格、图像等各种 HTML 元素。用户只需对 div 标记进行样式控制，就可以对 div 内包含的各种元素进行样式控制。

div 标记包含的元素会自动换行。

span 标记是行内标记,也是行内元素(inline element),同样可以包含 HTML 的各种元素,只不过其元素会在一行内显示。在它前后不会自动换行。span 标记没有结构上的意义,纯粹是应用样式,当其他行内元素都不适合时就可以使用 span 元素。

1) 基本语法

```
< span id = "样式名称" class = "样式名称">…</span>
```

2) 语法说明

如果不给 span 标记应用样式,那么 span 标记包含的元素不会有任何视觉上的变化,只有在应用样式后才会有效果。

2．div 与 span 标记的区别

div 和 span 标记在默认情况下都没有对标记内的内容进行格式化或渲染,只有使用 CSS 来定义相应的样式才会显示出不同。

(1) 是否为块级标记。div 标记是块级标记,一般包含较大的范围,在区域的前后会自动换行;而 span 标记是行内标记,一般包含的范围较窄,通常在一行内,在区域外不会自动换行。

(2) 是否可以互相包含。一般来说,div 标记可以包含 span 标记,但 span 标记不可以包含 div 标记。

块级标记和行内标记不是绝对的,通过定义 CSS 的 display 属性可以相互转换,display 属性的取值如表 8-2 所示。

【例 8-3-1】 块级标记和行内标记的相互转换。其代码如下,页面效果如图 8-4 所示。

```
 1 <!-- edu_8_3_1.html -->
 2 <!doctype html>
 3 < html lang = "en">
 4   < head >
 5     < meta charset = "UTF - 8">
 6       < style type = "text/css">
 7         div{background - color:#F6F6F6;color:#000000;
 8             height:2em;margin:2px; /* margin 表示边界 */}
 9         .inline_disp{display:inline; /* 改变 div 显示方式 */}
10         .block_disp{display:block; /* 改变 span 显示方式 */
11             height:4em;background - color:rgb(200,200,200);
12             margin:2px; /* margin 表示边界 */}
13       </style>
14   </head>
15   < body >
16     < div id = "d1">这是 div1 </div>
17     < div id = "d2">这是 div2 </div>
18     < span id = "s1">这是 span1 </span>
19     < span id = "s2">这是 span2 </span>
20     < div id = "d3" class = "inline_disp">这是 div3 </div>
21     < div id = "d4" class = "inline_disp">这是 div4 </div>
22     < span id = "s3" class = "block_disp">这是 span3,在使用 CSS 排版的页面中,div 标记和
       span 标记是两个常用的标记。利用这两个标记,加上 CSS 对其样式的控制,可以很方便地
       实现各种效果。</span>
```

```
23    < span id = "s4" class = "block_disp">这是 span4,在使用 CSS 排版的页面中,div 标记和
      span 标记是两个常用的标记。利用这两个标记,加上 CSS 对其样式的控制,可以很方便地
      实现各种效果。</span>
24    </body>
25    </html>
```

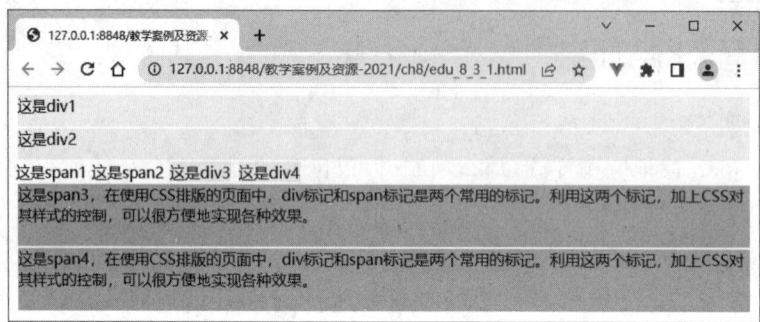

图 8-4 div 标记与 span 标记的相互转换

上述代码中第 16～19 行说明了 div 和 span 固有的特征,即 div 是块级标记,span 是行内标记。第 20 行和第 21 行说明设置 display 属性为 inline,可以将块级标记 div 设置成行内显示。第 22 行和第 23 行说明设置 display 属性为 block,可以将行内标记 span 变成以块形式显示。

思政素材

8.4 思政案例 8——经典励志成语故事选编

本例以"经典励志成语故事"为主题,使用图层嵌套与层叠和 CSS 完成页面布局设计,页面效果如图 8-5 所示。

视频讲解

图 8-5 经典励志成语故事的初始页面

当鼠标指针在父图层上盘旋时，需要将背景图像转换为带圆角边框的图像；同时需要将其嵌套的子图层（初始时不显示）显示在该图层上面（即层叠），且将子图层的边框转换为带圆角边框的图层，效果如图 8-6 所示。这是本例的难点所在。

图 8-6　在父图层上盘旋时的页面效果

解决方案如下：

- 鼠标指针在图层上盘旋时，所包裹的图层与父图层层叠。部分代码如下：

```
1  < div class = "chengyu">
2    < div class = "simple">
3      <h3>悬梁刺股</h3>
4      <p>从孙敬和苏秦两个人读书的故事引申出"悬梁刺股"这个成语,用来比喻发奋读书,刻苦学习的精神。他们这种努力学习的精神是好的,但是他们这种发奋学习的方式方法不必效仿。</p>
5    </div>
6    < div class = "content">
7      <h3><a href = "edu_8_4_1-1.html" target = "embed">观看详情</a></h3>
8      <p>【孙敬悬梁苦读】东汉时候,有个人名叫孙敬,是著名的政治家。他年轻时勤奋好学,经常关起门,独自一人不停地读书。每天从早到晚读书,常常废寝忘食。读书时间长,劳累了,还不休息。时间久了,疲倦得直打瞌睡。他怕影响自己的读书学习,就想出了一个特别的办法。…
9      </p>
10   </div>
11 </div>
```

从上述代码片段可以看出，这是一个典型的图层嵌套结构。初始显示时，class 为 content 的子图层不显示，可以通过下列样式实现子图层不显示。样式如下：

```
.content{display:none;}       /* 不显示 */
```

然后将类名为 chengyu 的 div 和类名为 content 的 div 以及 class 为 simple 的 div 的大

小均设置为相同(宽度 345px、高度 200px),为图层层叠做准备。chengyu 父图层的 position 属性必须设置为 relative,content 子图层的 position 属性必须设置为 absolute,这样在父图层上盘旋时子图层才能层叠在父图层上。具体样式如下:

```css
.chengyu {
    width: 345px; height: 200px; display: inline-block;
    position: relative;                /* 父图层相对定位 */
}
.content {
    position: absolute;                /* 子图层绝对定位 */
    width: 345px; height: 180px; text-align: center; padding: 10px;
    background-color: #DDEEAA; top: 0px; left: 0px; overflow: hidden;
}
```

- 在图层上盘旋时,设置子图层为圆角边框,并带背景图像。样式代码如下:

```css
.chengyu:hover .content {
    display: block;                    /* 子图层恢复显示 */
    background: url(bg-8-4-1.jpg) no-repeat center center;
    border-radius: 30px;               /* 设置圆角边框,半径为 30px */
}
```

该例完整的代码如下:

```html
1  <!-- edu_8_4_1.html -->
2  <!doctype html>
3  <html>
4    <head>
5      <meta charset="UTF-8">
6      <title>经典励志成语故事</title>
7      <style type="text/css">
8        #container {margin: 0 auto;text-align: center;
9          width: 1045px;height: 677px;}
10       #main {width: 1045px;height: 416px;}
11       .chengyu {width: 345px;height: 200px;
12         position: relative;display: inline-block;}
13       .simple {width: 325px;height: 180px;border-radius: 10px;
14         background-color: #F1F2F3;padding: 10px;overflow: hidden;}
15       .content {position: absolute;top: 0px;left: 0px;width: 325px;
16         height: 180px;text-align: center;background-color: #DDEEAA;
17         padding: 10px;overflow: hidden;}
18       p {text-indent: 2em;text-align: left;}
19       .content {display: none;}
20       .chengyu:hover .content {display: block;border-radius: 10px;
21         background: url(bg-8-4-1.jpg) no-repeat center center;}
22       a {text-decoration: none;color: red;}
23       a:hover {border-bottom: 5px solid white;}
24       strong {color: red;}
25     </style>
26   </head>
27   <body>
28     <div id="container">
29       <div>
30         <h2>经典励志成语故事</h2>
31         <hr color="red">
```

```
32        <p><strong>导语</strong>:中华文化博大精深,源远流长,在博大浩瀚的中华文化
          中,有许多励志的成语故事,它们都有自己的文化底蕴,有自己独特的历史背景,引起了
          一代又一代中华人民的心灵共鸣,激励着一代又一代的人们勇敢地面对逆境和挫折,创
          造出了奇迹,这些励志成语是我们整个民族的精神财富。以下列出部分经典励志成语故
          事,欢迎大家学习参考!</p>
33    </div>
34    <div id = "main">
35        <div class = "chengyu">
36            <div class = "simple">
37                <h3>悬梁刺股</h3>
38                <p>从孙敬和苏秦两个人读书的故事引申出"悬梁刺股"这个成语,用来比喻发奋读
                  书,刻苦学习的精神。他们这种努力学习的精神是好的,但是他们这种发奋学习的
                  方式方法不必效仿。</p>
39            </div>
40            <div class = "content">
41                <h3><a href = "edu_8_4_1-1.html" target = "embed">观看详情</a></h3>
42     <p>【孙敬悬梁苦读】东汉时候,有个人名叫孙敬,是著名的政治家。他年轻时勤奋好学,经
       常关起门,独自一人不停地读书。每天从早到晚读书,常常废寝忘食。读书时间长,劳累
       了,还不休息。时间久了,疲倦得直打瞌睡。他怕影响自己的读书学习,就想出了一个特别
       的办法。… </p>
43            </div>
44        </div>
45        <div class = "chengyu">
46            <div class = "simple">
47                <h3>凿壁偷光</h3>
48     <p>匡衡年轻时十分好学。他家里很穷,买不起蜡烛,匡衡晚上想读书的时候,常因没有亮
       光而发愁。后来,他想了一个办法,就在墙壁上悄悄地凿了一个小孔,让隔壁人家的烛光透过
       来。就这样,他经常学到深夜,后来成了西汉著名的学者,曾做过汉元帝的丞相。… </p>
49            </div>
50            <div class = "content">
51                <h3><a href = "edu_8_4_1-2.html" target = "embed">观看详情</a></h3>
52                <p>从凿壁偷光的事例可看出:外因(环境和条件)并不是决定性的因素,匡衡在极
                  其艰难的条件下,通过自己的努力学习和坚强毅力,终于一举成名。这就说明内因
                  才是事物发展、变化的根据和第一位的原因,外因只是影响事物变化的条件,它必须
                  通过内因才能起作用。</p>
53            </div>
54        </div>
55        <div class = "chengyu">
56            <div class = "simple">
57                <h3>不耻下问</h3>
58                <p>春秋时代,孔子被人们尊为"圣人",他有弟子三千,大家都向他请教学问。他的
                  《论语》是千百年来的传世之作。孔子学问渊博,可是仍虚心向别人求教。有一次,
                  他到太庙去祭祖。他一进太庙,就觉得新奇,向别人问这问那。有人笑道:"孔子
                  问出众,为什么还要问?"孔子听了说:"每事必问,有什么不好?"他的弟子问他:"孔
                  圉死后,为什么叫他孔文子?"孔子道:"聪敏好学,不耻下问,才配叫'文'。"弟子们
                  想:"老师常向别人求教,也并不以为耻辱呀!" </p>
59            </div>
60            <div class = "content">
61                <h3><a href = "edu_8_4_1-3.html" target = "embed">观看详情</a></h3>
62                <p>虚心好学,肯向一切人,包括向比自己地位低的人学习,叫"不耻下问"。</p>
63                <p>不耻下问的意思:不耻是不以为耻辱;下问是降低身份请教别人。不以向比自
                  己学识差或地位低的人去请教为可耻。形容虚心求教。</p>
64                <p>现在我们用来形容一个人谦虚、好学,真诚地向别人提问请教,不耻下问。</p>
65            </div>
66        </div>
67        <div class = "chengyu">
68            <div class = "simple">
69                <h3>百尺竿头,更进一步</h3>
```

```
70          <p>宋朝时,长沙有位高僧叫景岑(cen),号招贤大师,人们称他"长沙和尚",他经常
            到各地去传道讲经。一天,招贤大师应邀到一座佛寺的法堂上讲经。大师讲得深入
            浅出,娓娓动听,听的人深受感染。招贤大师讲经完毕后,一名僧人站起来,向他提
            了几个问题,大师慢慢地作答起来。</p>
71        </div>
72        < div class = "content">
73          < h3 >< a href = "edu_8_4_1 - 4.html" target = "embed">观看详情</a></h3>
74          <p>那僧人听到不懂处,又向大师提问,于是两人一问一答,气氛亲切自然。他俩谈
            论的是有关佛教的最高境界——十方世界的内容。…意为"百丈的竹竿并不算高,
            尚需更进一步,十方世界才算是真正的高峰"。</p>
75        </div>
76      </div>
77      < div class = "chengyu">
78        < div class = "simple">
79          < h3 >精诚所至,金石为开</h3>
80          <p>西汉时期,有一个著名将领叫李广,他精于骑马射箭,作战非常勇敢,被称为"飞
            将军"。有一次,他去冥山南麓打猎,忽然发现草丛中蹲伏着一只猛虎。李广急忙弯
            弓搭箭,全神贯注,用尽气力,一箭射去。李广箭法很好,他以为老虎一定中箭身亡,
            于是走近前去,仔细一看,未料被射中的竟是一块形状很像老虎的大石头。… </p>
81        </div>
82        < div class = "content">
83          < h3 >< a href = "edu_8_4_1 - 5.html" target = "embed">观看详情</a></h3>
84          <p>人们对这件事情感到很惊奇,疑惑不解,于是就去请教学者扬雄。扬雄回答说:"如果
            诚心实意,即使像金石那样坚硬的东西也会被感动的"。"精诚所至,金石为开"这一成语也
            便由此流传下来。</p>
85        </div>
86      </div>
87      < div class = "chengyu">
88        < div class = "simple">
89          < h3 >映雪囊萤</h3>
90          < p >在古代,有一个人名叫孙康,非常好学。他家里很穷买不起灯油,夜晚不能读
            书,他就想尽办法刻苦地学习。冬天夜里,他常常不顾天寒地冻,在户外借着白雪的
            光亮读书。(孙康映雪苦读)</p>
91        </div>
92        < div class = "content">
93          < h3 >< a href = "edu_8_4_1 - 6.html" target = "embed">观看详情</a></h3>
94          <p>当时还有一个人,名叫车胤(yin),也和孙康一样,没有钱买灯油。夏天夜晚,他
            就捉了许多萤火虫,盛在纱袋里,用萤光照亮,夜以继日地学习。(车胤囊萤夜读)
            </p>
95        </div>
96      </div>
97    </div>
98    < div id = "details">
99      < embed name = "embed" src = "edu_8_4_1 - 1.html" width = "1045px" height = "200px">
100    </div>
101  </div>
102  </div>
103  </body>
104 </html>
```

上述代码中第 34～97 行定义了一个 id 为 main 的 div,其中包含 6 个 class 为 chengyu 的子 div。每个子 div 中包含两个子 div,其 class 分别为 simple、content,用于显示成语故事简介和当在父 div 上盘旋时出现"观看详情"div,单击子图层上的超链接"观看详情"可以在页面底部的 embed 标记中显示成语故事详情。

本章小结

本章介绍了 div 及 span 标记的基本语法以及两个标记在使用时的区别。一般而言，div 标记是块级标记，span 标记是行内标记；div 标记可以自动换行，而 span 标记不可以；div 标记可能包含 div 和 span 标记，但 span 标记不可以包含 div 标记。这两个标记的外在表现可以通过设置 display 属性的值为 inline 或 block 来实现转换。

div、span 标记必须配合 CSS 使用才能实现精确地定位页面上的每一个元素。通过 id、class 来引用已经定义的 CSS 文件中的类选择器、id 选择器及其他选择器。

练习 8

1．选择题

(1) 下列选项中为行内标记的是(   )。
    A．<p></p>　　　　　　　　　　B．<div></div>
    C．<span></span>　　　　　　　　D．<pre></pre>

(2) 下列选项中能够实现两个图层 div 同时向右浮动的是(   )。
    A．div{float:right;}　　　　　　　B．div{float:none;}
    C．div{float:left;}　　　　　　　　D．div{clear:both;}

(3) 下列能够将 div 标记由块显示方式改为行内显示方式的选项是(   )。
    A．div{overflow:hidden;}　　　　　B．div{display:inline;}
    C．div{display:block;}　　　　　　D．div{display:none;}

(4) 多个图层实现层叠的必要条件是 position 属性的值必须是(   )。
    A．static　　　B．relative　　　C．absolute　　　D．fixed

(5) 下列选项中能够清除 div 左右两边浮动的属性是(   )。
    A．clear　　　B．display　　　C．overflow　　　D．float

2．填空题

(1) 在 HTML 文件中，定义图层的标记是＿＿＿＿；定义<span></span>标记样式可以通过定义 3 个属性来实现，它们分别是＿＿＿＿、＿＿＿＿、＿＿＿＿。

(2) 一个图层的位置可以通过 4 个属性来定位，即 left、＿＿＿＿、width、＿＿＿＿。

(3) 设置图层的层叠关系可以通过＿＿＿＿属性来实现，其属性值越大，图层越层叠在上层，但前提条件是需要将＿＿＿＿属性的值设置为 absolute。

3．简答题

(1) 简述<div>标记与<span>标记的异同点。
(2) 如何设置多个图层的层叠关系？

实验 8

1. 利用<div>、<span>及无序列表标记设计如图 8-7 所示的页面，写出实现的 HTML 代码，要求使用链接外部样式表。

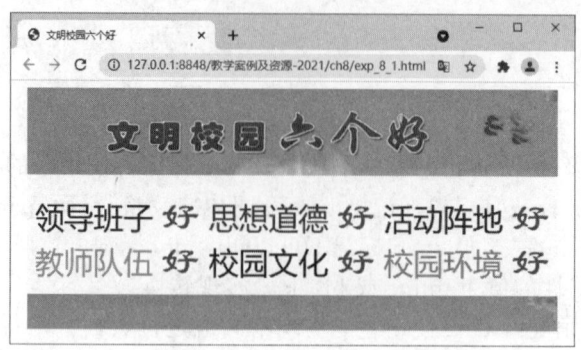

图 8-7 "文明校园六个好"页面

设计要求:

(1) 编写外部样式表文件,名称为"exp_8_1.css",采用链接外部样式表的方法。

(2) 页面由 4 个 div 构成,父 div 中包含 3 个子 div,分别在第 1 个和第 3 个子 div 中加载图像 image-ex-8-1-1.jpg 和 image-ex-8-1-2.jpg。在第 2 个子 div 中插入无序列表,用于显示"文明校园六个好"。

(3) 在无序列表中,每个列表项由两个 span 标记构成。列表项 li 标记的样式为字体大小 36px、宽度 190px、行内显示方式。其中 6 个"好"使用相同的样式,样式为红色、字体大小 46px、隶书。"领导班子""思想道德""活动阵地""教师队伍""校园文化""校园环境"的样式为颜色不同,颜色分别为 blue、♯AA007F、♯0000DD、♯FFAA00、♯550000、♯55FF00。

(4) id 为 container 的父 div 的样式为背景颜色为♯FAFAFA、宽度为 643px、高度为 285px,边界为上下 0、左右自动。

(5) 无序列表 ul 的样式为无列表符号、文字居中显示、填充为 0、宽度为 643px。样式如下:

```
ul {
    list-style-type: none;text-align: center;
    padding: 0;width: 643px;
}
```

2. 按要求设计"匾牌"页面,如图 8-8 所示。要求是页面标题为"匾牌设计";页面内容为一个图层中嵌入一个段落,段落的内容为"海纳百川 有容乃大";段落的样式为"斜体、特粗、70px 大小、行高 1.5 倍、隶书";图层 div 的♯div0 样式为"宽度 800px、高度 100px、边框宽度 20px、线型 outset、颜色♯FF0000、填充 20px、有边距(上下 20px、左右自动)";页面所有内容居中显示(body 标记的样式)。

图 8-8 "匾牌设计"页面

CHAPTER 9

第9章

CSS样式属性

本章学习目标

CSS最大的作用是实现网页内容与表现的分离,要让CSS发挥这一用途必须掌握CSS控制页面的文字、图像、颜色、列表等样式的属性是什么,然后再对这些元素的属性进行设置,使之达到精确控制页面中每个元素的目的。本章重点介绍CSS盒子模型结构及构成盒子模型的边界(Margin)、边框(Border)、填充(Padding)、内容(Content)等相关属性(简称MBPC),进而达到灵活运用CSS+DIV进行页面布局的目标。

Web前端开发工程师应知应会以下内容:
- 熟悉CSS样式设置中常用的单位。
- 掌握控制文字、文本、背景、色彩、列表等样式的属性及其设置方法。
- 理解CSS盒子模型。
- 掌握边框、边界、填充及内容等属性及其设置方法。

9.1 CSS属性值中的单位

设置CSS属性值的难点在于单位的选用。它覆盖的范围较广,从长度单位到颜色单位,再到URL地址等。单位的取舍在很大程度上取决于用户的显示器和浏览器,不恰当地使用单位会给页面布局带来很多麻烦,因此对于属性值的单位设置需要慎重考虑,合理使用。

9.1.1 绝对单位

绝对单位在网页中很少使用,一般多用在传统平面印刷中,但在特殊场合使用绝对单位是很有必要的。绝对单位包括英寸、厘米、毫米、磅和pica(皮卡)。

- 英寸(in):使用最广泛的长度单位(1in=2.54cm)。
- 厘米(cm):生活中最常用的长度单位。
- 毫米(mm):在研究领域中的使用比较广泛。
- 磅(pt):在印刷领域中的使用较为广泛,也称为点。CSS也常用pt设置字体大小,12磅的字体等于1/6in(1pt=1/72in)。
- pica(pc):在印刷领域中的使用较多,1pc=12pt,所以也称为12点活字。

9.1.2 相对单位

相对单位与绝对单位相比显示大小不是固定的,它所设置的对象受屏幕分辨率、视觉区域、浏览器设置以及相关元素的大小等因素影响。CSS 属性值中经常使用的相对单位有 em、ex、px、%。

1. em

em 表示元素的字体高度,它能够根据字体的 font-size 属性值来确定单位的大小。例如:

```
p{font-size:24px;line-height:2em; /*行高为 48px*/}
```

代码中设置字体大小为 24px,行高为 2em,即是字体大小的两倍,所以行高为 48px。如果 font-size 的单位为 em,则 em 的值将根据父元素的 font-size 属性值来确定。

2. ex

ex 表示以所使用的字体中小写字母 x 的高度作为参考。在实际使用中,浏览器将通过 em 的值除以 2 得到 ex 的值。

3. px

px 表示根据屏幕的像素点来确定,这样不同的显示分辨率就会使相同取值的像素单位所显示出来的效果截然不同。在实际设计过程中,建议 Web 前端开发工程师多使用相对单位 em,且在某一类型的应用中使用统一的单位。例如在网站中可以统一使用 px 或 em。

4. %

百分比%也是一个相对单位值。百分比的值总是通过另一个值来进行计算,一般参考父元素中相同属性的值。例如,如果父元素的宽度为 200px、子元素的宽度为 50%,则子元素的实际宽度为 100px。举例如下:

```
p{font-size:250%;line-height:150%;}
```

9.2 CSS 字体样式

使用 font 标记对页面元素进行字体、字体大小、颜色的设置所产生的样式有限,不够丰富。在 CSS 中,可以通过 font 属性设置丰富多彩的文字样式。该属性是复合属性,所包含的子属性如表 9-1 所示。

表 9-1 font 属性的子属性

属 性	说 明
font-size	设置字体的大小
font-style	设置字体的风格
font-variant	设置小型的大写字母字体
font-family	设置字体名
font-weight	设置字体的粗细

9.2.1 字体大小 font-size 属性

font-size 属性用于设置文本字体的大小,其值可以是绝对值或相对值。绝对值将文本设置为指定的大小,不允许用户在所有浏览器中改变文本大小,这不利于可用性,但在确定输出的物理尺寸时很有用;相对值是相对于周围的元素来设置大小,允许用户在浏览器中改变文本大小。

1．基本语法

font-size:绝对大小|相对大小|关键字;

2．语法说明

(1) 绝对大小:可以使用 in、cm、mm、pt、pc 等单位为 font-size 属性赋值。

(2) 相对大小:可以使用 em、ex、px、% 等单位为 font-size 属性赋值。

网页通常是为了浏览而不是印刷,建议用相对单位来定义字号,例如 px。W3C 推荐使用 em,从而可以在所有浏览器中调整文本的字体大小。

font-size 属性值也可以通过关键字来指定大小,font-size 属性值的关键字有 xx-small、x-small、small、medium、large、x-large、xx-large 等,在不同的终端设备上浏览的效果会有些差异。

9.2.2 字体样式 font-style 属性

在 HTML 中,使用<em></em>、<i></i>标记可将文字设置成斜体。在 CSS 中可以使用 font-style 属性设置字体的风格,例如显示斜体字样。

1．基本语法

font-style:normal|italic|oblique

2．语法说明

font-style 属性的取值及说明如表 9-2 所示。

表 9-2　font-style 属性的取值及说明

取值	说明
normal	表示不使用斜体,是 font-style 属性的默认值
italic	表示使用斜体显示文字
oblique	表示使用倾斜字体显示文字

9.2.3 字体系列 font-family 属性

在 CSS 中使用 font 属性可以设置丰富的字体,美化页面的外观。其中 font-family 专门用于设置字体名称系列。

1．基本语法

font-family:字体1,字体2,…,字体n

2．语法说明

当属性值为多个字体名称时,可以使用逗号(,)分隔。浏览器依次查找字体,只要存在就使用该字体,不存在将会继续找下去,以此类推,直到最后一种字体,如果仍不存在,则使用默认字体(宋体)。如果字体名称中出现空格,必须使用双引号将字体括起来,例如 Times

New Roman。

【例 9-2-1】 设置字体大小、样式及字体名称。其代码如下,页面效果如图 9-1 所示。

```
1  <!-- edu_9_2_1.html -->
2  <!doctype html>
3  <html lang="en">
4    <head>
5      <meta charset="UTF-8">
6      <title>设置字体大小、样式及字体名称</title>
7      <style type="text/css">
8        h3{text-align:center;color:#3300FF;}
9        hr{color:#660066;}
10       #p1{font-size:20px;font-style:normal;font-family:宋体;}
11       #p2{font-size:200%;font-style:italic;font-family:楷体,隶书;}
12       #p3{font-size:x-small;font-style:oblique;font-family:楷体,宋体;}
13       #p4{font-size:xx-large;font-style:oblique;font-family:黑体,隶书,楷体_gb2312;}
14     </style>
15   </head>
16   <body>
17     <h3>设置字体大小、样式及字体名称</h3>
18     <hr>
19     <p id="p1">字号大小 20px、字体正常、宋体</p>
20     <p id="p2">字号大小 200%、字体斜体、隶书</p>
21     <p id="p3">字号大小 x-small、字体歪斜体、宋体</p>
22     <p id="p4">字号大小 xx-large、字体歪斜体、黑体</p>
23   </body>
24  </html>
```

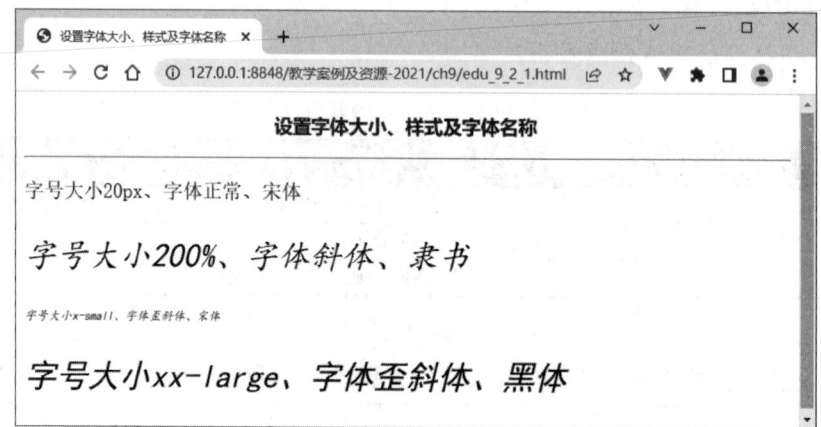

图 9-1 设置字体大小、样式及字体名称

9.2.4 字体变体 font-variant 属性

font-variant 属性用于设置字体变体,主要用于设置英文字体,实际上是设置文本字体是否为小型的大写字母。

1. 基本语法

```
font-variant:normal|small-caps
```

2．语法说明

font-variant 属性的取值及说明如表 9-3 所示。

表 9-3 font-variant 属性的取值及说明

取　　值	说　　明
normal	表示正常的字体，是 font-variant 属性的默认值
small-caps	表示使用小型的大写字母字体

9.2.5 字体粗细 font-weight 属性

在 HTML 中使用 <strong></strong> 或 <b></b> 标记来设置字体加粗。在 CSS 中可以使用 font-weight 属性设置文本字体的粗细。

1．基本语法

```
font-weight: normal|bold|bolder|lighter|100|200|…|900
```

2．语法说明

font-weight 属性的参考值如表 9-4 所示。

表 9-4 font-weight 属性的参考值及说明

参考值	说　　明
normal	表示正常的字体，是 font-weight 属性的默认值
bold	表示标准的粗体
bolder	表示特粗体（为相对参数）
lighter	表示细体（为相对参数）
整数	取值为 100、200、……、900 表示粗细程度，100 表示最细，400 等价于 normal，700 等价于 bold

9.2.6 字体 font 属性

font 属性是复合属性，可以一次性完成多个字体属性的设置，包括字体粗细、风格、字体变体、大小/行高及字体名称。

1．基本语法

```
font:font-style font-weight font-variant font-size/line-height font-family
```

2．语法说明

在利用 font 属性一次性完成多个字体属性的设置时，属性值与属性值之间必须使用空格隔开。前 3 个属性值可以不分先后顺序，默认为 normal。大小和字体名称系列必须显式指定，先设置大小，再设置字体系列。当需要设置行高时，可以写在字体大小的后面，中间用"/"分隔，行高为可选的属性。font 属性可以继承。

【例 9-2-2】设置字体变体、粗细等。其代码如下，页面效果如图 9-2 所示。

```
1 <!-- edu_9_2_2.html -->
2 <!doctype html>
```

扫一扫

视频讲解

```
 3   <html lang="en">
 4     <head>
 5       <meta charset="UTF-8">
 6       <title>设置字体变体、粗细等</title>
 7       <style type="text/css">
 8         h3{text-align:center;color:#3300FF;}
 9         hr{color:#660066;}
10         #p1{font-variant:normal;font-weight:lighter;}
11         #p2{font-variant:small-caps;font-weight:bold;}
12         #p3{font-weight:600;font:italic 28px/40px 幼圆;}
13         #p4{font:italic  bolder small-caps 24px/1.5em 黑体;}
14       </style>
15     </head>
16     <body>
17       <h3>设置字体变体、粗细等</h3>
18       <hr>
19       <p>此段文字正常显示 Welcome to you!</p>
20       <p id="p1">此段文字 Welcome to you! 正常、较细字体。</p>
21       <p id="p2">设置小型大写字母、字体标准粗体。</p>
22       <p id="p3">设置字体粗细度为 600、斜体、大小 28px、行高 50px、字体幼圆</p>
23       <p id="p4">设置字体风格斜体、特粗、小型大写字母 HTML、字号 24px/行高 1.5em、字体黑体</p>
24     </body>
25   </html>
```

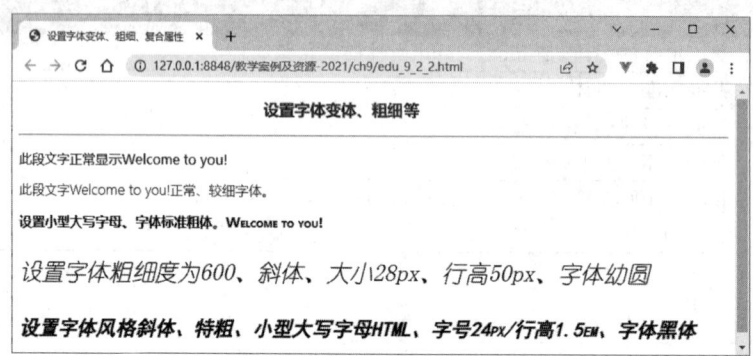

图 9-2　设置字体变体、粗细等

上述代码中第 7～14 行在 head 标记中插入内部样式表,并定义标题字 h3、水平分隔线 hr 标记样式和 4 个段落 id 样式。第 10 行定义字体正常、较细样式;第 11 行定义字体小型大写字母、标准粗体;第 12 行、第 13 行分别采用 font 复合属性定义了段落的样式。程序运行后,第 20～23 行分别应用样式 p1、p2、p3、p4,效果如页面中的文字所示。

9.3　CSS 文本样式

在 CSS 中不仅可以设置文字字体、大小、粗细、风格等,还可以对文本的显示进行更精细的排版设置。

9.3.1　字符间距、行距与首行缩进属性

letter-spacing(字符间距)属性可以设置字符与字符之间的距离。line-height(行距)属

性用于设置行与行之间的距离。在 HTML 中段落的首行往往需要通过插入 4 个" "才能实现首行空两个字符的排版格式,而在 CSS 中可以使用 text-indent(首行缩进)属性来设置首行缩进量。

1. 基本语法

```
letter-spacing:normal|长度单位
line-height：normal | length
text-indent：长度单位|百分比单位
```

2. 语法说明

- letter-spacing：normal 表示默认间距,长度一般为正数,也可以使用负数,取决于浏览器是否支持。word-spacing 属性主要针对英文单词；letter-spacing 属性对中文、英文字符串均起作用。
- line-height：normal：默认行高。length：百分比、数字。由浮点数字和单位标识符组成的长度值,允许为负值。其百分比取值是基于字体的高度尺寸。
- text-indent：长度单位可以使用绝对单位和相对单位,也可以使用百分比单位。

【例 9-3-1】 设置字符间距、行高及首行缩进。其代码如下,页面效果如图 9-3 所示。

扫一扫

视频讲解

```
1   <!-- edu_9_3_1.html -->
2   <!doctype html>
3   <html lang="en">
4     <head>
5       <meta charset="UTF-8">
6       <title>设置字符间距、行高及首行缩进</title>
7       <style type="text/css">
8         h3{text-align:center;color:#3300FF;}
9         hr{color:#660066;}
10        #p1{letter-spacing:2px;line-height:1em;text-indent:2em;}
11        #p2{letter-spacing:4px;line-height:1.5em;text-indent:3em;}
12        #p3{letter-spacing:6px;line-height:2em;text-indent:4em;
            word-spacing:10px;}
13      </style>
14    </head>
15    <body>
16      <h3>设置字符间距、行高及首行缩进</h3>
17      <hr>
18      <p id="p1">[字符间距 2px、行高 1em、首行缩进 2em]昨天上午,南京国际博览中心金陵会议中心内欢声笑语,春意盎然,省委、省政府在这里举行春节团拜会。省领导罗志军、李学勇、张连珍等与各界人士 1000 多人欢聚一堂,共迎传统新春佳节,向全省人民致以节日问候和美好祝福。</p>
19      <p id="p2">[字符间距 4px、行高 1.5em、首行缩进 3em]昨天上午,南京国际博览中心金陵会议中心内欢声笑语,春意盎然,省委、省政府在这里举行春节团拜会。省领导罗志军、李学勇、张连珍等与各界人士 1000 多人欢聚一堂,共迎传统新春佳节,向全省人民致以节日问候和美好祝福。</p>
20      <p id="p3">[字符间距 6px、行高 2em、首行缩进 4em、单词间距 10px]昨天上午,南京国际博览中心金陵会议中心内欢声笑语,春意盎然,省委、省政府在这里举行春节团拜会。Chinese leader Xi Jinping has urged the Communist Party of China (CPC) to be more tolerant of criticism and receptive to the views of non-communists.</p>
21    </body>
22  </html>
```

上述代码中第 18 行设置字符间距 2px、行高 1em、首行缩进 2em；第 19 行设置字符间距 4px、行高 1.5em、首行缩进 3em；第 20 行设置字符间距 6px、行高 2em、首行缩进 4em、单

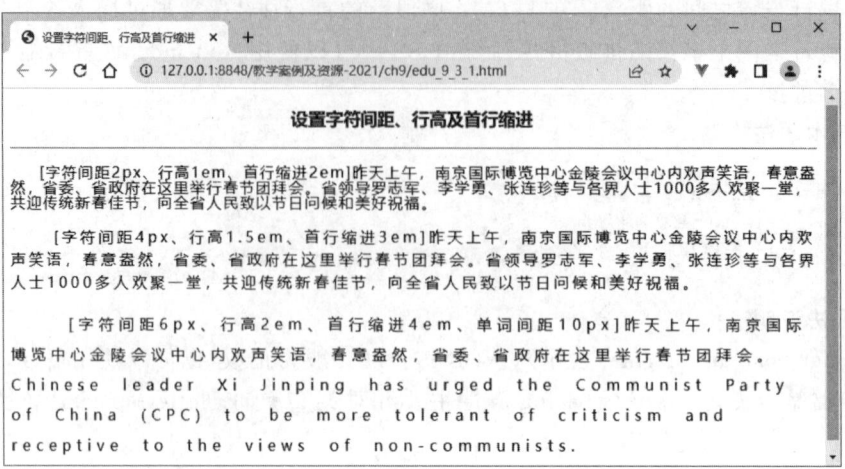

图 9-3　设置字符间距、行高及首行缩进

词间距 10px。页面效果截然不同。

9.3.2　字符装饰、英文大小写转换属性

text-decoration(字符装饰)属性主要用来完成文字加上画线、下画线、删除线等效果。text-transform(英文大小写转换)属性可以用来转换英文大小写。

1．基本语法

```
text-decoration：none| underline | overline | line-through
text-transform: capitalize| uppercase | lowercase| none
```

2．语法说明

- text-decoration：取值如下。

none：表示文字无装饰。underline：表示文字加下画线。line-through：表示文字加贯穿线。overline：表示文字加上画线。

- text-transform：取值如下。

capitalize：将每个单词的第一个字母转换成大写，其余不转换。uppercase：转换成大写。lowercase：转换成小写。none：不转换。

视频讲解

【例 9-3-2】　设置文字装饰及大小写转换。其代码如下,页面效果如图 9-4 所示。

```
1  <!-- edu_9_3_2.html -->
2  <!doctype html>
3  <html lang="en">
4    <head>
5      <meta charset="UTF-8">
6      <title>设置文字装饰及大小写转换</title>
7      <style type="text/css">
8        h3{text-align:center;color:#3300FF;}
9        hr{color:#660066;}
10       #p1{text-decoration:underline;text-transform:capitalize;}
11       #p2{text-decoration:line-through;text-transform:lowercase;}
12       #p3{text-decoration:overline;text-transform:uppercase;}
13     </style>
```

```
14      </head>
15      <body>
16          <h3>设置文字装饰及大小写转换</h3>
17          <hr>
18          <p id="p1">[文字下画线、首字母大写capitalize]Chinese leader Xi Jinping has urged
            the Communist Party of China (CPC) to be more tolerant of criticism and receptive to
            the views of non-communists.</p>
19          <p id="p2">[文字删除线、字母小写lowercase]Chinese leader Xi Jinping has urged the
            Communist Party of China (CPC) to be more tolerant of criticism and receptive to the
            views of non-communists.</p>
20          <p id="p3">[文字上画线、字母大写uppercase]Chinese leader Xi Jinping has urged the
            Communist Party of China (CPC) to be more tolerant of criticism and receptive to the
            views of non-communists.</p>
21      </body>
22 </html>
```

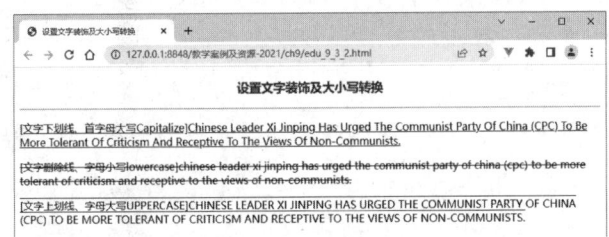

图 9-4　设置文字装饰及大小写转换

上述代码中第 18 行设置文字下画线、首字母大写；第 19 行设置文字删除线、字母小写；第 20 行设置文字上画线、字母大写。页面效果截然不同。

9.3.3　水平对齐、垂直对齐属性

text-align(水平对齐)属性规定元素的水平对齐方式。vertical-align(垂直对齐)属性设置元素的垂直对齐方式。

1. 基本语法

```
text-align: left | right | center | justify
vertical-align: top | middle | bottom | text-top | text-bottom
```

2. 语法说明

- text-align：取值如下。

left：表示左对齐，默认值。right：表示右对齐。center：表示居中。justify：表示两端对齐。

- vertical-align

语法中常用属性值及说明如表 9-5 所示，当然还有一些不常用的属性值未列入其中。

表 9-5　vertical-align 的常用属性值及说明

属性值	说　　明
top	把元素的顶端与行中最高元素的顶端对齐
middle	把此元素放置在父元素的中部

续表

属性值	说明
bottom	把元素的顶端与行中最低元素的顶端对齐
text-top	把元素的顶端与父元素字体的顶端对齐
text-bottom	把元素的底端与父元素字体的底端对齐

扫一扫

视频讲解

【例 9-3-3】 设置水平与垂直对齐方式。其代码如下,页面效果如图 9-5 所示。

```
1  <!-- edu_9_3_3.html -->
2  <!doctype html>
3  <html lang="en">
4    <head>
5      <meta charset="UTF-8">
6      <title>设置水平与垂直对齐方式</title>
7      <style type="text/css">
8        h3{text-align:center;color:#3300FF;}
9        hr{color:#660066;}
10       #div1{margin:10px;width:700px;height:60px;background:#CCFFCC;
             text-indent:2em;text-align:left;}
11       #div2{margin:10px;width:700px;height:60px;background:#FFFFCC;
             text-indent:2em;text-align:center;}
12       #div3{margin:10px;width:700px;height:60px;background:#99FF99;
             text-indent:2em;text-align:right;}
13       img{width:50px;height:50px;}
14       #img1{vertical-align:text-top;}
15       #img2{vertical-align:middle;}
16       #img3{vertical-align:text-bottom;}
17     </style>
18   </head>
19   <body>
20     <h3>设置水平与垂直对齐方式</h3>
21     <hr>
22     <div id="div1" class="">
23       <p>[文字水平居左,图像居顶部]这是一幅<img id="img1" src="eg_cute.gif">位于段落中的图像。</p>
24     </div>
25     <div id="div2" class="">
26       <p>[文字水平居中,图像居中部]这是一幅<img id="img2" src="eg_cute.gif">位于段落中的图像。</p>
27     </div>
28     <div id="div3" class="">
29       <p>[文字水平居右,图像居底部]这是一幅<img id="img3" src="eg_cute.gif">位于段落中的图像。</p>
30     </div>
31   </body>
32 </html>
```

上述代码中第 22～24 行 div1 内设置文字水平居左,图像居顶部;第 25～27 行 div2 内设置文字水平居中,图像居中部;第 28～30 行 div3 内设置文字水平居右,图像居底部。

第9章 CSS样式属性

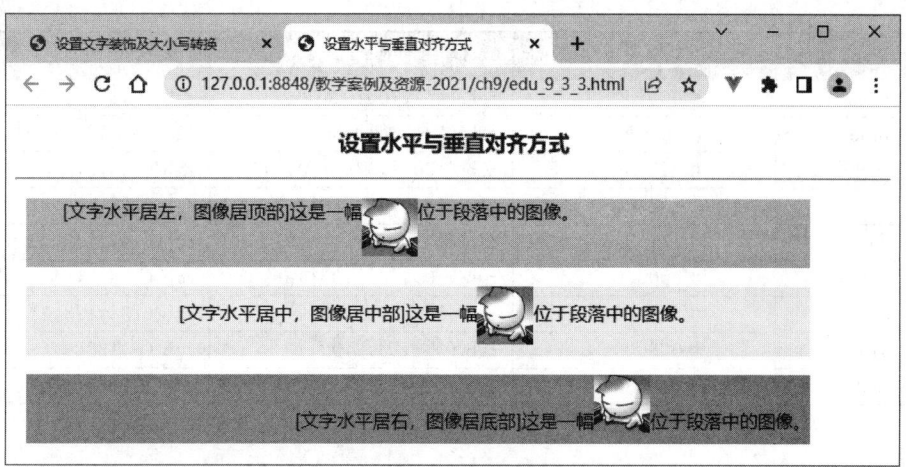

图 9-5　设置水平与垂直对齐方式

9.4　CSS 颜色与背景

在网页设计中结构和内容仅是一方面,没有色彩的页面再精致也很难吸引人。在 CSS 中对于色彩、图像的设置也比较丰富,功能也很强大。

9.4.1　颜色 color 属性

color 属性用于设置元素字体的色彩,该属性的语法比较简单,但有多种取值,分别是颜色英文名称、rgb()函数、十六进制数等形式。

1．基本语法

```
color: rgb(r%, g%, b%)|rgb(r, g, b)|#FFFFFF|#3FE|colorname
```

2．语法说明

(1) 颜色名称。使用 red、blue、yellow 等 CSS 预定义的表示颜色的参数。CSS 预定义了 17 种颜色,常用的预定义颜色如表 9-6 所示。

(2) rgb()函数。使用 rgb(r, g, b)或 rgb(r%, g%, b%),字母 R 或 r、G 或 g、B 或 b 分别表示颜色分量红色、绿色、蓝色,前者的参数取值为 0~255,后者的参数取值为 0~100。

(3) 十六进制数。使用"#rrggbb"或"#rgb"的形式,每位十六进制数的取值范围为 0~F,例如#FFC0CB 表示 pink,#3DF 的效果与#33DDFF 相同。

表 9-6　颜色名称、函数及十六进制数值

颜色名称	十六进制数	rgb 百分数	rgb 整数
black	#000000	rgb(0%,0%,0%)	rgb(0,0,0)
white	#FFFFFF	rgb(100%,100%,100%)	rgb(255,255,255)
red	#FF0000	rgb(100%,0%,0%)	rgb(255,0,0)
yellow	#FFFF00	rgb(100%,100%,0%)	rgb(255,255,0)
lime	#00FF00	rgb(0%,100%,0%)	rgb(0,255,0)

续表

颜色名称	十六进制数	rgb 百分数	rgb 整数
aqua	#00FFFF	rgb(0%,100%,100%)	rgb(0,255,255)
blue	#0000FF	rgb(0%,0%,100%)	rgb(0,0,255)
fuchsia	#FF00FF	rgb(100%,0%,100%)	rgb(255,0,255)
gray	#808080	rgb(50%,50%,50%)	rgb(128,128,128)
silver	#C0C0C0	rgb(75%,75%,75%)	rgb(192,192,192)
maroon	#800000	rgb(50%,0%,0%)	rgb(128,0,0)
olive	#808000	rgb(50%,50%,0%)	rgb(128,128,0)
green	#008000	rgb(0%,50%,0%)	rgb(0,128,0)
teal	#008080	rgb(0%,50%,50%)	rgb(0,128,128)

9.4.2 背景 background 属性

background 属性用于设置指定元素(标记)的背景色彩、背景图案等,其子属性如表 9-7 所示。

表 9-7 background 属性的子属性

子属性	说明
background-color	用于对指定元素设置背景颜色
background-image	用于对指定元素设置背景图案
background-repeat	设置在背景图案小于指定元素的情况下是否重复填充图案
background-attachment	用于指定设置的背景图案在元素滚动时是否一起滚动
background-position	用于指定背景图案的起始位置

1. 背景颜色 background-color 属性

在 HTML 中可以使用标记的 bgcolor 属性来设置背景颜色,在 CSS 中则使用 background-color 来设置网页的背景颜色。语法与 color 类似。

2. 背景图像 background-image 属性

background-image 属性用于设置指定元素的背景图案。

1) 基本语法

```
background-image: url("图像文件名称")|none
```

2) 语法说明

none:表示不用图像作为背景。url("图像文件名称"):表示图像的相对或绝对路径,如果图像文件和 CSS 文件在同一目录下,则可以直接使用图像文件名称。

【例 9-4-1】 设置页面文字颜色及背景图像。其代码如下,页面效果如图 9-6 所示。

```
1  <!-- edu_9_4_1.html -->
2  <!doctype html>
3  <html lang="en">
4    <head>
5      <meta charset="UTF-8">
```

扫一扫

视频讲解

```
 6            <title>设置页面文字颜色及背景图像</title>
 7            <style type = "text/css">
 8                h3{color:#0000FF;background-color:#9999FF;
                   text-align:center;padding:10px;}
 9                #p1{text-indent:2em;background-image:url("Header.jpg");}
10                #p2{text-indent:2em;background-image:url("cup.jpg");}
11            </style>
12        </head>
13        <body>
14            <h3>设置页面文字颜色及背景图像</h3>
15            <p id = "p1">[大图 Header.jpg]昨天上午,南京国际博览中心金陵会议中心内欢声笑语,
                  春意盎然,省委、省政府在这里举行春节团拜会。省领导罗志军、李学勇、张连珍等与各界
                  人士 1000 多人欢聚一堂,共迎传统新春佳节,向全省人民致以节日问候和美好祝福。
16            </p>
17            <p id = "p2">[小图 cup.jpg]昨天上午,南京国际博览中心金陵会议中心内欢声笑语,春
                  意盎然,省委、省政府在这里举行春节团拜会。省领导罗志军、李学勇、张连珍等与各界人
                  士 1000 多人欢聚一堂,共迎传统新春佳节,向全省人民致以节日问候和美好祝福。
18            </p>
19        </body>
20    </html>
```

上述代码中第 15 行应用 id 样式 p1,设置背景图像为 Header.jpg;第 17 行应用 id 样式 p2,设置背景图像为 cup.jpg,由于图像本身比较小,所以背景图像在水平方向重复填充了。

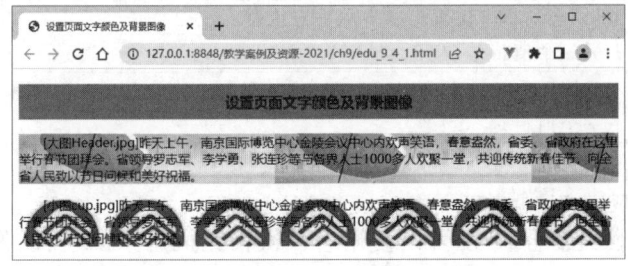

图 9-6　设置页面文字颜色及背景图像

3．背景图像重复 background-repeat 属性

background-repeat 属性用于设置背景图案的重叠覆盖方式。

1) 基本语法

```
background-repeat: repeat|no-repeat|repeat-x|repeat-y
```

2) 语法说明
- repeat：使用背景图像完全填充元素大小的空间。
- repeat-x：使用背景图像在水平方向从左到右填充元素大小的空间。
- repeat-y：使用背景图像在垂直方向从上到下填充元素大小的空间。
- no-repeat：不使用背景图像重复填充元素。

4．背景附件 background-attachment 属性

background-attachment 属性用于设置背景图像是否随着滚动条一起滚动。

1) 基本语法

```
background-attachment: scroll|fixed
```

2）语法说明
- scroll：表示在页面文字滚动时背景附件一起滚动。
- fixed：表示在页面文字滚动时背景附件固定不滚动。

5．背景图像位置 background-position 属性

background-position 属性用于设置背景图像的具体起始位置。

1）基本语法

```
background-position: 参数 1  参数 2
```

2）语法说明

图像的位置一般需要设置两个参数，且用空格分隔。两个参数的单位可以是百分比、长度单位或关键字。第一个参数表示水平位置，第二个参数表示垂直位置。当然也可以只设置一个参数，另一个参数自动为 50% 或居中位置。参数的取值如表 9-8 所示。

表 9-8　background-position 属性值及说明

属 性 值	说　　明
left|center|right	表示水平方向居左、居中、居右 3 个不同的位置
top|center|bottom	表示垂直方向顶部、中部、底部 3 个不同的位置。如果仅规定了一个值，另一个值将是 center
x% y%	x% 表示水平位置，y% 表示垂直位置。左上角是 0% 0%，如果仅规定了一个值，另一个值将是 50%
xpos ypos	xpos 表示水平位置，ypos 表示垂直位置。左上角是 0 0，如果仅规定了一个值，另一个值将是 50%

6．背景 background 属性

background 属性是复合属性，可以使用它一次性完成背景颜色、图像、重复、位置和附件的设置。

1）基本语法

```
background:background-color background-image background-repeat
background-position background-attachment
```

2）语法说明

语法中的属性值参考其他属性进行设置。

【例 9-4-2】　设置背景图像、位置与附件。其代码如下，页面效果如图 9-7 所示。

```
1  <!-- edu_9_4_2.html -->
2  <!doctype html>
3  <html lang="en">
4    <head>
5      <meta charset="UTF-8">
6      <title>设置背景图像、位置与附件</title>
7      <style type="text/css">
8        h3{color:#FFFFFF;background-color:#6600FF;
           text-align:center;padding:10px;}
9        #p1{
10         background-image:url("Header.jpg");
```

扫一扫

视频讲解

```
11            background-repeat: no-repeat;
12            background-position:center center;}
13        #p2{
14            background-image:url("cup.jpg");
15            background-attachment:fixed;}
16        #p3{width:100%;height:150px;
17            background:#99CCFF url("cup.jpg") no-repeat center center;}
18        </style>
19    </head>
20    <body>
21        <h3>设置背景图像、位置与附件</h3>
22        <p id="p1">[图像水平垂直居中]昨天上午,南京国际博览中心金陵会议中心内欢声笑语,春意盎然,省委、省政府在这里举行春节团拜会。省领导罗志军、李学勇、张连珍等与各界人士1000多人欢聚一堂,共迎传统新春佳节,向全省人民致以节日问候和美好祝福。</p>
23        <p id="p2">[图像水平居左到顶、固定]昨天上午,南京国际博览中心金陵会议中心内欢声笑语,春意盎然,省委、省政府在这里举行春节团拜会。省领导罗志军、李学勇、张连珍等与各界人士1000多人欢聚一堂,共迎传统新春佳节,向全省人民致以节日问候和美好祝福。</p>
24        <p id="p3">[背景复合属性应用]昨天上午,南京国际博览中心金陵会议中心内欢声笑语,春意盎然,省委、省政府在这里举行春节团拜会。省领导罗志军、李学勇、张连珍等与各界人士1000多人欢聚一堂,共迎传统新春佳节,向全省人民致以节日问候和美好祝福。</p>
25    </body>
26 </html>
```

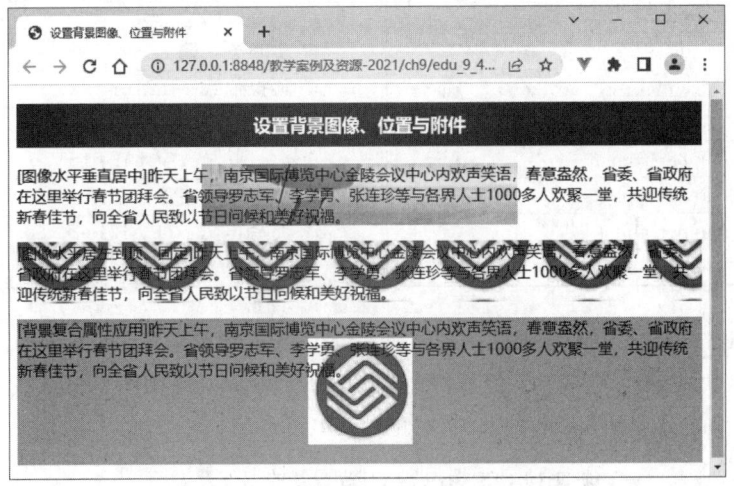

图 9-7 设置背景图像、位置与附件

上述代码中定义了 3 个 id 样式,p1 定义背景图像不重复且水平和垂直均居中,p2 定义背景图像附件不随滚动条移动,p3 定义宽度和高度,并采用复合属性 background 设置背景颜色、图像、重复、位置等。第 22 行应用 id 样式 p1,网页中图像不重复,且水平、垂直均居中显示;第 23 行应用 id 样式 p2,网页中第 2 个段落的背景图像重复填充整个区域,且在浏览器窗口缩小的情况下背景图像不随滚动条移动;第 24 行应用 id 样式 p3,网页中第 3 个段落设置宽度为 100%、高度为 150px,并设置背景颜色、图像、不重复、位置居中等。

9.5 CSS 列表样式

HTML 中常用的列表有 3 种类型，分别是无序列表、有序列表和定义列表。在实际应用中常使用无序列表来实现导航和新闻列表的设计；使用有序列表实现条文款项的表示；使用定义列表来制作图文混排的排版模式。CSS 中提供了 list-style-type、list-style-image、list-style-position、list-style 属性来改变列表符号的样式。

1．基本语法

```
list-style-type: 属性值;                                    /* 设置列表类型,共9种 */
list-style-image: url("图像文件名称")|none;                  /* 设置列表替代图像 */
list-style-position:outside|inside;                         /* 设置图像位置 */
list-style: list-style-type list-style-image list-style-position;   /* 复合属性 */
list-style: none url("smallico1.bmp") outside;              /* 复合属性的一个应用 */
```

2．语法说明

list-style-type 属性的取值及说明如表 9-9 所示。

表 9-9　list-style-type 属性的取值及说明

取值	说明
disc	实心圆●
circle	空心圆○
square	实心方块■
decimal	阿拉伯数字 123…
lower-roman	小写罗马数字 I ii iii …
upper-roman	大写罗马数字 I II III IV …
lower-alpha	小写英文字母 abc…
upper-alpha	大写英文字母 ABC…
none	不使用项目符号

list-style-image 属性通过 url("图像文件名称")来加载图像，如果图像与 CSS 文件在同一目录，则直接使用图像文件名。该属性的值为 none 表示不使用图像样式的列表符号。

list-style-position 属性的取值及说明如表 9-10 所示。

表 9-10　list-style-position 属性的取值及说明

取值	说明
outside	默认值,将标志放在文本之外,而且任何换行文本在标志下均不对齐
inside	将标志放在文本之内,而且任何换行文本在标志下均对齐

【例 9-5-1】　CSS 列表属性的综合应用。其代码如下,页面效果如图 9-8 所示。

```
1  <!-- edu_9_5_1.html -->
2  <!doctype html>
3  <html lang="en">
4     <head>
```

```
5        <meta charset="UTF-8">
6        <title>CSS列表属性综合应用</title>
7        <style type="text/css">
8            h3{color:"#FFFFFF";background-color:#9999FF;text-align:center;}
9            #li1{list-style-type:square;}
10           #li2{list-style-type:upper-roman;}
11           #li3{list-style-image:url("smallico1.bmp");list-style-position:inside;}
12           #li4{list-style-image:url("smallico1.bmp");list-style-position:outside;}
13           .sp1{font-weight:bolder;color:blue;}
14       </style>
15   </head>
16   <body>
17       <h3>CSS列表属性综合应用</h3>
18       <ul id="li1">
19           <li>专业目录
20               <ol id="li2">
21                   <li>计算机科学与技术专业</li>
22                   <li>软件工程</li>
23                   <li>信息管理与信息系统</li>
24               </ol>
25           </li>
26           <li>图书
27               <ul id="li3">
28                   <li><span class="sp1">[inside]</span>计算机网络：计算机网络所属现代词，指的是将地理位置不同的具有独立功能的多台计算机及其外部设备，通过通信线路连接起来，在网络操作系统、网络管理软件及网络通信协议的管理和协调下，实现资源共享和信息传递的计算机系统。</li>
29                   <li id="li4"><span class="sp1">[outside]</span>数据库原理：是数据库初学者和初级开发人员不可多得的数据库宝典，其中融入了作者对数据库深入透彻的理解和丰富的实际操作经验。与第2版一样，本版也深入浅出地描绘了数据库原理及其应用。</li>
30               </ul>
31           </li>
32           <li>期刊目录</li>
33       </ul>
34   </body>
35 </html>
```

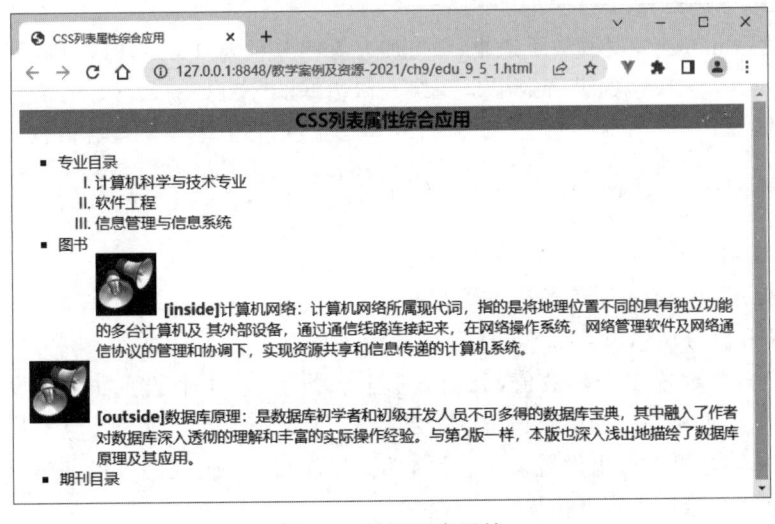

图9-8 设置列表属性

上述代码中定义了 4 个 id 样式,第 9 行定义列表样式类型为■;第 10 行定义列表样式类型为大写罗马字母;第 11 行定义用图像代替列表项符号并使用 inside 格式,文本环绕图像;第 12 行定义用图像代替列表项符号并使用 outside 格式,图像悬挂在文本的左边,并且不环绕。

9.6　CSS 盒模型

9.6.1　CSS 盒模型结构

在网页设计中,每个元素都是长方形的盒子,便产生了特定的盒子模型。在盒子模型中,重要的概念有边界(Margin)、边框(Border)、填充(Padding)、内容(Content),简称为 MBPC 模型,如图 9-9 所示。边界又称为外边界(外补丁或外空白),是盒子边框与页面边界或其他盒子之间的距离。填充又称为内边界(内补丁或内空白),是内容与边框之间的距离。

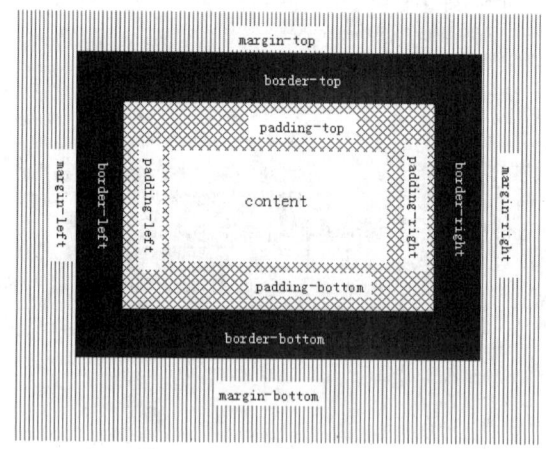

图 9-9　CSS 盒子模型

9.6.2　边界属性设置

边界属性是 margin,表示盒子边框与页面边界或其他盒子之间的距离,属性值为长度值、百分数或 auto,该属性的设置效果是围绕元素边框的"空白"。

1．基本语法

margin-(top|right|bottom|left):长度单位|百分比单位|auto

2．语法说明

auto:表示采用默认值,浏览器计算边距。

长度单位和百分比单位:参考 9.1 节的介绍进行设置。

设置边界需要设置 4 个参数值,分别表示上、右、下、左 4 个边。如果只设置一个参数值,则表示 4 个边界相同。如果只设置两个参数值,那么第 1 个参数表示上、下边界值,第 2 个参数表示左、右边界。如果设置 3 个参数,那么第 1 个参数表示上边界,第 2 个参数表示左、右边界,第 3 个参数表示下边界。例如:

第9章 CSS样式属性

```
margin:10px 10px 20px 30px;      /*分别设置上、右、下、左边界*/
margin:10px 20px 10px;           /*设置上边界为10px,左右边界为20px,下边界为10px*/
margin:20px 10px;                /*设置上下边界为20px,左右边界为10px*/
margin:10px;                     /*设置4个边界均为10px*/
p{margin-top:20px;}
p{margin-right:2em;}
h1{margin-bottom:30px;}
h3{margin-left:200%;}
```

扫一扫

视频讲解

【例9-6-1】 设置边界属性。其代码如下,页面效果如图9-10所示。

```
 1  <!-- edu_9_6_1.html -->
 2  <!doctype html>
 3  <html lang="en">
 4    <head>
 5      <meta charset="UTF-8">
 6      <title>设置边界属性</title>
 7      <style type="text/css">
 8        #p1{background:#99FFCC;margin-top:20px;margin-left:20px;}
 9        #p2{background:#99FFFF;margin:20px 30px 20px;}
10      </style>
11    </head>
12    <body>
13      <h4>设置边界属性</h4>
14      <p id="p1">使用CSS+DIV进行页面布局是一种全新的体验,完全有别于传统的表格排版习惯。</p>
15      <p id="p2">使用CSS+DIV进行页面布局是一种全新的体验,完全有别于传统的表格排版习惯。</p>
16    </body>
17  </html>
```

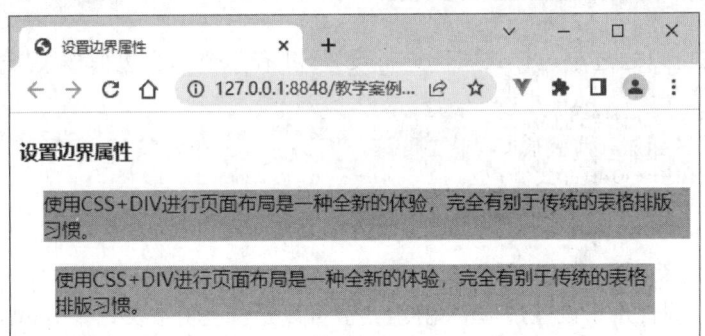

图9-10 设置边界属性

代码中定义了两个id样式,第8行定义段落1的背景颜色为#99FFCC、上边界为20px、左边界为20px;第9行定义段落2的背景颜色为#99FFFF,上边界为20px,左、右边界为30px,下边界为20px。

9.6.3 边框属性设置

边框属性是border,用于设置边框的宽度、样式以及颜色。

1. 边框样式 border-style 属性

border-style 属性用于设置不同风格的边框样式。

1）基本语法

```
border-style:none|hidden|dotted|dashed|solid|double|groove|ridge|inset|outset
```

2）语法说明

语法中的属性值如表 9-11 所示。

表 9-11 border-style 属性的取值及说明

取值	说明
none	定义无边框
hidden	与 none 相同，应用于表时例外，用于解决边框冲突
dotted	定义点状边框
dashed	定义虚线
solid	定义实线
double	定义双线。双线的宽度等于 border-width 的值
groove	定义 3D 凹槽边框。其效果取决于 border-color 的值
ridge	定义山脊状边框。其效果取决于 border-color 的值
inset	定义使页面沉入感边框。其效果取决于 border-color 的值
outset	定义使页面浮出感边框。其效果取决于 border-color 的值

与 margin 属性类似，border-style 属性可以设置多个值。例如下面的规则为类名为 cont 的段落定义了 4 种边框样式：实线上边框、点线右边框、虚线下边框和点线左边框。

```
p.cont{border-style: solid dotted dashed;}
```

边框样式也可以通过单边样式属性进行设置，共有 4 个单边边框样式属性。

```
border-top-style: 样式值;
border-right-style: 样式值;
border-bottom-style: 样式值;
border-left-style: 样式值;
```

2. 边框宽度 border-width 属性

border-width 属性用于设置边框的宽度，其值可以是长度值或关键字 thin、medium、thick。

1）基本语法

```
border-width: medium(默认值)|thin|thick|length
```

2）语法说明

medium：默认宽度。thin：小于默认宽度。thick：大于默认宽度。length：请参考 9.1 节的介绍进行设置。

border-width 属性可以设置多个值，下面示例代码的效果是设置上边框和下边框为细边框、右边框和左边框为 10px。

```
border-width: thin 10px;
```

边框宽度也可以通过单边宽度属性进行设置，共有 4 个单边边框宽度属性。

```
border-top-width: 样式值;
border-right-width: 样式值;
border-bottom-width: 样式值;
border-left-width: 样式值;
```

3．边框颜色 border-color 属性

border-color 属性用于设置边框的颜色，与 color 属性类似。

border-color 属性可以设置多个值。

1）基本语法

```
border-color:color
```

2）语法说明

color 的值可以参考 9.4 节给出的方法设置。边框颜色也可以通过单边颜色属性进行设置，共有 4 个单边边框颜色属性。

```
border-top-color: 样式值;
border-right-color: 样式值;
border-bottom-color: 样式值;
border-left-color: 样式值;
```

如果对上、下、左、右 4 条边框设置同样的样式、宽度、颜色，可以直接使用 border 属性。例如下面的示例代码为类名为 d2 的 div 设置了厚边框、实线、红色。

```
div.d2{border: thick solid red;}
```

4．边框 border 属性

border 是一个复合属性，可以一次性设置边框的粗细、样式和颜色。

1）基本语法

```
border: border-width border-style border-color
```

2）语法说明

该属性是复合属性，请参阅各参数对应的属性。

【例 9-6-2】 设置边框属性。其代码如下，页面效果如图 9-11 所示。

```
1  <!-- edu_9_6_2.html -->
2  <!doctype html>
3  <html lang="en">
4    <head>
5      <meta charset="UTF-8">
6      <title>设置边框</title>
7      <style type="text/css">
8        #p1{background:#99FFCC;border:15px groove #33FF66;}
9        #p2{border-style:dashed solid;}
10       #p3{border-style:solid;border-width:8px 10px;}
11       h4{text-align:center;padding:10px;background:#99CC99;}
12     </style>
13   </head>
```

扫一扫

视频讲解

```
14    <body>
15      <h4>设置边框</h4>
16      <p id="p1">使用CSS+DIV进行页面布局是一种全新的体验,完全有别于传统的表格排
        版习惯。</p>
17      <p id="p2">使用CSS+DIV进行页面布局是一种全新的体验,完全有别于传统的表格排
        版习惯。</p>
18      <p id="p3">使用CSS+DIV进行页面布局是一种全新的体验,完全有别于传统的表格排
        版习惯。</p>
19    </body>
20  </html>
```

代码中定义段落的3个id样式,第8行定义段落1的背景颜色为♯99FFCC,采用border复合属性设置边框的粗细为15px、线型为groove、颜色为♯33FF66;第9行定义段落2边框样式为上下边框为dashed、左右边框为solid;第10行定义段落3边框样式为实线型,上下边框为8px、左右边框为10px。

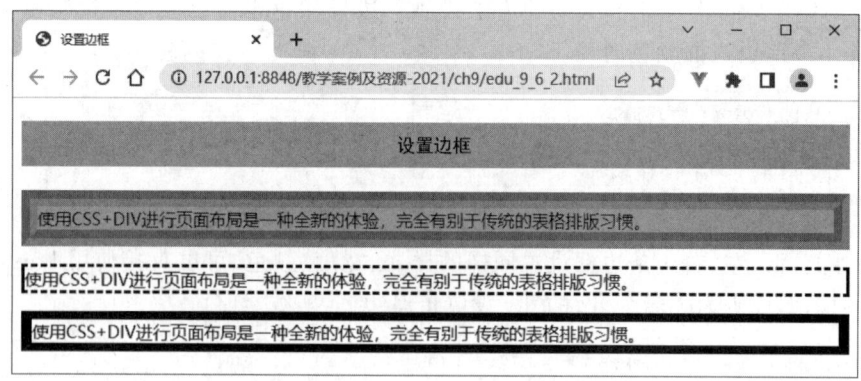

图9-11 设置边框属性

9.6.4 填充属性设置

填充属性是padding,也称为内边界,表示元素内容与边框之间的距离,属性值为长度值、百分数,属性设置的效果是包含在元素边框中并围绕着元素内容的"元素背景",也称内空白。

1. 基本语法

padding:长度|百分比

2. 语法说明

padding属性可以为1~4个值。其设置方法与边框属性类似。

填充效果也可以通过单边填充属性进行设置,共有4个单边填充属性。

- padding-top:长度|百分比。
- padding-right:长度|百分比。
- padding-bottom:长度|百分比。
- padding-left:长度|百分比。

padding属性值的设置如下:

第9章　CSS样式属性

```
h1{padding-top:10px;           /*分别表示上内边界*/
   padding-right:0.5em;        /*分别表示右内边界*/
   padding-bottom:5px;         /*分别表示下内边界*/
   padding-left:20%;           /*分别表示左内边界*/   }
p{padding:10px 20px 30px 40px} /*分别表示上、右、下、左内边界*/
```

扫一扫

视频讲解

【例9-6-3】 设置填充属性。其代码如下,页面效果如图9-12所示。

```
1  <!-- edu_9_6_3.html -->
2  <!doctype html>
3  <html lang="en">
4    <head>
5      <meta charset="UTF-8">
6      <title>设置填充属性</title>
7      <style type="text/css">
8        #p1{background:#99FFCC;padding:15px 20px 15px;}
9        #p2{background:#99FF99;border-style:dashed;padding-top:20px;
            padding-bottom:20px;}
10       #p3{background:#99CCCC;border-style:solid;padding-left:50px;
            padding-right:20px;}
11       h4{text-align:center;padding:10px;background:#99CC99;}
12     </style>
13   </head>
14   <body>
15     <h4>设置填充属性</h4>
16     <p id="p1">使用CSS+DIV进行页面布局是一种全新的体验,完全有别于传统的表格排
           版习惯。</p>
17     <p id="p2">使用CSS+DIV进行页面布局是一种全新的体验,完全有别于传统的表格排
           版习惯。</p>
18     <p id="p3">使用CSS+DIV进行页面布局是一种全新的体验,完全有别于传统的表格排
           版习惯。</p>
19   </body>
20 </html>
```

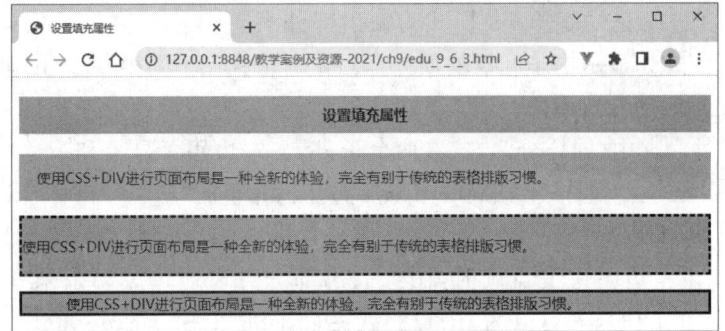

图9-12　设置填充属性

代码中定义了3个id样式,第8行定义段落1的背景颜色为#99FFCC,采用padding属性设置内边界分别为上15px、左右20px、下15px;第9行定义段落2的背景颜色为#99FF99,并设置上内边界20px、下内边界20px;第10行定义段落3的背景颜色为

#99CCCC,并设置左内边界50px,右内边界20px。

9.7 思政案例9——中华礼仪用语

思政素材

视频讲解

本例以"中华礼仪用语"为主题,设计如图9-13所示的页面。本例采用DIV+CSS完成布局设计,编写相关CSS文件完成页面美化工作。

图9-13 中华礼仪用语页面

设计要求:

(1) 整个页面由一个根div包含3个子div,根图层边框带有阴影效果。从布局上看页面分为上、中、下3个div,第1个div显示标题,其余每个div再分为左、右两个子div。

(2) 在第2个div容器中,左边显示图像,只显示一部分,其余溢出部分隐藏。当鼠标指针在图像上盘旋时,改变左边子div样式为溢出部分滚动(overflow:scroll),可以浏览整个图像。右边子div初始显示中华礼仪的简介。当鼠标指针在中间第2个div上盘旋时,在其右边子div上交替滚动礼仪用语。

(3) 在第3个div中,同样分为左、右两个子div。左边用于显示和下载"敬词""谦称",并且鼠标指针在"敬词""谦称"上盘旋时可以层叠显示完整的"敬词""谦称"PDF文档。右边子div用于显示中华礼仪导语。

当鼠标指针在左边图像上盘旋时,图像溢出部分可以通过滚动条来查出(样式第33行);当鼠标指针在上面外div(id为first)上盘旋时,同时在右边的div中显示礼仪用语(样式第31行)。当鼠标指针移开左边div(id为left)进入右边div时,"礼仪用语"停止滚动,离开滚动区时恢复滚动。其效果如图9-14所示。

该案例中的难点:当鼠标指针在下面id为second、lyleft的div中的"敬词""谦称"上盘旋时,分别以绝对定位方式显示相关完整的PDF文档(如代码片段中的第114~116行和第123~125行),如图9-15所示。当单击下载图标时可以下载PDF文档,如图9-16所示。

图 9-14　在 id 为 first 和 left 的 div 上盘旋时的页面效果

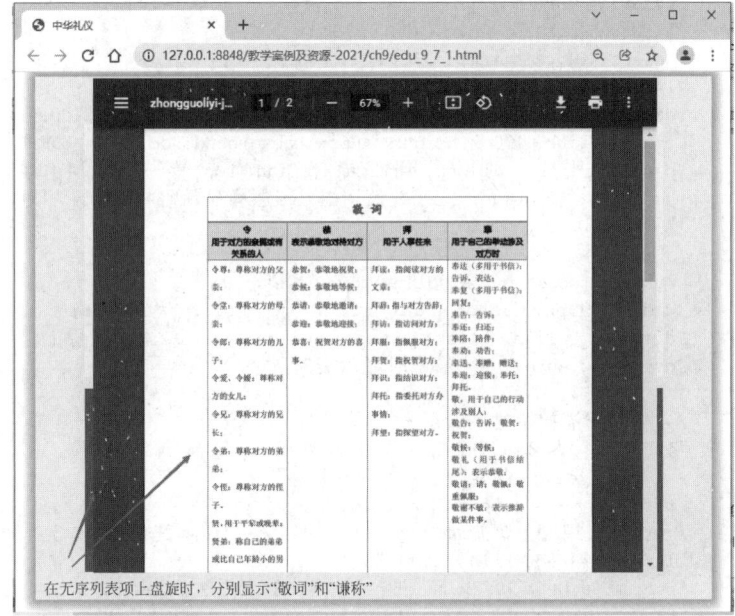

图 9-15　在"敬词""谦称"上盘旋时的页面

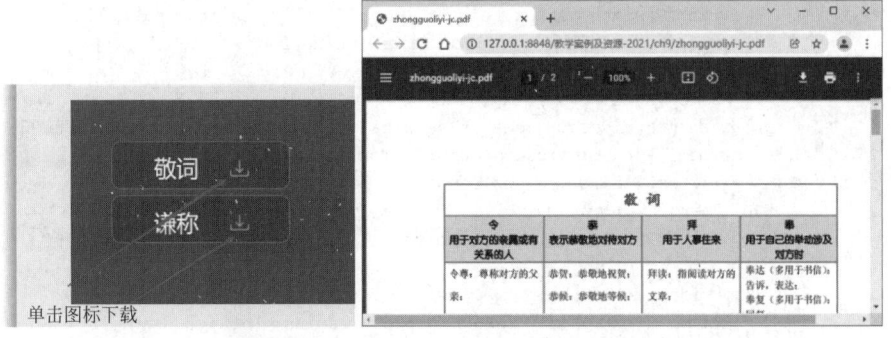

图 9-16　单击下载图标时的下载文档页面

页面设计所需要的资源如下。
(1) 列表项名称：敬词(zhongguoliyi-jc.pdf)、谦称(zhongguoliyi-qc.pdf)。
(2) 图标：下载(downloadBg.png)。

(3) 图像：礼仪图像（zhly-9-7.jpg）。

HTML 文件如下：

```
 1  <!-- edu_9_7_1.html -->
 2  <!doctype html>
 3  <html>
 4    <head>
 5      <meta charset="UTF-8">
 6      <title>中华礼仪</title>
 7      <style type="text/css">
 8        #container {margin: 0 auto;width: 1200px;height: 900px;
 9          background-color: #F1F2F3;
10          box-shadow: 0 0 15px 10px #F0ABF2;     /*设置边框阴影*/
11        }
12        #ly {padding-top: 20px;height: 60px;width: 1200px;text-align: center;
13          color: #00ABE9;font-size: 36px;font-family: 黑体;}
14        #first {margin: 0 auto;width: 996px;
15          height: 406px;border: 15px solid #F5F8FC;}
16        #left {width: 490px;height: 406px;
17          display: inline-block;margin-right: 10px;overflow: hidden;}
18        #right {width: 490px;height: 406px;background-color: #E3F9FE;
19          display: inline-block;vertical-align: top;    /*让图层上浮*/
20          position: relative;   /*礼仪用语 div 层叠显示需将父 div 相对定位*/
21        }
22        /*礼仪用语 div 样式*/
23        #lyhover {position: absolute;top: 0;left: 0;
24          width: 490px;height: 406px;background-color: #E3F9FE;
25          display: inline-block;vertical-align: top;    /*让图层上浮*/
26          overflow: auto;   /*溢出时显示滚动条*/
27        }
28        /*礼仪用语初始时不显示*/
29        #lyhover {display: none;}
30        /*在左边 div 上盘旋时显示礼仪用语*/
31        #first:hover #lyhover {display: block;}
32        /*在礼仪用语上盘旋时,让礼仪用语可以滚动显示其余内容*/
33        #left:hover {overflow: scroll;}
34        #second {width: 996px;height: 285px;margin: 20px auto;
35          background: #0072D4;border: 15px solid #0072D4;}
36        #lyleft {display: inline-block;vertical-align: top;
37          width: 475px;height: 260px;}
38        #lyright {width: 511px;height: 260px;display: inline-block;}
39        #lyright p {margin: 15px auto;color: white;font-size: 28px;}
40        #lysm {padding: 20px 25px;}
41        p {font-size: 20px;text-indent: 2em;}
42        #aside {text-align: center;vertical-align: middle;color: #FE0000;
43          margin: 10px auto;background-color: #F5F5F5;height: 20px;}
44        #lyf {text-align: right;padding: 20px auto;}
45        ul {margin: 50px auto;list-style-type: none;height: 45px;
46          width: 475px;position: relative;   /*根容器上相对定位,方便定位*/
47        }
48        li {width: 240px;height: 40px;margin: 10px 10px;
49          border: 1px solid #2AA6DD;border-radius: 15px;padding: 15px 20px;
50          background-color: #0062B9;  /*不在此处设置定位方式,放在 ul 中更方便*/
51        }
52        /*敬词、谦称初始均不显示*/
53        .reveal-modal {display: none;}
54        .reveal-modal {
55          /*列表包含的 div 设置为绝对定位,ul 设置为相对定位*/
```

```
56              position: absolute;z-index: 99;
57              top: -598px;left: 0px;}
58          /*在敬词和谦称所在的列表上盘旋时,显示敬词和谦称 PDF 文档*/
59          li div:hover .reveal-modal {display: block;}
60          #jc,#qc {font-size: 36px;color: white;
61              margin: 5px;padding: 4px 40px;}
62      </style>
63  </head>
64  <body>
65      <div id="container">
66          <div id="ly">中华礼仪用语</div>
67          <div id="first">
68              <div id="left">
69                  <img src="zhly-9-7.jpg" width="">
70              </div>
71              <div id="right">
72                  <div id="lyhover">
73                      <marquee behavior="alternate" direction="up" onmouseover=
                        "stop()" onmouseout="start()"
74                          width="490px" height="406px">
75                          <p>头次见面用久仰,很久不见说久违。</p>
76                          <p>认人不清用眼拙,向人表歉用失敬。</p>
77                          <p>请人批评说指教,求人原谅用包涵。</p>
78                          <p>麻烦别人说打扰,不知适宜用冒昧。</p>
79                          <p>请人帮忙说劳驾,请给方便说借光。</p>
80                          <p>求人解答用请问,请人指点用赐教。</p>
81                          <p>赞人见解用高见,自身意见用拙见。</p>
82                          <p>看望别人用拜访,宾客来到用光临。</p>
83                          <p>陪伴朋友用奉陪,中途先走用失陪。</p>
84                          <p>等待客人用恭候,迎接表歉用失迎。</p>
85                          <p>别人离开用再见,请人不送用留步。</p>
86                          <p>欢迎顾客称光顾,答人问候用托福。</p>
87                          <p>问人年龄用贵庚,老人年龄用高寿。</p>
88                          <p>读人文章用拜读,请人改文用斧正。</p>
89                          <p>对方字画为墨宝,招待不周说怠慢。</p>
90                          <p>请人收礼用笑纳,辞谢馈赠用心领。</p>
91                          <p>问人姓氏用贵姓,回答询问用免贵。</p>
92                          <p>表演技能用献丑,别人赞扬说过奖。</p>
93                          <p>向人祝贺道恭喜,答人道贺用同喜。</p>
94                          <p>请人担职用屈就,暂时充任说承乏。</p>
95                      </marquee>
96                  </div>
97                  <div id="lysm">
98                      <p>中国具有五千年文明史,素有"礼仪之邦"之称,中国人也以其彬彬有礼的
                        风貌而著称于世。</p>
99                      <p>礼仪文明作为中国传统文化的一个重要组成部分,对中国社会历史发展起
                        了广泛深远的影响,其内容十分丰富,至今读来,依然唇角含香,受益无穷。
                        </p>
100                     <p id="lyf">——中华礼仪之邦</p>
101                 </div>
102                 <div id="aside">
103                     <span>---- 将鼠标指针移至礼仪图像上,查看更多信息 ----</span>
104                 </div>
105             </div>
106             <!-- 在左边 div 中的 img 上盘旋时滚动显示歌词 -->
107         </div>
108         <div id="second">
109             <div id="lyleft">
110                 <ul>
```

```
111            <li>
112                <div style = "display: inline;">
113                    <span id = "jc">敬词</span><!-- 显示敬词 -->
114                    <div id = "myModa01" class = "reveal-modal">
115                        <embed src = "zhongguoliyi-jc.pdf" width = "1000px"
                           height = "850px">
116                    </div>
117                </div>
118                <a href = "zhongguoliyi-jc.pdf" target = "_blank">
                    <img src = "downloadBg.png"></a>
119            </li>
120            <li>
121                <div style = "display: inline;">
122                    <span id = "qc">谦称</span><!-- 显示谦称 -->
123                    <div id = "myModal02" class = "reveal-modal">
124                        <embed src = "zhongguoliyi-qc.pdf" width = "1000px"
                           height = "850px">
125                    </div>
126                </div>
127                <a href = "zhongguoliyi-qc.pdf" target = "_blank" class =
                    "download_btn"><img src = "downloadBg.png"></a>
128            </li>
129        </ul>
130
131    </div>
132    <div id = "lyright">
133        <p>中国人讲礼仪,如果每个人都拥有好的礼仪礼节常识,社会将更和谐,纷争也会
           越来越少。在这个文明社会中,有礼仪的人更受欢迎,如果你也想成为一个有礼仪
           的人,那你就要精通中华礼仪常识。</p>
134    </div>
135    </div>
136    </div>
137 </body>
138 </html>
```

本章小结

　　本章主要介绍了 CSS 的各种样式属性,包括文字样式、文本样式、颜色、背景、列表等。这些属性有的具有子属性,从不同方面描述外观样式,因而比较灵活,既可以使用单个子属性定义某一方面的样式,又可以使用复合属性定义整体的样式,用户在使用时应注意属性与属性之间的顺序及制约关系。

　　同时本章重点介绍了 CSS 盒模型,它既是 CSS 的精华,也是学习的难点。如果把页面元素以"盒子"的方式呈现,那么便有了元素边界、元素边框、填充、元素内容这些重要概念。盒子具有 4 条边,所以这些属性各有 4 个单边子属性,在使用时可以直接对某一条边应用单边子属性设置其样式,也可以按照一定的顺序依次设置各边的样式,设置方式比较灵活。

练习 9

1. 选择题

（1）下列不属于 CSS 盒模型的属性是（　　　）。

A．margin　　　　B．padding　　　C．border　　　　D．font

(2) 边框的复合属性中不包括(　　)。

A．粗细　　　　　B．长短　　　　C．颜色　　　　　D．样式

(3) 下列可以去掉文本超链接的下画线的是(　　)。

A．a{text-decoration:no underline;}　　B．a{underline:none;}

C．a{underline:false;}　　　　　　　　D．a{text-decoration:none;}

(4) 下列不属于CSS文本对齐属性的取值的是(　　)。

A．auto　　　　　B．left　　　　C．center　　　　D．right

(5) CSS规则p{margin:20px 10px;}的效果是(　　)。

A．仅设置了上边距为20px,以及右边距为10px

B．仅设置了上边距为20px,以及下边距为10px

C．设置了上、下边距为20px,以及左、右边距为10px

D．设置了上、右边距为20px,以及下、左边距为10px

2．填空题

(1) 段落缩进的属性是_____；文本居中对齐的声明为_____。

(2) 实现背景图像在水平方向平铺的声明为_____；设置背景图像位置的属性是_____。

(3) 设置文字颜色为红色的声明（写出其值可能的所有形式）是color:_____。

(4) 声明"border:2px double red;"的含义是_____。

3．简答题

(1) 简述CSS盒模型概念。通过哪些属性可以描述一个具体的CSS盒模型？

(2) 简述CSS列表样式属性及其取值情况。

实验9

1．编写效果如图9-17所示的网页。网页由左、右两个图层构成,左边div设置背景图像,图像居中显示；右边div设置背景图像填充效果,添加有效果文字内容。

设计要求：

(1) HTML中的div结构。

```
 1 <div id="wrap">
 2     <div id="pic"></div>
 3     <div id="text">
 4         <div id="title">木兰花令.拟古决绝词</div>
 5         <div id="author">纳兰性德</div>
 6         <div id="content">
 7             <p>人生若只如初见,</p>
 8             ...
 9         </div>
10     </div>
11 </div>
```

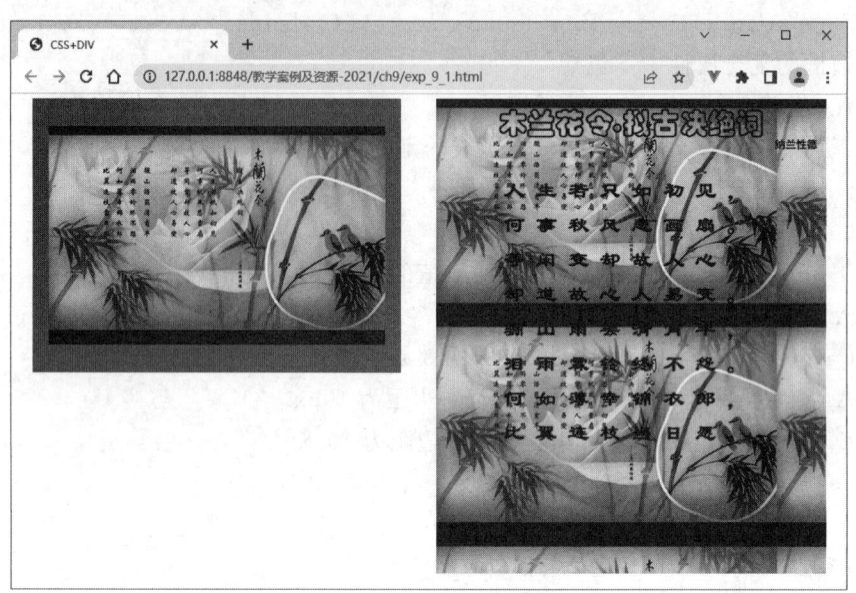

图 9-17 木兰花令效果图

(2) 内容为"人生若只如初见,何事秋风悲画扇。等闲变却故人心,却道故心人易变。骊山雨罢清宵半,泪雨霖铃终不怨。何如薄幸锦衣郎,比翼连枝当日愿。"

(3) 样式说明。

♯wrap:宽度 900px、边界 0 auto、边框红色 2px 实线、上边界 5px。div:文本居中对齐。♯pic:宽度 420px、高度 300px、背景图像为 ex8.jpg、不重复、位置居中、图像向左浮动、背景颜色为♯77A。♯text:背景图像为 ex8.jpg、向右浮动、宽度 420px、高度 500px、背景颜色为♯77A、填充为 10px、字体粗细为 bold。♯title:字体为"华文彩云"、大小为 32px。♯author:字号大小为 12px、字体为黑体、文字右对齐、下边界为 24px。p:字体为隶书、字号大小为 24px、边界为 2px、字符间距为 0.5em、行高为 1.5em、文字居中对齐。

2. 设计如图 9-18 所示的图文并茂的页面。

图 9-18 "中华民族传统美德-爱国"页面

设计要求：

（1）整个页面由一个 div 包裹一个 h1 和两个子 div，整个页面样式效果为居中对齐、宽度 1320px、高度 640px、背景颜色＃FEFEDD。

（2）h1 标记样式为背景颜色＃FEF2F3、文字颜色红色、文字居中对齐、高度 2em、顶部填充 15px。

（3）第 1 个子 div 中插入图像 ex-9-2.jpeg，图像宽度 600px、高度 460px、边界 10px。子 div 设为向左浮动、宽度为 640px、高度为 460px、填充 10px。第 2 个子 div 的样式与第 1 个相同。

（4）每个段落的首字母为特粗、颜色为红色。p 标记样式为字体大小 22px、行高 1.5 倍、首行缩进两个字符。

（5）每个段落的首行样式为斜体、颜色为蓝色。

第 10 章

CHAPTER 10

DIV+CSS页面布局

> **本章学习目标**
>
> 本章重点介绍使用 DIV+CSS 规划各种页面布局的方法、步骤以及 CSS 文件的定义等,学会在不同的浏览器上进行页面效果的调试。
>
> Web 前端开发工程师应知应会以下内容:
> - 熟练地使用 div 标记的各类 CSS 属性。
> - 掌握 CSS 定义与引用方法,学会使用外部样式表定义页面样式。
> - 熟悉各种常见的页面布局类型,能够写出相应的 DIV 结构及 CSS 规则。
> - 学会使用 DIV+CSS 进行页面布局,能够编写 HTML 代码和 CSS 文件。

10.1 页面布局设计

现在所有主流的、大型的 IT 企业的网站布局几乎都采用 DIV、CSS 技术,有些甚至采用 DIV、CSS、表格混合进行页面布局。此类页面布局能够实现页面内容与表现的分离,提高网站的访问速度、节省宽带、改善用户的体验。DIV+CSS 组合技术完全有别于传统的表格排版习惯。通过 DIV+CSS 实现页面元素的精确控制,网站、代码的维护与更新变得十分容易,甚至页面的布局结构都可以通过修改 CSS 属性来重新定位。

DIV+CSS 布局的步骤大致为:首先整体上对页面进行分块,接着按照分块设计使用 div 标记,并理清 div 标记的嵌套和层叠关系,然后对各 div 标记进行 CSS 定位,最后在各个分块中添加相应的内容。

下面重点介绍常用的页面布局。

10.1.1 "三行模式"和"三列模式"

"三行模式"和"三列模式"的特点是把整个页面水平、垂直分成 3 个区域,其中"三行模式"将页面分成头部、主体及页脚三部分;"三列模式"将页面分成左、中、右三部分,如图 10-1 所示。

根据页面布局情况写出页面的 div 结构,两个模式的 DIV 结构相似,具体代码如下:

```
< div id = "header" class = ""></div >
< div id = "main" class = ""></div >
< div id = "footer" class = ""></div >
```

然后编写相应的 CSS 文件,分别如下:

- 三行模式。

```
/* layout1.css */
#header{width:100%;height:120px;background:
#223344;}
#main{width:100%;height:500px;background:
#553344;}
#footer{width:100%;height:40px;background:
#993344;}
```

(a) 三行模式　　　(b) 三列模式

图 10-1　常用页面布局模式之一

- 三列模式。

```
/* layout2.css */
#left{width:30%;height:700px;background:#223344;float:left;}
#center{width:50%;height:700px;background:#553344;float:left;}
#right{width:20%;height:700px;background:#993344;float:left;}
```

10.1.2 "三行二列模式"和"三行三列模式"

"三行二列模式"和"三行三列模式"的特点是先将整个页面水平分成 3 个区域,再将中间区域分成两列或三列,如图 10-2 所示。

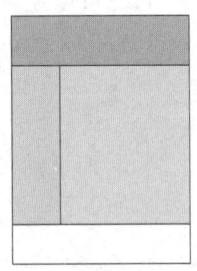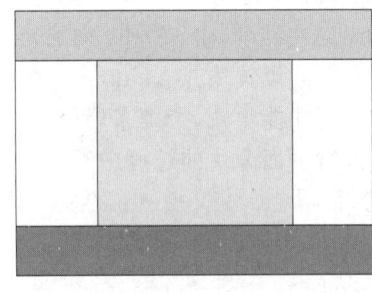

(a) 三行二列模式　　　(b) 三行三列模式

图 10-2　常用页面布局模式之二

对图 10-2 所示的页面写出 DIV 结构,两种模式的 DIV 结构分别如下:

- 三行二列模式的 DIV 结构。

```
1 < div id = "header" class = ""> header </div >
2 < div id = "main" class = "">
3     < div id = "left" class = ""> left </div >
4     < div id = "right" class = ""> right </div >
5 </div >
6 < div id = "footer" class = ""> footer </div >
```

- 三行三列模式的 DIV 结构。

```
1 <div id="header" class=""> header </div>
2 <div id="main" class="">
3     <div id="left" class=""> left </div>
4     <div id="center" class=""> center </div>
5     <div id="right" class=""> right </div>
6 </div>
7 <div id="footer" class=""> footer </div>
```

然后编写两种模式的相应 CSS 文件。

- 三行二列模式的 CSS 定义。

```
/* layout3.css */
#header{width:100%;height:120px;background:#99FF00;}
#main{width:100%;height:400px;background:#99FF99;}
#left{width:30%;height:100%;float:left;background:#999999;}
#right{width:70%;height:100%;float:left;background:#553344;}
#footer{clear:both;width:100%;height:80px;background:#66FF66;}
```

- 三行三列模式的 CSS 定义。

```
/* layout4.css */
#header{width:100%;height:120px;background:#99FF00;}
#main{width:100%;height:400px;background:#99FF99;}
#left{width:30%;height:100%;float:left;background:#999999;}
#center{width:40%;height:100%;float:left;background:#FF3344;}
#right{width:30%;height:100%;float:left;background:#553344;}
#footer{clear:both;width:100%;height:80px;background:#99FF66;}
```

在"三行三列模式"中，三列 div 可以同时向左、向右浮动，也可以左、中 div 向左浮动，右 div 向右浮动，或左 div 向左浮动，中、右 div 向右浮动。另外还可以左 div 向左浮动，右 div 向右浮动，中间 div 不浮动，设置填充 padding 属性来实现布局，只是中间 div（不浮动的 div）必须放在浮动 div 的后面才能生效，否则布局会混乱。

在实际使用 div 进行页面分块的过程中需要注意一个问题，即浮动 div 的后续 div 中一定要先清除图层浮动，否则会影响其后 div 的显示效果。方法如下：

```
#div_n{clear:both|left|right;}
```

- 三列中的中间 div 不浮动时的 DIV 结构。

```
1 <div id="header" class=""> header </div>
2 <div id="main" class="">
3     <div id="left" class=""> left </div>          <!-- 浮动的 div -->
4     <div id="right" class=""> right </div>        <!-- 浮动的 div -->
5     <div id="center" class=""> center </div>      <!-- 不浮动的 div -->
6 </div>
7 <div id="footer" class=""> footer </div>
```

- 三列中的中间 div 不浮动时的 CSS 文件定义。

```
/* layout4_1.css */
#header{width:100%;height:120px;background:#99FF00;}
#main{width:100%;height:400px;background:#99FF99;}
#left{width:30%;height:100%;float:left;background:#999999;}
```

```
#center{padding:0px 30%;height:100%;background:#FF3344;} /*不浮动的div*/
#right{width:30%;height:100%;float:right;background:#553344;}
#footer{clear:both;width:100%;height:80px;background:#99FF66;}
```

10.1.3 多行多列复杂模式

国内大型商业网站基本上采用多行多列模式布局,如图 10-3 所示。例如中央人民政府、中关村在线、淘宝网、腾讯、网易、新浪、搜狐、人民网等网站采用"多行三列模式";公安部、财政部、阿里巴巴、网上超市1号店、去哪儿网、赶集网等网站采用"多行四列模式"。其他大多数网站的布局根据首页长度的变化略有差异,在此不再一一叙述。

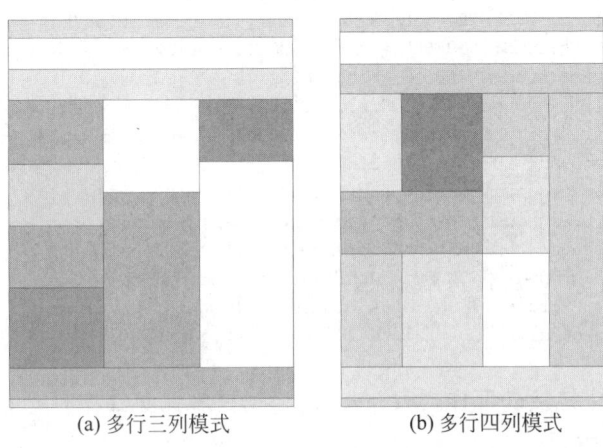

(a) 多行三列模式　　　　　(b) 多行四列模式

图 10-3　多行多列复杂模式

根据图 10-3 进行页面布局设计。此处仅对"多行三列模式"的页面布局进行 DIV 结构划分,对于"多行四列模式",读者可以自行写出 DIV 结构。

- 多行三列模式的 DIV 结构。

```
1   <div id="container" class="">
2       <div id="header" class="">
3           <div id="logo" class="">logo</div>
4           <div id="nav" class="">nav</div>
5       </div>
6       <div id="main" class="">
7           <div id="left" class="">
8               <div id="left_up_1" class="">left_up_1</div>
9               <div id="left_up_2" class="">left_up_2</div>
10              <div id="left_down_1" class="">left_down_1</div>
11              <div id="left_down_2" class="">left_down_2</div>
12          </div>
13          <div id="center" class="">
14              <div id="center_up" class="">center_up</div>
15              <div id="center_down" class="">center_down</div>
16          </div>
17          <div id="right" class="">
18              <div id="right_up" class="">right_up</div>
19              <div id="right_down" class="">right_down</div>
20          </div>
```

```
21      </div>
22      <div id="footer" class=""> footer </div>
23 </div>
```

- 多行三列模式的 CSS 定义。

```
1  /* layout5.css */
2  *{font-size:16px;margin:0 auto;padding:0px;}
3  #container{background:#334455;width:100%;height:700px;}
4  #header{background:#FF4455;width:100%;height:150px;}
5  #logo{background:#FFDD55;width:100%;height:100px;}
6  #nav{background:#FFDD99;width:100%;height:50px;}
7  #main{background:#33DD55;width:100%;height:500px;}
8  #left{background:#33FBFB;width:33%;height:100%;float:left;}
9  #left_up_1{background:#99BBDD;width:100%;height:125px;}
10 #left_up_2{background:#AABBCC;width:100%;height:125px;}
11 #left_down_1{background:#BBCCDD;width:100%;height:125px;}
12 #left_down_2{background:#CCDDEE;width:100%;height:125px;}
13 #center{background:#88FBFB;width:34%;height:100%;float:left;}
14 #center_up{background:#66ff66;width:100%;height:200px;}
15 #center_down{background:#45DD22;width:100%;height:300px;}
16 #right{background:#DDFBFB;width:33%;height:100%;float:left;}
17 #right_up{background:#55DDFB;width:100%;height:150px;}
18 #right_down{background:#667733;width:100%;height:350px;}
19 #footer{background:#DDDD11;width:100%;height:50px;}
```

在 HTML 代码中链接外部样式表 layout5.css，并在浏览器中打开 edu_10_1_5.html 页面，效果如图 10-4 所示。

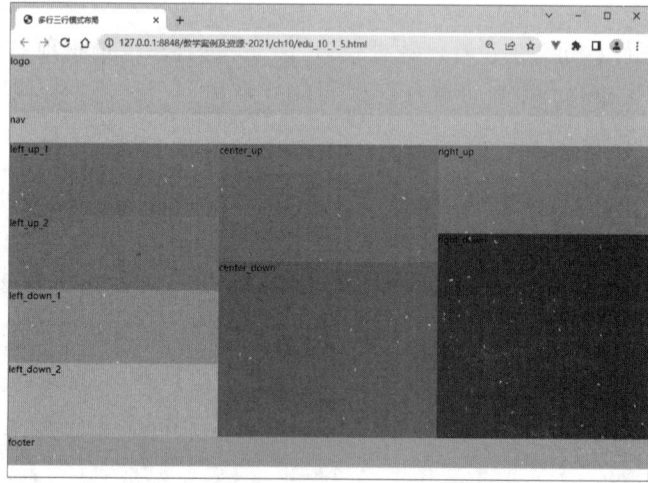

图 10-4 "多行三列模式"布局效果图

10.2 导航菜单设计

导航菜单是网站的重要组成部分。导航菜单的设计关系到网站的可用性和用户体验，有吸引力的导航能够吸引用户去浏览更多的网站内容。设计一个优秀的页面导航菜单会给网站增色不少。作为一名Web前端开发工程师,必须掌握传统的网站导航菜单设计技巧,同时需要学习响应式导航菜单的设计方法。

网站菜单的表现形式丰富多样。从层次上看,导航菜单可以分为一级、二级和多级菜单;从排列方式上看,导航菜单可分为水平导航菜单、垂直导航菜单;从技术实现角度上看,导航菜单通常采用无序列表、表格、超链接和样式表相结合的方法来实现,也可以使用CSS3 Menu、jQuery等第三方插件技术来实现。

10.2.1 对象的显示与隐藏

在CSS的布局中实现特定对象的显示与隐藏的方法有两种,可以设置display和visibility属性,但在使用上略有区别。对象的显示与隐藏经常用在多级菜单或相关内容附加展示的场景。

1．display 显示属性

设置或检索对象是否显示以及如何显示。

1)基本语法

```
display:block|none|inline
```

2)语法说明

- block:用该值在对象之后添加新行。
- none:与visibility属性的hidden值不同,其不为被隐藏的对象保留物理空间。
- inline:从对象中删除,以内联方式显示对象。

举例如下:

```
1  #div1{display:none;}               /*让div1初始装载时不显示*/
2  #nav a:hover #div1{display:block;} /*鼠标指针滑过时div1显示*/
```

2．visibility 可视属性

设置或检索是否显示对象。与display属性不同,此属性为隐藏的对象保留占据的物理空间。如果希望对象可视,其父对象也必须是可视的。

1)基本语法

```
visibility: inherit|visible|collapse|hidden
```

2)语法说明

- inherit:继承上一个父对象的可见性。
- visible:对象可视。
- collapse:主要用来隐藏表格的行或列。隐藏的行或列能够被其他内容使用。对于表格外的其他对象,其作用等同于hidden。
- hidden:对象隐藏。

举例如下:

```
img{visibility: hidden; float: right;}   /*让对象隐藏*/
img{visibility: visible; float: right;}  /*让对象恢复可视*/
```

10.2.2 一级水平导航菜单

1．采用"表格＋超链接"来设计

使用表格布局设计一级导航菜单非常容易而且布局均匀，根据导航栏目数量确定表格的列数。采用1行10列表格，第1、10单元格中插入中空格，留出左右边空白，其余单元格内插入超链接。其代码如下：

```
1  <table align="center">
2    <tr>
3      <td> </td>
4      <td><a href="#">首页</a></td>
5      <td><a href="#">期刊介绍</a></td>
6      <td><a href="#">编委会/董事会</a></td>
7      <td><a href="#">常见问题及解答</a></td>
8      <td><a href="#">常用文档下载</a></td>
9      <td><a href="#">订阅</a></td>
10     <td><a href="#">过刊浏览</a></td>
11     <td><a href="#">优先出版</a></td>
12     <td> </td>
13   </tr>
14 </table>
```

上述代码中第3行、第12行单元格是插入空格，第4～11行单元格是利用超链接定义导航菜单。

对超链接和表格定义的样式如下：

```
table{width:978px;height:40px;text-align:center;background:url("nav_blue.jpg");}
a:link,a:visited,a:hover,a:active{text-decoration:none;color:#FFFFFF;}
a:hover{color:red;border-bottom:5px solid #FF0000;}
```

应用上述CSS样式后导航菜单样式如图10-5所示。

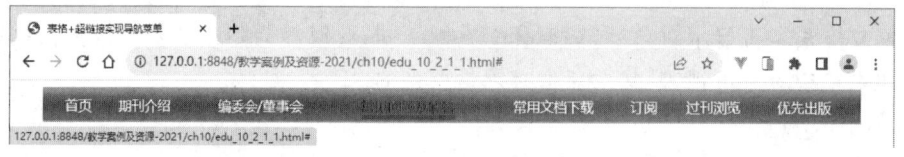

图10-5 采用表格和超链接制作导航菜单

2．采用"无序列表＋超链接"来设计

采用无序列表设计"一级水平导航菜单"需要做两件事：一是要去掉列表项前面的符号；二是将垂直显示的列表项转换成水平显示。

以"计算机应用研究"杂志网站的导航为例，采用无序列表设计期刊网站的导航菜单，其HTML代码如下：

```
1  <div id="nav" class="">
2    <div class="navwrap">
3      <ul>
4        <li><a href="/">首页</a></li>
5        <li><a href="/html/intro.html">期刊介绍</a></li>
```

```
  6              <li><a href = "/html/editorial_board.html">编委会/董事会</a></li>
  7              <li><a href = "/html/faq.html">常见问题及解答</a></li>
  8              <li><a href = "/html/downloads.html">常用文档下载</a></li>
  9              <li><a href = "/html/subscribe.html">订阅</a></li>
 10              <li><a href = "/article/01 - index.html">过刊浏览</a></li>
 11              <li><a href = "/article/02 - index.html">优先出版</a></li>
 12          </ul>
 13      </div>
 14 </div>
```

对无序列表、列表项分别定义以下 CSS 样式后，导航菜单已由默认的垂直排列状态改为水平排列方式，列表项前面没有符号，如图 10-6 所示。

```
 1 /*计算机应用研究杂志网站导航 CSS*/
 2 ♯nav{width: 100%;font - size: 12px;
 3   background: ♯004183 url("nav_blue.jpg") top center repeat - x;}
 4 .navwrap{width: 978px; height: 40px; margin: 0 auto;
 5   background: url("nav_blue.jpg") top center repeat - x; /*设置背景图像*/}
 6 ul{width: 898px;height: 40px;margin: 0;padding: 0 0 0 130px;
 7   list - style: none; /*去除列表项前的符号*/}
 8 li{float: left; /*设置列表项浮动*/}
 9 a{line - height: 40px;font - weight: bold;
10   margin: 0 10px;color: ♯FFF;text - decoration: none;}
11 a:hover{color: ♯FF3D3D;}
```

图 10-6　采用无序列表和超链接制作导航菜单

垂直一级菜单实现起来比较容易，因为列表项默认是以垂直方式显示的，所以不再考虑如何控制列表项，整体控制起来比较容易，采用表格和超链接、无序列表和超链接的方式均可以实现，此处不再赘述。

10.2.3　二级水平导航菜单

很多网站上的导航菜单一般都有多种表现形式，分别是一级导航菜单、二级导航菜单及多种形式并存的导航菜单。例如"Vue.js 中文网"(https://cn.vuejs.org/)、"中国教育和科研计算机网"(http://www.edu.cn/)主页就是采用多种形式并存的菜单的网站案例，如图 10-7 和图 10-8 所示。

1. 下拉导航菜单

借助于 JavaScript 设计网站下拉菜单的案例比较多见，采用纯 CSS 设计网站下拉菜单需要对样式进行详细定义才能实现，不过要考虑到不同浏览器之间的兼容性。下面列举一个仅采用< ul ></ ul >、< li ></ li >、< a ></ a >等标记和 CSS 样式定义来实现简单的二级下拉菜单的过程，页面效果如图 10-9 所示。

图 10-7　Vue.js 首页导航菜单

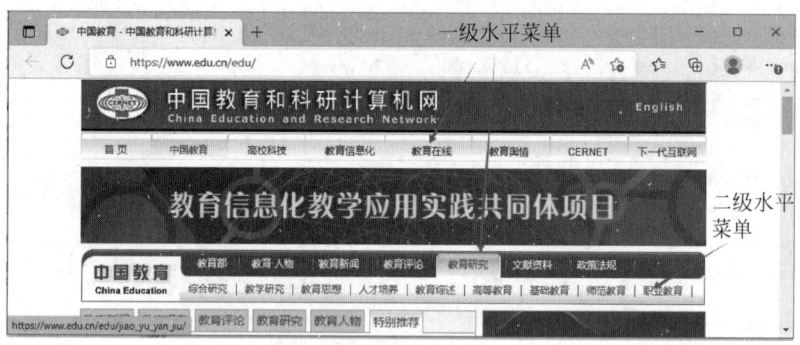

图 10-8　中国教育和科研计算机网首页导航菜单

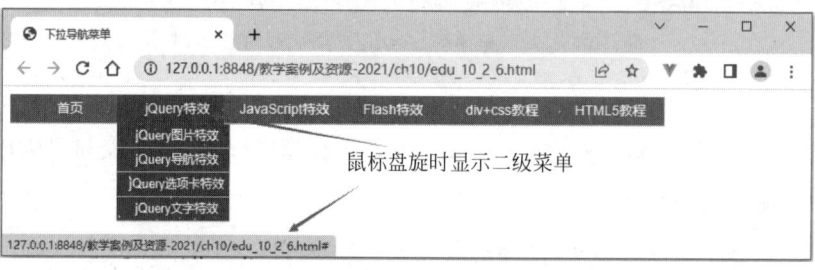

图 10-9　下拉导航菜单

其具体设计步骤如下：

（1）编写下拉菜单的 HTML 代码，链接外部样式表。

```
1  <!-- edu_10_2_6.html -->
2  <!doctype html>
3  <html lang = "en">
4      <head>
5          <meta charset = "UTF-8">
6          <title>下拉导航菜单</title>
7          <link rel = "stylesheet" href = "drapdownmenu.css" type = "text/css">
8      </head>
```

```
 9      <body>
10        <ul>
11          <li><a href="#">首页</a></li>
12          <li><a href="#">jQuery 特效</a>
13            <ul>
14              <li><a href="#">jQuery 图片特效</a></li>
15              <li><a href="#">jQuery 导航特效</a></li>
16              <li><a href="#">jQuery 选项卡特效</a></li>
17              <li><a href="#">jQuery 文字特效</a></li>
18            </ul>
19          </li>
20          <li><a href="#">JavaScript 特效</a></li>
21          <li><a href="#">Flash 特效</a>
22            <ul>
23              <li><a href="#">Flash 图片特效</a></li>
24              <li><a href="#">Flash 导航特效</a></li>
25              <li><a href="#">Flash 选项卡特效</a></li>
26              <li><a href="#">Flash 文字特效</a></li>
27            </ul>
28          </li>
29          <li><a href="#">DIV+CSS 教程</a></li>
30          <li><a href="#">HTML5 教程</a></li>
31        </ul>
32      </body>
33  </html>
```

在不设置任何 CSS 类的情况下，下拉菜单的页面效果如图 10-10 所示。

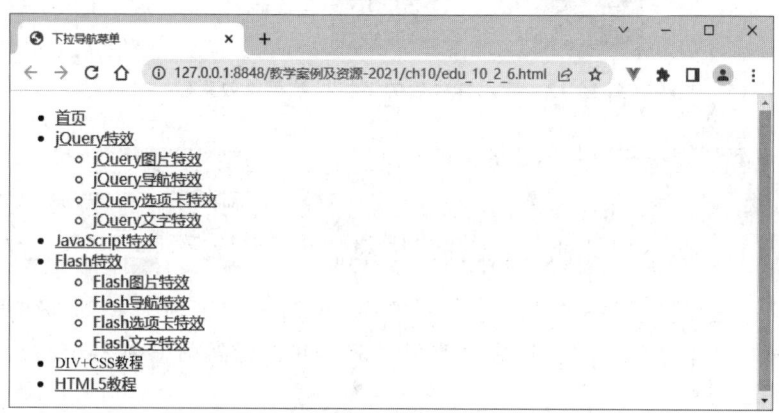

图 10-10　无样式的下拉导航菜单效果图

（2）逐步设置样式，让菜单越来越美。

① 定义 ul 的样式，设置边距和填充均为 0px。

```
ul{margin: 0px; padding: 0px;}   /*考虑到不同浏览器的兼容性*/
```

② 定义列表项样式，由垂直排列改为水平排列。应用样式后的页面效果如图 10-11 所示。

```
ul li { height: 30px; width: 115px; list-style: none; float: left;
display: inline;   font: 0.9em Arial, Helvetica, sans-serif;}
```

这条语句定义了 li 标记为浮动、行内显示以及宽度、高度、字体等样式。

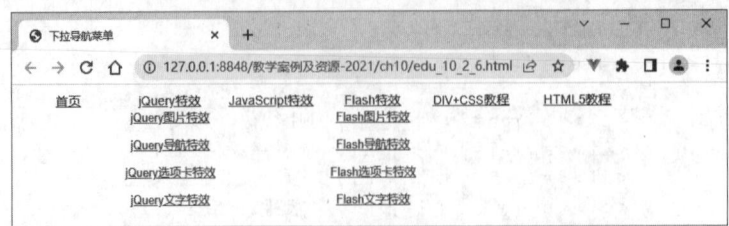

图 10-11　应用样式后的下拉导航菜单效果(1)

③ 定义超链接的样式，应用样式后的页面效果如图 10-12 所示。

```
ul li a{color: #FFF; width: 113px; margin: 0px; padding: 0px 0px 0px 8px;
        text-decoration: none; display: block;   background: #808080;
line-height: 29px; border-right: 1px solid #CCC; border-bottom: 1px solid #CCC;}
```

这条语句的作用是加上背景和菜单间的分隔线，把默认有下画线的蓝色文字变成白色，无下画线。

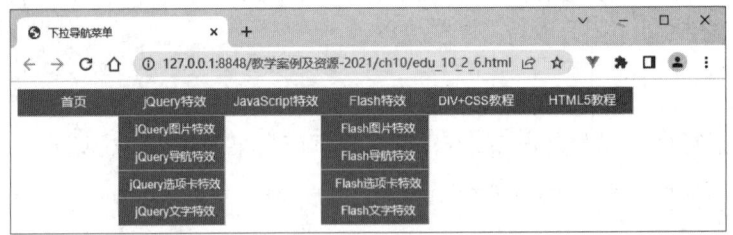

图 10-12　应用样式后的下拉导航菜单效果(2)

④ 定义嵌套列表项和子菜单超链接的样式。

```
ul li ul li{height:25px;}
ul li ul li a{background: #666; line-height:24px;} /* #666 等同于 #666666 */
```

此处第 1 条是设置子菜单的列表项目的高度为 25px，以区别于主菜单列表项；第 2 条规则是将子菜单项中超链接的背景颜色改为 #666，并将行高调整为 24px。应用样式后的页面效果如图 10-13 所示。

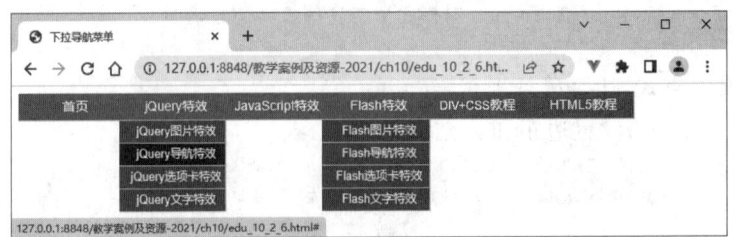

图 10-13　应用样式后的下拉导航菜单效果(3)

⑤ 定义鼠标指针滑过某个菜单项时的样式。

```
ul li a:hover{background: #666; border-bottom:1px dashed #FF0000;}
```

此处定义了鼠标指针滑过时背景颜色和子菜单的背景颜色一样，定义底边框为1px、点画线、红色，页面效果如图10-14所示。

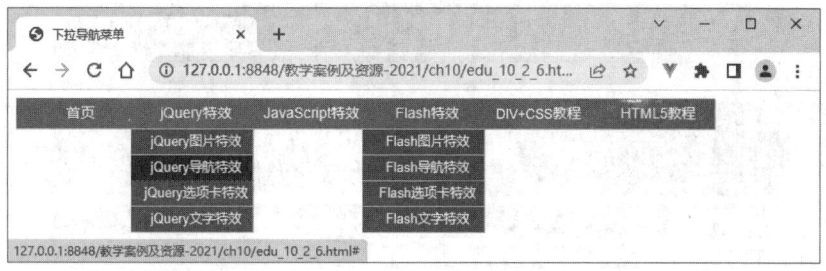

图10-14　应用样式后的下拉导航菜单效果(4)

⑥ 定义子菜单项的初始状态为隐藏，页面效果如图10-15所示。

```
ul li ul{visibility: hidden;}              /*也可以设置 display:none*/
```

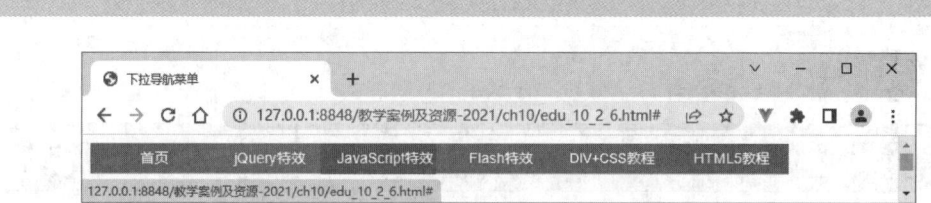

图10-15　应用样式后的下拉导航菜单效果(5)

⑦ 定义鼠标指针滑过时下拉子菜单的显示样式，页面效果如图10-16所示。

```
ul li:hover ul{visibility: visible;}       /*也可以设置 display:block*/
ul li ul li a:hover{background: ♯333;}     /*♯333 等同于♯333333*/
```

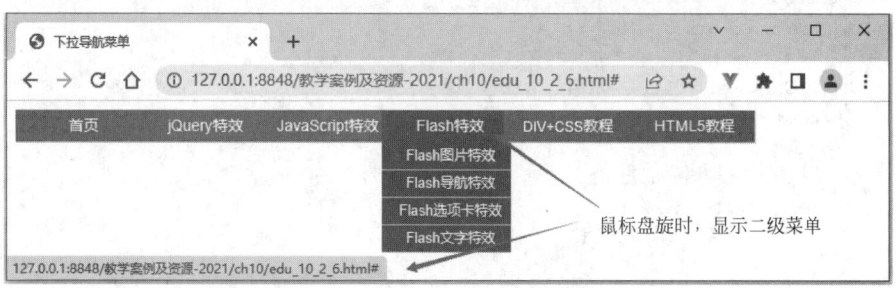

图10-16　应用样式后的下拉导航菜单效果(6)

2．横向二级导航菜单

所谓横向二级导航菜单，就是一层主菜单是水平排列、二层子菜单也是水平排列，各占一行，其中二层子菜单可能会占多行，取决于子菜单的数量。例如"中国教育和科研计算机网中'中国教育'子网"(http://www.edu.cn/edu/)，如图10-17所示。

采用纯CSS打造横向二级导航菜单，需要对HTML中的div、ul、li、a等标记进行样式定义，并应用样式。在设计下拉菜单的基础上很容易实现横向二级导航菜单，如图10-18所示。

其具体设计步骤如下：

(1) 设计HTML代码，与下拉菜单基本相似，代码如下。

图 10-17　中国教育和科研计算机网中"中国教育"子网导航菜单

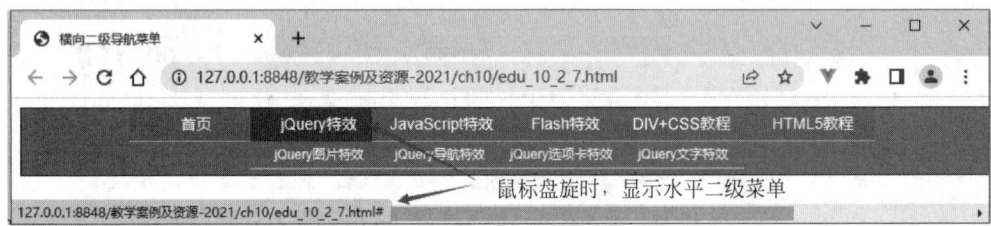

图 10-18　横向二级导航菜单效果图

```
 1  <!-- edu_10_2_7.html -->
 2  <!doctype html>
 3  <html lang="en">
 4      <head>
 5          <meta charset="UTF-8">
 6          <title>横向二级导航菜单</title>
 7          <link rel="stylesheet" href="level2_menu.css" type="text/css">
 8      </head>
 9      <body>
10          <div id="menu" class="">
11              <ul>
12                  <li><a href="#">首页</a></li>
13                  <li><a href="#">jQuery特效</a>
14                      <div id="" class="submenu">
15                          <ul>
16                              <li><a href="#">jQuery图片特效</a></li>
17                              <li><a href="#">jQuery导航特效</a></li>
18                              <li><a href="#">jQuery选项卡特效</a></li>
19                              <li><a href="#">jQuery文字特效</a></li>
20                          </ul>
21                      </div>
22                  </li>
23                  <li><a href="#">JavaScript特效</a></li>
24                  <li><a href="#">Flash特效</a>
25                      <div id="" class="submenu">
```

```
26                <ul>
27                    <li><a href = " # ">Flash 图片特效</a></li>
28                    <li><a href = " # ">Flash 导航特效</a></li>
29                    <li><a href = " # ">Flash 选项卡特效</a></li>
30                    <li><a href = " # ">Flash 文字特效</a></li>
31                </ul>
32            </div>
33        </li>
34        <li><a href = " # ">DIV + CSS 教程</a></li>
35        <li><a href = " # ">HTML5 教程</a></li>
36    </ul>
37 </div>
38 </body>
39 </html>
```

与下拉菜单的不同之处在于二级导航子菜单是放在 div 中，id 为 submenu，需要定义子菜单图层 div 的样式。

（2）定义 HTML 中相关标记的样式。

```
1  /*程序名称: level2_menu.css
2     作用对象: edu_10_2_6.html*/
3  #menu{                    /*定义外层图层样式*/
4    padding - left: 100px;
5    margin: 0 auto;
6    text - align: center;
7    width: 100%;
8    height: 60px;
9    background: #55AAEE;
10   border: 1px solid #333333;
11 }
12 #menu ul{                 /*考虑到不同浏览器的兼容性*/
13   margin: 0px;
14   padding: 0px;
15 }
16 .submenu{                 /*定义存放子菜单的图层样式*/
17   width: 900px;            /*不要为 100%*/
18   height: 28px;
19   text - align: center;
20 }
21 #menu ul li{              /*定义主菜单样式*/
22   height: 30px;
23   width: 115px;
24   list - style: none;      /*去除列表项符号*/
25   float: left;             /*列表项向左浮动*/
26   display: inline;         /*列表项为行内显示*/
27   font: 0.9em Arial, Helvetica, sans - serif;
28   text - align: center;
29 }
30 ul li a{                  /*定义主菜单中超链接的样式*/
31   color: #FFF;
32   width: 114px;
33   margin: 0px;
34   padding: 0px 0px 0px 8px;
35   text - decoration: none;
36   display: block;          /*超链接以块方式显示*/
```

```
37      background: #55A0FF;
38      line-height: 29px;
39      border-bottom: 1px solid #CCC;
40    }
41    ul li .submenu ul li{           /*定义子菜单中列表项的高度,与主菜单不同*/
42      height: 25px;
43    }
44    ul li .submenu ul li a{          /*定义子菜单中超链接的样式*/
45      background: #55AAEE;
46      line-height: 24px;
47    }
48    ul li a:hover{                    /*定义主菜单在鼠标指针滑过时的样式*/
49      background: #666;
50      border-bottom: 1px dashed #FF0000;
51    }
52    ul li .submenu{                   /*定义子菜单的初始状态为不显示*/
53      display: none;                  /*visibility: hidden;*/
54    }
55    .submenu ul li{                   /*定义子菜单中列表项的样式*/
56      height: 24px;
57      width: 113px;
58      list-style: none;
59      float: left;
60      display: inline;
61      font: 0.8em Arial, Helvetica, sans-serif;
62      text-align: center;
63    }
64    ul li:hover .submenu{             /*主菜单在鼠标指针滑过时显示子菜单*/
65      display: block;                 /*visibility: visible;*/
66    }
67    ul li .submenu ul li a:hover{
68      background: #333;              /*子菜单在鼠标指针滑过时指定新的背景颜色*/
69    }
```

参照下拉菜单中 CSS 规则的定义,很容易写出横向二级导航菜单的样式文件。目前商业网站中的导航菜单大多数是采用 DIV+CSS+JavaScript 技术或 DIV+CSS+jQuery 技术来设计,设计效果令人满意。

思政素材

10.3 思政案例 10——中华传统文化典故

以"中华传统文化典故"为主题,参照图 10-19 所示页面效果完成页面设计。其中,轮播图和多层水平菜单伸缩采用 JavaScript 实现。采用 DIV+CSS 完成布局设计,菜单中使用部分 CSS3 特效。

视频讲解

1. 页面 div 布局设计

```
1  <div id="container">
2    <div id="header"></div>
3    <div id="nav"></div>
4    <div id="main">
5      <div id="title"></div>
6      <div id="content">
7        <div id="left"></div>
8        <div id="right"></div>
```

```
9      </div>
10     </div>
11     <div id = "footer"></div>
12 </div>
```

图 10-19　中华传统文化典故页面

2．导航菜单结构设计

页面中的导航采用二层菜单的构架,其中一级菜单、二级菜单均采用水平排列的方式。在每一个超链接的右侧加一个 span 标记,插入"△"符号,主要采用 CSS3 的转换与旋转效果,当鼠标指针在一级菜单项上盘旋时,让"△"旋转 180°、过渡 0.3s,同时显示二级导航菜单。

当鼠标指针在二级导航菜单的超链接上盘旋时,二级导航菜单项旋转 360°、过渡 0.3s,出现红色底边线条。部分代码如下,二级菜单的显示效果如图 10-20 所示。

```
1  <div id = "nav">
2    <ul>
3      <li><a href = "">传统典故</a></li>
4      <li onmouseover = "changeHeight()" onmouseout = "returnHeight()"><a href = "">勤奋好学<span class = "rotate">△</span></a>
5        <div class = "submenu">
6          <ul>
7            <li><a href = "#">悬梁刺股</a></li>
8            <li><a href = "#">凿壁偷光</a></li>
9            <li><a href = "#">萤囊映雪</a></li>
10           <li><a href = "#">闻鸡起舞</a></li>
11           <li><a href = "#">牛角挂书</a></li>
12         </ul>
13       </div>
14     </li>
15     …
16    </ul>
17 </div>
```

上述代码中第 4 行给列表项 li 标记设置 onmouseover、onmouseout 鼠标事件属性,分别调用 changeHeight()、returnHeight()来增加(154px)和恢复(77px)id 为 nav 的 div 的高度。

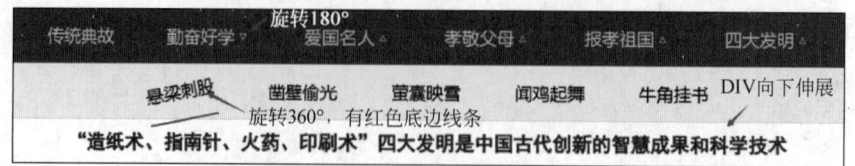

图 10-20　在一级菜单上盘旋时的页面效果

注：在设计菜单的 CSS 规则时，需要将一级菜单容器 div(id 为 nav)的 position 属性设置为"relative"；将二级菜单容器 div(class 为 submenu)的 position 属性设置为"absolute"，同时需要设置 top 和 left 属性，否则效果不正常。

3．页面中带文字的轮播图设计

将需要轮播的元素放在一个容器中，将所有的轮播对象统一定义为一个类（例如 slides），在容器中放入图像和提示文字（通常将提示文字放在 div 中，统一定义一个类，例如 caption）。通过 CSS 定义让提示文字 div 定位在轮播对象容器 div 上。然后定时执行函数（每隔 3s 重复执行一次），将指定的轮播对象的 display 属性设置为 block，将其他轮播对象的 display 属性设置为 none，这样就可以定时轮播显示每个对象。

4．页面完整代码

```
 1    <!-- edu_10_3_1.html -->
 2    <!doctype html>
 3    <html>
 4      <head>
 5        <meta charset = "UTF-8">
 6        <title>中华传统典故</title>
 7        <style type = "text/css">
 8         * {padding: 0;margin: 0;}
 9         #container {margin: 0 auto;width: 1200px;height: 900px;}
10         #header {width: 1200px;height: 318px;}
11         /* 一级导航菜单样式 */
12         #nav {width: 100%;height: 77px;background-color: #BA261A;
13           /* 作为菜单祖父容器,孙菜单相对此定位 */
14           position: relative;
15         }
16         /* 二级导航菜单样式 */
17         .submenu {width: 1200px;height: 77px;background-color: #F5F5F7;
18           /* 二级菜单相对于祖容器定位 */
19           position: absolute;top: 77px;left: 0;}
20         #nav ul {list-style-type: none;text-align: center;}
21         #nav ul li {width: 100px;height: 33px;font-size: 25px;
22           padding: 22px 35px;display: inline;line-height: 77px;}
23         #nav ul li a {display: inline-block;line-height: 77px;}
24         .submenu {display: none;}
25         #nav ul li a:visited, #nav ul li a:link, #nav ul li a:active {
26           color: #FFDCAB;text-decoration: none;}
27         #nav ul li a:hover {text-decoration: none;}
28         #nav ul li a:hover #nav {transform: scale(2);transition: height 2s;}
29         /* 在一级导航菜单上盘旋时,右边△符号旋转 */
30         #nav li:hover .rotate {display: inline-block;
31           /* 必须设置,否则无效 */
32           transform: rotate(180deg);transition: all 0.3s ease;
33         }
34         #nav ul li:hover .submenu {display: block;border-bottom: 1px solid #FFDCAB;
```

```
35      .submenu ul li a:visited,.submenu ul li a:link,.submenuv ul li a:active {
36        color:black;text-decoration:none;}
37      /*在一级菜单上盘旋时二级菜单显示的颜色*/
38      #nav ul li:hover .submenu ul li a {color:black;}
39      /*在二级菜单上盘旋时的旋转特效+红色底边*/
40      .submenu ul li a:hover {transform:rotate(360deg);
41         transition:all 0.3s ease;border-bottom:3px solid red;}
42      a span {font-size:22px;padding:0 5px;}
43      #main {width:100%;height:410px;}
44      #title {width:1200px;height:60px;text-align:center;}
45      #title h2 {color:#8B0000;font-family:黑体;font-size:28px;padding-
        top:16px;}
46      h2 a:visited,h2 a:link,h2 a:active {color:#8B0000;text-decoration:none;}
47      h2 a:hover {text-decoration:underline;color:#8B0000;}
48      #left,#right {width:600px;height:350px;display:inline-block;float:left;}
49      /*轮播图容器样式*/
50      .slides {display:none;position:relative;}
51      .slides a img {width:580px;height:350px;}
52      .slide1 {display:block;}
53      /*轮播图上的文字*/
54      .caption {width:580px;height:40px;text-align:center;position:absolute;
55         top:310px;left:0px;background-color:#292B31;opacity:0.5;}
56      .caption p a {margin-top:8px;font-size:18px;color:#F5F4F4;
57         text-decoration:none;display:inline-block;}
58      .caption p a:hover {text-decoration:underline;color:#F5F4F4;}
59      #right h3 {font-size:24px;margin:15px auto;}
60      #right h3 a {text-decoration:none;}
61      #right ul li {line-height:25px;
62         margin:10px 10px 10px 15px;}
63      #footer {width:100%;height:46px;position:relative;
64         text-align:center;background-color:#F1F2F3;}
65      #footer p {font-size:24px;padding-top:6px;}
66    </style>
67  </head>
68  <body>
69    <div id="container">
70      <div id="header">
71        <img src="image-10-3-1.jpg" width="1200px" height="318px" border="0">
72      </div>
73      <script type="text/javascript">
74        function changeHeight() {
75          $("nav").style.height = '154px';
76        }
77
78        function returnHeight() {
79          $("nav").style.height = '77px';
80        }
81
82        function $(id) {
83          return document.getElementById(id)
84        }
85      </script>
86      <div id="nav">
87        <ul>
88          <li><a href="">传统典故</a></li>
89          <li onmouseover="changeHeight()" onmouseout="returnHeight()"><a href="">
             勤奋好学<span class="rotate">△</span></a>
```

```html
 90        <div class="submenu">
 91          <ul>
 92            <li><a href="#">悬梁刺股</a></li>
 93            <li><a href="#">凿壁偷光</a></li>
 94            <li><a href="#">萤囊映雪</a></li>
 95            <li><a href="#">闻鸡起舞</a></li>
 96            <li><a href="#">牛角挂书</a></li>
 97          </ul>
 98        </div>
 99      </li>
100      <li onmouseover="changeHeight()" onmouseout="returnHeight()"><a href="">爱国名人<span class="rotate">△</span></a>
101        <div class="submenu">
102          <ul>
103            <li><a href="">詹天佑</a></li>
104            <li><a href="">华罗庚</a></li>
105            <li><a href="">郑成功</a></li>
106            <li><a href="">杨靖宇</a></li>
107            <li><a href="">抗日少年王二小</a></li>
108          </ul>
109        </div>
110      </li>
111      <li onmouseover="changeHeight()" onmouseout="returnHeight()"><a href="">孝敬父母<span class="rotate">△</span></a>
112        <div class="submenu">
113          <ul>
114            <li><a href="">涌泉跃鲤</a></li>
115            <li><a href="">乳姑不怠</a></li>
116            <li><a href="">哭竹生笋</a></li>
117            <li><a href="">弃官寻母</a></li>
118            <li><a href="">尝粪忧心</a></li>
119          </ul>
120        </div>
121      </li>
122      <li onmouseover="changeHeight()" onmouseout="returnHeight()"><a href="">报效祖国<span class="rotate">△</span></a>
123        <div class="submenu">
124          <ul>
125            <li><a href="">战斗英雄董存瑞</a></li>
126            <li><a href="">文天祥宁死不屈</a></li>
127            <li><a href="">爱国将领吉鸿昌</a></li>
128          </ul>
129        </div>
130      </li>
131      <li onmouseover="changeHeight()" onmouseout="returnHeight()"><a href="">四大发明<span class="rotate">△</span></a>
132        <div class="submenu">
133          <ul>
134            <li><a href="">造纸术</a></li>
135            <li><a href="">指南针</a></li>
136            <li><a href="">火药</a></li>
137            <li><a href="">印刷术</a></li>
138          </ul>
139        </div>
140      </li>
141    </ul>
142  </div>
```

```
143      <div id="main">
144        <div id="title">
145          <h2><a
146             href="https://baike.baidu.com/item/%E5%9B%9B%E5%A4%A7%E5%8F%
                 91%E6%98%8E/53006?fr=aladdin">"造纸术、指南针、火药、印刷术"四大发明
                 是中国古代创新的智慧成果和科学技术</a>
147          </h2>
148        </div>
149        <div id="content">
150          <div id="left">
151            <div class="slides slide1">
152              <a href="#"><img src="image-10-3-1-1.jpg" width="560px"></a>
153              <div class="caption">
154                <p><a href="#">废寝忘食地刻苦学习</a></p>
155              </div>
156            </div>
157            <div class="slides slide2">
158              <a href="3"><img src="image-10-3-1-2.jpg" width="560px"></a>
159              <div class="caption">
160                <p><a href="#">抗日小英雄的典型</a></p>
161              </div>
162            </div>
163            <div class="slides slide3">
164              <a href="3"><img src="image-10-3-1-3.jpg" width="560px"></a>
165              <div class="caption">
166                <p><a href="#">孝敬父母的典型</a></p>
167              </div>
168            </div>
169            <div class="slides slide3">
170              <a href="3"><img src="image-10-3-1-4.jpg" width="560px"></a>
171              <div class="caption">
172                <p><a href="#">为中华崛起而读书</a></p>
173              </div>
174            </div>
175            <div class="slides slide3">
176              <a href="3"><img src="image-10-3-1-5.jpg" width="560px"></a>
177              <div class="caption">
178                <p><a href="#">中国古代四大发明</a></p>
179              </div>
180            </div>
181            <script type="text/javascript">
182              //简易轮播图处理
183              var slideindex = 0;
184              function ChangeSlides() {
185                /*每隔3秒轮播图像*/
186                slideindex++;     //幻灯片号自增
187                //通过类名获取页面需要轮播的元素
188                var slidesArr = document.getElementsByClassName("slides");
189                //判断幻灯片号是否大于轮播对象的总数,大于时清0
190                if (slideindex >= slidesArr.length) slideindex = 0;
191                //循环遍历所有轮播对象,slideindex将指定幻灯片设置为块显示,其余为none
192                for (var i = 0; i < slidesArr.length; i++) {
193                  slidesArr[i].style.display = 'none';
194                }
195                slidesArr[slideindex].style.display = 'block';
196              }
197              //设置定时器,每隔3秒切换一张图片
```

```
198              setInterval(ChangeSlides, 3000);
199            </script>
200          </div>
201          <div id = "right">
202            <h3>
203              <a
204               href = "https://baike.baidu.com/item/%E4%B8%BA%E4%B8%AD%E5%
                 8D%8E%E4%B9%8B%E5%B4%9B%E8%B5%B7%E8%80%8C%E8%AF%
                 BB%E4%B9%A6/10895716">为中华之崛起而读书</a>
205            </h3>
206            <ul>
207              <li>《牛角挂书》书挂在牛角上,一边骑牛一边读书,十分专注</li>
208              <li>《随月读书》白班晚读,家贫无灯,借月光夜读</li>
209              <li>《下帷读书》形容闭门谢客、专心读书学习的典故</li>
210            </ul>
211            <h3>
212              <a
213               href = "https://baike.baidu.com/item/%E5%9B%9B%E5%A4%A7%E5%
                 8F%91%E6%98%8E/53006?fr = aladdin">四大发明推动了世界历史进程,
                 传承知识文化</a>
214            </h3>
215            <ul>
216              <li>造纸术是人类文明史上的一项杰出的发明创造</li>
217              <li>指南针是中国古代智慧的劳动人民长期认识磁学的结果</li>
218              <li>火药是人类历史文明的一项重要发明</li>
219              <li>印刷术为知识的传播和交流创造了必要条件</li>
220            </ul>
221          </div>
222        </div>
223      </div>
224      <div id = "footer">
225        <p>Copyright 81 2022 84 3025 中国传统典故汇编工作室 all rights reserved</p>
226      </div>
227    </div>
228  </body>
229 </html>
```

本章小结

本章主要分析了常见的网站页面布局模式,给出每类模式的 DIV 结构设计和 CSS 文件编写方法,通过图层 DIV 合理地嵌套帮助初学者建立页面布局的概念,掌握常用页面布局结构编程方法;学会运用 CSS 样式文件来定义特定对象的样式,使所设计的网站页面能够尽量美观、漂亮,提升用户的体验。在进行样式定义时,最好能够学会使用浏览器兼容性测试工具来检查自己所编写的 CSS 规则,实现在不同浏览器上显示相同的页面效果。

练习 10

1. 选择题

(1) 下列 CSS 规则中能够让图层 div 不显示的选项是(　　)。

A．div{display:block;} 　　　　　　B．div{display:none;}
　　C．div{display:inline;} 　　　　　 D．div{display:hidden;}
（2）下列 CSS 规则中能够让列表项水平排列的选项是(　　　)。
　　A．li{float:left;} 　　　　　　　　B．li{float:none;}
　　C．li{float:middle;} 　　　　　　D．li{float:up;}
（3）下列 CSS 规则中能够让图层 div 隐藏的选项是(　　　)。
　　A．div{visibility:none;} 　　　　　B．div{visibility:visible;}
　　C．div{visibility:hidden;} 　　　　D．div{visibility:block;}
（4）下列 CSS 规则中能够使超链接在鼠标指针盘旋时产生上画线效果的选项是(　　　)。
　　A．a:hover{text-decoration:none;}
　　B．a:hover{text-decoration:underline;}
　　C．a:hover{text-decoration:line-through;}
　　D．a:hover{text-decoration:overline;}
（5）下列 CSS 规则中能够使超链接在鼠标指针盘旋时产生下边框为 2px、实线、红色效果的选项是(　　　)。
　　A．a:hover{border-bottom:2px solid ♯FF0000;text-decoration:none;}
　　B．a:hover{border-top:2px solid ♯FF0000;text-decoration:none;}
　　C．a:hover{border-bottom:2px dashed ♯FF0000;text-decoration:none;}
　　D．a:hover{border-right:2px double ♯FF0000;text-decoration:none;}

2．简答题

（1）简述采用 DIV＋CSS 技术进行页面布局的基本步骤。

（2）说明 CSS 布局属性中"display:block"与"visibility:visible"的区别。

实验 10

1．运用 DIV＋CSS 技术实现"儒家'五常'"页面布局，如图 10-21 和图 10-22 所示，分别编写相应的 exp_10_1.html 和 CSS 外部样式表文件 exp_10_1.css。

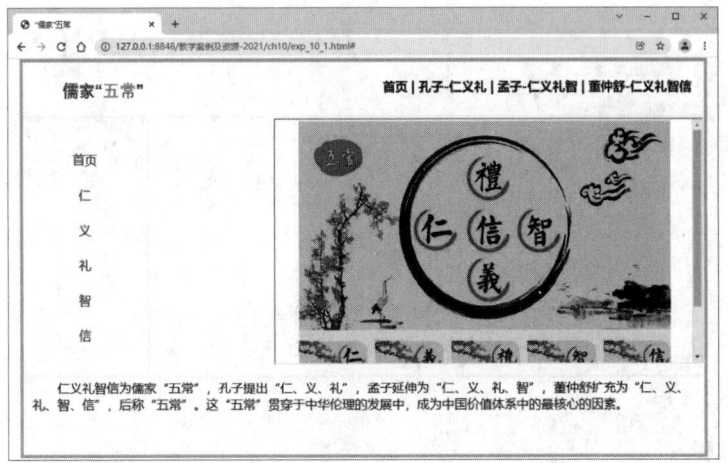

图 10-21　"儒家'五常'"宣传初始页面

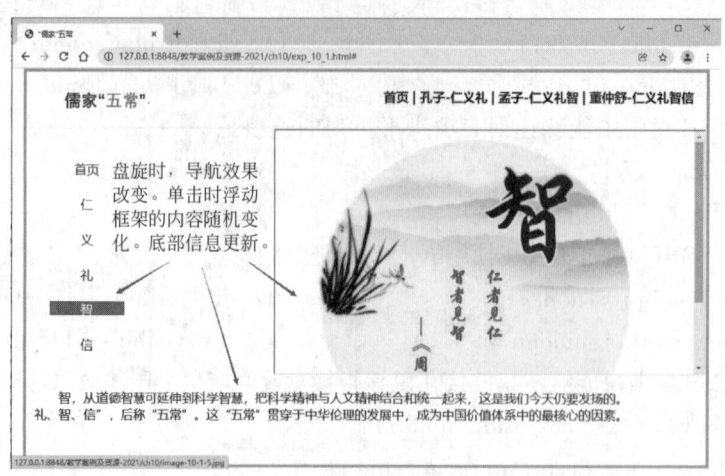

图 10-22 鼠标指针在导航上盘旋时的页面

设计要求：

(1) 页面分为上、中、下 3 个区域，其中中间区域分为左、右两个区域。在上面区域中分别插入图像（image-10-1-logo.png）和一个 h4 标记（使用 span 标记分隔）。

(2) 中间区域的左边区域显示无序列表，列表中插入超链接，将图像显示在右边区域的 iframe 标记中（宽度 690px、高度 380px），超链接的 href 属性值分别为 image-10-1-1.jpg～image-10-1-6.jpg。

(3) 下面区域显示一个 p 标记，初始内容为"仁义礼智信为儒家'五常'"，孔子提出"仁、义、礼"，孟子延伸为"仁、义、礼、智"，董仲舒扩充为"仁、义、礼、智、信"，后称"五常"。这"五常"贯穿于中华伦理的发展中，成为中国价值体系中的最核心的因素。"。当鼠标指针在导航菜单上盘旋时会在此区域中动态更新显示有关超链接的内容解释。请扫二维码获取素材。

注：通过绝对定位方式来显示鼠标指针在超链接上盘旋时需要显示的对应"五常"中一常的解释。

2．运用 DIV＋CSS 完成如图 10-23 所示的页面布局。

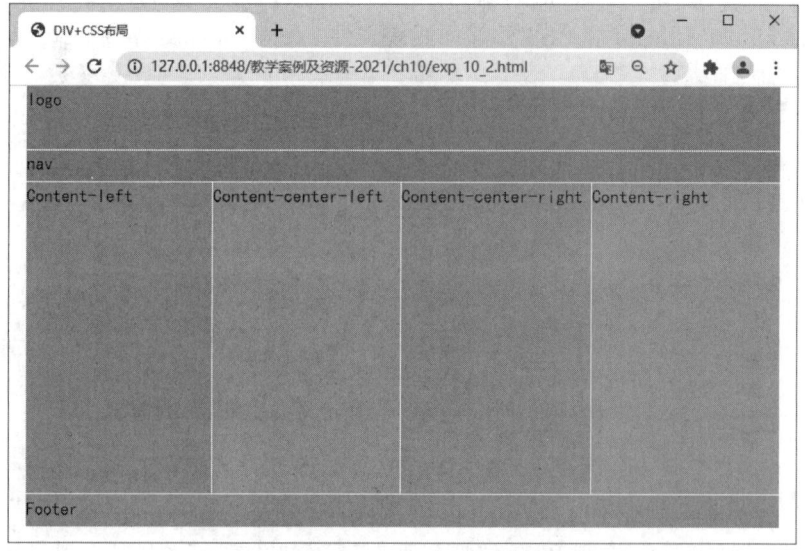

图 10-23 DIV＋CSS 布局实例

设计要求：

（1）每个图层的颜色。Logo：♯55FF55；nav：♯56FE45；Content-left：♯90FF66；Content-center-left：♯99FB99；Content-center-right：♯88FFAA；Content-right：♯99FFAE；Footer：♯66FFCC。

（2）区域的宽度和高度。整个宽度为1006px；header：高度124px；Logo：80px；nav：40px；第3个区域中4个图层的宽度为250px、高度为400px；Footer：高度为40px。

第 11 章

CHAPTER 11

表　格

本章学习目标

　　使用文字、段落、图像和列表等元素进行网页设计,已经能够设计出一个基本的网页,但页面的信息元素不够丰富,特别是有些关联数据、同类数据等需要集中呈现时,仅使用列表、段落等标记不能很好地满足页面设计的需要。表格是网页设计中常用的一种用于组织和排版同类或相关数据等信息的最好的集中呈现方式,通过表格可以精确地控制页面元素在网页中的位置,所以掌握表格标记及属性设置方法就显得十分重要。

　　Web 前端开发工程师应知应会以下内容:
- 掌握表格的标记和标记属性。
- 掌握表格行标记的属性及设置方法。
- 掌握表格单元格的跨行与跨列属性的设置方法,实现单元格合并。
- 学会使用表格和表格嵌套方法设计简易网页。

11.1 表格概述

　　在 Web 网页上如何将大量相关数据或同类数据组织起来并呈现给网络访问者呢？在 HTML 中可以使用表格 table 标记将一组相关数据直观、明了地展现给网络访问者。表格以简洁明了和高效快捷的方式将图片、文本、数据和表单的元素有序地显示在页面上,从而可以设计出漂亮的页面。

　　表格在网页设计中能将网页分成多个任意的矩形区域。在定义一个表格时,使用成对标记<table></table>就可以完成,网页设计人员可以将任何网页元素放进 HTML 表格的单元格中。定义表格所使用的标记如表 11-1 所示。

表 11-1　常用表格标记及说明

标　　记	说　　明	标　　记	说　　明
<table></table>	表格标记	<thead></thead>	定义表格的表头
<caption></caption>	表格标题标记	<tbody></tbody>	定义表格的主体
<th></th>	表格表头标记	<tfoot></tfoot>	定义表格的页脚

第11章 表格

续表

标记	说明	标记	说明
\<tr>\</tr>	表格的行标记		
\<td>\</td>	表格的列标记		

表格由表头、表体、表尾三部分组成。表头由若干个表格标题组成,表体由若干行组成,表尾由文字、相关数据和日期组成,标明表的设计单位、设计人和设计日期等信息。

【例 11-1-1】 简易学生信息表。其代码如下,页面效果如图 11-1 所示。

扫一扫

视频讲解

```
 1  <!-- edu_11_1_1.html -->
 2  <!doctype html>
 3  <html lang = "en">
 4      <head>
 5          <meta charset = "UTF-8">
 6          <title>表格的定义</title>
 7      </head>
 8      <body>
 9          <table border = "1" width = "300px" height = "100px">
10              <tr>
11                  <th>姓名</th>
12                  <th>单位</th>
13                  <th>学号</th>
14              </tr>
15              <tr>
16                  <td>王小品</td>
17                  <td>商学院</td>
18                  <td>110204</td>
19              </tr>
20              <tr>
21                  <td>李白</td>
22                  <td>机械学院</td>
23                  <td>100244</td>
24              </tr>
25          </table>
26      </body>
27  </html>
```

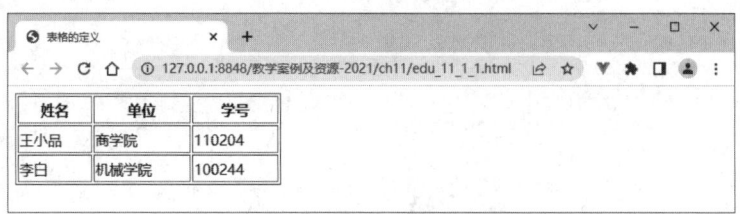

图 11-1 简易学生信息表

11.2 表格标记

在 HTML 中,表格主要由 5 个标记构成,即 table、caption、tr、th、td 标记。

1．基本语法

```
1  <table>
2      <caption>表格标题</caption>
3      <tr>
4          <th></th>
5          <th></th>
6          <th></th>
7      </tr>
8      <tr>
9          <td></td>
10         <td></td>
11         <td></td>
12     </tr>
13     …
14 </table>
```

2．语法说明

- table 标记是成对标记，<table>表示表格开始，</table>表示表格结束。
- caption 标记是成对标记，<caption>表示标题开始，</caption>表示标题结束。使用 caption 标记可以给表格添加标题，该标题应位于 table 标记与 tr 标记之间的任何位置。
- tr(Table Row)标记是成对标记，<tr>表示行开始，</tr>表示行结束。
- th(Table Heading,表头)标记是成对标记，<th>表示表头开始，</th>表示表头结束。在设计表格时，表头常作为表格的第 1 行或者第 1 列，用来对表格单元格的内容进行说明。表头文字内容一般居中、加粗显示。
- td(Table Data)标记是成对标记,定义单元格或列,以<td>开始,以</td>结束。表头可以用 th 标记定义，也可以用 td 标记定义，但<td></td>两标记之间的内容不自动居中、加粗。

在一个表格中可以插入多个 tr 标记,表示多行,一组<tr>…</tr>标记表示插入一行。在一行中可以有多个列,列(也称为单元格)中的内容可以是文字、数据、图像、超链接、表单元素等。

视频讲解

【例 11-2-1】 设计班级课程表。其代码如下,页面效果如图 11-2 所示。

```
1  <!-- edu_11_2_1.html -->
2  <!doctype html>
3  <html lang="en">
4      <head>
5          <meta charset="UTF-8">
6          <title>定义表格</title>
7          <style type="text/css">
8              td{text-align:center;}
9              #bg{background:#E0E0E0;}
10         </style>
11     </head>
12     <body>
13         <table width="700" height="150px" border="1" align="center">
14             <!-- 表格标题 -->
15             <caption><strong>2021 软件工程班课程表</strong></caption>
16             <tr>
```

```
17                <th>节次</th>
18                <th>星期一</th>
19                <th>星期二</th>
20                <th>星期三</th>
21                <th>星期四</th>
22                <th>星期五</th>
23            </tr>
24            <tr id = "bg">
25                <td>第 1 - 2 节</td>
26                <td>Java 程序设计</td>
27                <td>Web 前端开发技术</td>
28                <td>数字逻辑电路</td>
29                <td>数据结构</td>
30                <td>体育</td>
31            </tr>
32            <tr>
33                <td>第 3 - 4 节</td>
34                <td>心理咨询</td>
35                <td>线性代数</td>
36                <td>数据结构</td>
37                <td>数据结构</td>
38                <td>Web 前端开发技术</td>
39            </tr>
40        </table>
41    </body>
42 </html>
```

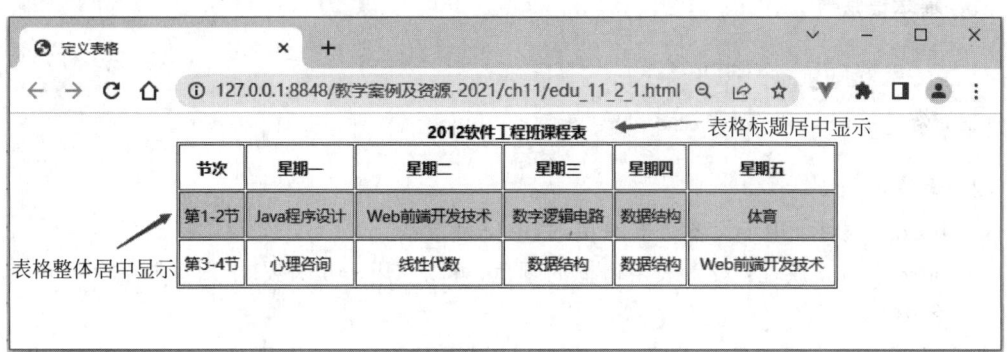

图 11-2 插入表格

代码中第 13~40 行插入一个 3 行 6 列的表格,其中第 15 行定义表格的标题;第 16~23 行定义表头,表头的内容居中、加粗显示;第 24~31 行定义表格的第 2 行;第 32~39 行定义表格的第 3 行。其中表格的第 2 行应用 #bg 样式,加上背景效果。

11.3 表格的属性设置

表格是一种常用的页面布局方法,也是网页中数据分析的最好的展示工具之一。在实际应用中借助于表格标记和标记属性可以完成表格的装饰和美化。表格标记的属性如表 11-2 所示。

表 11-2　表格标记的属性、取值及说明

属　　性	取　　值	说　　明
align	left|center|right	规定表格相对周围元素的对齐方式

bgcolor	#rrggbb|colorname
	rgb(r%,g%,b%)|rgb(rr,gg,bb)
		规定表格的背景颜色

border	pixels	规定表格边框的宽度
cellpadding	pixels|%	规定单元格边缘与其内容之间的空白
cellspacing	pixels|%	规定单元格之间的空白
frame	above|below|hsides|vsides| lhs|rhs|border|void	规定外侧边框的哪个部分是可见的
rules	none|all|rows|cols|groups	规定内侧边框的哪个部分是可见的
height	%|pixels	规定表格的高度
width	%|pixels	规定表格的宽度

11.3.1　表格属性

设置表格的属性可以改变表格的外观。表格中的属性同样适用于单元格。通过 width 属性和 height 属性可以设置表格的宽度和高度。设置表格的 bgcolor 属性可以改变表格的背景颜色。设置表格的 backgorund 属性可以为表格增添背景图像效果，使表格更加美观漂亮。

1. 基本语法

```
<table border="" bordercolor="">…</table>
<table width="" height="">…</table>
<table bgcolor=" " background=""…>…</table>
```

2. 语法说明

- border 属性：用于设置边框的粗细，单位是像素。
- bordercolor 属性：设置表格边框的颜色，可以使用 rgb 函数、十六进制数和颜色英文名称。
- width：单位可以是长度单位或百分比，用于定义表格的宽度。
- height：单位可以是长度单位或百分比，用于定义表格的高度，设置表格的高度与宽度为百分比时，表格随着浏览器窗口的改变而自动调整。
- bgcolor：可以用 rgb 函数、十六进制、英文颜色名称来设置背景颜色。
- background：设置背景图像，图像的路径可以是绝对路径，也可以是相对路径。

同时设置背景颜色和背景图像属性时，背景图像会部分或完全覆盖背景颜色。

视频讲解

【例 11-3-1】　设置表格边框属性。其代码如下，页面效果如图 11-3 所示。

```
1  <!-- edu_11_3_1.html -->
2  <!doctype html>
3  <html lang="en">
4    <head>
5      <meta charset="UTF-8">
6      <title>设置表格边框、背景、范围</title>
7      <style type="text/css">
```

```
 8          h4 {text-align: center;color: #0033CC;}
 9          td {text-align: center;}
10      </style>
11   </head>
12   <body>
13      <h4>设置表格边框、背景、范围</h4>
14      <table align="center" width="700px" height="150px" frame="hsides"
        rules="rows" border="15px" bordercolor="#0000FF" bgcolor="#99CCCC">
15        <tr>
16          <th>学号</th><th>姓名</th><th>所在院系</th>
17        </tr>
18        <tr>
19          <td>110204</td><td>王小品</td><td>商学院</td>
20        </tr>
21        <tr>
22          <td>100244</td><td>李白</td><td>机械学院</td>
23        </tr>
24      </table>
25      <hr>
26      <table align="center" border="15px" width="700px" height="150px"
        background="image-11-3-1.jpg" bgcolor="#99CCCC">
27        <tr>
28          <th>学号</th><th>姓名</th><th>所在院系</th>
29        </tr>
30        <tr>
31          <td>110204</td><td>王小品</td><td>商学院</td>
32        </tr>
33        <tr>
34          <td>100244</td><td>李白</td><td>机械学院</td>
35        </tr>
36      </table>
37   </body>
38 </html>
```

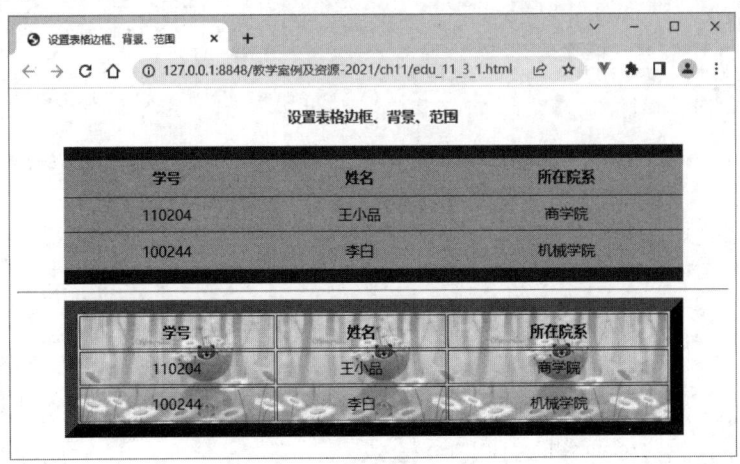

图 11-3　设置表格的边框属性

代码中第 14~24 行、第 26~36 行分别定义两个 3 行 3 列的表。其中第 14 行定义表格的对齐方式、宽度、高度、边框粗细、边框颜色、背景颜色；第 26 行设置了表格的背景颜色与背景图像，但背景图像覆盖了背景颜色。

11.3.2 表格的边框样式属性

在表格中设置 table 标记的 frame 属性可以改变表格边框的样式，设置 rules 属性可以改变表格内部边框的样式。

1．基本语法

```
<table frame = " " rules = "" …> … </table>
```

2．语法说明

frame、rules 的常见属性值及说明如表 11-3 所示。

表 11-3　frame、rules 的常见属性值及说明

frame 属性值	说　明	rules 属性值	说　明
above	显示上边框	all	显示所有内部边框
below	显示下边框	none	不显示内部边框
hsides	显示上下边框	rows	仅显示行边框
vsides	显示左右边框	cols	仅显示列边框
lhs	显示左边框	groups	显示介于行列间的边框
rhs	显示右边框		
border	显示上下左右边框		
void	不显示边框		

【例 11-3-2】　设置表格的边框样式属性。其代码如下，页面效果如图 11-4 所示。

```
 1  <!-- edu_11_3_2.html -->
 2  <!doctype html>
 3  <html lang = "en">
 4    <head>
 5      <meta charset = "UTF-8">
 6      <title>设置边框样式</title>
 7    </head>
 8    <body>
 9      <table align = "center" border = "2" bordercolor = "#00CCCC" width = "400px" height = "120px" frame = "hsides" rules = "all">
10        <caption><b>表格边框样式定义</b></caption>
11        <tr>
12          <th>姓名</th>
13          <th>院系名称</th>
14          <th>班级</th>
15        </tr>
16        <tr>
17          <td>王小品</td>
18          <td>商学院</td>
19          <td>110204</td>
20        </tr>
21        <tr>
22          <td>李白</td>
23          <td>机械学院</td>
24          <td>100244</td>
25        </tr>
```

```
26          <tr>
27              <td>林之</td>
28              <td>外语系</td>
29              <td>090101</td>
30          </tr>
31      </table>
32  </body>
33  </html>
```

图11-4 设置边框样式

代码中第9行设置表格的边框样式属性,设置frame属性值为hsides,只显示表格上下边框,不显示左右边框;设置rules属性值为all,显示表格内部的所有边框。

11.3.3 表格的单元格间距、单元格边距属性

设置表格的cellspacing属性可以改变表格单元格之间的间隔,使网页中的表格内容稍微松散一些。设置表格的cellpadding属性可以增加表格的单元格的内容与内部边框之间的距离。

1. 基本语法

`<table cellspacing="" cellpadding="">…</table>`

2. 语法说明

- cellspacing:值的单位为像素或百分比,默认值为2px。
- cellpadding:值的单位为像素或百分比。

【例11-3-3】 设置表格的单元格间距和边距。其代码如下,页面效果如图11-5所示。

扫一扫

视频讲解

```
1   <!-- edu_11_3_3.html -->
2   <!doctype html>
3   <html lang="en">
4   <head>
5       <meta charset="UTF-8">
6       <title>设置单元格间距和边距</title>
7       <style type="text/css">
8           strong{background:#CCFFCC;}
9           td{background:#99CCFF;}
10      </style>
11  </head>
12  <body>
13      <table align="center" width="500" border="4" cellspacing="50px" cellpadding="50px" bgcolor="#9966ff">
```

```
14        <caption><b>设置单元格间距和边距</b></caption>
15        <tr>
16            <td><strong>高等数学</strong></td>
17            <td><strong>大学英语</strong></td>
18        </tr>
19     </table>
20   </body>
21 </html>
```

代码中第 8 行定义 strong 标记样式,作用是设置单元内容的背景颜色;第 9 行定义单元格的背景颜色;第 13 行设置了单元格间距为 50px、单元格边距为 50px。

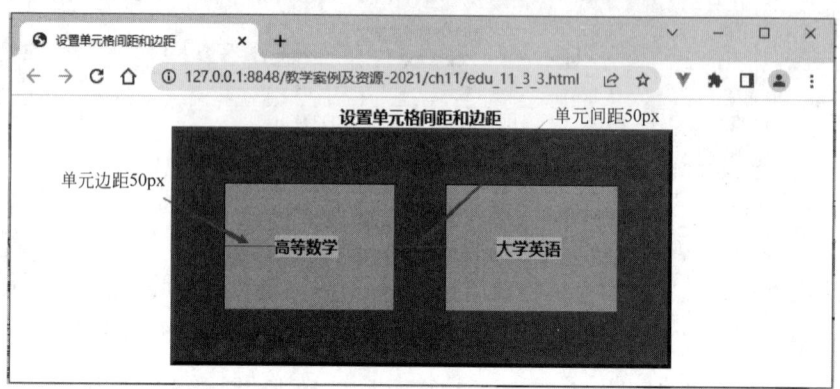

图 11-5　设置单元格间距

11.3.4　表格的水平对齐属性

通过表格标记的 align 属性可以设定表格在水平方向上的对齐方式,分别有居左、居中、居右 3 种。

1．基本语法

```
<table align="left|center|right">…</table>
```

2．语法说明

align 属性的取值可以为 left(默认,居左)、center(居中)和 right(居右)。

【例 11-3-4】　设置表格的水平对齐属性。其代码如下,页面效果如图 11-6 所示。

```
1  <!-- edu_11_3_4.html -->
2  <!doctype html>
3  <html lang="en">
4    <head>
5      <meta charset="UTF-8">
6      <title>设置表格水平对齐方式</title>
7      <style type="text/css">
8        div{width:100%;height:100px;}
9      </style>
10   </head>
11   <body>
12     <div id="" class="">
```

```
13            <table align="left"  border="2">
14                <caption>学生信息表(左对齐)</caption>
15                <tr>
16                    <td>王小品</td>
17                    <td>商学院</td>
18                    <td>110204</td>
19                </tr>
20                <tr>
21                    <td>李白</td>
22                    <td>机械学院</td>
23                    <td>100244</td>
24                </tr>
25            </table>
26        </div>
27        <div id="" class="">
28            <table  align="center"  border="2">
29                <caption>学生信息表(居中对齐)</caption>
30                <tr>
31                    <td>王小品</td>
32                    <td>商学院</td>
33                    <td>110204</td>
34                </tr>
35                <tr>
36                    <td>李白</td>
37                    <td>机械学院</td>
38                    <td>100244</td>
39                </tr>
40            </table>
41        </div>
42    </body>
43 </html>
```

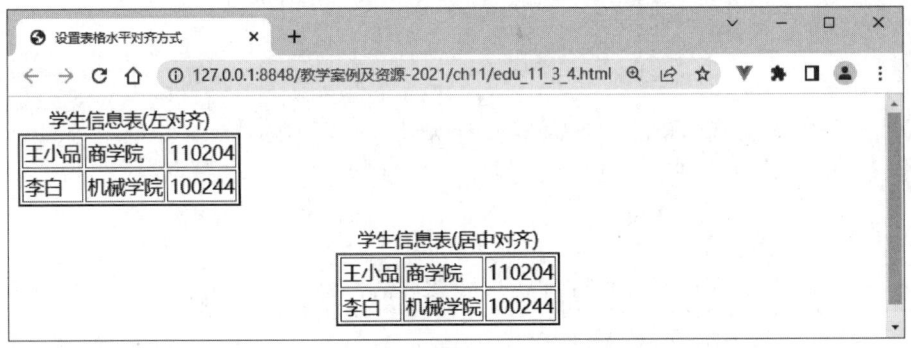

图 11-6　设置表格对齐方式

代码中通过两个图层 div 设置两种表格水平对齐方式。第 12~26 行 div 中设置了表格左对齐；第 27~41 行 div 中设置了表格居中对齐。

11.4　设置表格行的属性

表格行 tr 标记的属性用于设置表格某一行的样式,其属性有 align、valign、bgcolor、border、color 等。

1. 基本语法

```
1  <table align = "center">
2    <tr align = "left | center | right" valign = "top | middle | bottom">
3      <td>…</td>
4      …
5    </tr>
6    …
7  </table>
```

2. 语法说明

left 表示设置行内容居左对齐；center 表示设置行内容居中对齐；right 表示设置行内容居右对齐。top 表示设置行内容顶部对齐；middle 表示设置行内容居中对齐；bottom 表示设置行内容底部对齐。其中行垂直居中对齐属性值与行水平居中对齐属性值不同。

视频讲解

【例 11-4-1】 设置表格行内容对齐属性。其代码如下，页面效果如图 11-7 所示。

```
1  <!-- edu_11_4_1.html -->
2  <!doctype html>
3  <html lang = "en">
4    <head>
5      <meta charset = "UTF-8">
6      <title>设置行内容对齐方式</title>
7      <style type = "text/css">
8        td{background:#CCFFCC;}
9      </style>
10   </head>
11   <body>
12     <table border = "1" width = "450px" height = "240px" align = "center" bordercolor = "#6600FF">
13       <caption><b>学生信息表(设置表行内容对齐方式)</b></caption>
14       <tr>
15         <th>姓名</th>
16         <th>院系名称</th>
17         <th>班级</th>
18       </tr>
19       <tr  align = "left" valign = "top">
20         <td>王小品</td>
21         <td>商学院</td>
22         <td>110204</td>
23       </tr>
24       <tr align = "center" valign = "middle">
25         <td>李白</td>
26         <td>机械学院</td>
27         <td>100244</td>
28       <tr align = "right" valign = "bottom">
29         <td>林之</td>
30         <td>外语系</td>
31         <td>090101</td>
32       </tr>
33     </table>
34   </body>
35  </html>
```

代码中第 8 行设置单元格 td 标记的背景颜色；第 12 行定义表格；第 19 行设置表格行内容对齐方式为水平居左、垂直居顶；第 24 行设置行内容对齐方式为水平、垂直均居中；第

28 行设置行内容对齐方式为水平居右、垂直居底。

图 11-7 设置行内容水平对齐

11.5 设置单元格的属性

使用表格单元格标记 td 的属性可以设置表格单元格的显示风格。其常用的属性如表 11-4 所示。单元格的颜色、边框和对齐属性与行 tr 标记一样。

表 11-4 单元格 td 标记的属性及说明

属 性	说 明	属 性	说 明
align	单元格内容水平对齐	rowspan	单元格跨行
valign	单元格内容垂直对齐	colspan	单元格跨列
bgcolor	单元格的背景颜色	width	单元格的宽度
background	单元格的背景图像	height	单元格的高度
bordercolor	单元格的边框颜色		

使用单元格标记 td 的 rowspan 属性可以设置单元格跨行合并。使用单元格标记 td 的 colspan 属性可以设置单元格跨列合并。

1．基本语法

```
< td rowspan = "行数">...</td>
< td colspan = "列数">...</td>
```

2．语法说明

- rowspan 属性可以设置单元格跨行。通过 rowspan＝"n"，n 是正整数，可以设置某一单元格跨 n 行，当前行下的 n−1 行内的单元格数量都需要减少一个，即少定义一个 td 标记。
- colspan 属性可以设置单元格跨列。通过 colspan＝"n"，n 是正整数，可以设置某一单元格跨 n 列，当前行内的单元格数量需要减少 n−1 个，即删除 n−1 个 td 标记。

【例 11-5-1】 设置表格单元格的跨列、跨行属性。其代码如下，页面效果如图 11-8 所示。

```
1 <!-- edu_11_5_1.html -->
2 <!doctype html>
3 < html lang = "en">
```

```
4       <head>
5         <meta charset="UTF-8">
6         <title>设置单元格跨列、跨行属性</title>
7       </head>
8       <body>
9         <h3 align="center">设置单元格跨列、跨行属性</h3>
10        <table border="1" width="500px" align="center" bordercolor="#3366FF">
11          <caption>云计算与物联网会议日程安排表</caption>
12          <tr align="center">
13            <td colspan="2">上午</td>
14            <td colspan="2">下午</td>
15          </tr>
16          <tr>
17            <td>8:00-10:00</td>
18            <td>10:10-12:00</td>
19            <td>14:00-16:00</td>
20            <td>16:10-18:00</td>
21          </tr>
22          <tr align="center">
23            <td rowspan="2">领导讲话</td>
24            <td>大会主题报告</td>
25            <td>分会专题报告</td>
26            <td rowspan="2">总结报告</td>
27          </tr>
28          <tr align="center">
29            <td>专家报告</td>
30            <td>分组讨论</td>
31          </tr>
32          <tr align="center">
33            <td colspan="4">全天参观考察无锡国家物联网中心</td>
34          </tr>
35        </table>
36      </body>
37      </html>
```

图 11-8 设置单元格跨列、跨行属性

代码中第 10 行设置表格的宽度、高度、居中对齐方式、边框颜色等；第 13 行和第 14 行设置单元格跨两列合并；第 23 行和第 26 行设置单元格跨两行合并；第 33 行设置单元格跨 4 列合并。

11.6 表格的嵌套

表格嵌套是一种常用的页面布局方式。利用表格嵌套可以设计比较复杂且美观的页面效果。通常情况下,在使用表格嵌套时,表格不宜过多使用,否则会降低网站的访问速度。表格嵌套一般采用在单元格内嵌套表格。

1．基本语法

```
1  <table>
2      <tr>
3          <td><!-- 单元格内嵌套表格 -->
4              <table>
5                  <tr>
6                      <td>…</td>
7                      …
8                  </tr>
9                  <tr>
10                     <td>…</td>
11                     …
12                 </tr>
13             </table>
14         </td>
15         <td>…</td>
16         …
17     </tr>
18     …
19 </table>
```

2．语法说明

代码中第 4～13 行为在第 1 个表格的单元格内嵌套一个表格。

【例 11-6-1】 设置嵌套表格。其代码如下,页面效果如图 11-9 所示。

扫一扫

视频讲解

```
1  <!-- edu_11_6_1.html -->
2  <!doctype html>
3  <html lang="en">
4      <head>
5          <meta charset="UTF-8">
6          <title>表格嵌套</title>
7          <style type="text/css">
8              ul{list-style-type:none;}
9              li{width:80px;background:#00CCFF;}
10             p{text-indent:2em;font-size:16px;}
11         </style>
12     </head>
13     <body>
14         <h4 align="center">表格嵌套</h4>
15         <table width="660px" border="1" align="center" bordercolor="#3333FF">
16             <tr>
17                 <td width="170px"> </td>
```

18	`<td width = "360px" rowspan = "3"><p>地铁 4 号线横穿南京,从河西到仙林,起点龙江站。根据施工计划,龙江片区要掏一个深达 20 多米、长 520 米的地铁枢纽站。目前,车站已经完成 70％的体量,剩余的 30％,将是建设难度最大的部分。昨天,地铁施工方特意"打招呼":为了安全,下月起将加大围挡范围,可能影响到部分商户经营及市民的出行,至少要 3 个月。据介绍,4 号线计划明年底通车。</p></td>`
19	`<td width = "120">新闻链接</td>`
20	`</tr>`
21	`<tr>`
22	`<td>`
23	`<table width = "100％" border = "1" bordercolor = "＃33FF99">`
24	`<tr>`
25	`<td>科技</td>`
26	`</tr>`
27	`<tr>`
28	`<td>财经</td>`
29	`</tr>`
30	`<tr>`
31	`<td>探索</td>`
32	`</tr>`
33	`</table>`
34	`</td>`
35	`<td rowspan = "2">`
36	`<ul>`
37	`<li><a href = "http://www.baidu.com">百度</a></li>`
38	`<li><a href = "http://www.163.com">网易</a></li>`
39	`<li><a href = "http://www.sina.com">新浪</a></li>`
40	`<li><a href = "http://www.sohu.com">搜狐</a></li>`
41	`</ul>`
42	`</td>`
43	`</tr>`
44	`<tr>`
45	`<td> </td>`
46	`</tr>`
47	`</table>`
48	`</body>`
49	`</html>`

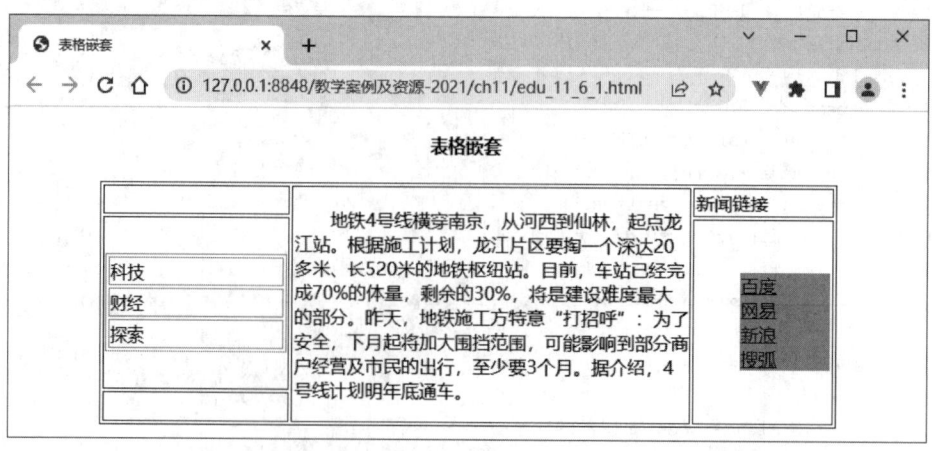

图 11-9　表格嵌套

代码中第 15~47 行定义一个 3 行 3 列的表格；第 23~33 行定义一个 3 行 1 列的表格,

嵌套在第 1 个表的第 2 行第 1 列中；第 18 行设置单元格跨 3 行；第 35 行设置单元格跨 2 行。

11.7 思政案例 11——社会主义核心价值观解读

本例以"社会主义核心价值观解读"为主题，利用表格布局进行页面部分仿真设计，综合运用表格、表单、图层、图像、超链接、span 和 CSS 样式属性等来美化表格，设计效果如图 11-10～图 11-12 所示。

图 11-10 "社会主义核心价值观解读"页面

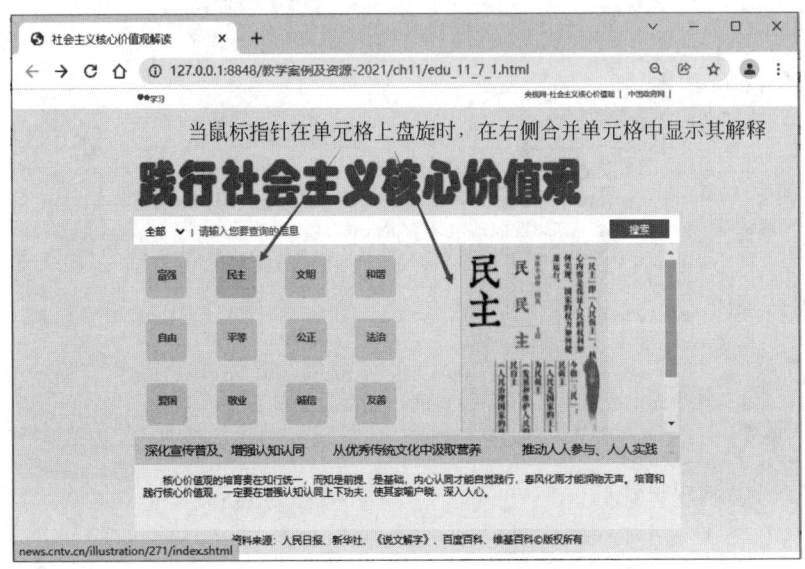

图 11-11 鼠标指针在社会主义核心价值观的关键词上盘旋时的页面

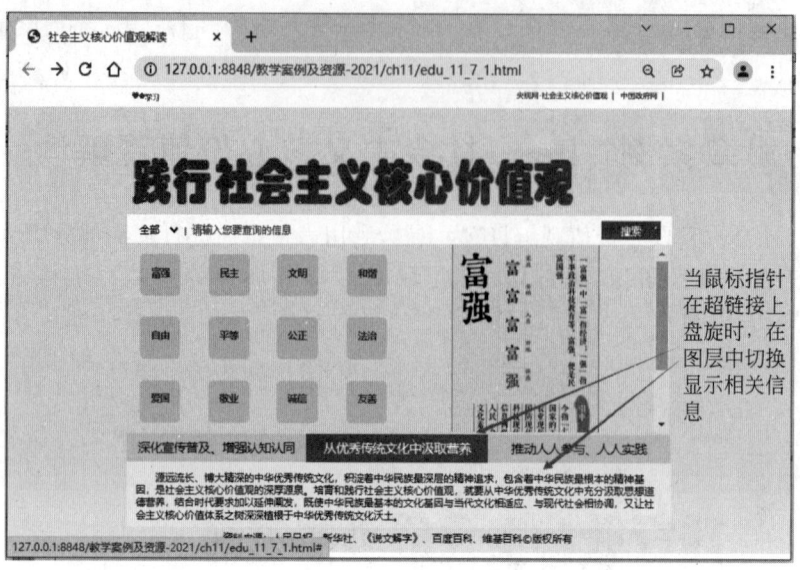

图 11-12 鼠标指针在超链接上盘旋时的页面

1．页面表格布局

采用 8 行 5 列的表格进行页面布局，在表格布局中使用单元格跨列合并等方法完成页面布局设计，在单元格中插入表单元素、图层、图像、超链接等元素。

2．网站首页的 HTML 代码设计

```
1   <!-- edu_11_7_1.html -->
2   <!doctype html>
3   <html>
4     <head>
5       <meta charset="UTF-8">
6       <meta name="description" content="社会主义核心价值观"/>
7       <meta name="keywords" content="社会主义核心价值观"/>
8       <title>社会主义核心价值观解读</title>
9       <link rel="stylesheet" type="text/css" href="edu_11_7_1.css"/>
10    </head>
11    <body>
12      <table align="center" border="0" width="1200px" height="800px">
13        <tr height="41px">
14          <td colspan="5">
15            <div class="header">
16              <div class="left">
17                <a href="#" target="_blank">
18                  <img src="logo_xx.png" alt="学习首页">
19                </a>
20              </div>
21              <em>
22                <a href="http://news.cntv.cn/special/shzyhxjzg/" target="_blank">央视网-社会主义核心价值观</a>
23                <a href="https://www.gov.cn/" target="_blank">中国政府网</a>
24              </em>
25            </div>
26          </td>
27        </tr>
28        <tr>
```

```
29          <td colspan="5" height="220px"></td>
30        </tr>
31        <tr>
32          <td colspan="5" height="60">
33            <div class="search">
34              <select name="" size=1>
35                <option value="">全部</option>
36                <option value="">标题</option>
37                <option value="">内容</option>
38              </select>
39              <label>|</label>
40              <input type="text" placeholder="请输入您要查询的信息"/>
41              <input type="button" value="搜索"/>
42            </div>
43          </td>
44        </tr>
45        <tr>
46          <td class="content2" width="150px">
47            <a href="http://news.cntv.cn/illustration/271/index.shtml">
                  <span class="text">富强</span>
48            </a>
49            <div class="image" id="first">
50              <img src="image-11-7-fq.jpg">
51            </div>
52          </td>
53          <td class="content2" width="150px">
54            <a href="http://news.cntv.cn/illustration/271/index.shtml">
55              <span class="text">民主</span></a>
56            <div class="image">
57              <img src="image-11-7-mz.jpg">
58            </div>
59          </td>
60          <td class="content2" width="150px">
61            <a href="http://news.cntv.cn/illustration/271/index.shtml">
62              <span class="text">文明</span></a>
63            <div class="image">
64              <img src="image-11-7-wm.jpg">
65            </div>
66          </td>
67          <td class="content2" width="150px">
68            <a href="http://news.cntv.cn/illustration/271/index.shtml">
69              <span class="text">和谐</span></a>
70            <div class="image">
71              <img src="image-11-7-hx.jpg">
72            </div>
73          </td>
74          <td rowspan="3" width="600px" id="parent">
75          </td>
76        </tr>
77        <tr>
78          <td class="content2">
79            <a href="http://news.cntv.cn/illustration/271/index.shtml">
80              <span class="text">自由</span>
81            </a>
82            <div class="image">
83              <img src="image-11-7-zy.jpg">
84            </div>
```

```
 85              </td>
 86              <td class = "content2">
 87                <a href = "http://news.cntv.cn/illustration/271/index.shtml">
                   <span class = "text">平等</span></a>
 88                <div class = "image">
 89                  <img src = "image-11-7-pd.jpg">
 90                </div>
 91              </td>
 92              <td class = "content2">
 93                <a href = "http://news.cntv.cn/illustration/271/index.shtml">
                   <span class = "text">公正</span></a>
 94                <div class = "image">
 95                  <img src = "image-11-7-gz.jpg">
 96                </div>
 97              </td>
 98              <td class = "content2">
 99                <a href = "http://news.cntv.cn/illustration/271/index.shtml">
                   <span class = "text">法治</span></a>
100                <div class = "image">
101                  <img src = "image-11-7-fz.jpg">
102                </div>
103              </td>
104            </tr>
105            <tr>
106              <td class = "content2">
107                <a href = "http://news.cntv.cn/illustration/271/index.shtml">
                   <span class = "text">爱国</span></a>
108                <div class = "image">
109                  <img src = "image-11-7-ag.jpg">
110                </div>
111              </td>
112              <td class = "content2">
113                <a href = "http://news.cntv.cn/illustration/271/index.shtml">
                   <span class = "text">敬业</span></a>
114                <div class = "image">
115                  <img src = "image-11-7-jy.jpg">
116                </div>
117              </td>
118              <td class = "content2">
119                <a href = "http://news.cntv.cn/illustration/271/index.shtml">
                   <span class = "text">诚信</span></a>
120                <div class = "image">
121                  <img src = "image-11-7-cx.jpg">
122                </div>
123              </td>
124              <td class = "content2">
125                <a href = "http://news.cntv.cn/illustration/271/index.shtml">
                   <span class = "text">友善</span></a>
126                <div class = "image">
127                  <img src = "image-11-7-ys.jpg">
128                </div>
129              </td>
130            </tr>
131            <tr>
132              <td colspan = "5">
133                <div id = "container">
134                  <div class = "news-box">
```

135		< a href = " ♯ ">深化宣传普及、增强认知认同</a>
136		< div class = "news active">
137		<p>核心价值观的培育贵在知行统一,而知是前提、是基础,内心认同才能自觉践行,春风化雨才能润物无声。培育和践行核心价值观,一定要在增强认知认同上下功夫,使其家喻户晓、深入人心。
138		</p>
139		</div>
140		</div>
141		< div class = "news - box">
142		< a href = " ♯ ">从优秀传统文化中汲取营养</a>
143		< div class = "news">
144		<p>源远流长、博大精深的中华优秀传统文化,积淀着中华民族最深层的精神追求,包含着中华民族最根本的精神基因,是社会主义核心价值观的深厚源泉。培育和践行社会主义核心价值观,就要从中华优秀传统文化中充分汲取思想道德营养,结合时代要求加以延伸阐发,即使中华民族最基本的文化基因与当代文化相适应、与现代社会相协调,又让社会主义核心价值体系之树深深植根于中华优秀传统文化沃土。
145		</p>
146		</div>
147		</div>
148		< div class = "news - box">
149		< a href = " ♯ ">推动人人参与、人人实践</a>
150		< div class = "news">
151		<p>核心价值观的生命力在于实践,在于每一个社会成员自觉行动。参与面越广,践行核心价值观的社会基础就越深厚。培育和践行核心价值观,必须坚持教育和实践两手抓,以教育引导实践、以实践深化教育。
152		</p>
153		</div>
154		</div>
155		</div>
156		</td>
157		</tr>
158		< tr>
159		< td colspan = "5" class = "footer">
160		<p>资料来源:人民日报、新华社、《说文解字》、百度百科、维基百科 ©版权所有 </p>
161		</td>
162		</tr>
163		</table>
164	</body>	
165	</html>	

上述代码中第12～163行定义了一个8行5列的表格作为网页的基本布局。第13～27行定义了Logo和两个超链接。第28～30行定义了跨5列合并的空单元格,用于显示背景中的图像。第31～44行定义表单。第45～76行定义5个单元格,用于显示国家层面社会主义核心价值观的关键词的超链接。第77～104行定义5个单元格,用于显示社会层面社会主义核心价值观的关键词的超链接。第105～130行定义5个单元格,用于显示公民层面社会主义核心价值观的关键词的超链接。第131～157行定义导航菜单并显示相关信息。第158～162行定义页面版权信息。注意,要使页面达到实际布局效果,还需要进行CSS样式定义。

3．CSS 样式定义

根据表格布局效果图,分别对表格及单元格的内容进行样式定义,并将样式文件保存在独立的CSS文件edu_11_7_1.css中。样式文件内容如下:

```css
1  /* edu_11_7_1.css */
2  body,html {padding: 0;margin: 0;}
3  body {
4      /* 定义背景图像样式 */
5      background-image: url('topbg.jpg');
6      background-repeat: no-repeat;
7      background-position: center 41px;
8  }
9  .header {width: 100%;height: 41px;}
10 /* 定义头部样式 */
11 .left {float: left;width: 76px;height: 41px;}
12 em {float: right;width: 350px;height: 41px;font-style: normal;}
13 .header a:visited,.header a:link,.header a:active {
14     text-decoration: none;color: black;margin: 0 10px;text-align: center;}
15 .header a:hover {text-decoration: underline;margin: 0 10px;
16     text-align: center;}
17 .search {width: 1200px;height: 60px;background: white;text-align: center;}
18 select {width: 100px;height: 40px;margin: 10px auto;border: none;}
19 [type="text"] {width: 900px;height: 40px;
20     margin: 10px auto;border: none;}
21 [type="button"] {width: 130px;height: 40px;margin: 10px auto;
22     background-color: red;color: white;border: none;}
23 select,input {font-size: 22px;}
24 .text {font-size: 18px;width: 36px;height: 60px;}
25 .content2 {font-size: 28px;vertical-align: middle;text-align: center;
26     height: 60px;}
27 .content2 a {background-color: #E9DDB0;width: 90px;height: 90px;
28     border-radius: 10px;position: relative;color: #BB2500;
29     font-weight: bold;margin: 10px auto;display: inline-block;}
30 .content2 a:visited,.content2 a:link,.content2 a:active {
31     text-decoration: none;}
32 .content2 a:hover {background-color: #D3D3D3;}
33 .content2 a .text {width: 90px;font-size: 21px;height: 32px;}
34 .content2 a span {display: block;text-align: center;
35     height: 32px;margin: 25px auto;vertical-align: middle;
36 }
37 /* 鼠标指针在单元格上盘旋时,控制图像显示在右侧 */
38 table {position: relative;}
39 #parent {width: 600px;height: 400px;}
40 #first {display: block;top: 333px;left: 600px;width: 600px;
41     height: 400px;overflow: auto;position: absolute;}
42 .image {display: none;}
43 .content2:hover .image {display: block;top: 333px;left: 600px;
44     width: 600px;height: 400px;overflow: auto;
45     position: absolute;background-color: #F7EED2;}
46 }
47 /* 3个导航 */
48 #container {width: 1200px;height: 180px;position: relative;}
49 .news-box {width: 33.3%;height: 60px;background-color: #EEE3B9;
50     line-height: 60px;cursor: pointer;display: inline-block;float: left;}
51 .news-box a {text-align: center;display: inline-block;width: 100%;
52     color: black;line-height: 60px;font-size: 27px;height: 60px;
53     padding-top: 10px;padding: 0;margin: 0;border: 0;}
54 .news-box a:visited,.news-box a:active,.news-box a:link {
55     text-decoration: none;}
```

```
56  .news-box a:hover {background-color: #DA4466;color: white;}
57  /*导航菜单样式*/
58  .news {display: none;}
59  .news-box .news {width: 1200px;height: 140px;padding: 10px auto;
60      clear: both;position: absolute;top: 60px;left: 0px;}
61  .news p {font-size: 22px;text-indent: 2em;line-height: 1.2em;margin: 20px;}
62  .active {display: block;background-color: #FAF7E6;color: black;}
63  /*鼠标指针在导航上盘旋时,切换显示不同内容*/
64  .news-box:hover .news {display: block;position: absolute;top: 60px;
65      left: 0px;background-color: #FAF7E6;color: black;}
66  .footer {height: 30px;text-align: center;
67      vertical-align: middle;font-size: 22px;
68  }
```

本章小结

本章主要介绍了设计表格的所有标记和标记属性。

在进行表格设计时,需要考虑好表格的对齐方式。表格的对齐方式分为 3 类属性设置,即表格 table 标记的 align 属性、行 tr 标记的 align 和 valign 属性、列(单元格)td 标记的 align 和 valign 属性。这些属性设置如果使用 CSS 样式进行定义,效果更好。

在设计表格的背景颜色与背景图像时,最好采用 CSS 样式表,这样效果更容易控制。

由于表格单元格内的内容不同,如果插入大的图像或视频文件,网络延迟会很大,易造成网页打不开、影响网站正常访问的情况。通常在采用表格进行布局时会使用表格嵌套来细化页面布局。在使用表格嵌套时必须在单元格中嵌入表格。

扫一扫

自测题

练习 11

1. 选择题

(1) 设置围绕表格的边框宽度的正确标记是(　　)。

　　A. \<table size="">　　　　　　B. \<table border="">

　　C. \<table bordersize="">　　　D. \<tableborder="">

(2) 定义表头的标记是(　　)。

　　A. \<table>\</table>　　　　　B. \<td>\</td>

　　C. \<tr>\</tr>　　　　　　　　D. \<th>\</th>

(3) 下列标记中能够实现跨多行的是(　　)。

　　A. \<th colspan="">\</th>　　B. \<tr rowspan="">\</th>

　　C. \<td colspan="">\</td>　　D. \<td rowspan="">\</td>

(4) 设置表格的背景图像的正确标记是(　　)。

　　A. \<tr background="">　　　B. \<table background="">

　　C. \<th src="">　　　　　　　D. \<tr src="">

(5) 能够设置表格的标题的标记是(　　)。

　　A. \<tbody>\</tbody>　　　　B. \<tfoot>\</tfoot>

　　C. \<thead>\</thead>　　　　D. \<caption>\</caption>

(6) 设置表格行垂直居中的标记是（　　）。

  A．< tr align＝"center" >　　　　　　B．< tr valign＝"middle" >

  C．< tr align＝"middle" >　　　　　　D．< tr valign＝"center" >

2．填空题

(1) 表格的标题标记是＿＿＿＿，表格行的标记是＿＿＿＿，单元格的表头标记是＿＿＿＿。

(2) 单元格跨 3 行，设置格式为< td ＿＿＿＿ ＝"＿＿＿＿"></td >；单元格跨 5 列，设置格式为< td ＿＿＿＿ ＝"＿＿＿＿"></td >。

(3) 表格的外部边框样式可以使用＿＿＿＿属性来定义，表格的内部边框样式可以使用＿＿＿＿属性来定义。

(4) 单元格边距属性是＿＿＿＿；单元格间距属性是＿＿＿＿。

3．简答题

(1) 写出定义表格的所有常用标记，并说明它们各自的作用。

(2) 写出定义表格边框的所有属性，并说明它们的作用。

(3) 表格行对齐方式有几类？它们的属性取值有什么不同？

实验 11

1．编写 HTML 代码，使用表 11-5 提供的超链接信息实现如图 11-13 所示的页面效果。要求使用 CSS 样式表统一定义 table 和 td 标记样式，分别如下。

表 11-5　资料标题与超链接对照

资　料　标　题	超　链　接
习近平在庆祝中国共产党成立一百周年大会上的讲话金句	https://dangjian.gmw.cn/2021-07/01/content_34964879.htm
党徽党旗制作、使用、管理的基本遵循	http://opinion.people.com.cn/n1/2021/0629/c1003-32143173.html
彰显自我革命的最鲜明品格和最大优势	http://theory.people.com.cn/n1/2021/0621/c40531-32135368.html
以史鉴今 砥砺前行	http://dangshi.people.com.cn/n1/2021/0616/c436975-32131684.html
江山就是人民，人民就是江山（人民观点）	http://opinion.people.com.cn/n1/2021/0531/c1003-32117385.html
中国共产党的奋斗历程与优良传统：《中国共产党简史》导读	http://theory.people.com.cn/n1/2021/0524/c40531-32111819.html
让红色文化传承不息（新论）	http://opinion.people.com.cn/n1/2021/0604/c1003-32121979.html

- table 标记属性设置：边框 1px，宽度 1000px，高度 500px，居中对齐。第 3～9 行设置 class 为 item，样式：无字符装饰、颜色黑色；盘旋时样式：背景颜色♯F1F2F3。
- 嵌套表格属性设置：边框 0，宽度 100％。其中行属性设置：居中对齐、高度 30px、宽度 100％、类 class(menu)，内包裹单元格宽度各占 20％。
- td 标记样式：字体加粗、左填充 10px。

- body 样式：边界 0、填充 0、有背景（image-ex-11-1-bj.jpg），不重复且居中。
- 类 menu 样式：背景红色、宽度 100％、高度 20px、有填充（上下 5px、左右自动）。
- 类 menu 中的超链接样式：宽度 100％、高度 30px、字体大小 20px、行内块显示、无字符装饰、颜色白色。盘旋时样式：背景颜色♯FEADDE、行内块显示。
- 表格第 1 行的类 caption 样式：有背景（image-ex-11-1-title-img1.png），不重复且居中、宽度 376px、高度 121px、有边界（上下 0、左右自动）、文本居中对齐。其中包含两个 span，分别包裹"学习"和"资料"，id 分别为 black、red，颜色分别为黑色和白色。

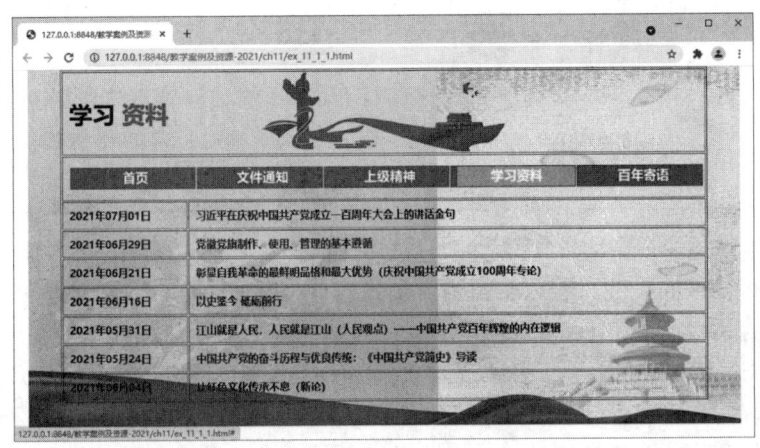

图 11-13　学习资料页面设计

2. 采用 div 包裹表格布局完成 CASIO 计算器的外观设计，其中表格的每一个单元格均需要设计带边框，效果如图 11-14 所示。设计要求：页面背景颜色为♯FAFBFC，宽度为 410px、高度为 450px、有边界（上下 0、左右自动）。表格单元格间距 30px。

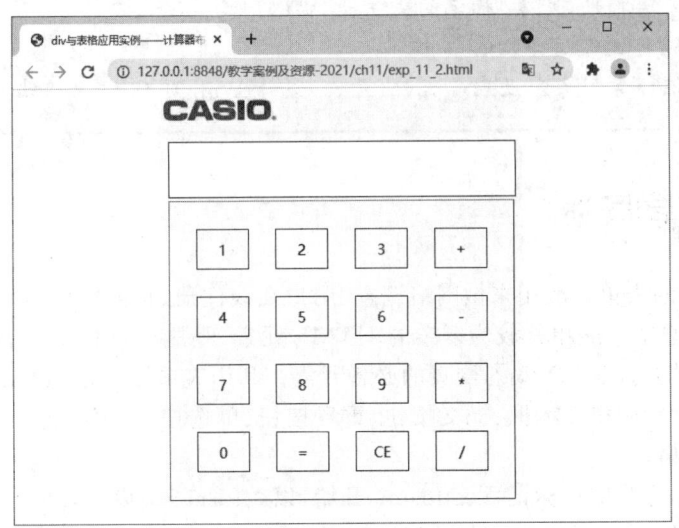

图 11-14　计算器页面布局设计

第 12 章

CHAPTER 12

表　单

本章学习目标

　　运用 CSS+DIV 技术可以根据用户需求设计各式各样、丰富多彩的网站,用户通过浏览器浏览网站的信息,但这样的网站仅是信息的发布者和提供者,用户也只是网站信息的浏览者,网站无法与用户进行交互。如果需要通过网站采集用户的有关信息或用户需要向网站管理员反馈相关信息,除了使用邮件之外,最有效的方法就是在网站上设计表单。表单可以让用户在线提交相关信息给服务器。服务器接收到信息之后,进行相应业务处理,再将处理结果返回给用户或管理者。

　　Web 前端开发工程师应知应会以下内容:
- 理解 Web 页面中表单的概念与作用。
- 掌握表单结构及属性。
- 掌握表单控件(元素)标记的语法及属性。
- 掌握域和域标题标记的语法。
- 学会综合运用表单及表单控件(元素)设计 Web 页面。

12.1 表单概述

　　Web 页面中的表单一般用来做网络调查、用户在线注册、信息检索,以及网站服务提供商向用户采集信息等。表单是较为复杂的 HTML 元素,经常与脚本、动态网页、后台数据处理等结合在一起使用,是设计动态网页的必备元素。利用表单可以在 HTML 页面中插入一些表单控件(元素),例如文本框、提交按钮、重置按钮、单选按钮、复选框、下拉列表框等,完成各类信息的采集。

　　表单 form 标记为成对标记,以< form >开始,以</ form >结束。表单定义了采集数据的范围,其所包含的数据内容将被完整地提交给服务器。

　　1. 基本语法

```
1  < form method = "post" action = "">
2    < input type = "text" name = "">
3    < textarea name = "" rows = "" cols = ""></textarea>
```

```
4      < select name = "">
5          < option value = "" selected ></option >
6          < option value = ""></option >
7      </select >
8  </form >
```

2．语法说明

<form>和</form>之间可以包含各种表单信息输入标记。代码中的第 2 行是单行文本输入框,第 3 行是多行文本域,第 4～7 行是下拉列表框。

3．属性说明

表单标记的属性主要有 name、action、method、enctype 等,其取值及说明如表 12-1 所示。

表 12-1　表单标记的属性、取值及说明

属　性	取　值	说　　　明
name	name	规定表单的名称
action	url	规定当提交表单时向何处发送表单数据
method	get|post	规定如何发送表单数据。post 方法主要包含名称/值对,并且无须包含于 action 属性的 URL 中。get 方法把名称/值对加在 action 的 URL 后面,并且把新的 URL 送至服务器,不推荐使用
enctype	MIME_type	规定表单数据在发送到服务器之前应该如何编码

【例 12-1-1】　表单的应用。其代码如下,页面效果如图 12-1 所示。

扫一扫

视频讲解

```
1  <!-- edu_12_1_1.html -->
2  <!doctype html >
3  < html lang = "en">
4      < head >
5          < meta charset = "UTF - 8">
6          < title >表单的使用实例</title >
7      </head >
8      < body >
9          < form name = "form1" method = "post" action = "form_action.jsp" enctype = "text/plain">
10             < h3 >输入课程成绩</h3 >
11             姓名:< input type = "text"/>< br/>
12             高等数学:< input type = "text" size = "15"/>
13             大学物理:< input type = "text" size = "15"/>< br/>< br/>
14             < input type = "submit" value = "成绩提交"/>
15             < input type = "reset" value = "成绩重置"/>
16         </form >
17     </body >
18 </html >
```

代码中第 9～16 行定义了一个表单,指定该表单的名称为 form1,提交方式为 post,处理程序为 form_action.jsp,编码方式为 text/plain；第 11～13 行定义了 3 个单行文本输入框,用于输入学生的姓名和课程成绩；第 14 行定义一个提交按钮；第 15 行定义一个重置按钮。

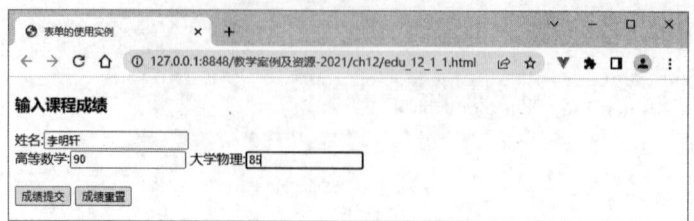

图 12-1 表单使用实例

12.2 定义域和域标题

使用 fieldset 标记可以在网页上定义域,在表单中使用域可以将表单的相关元素进行分组。fieldset 标记将表单内容的一部分打包,生成一组相关表单的字段。当将一组表单元素放到 fieldset 标记内时,浏览器会以特殊方式来显示它们,它们可能有特殊的边界、3D 效果,或者可创建一个子表单来处理这些元素。legend 标记为 fieldset 标记定义域标题。

1. 基本语法

```
1  <form>
2    <fieldset>
3      <legend align="left|center|right">域标题内容</legend>
4    </fieldset>
5  </form>
```

2. 属性语法

fieldset 标记没有属性,是成对标记。legend 标记必须位于 fieldset 标记内,也是成对标记;它有一个对齐 align 属性,属性值分别为 left、center、right。

扫一扫

视频讲解

【例 12-2-1】 域和域标题标记的应用。其代码如下,页面效果如图 12-2 所示。

```
1  <!-- edu_12_2_1.html -->
2  <!doctype html>
3  <html lang="en">
4    <head>
5      <meta charset="UTF-8">
6      <title>定义域和域标题实例</title>
7    </head>
8    <body>
9      <form>
10       <fieldset>
11         <legend align="center">基本信息</legend>
12         姓名:<input name="name" type="text">
13         性别:<input name="sex" type="text">
14       </fieldset>
15       <fieldset>
16         <legend align="center">其他信息</legend>
17         身高:<input name="height" type="text">
18         体重:<input name="weight" type="text">
19       </fieldset>
20     </form>
21   </body>
22 </html>
```

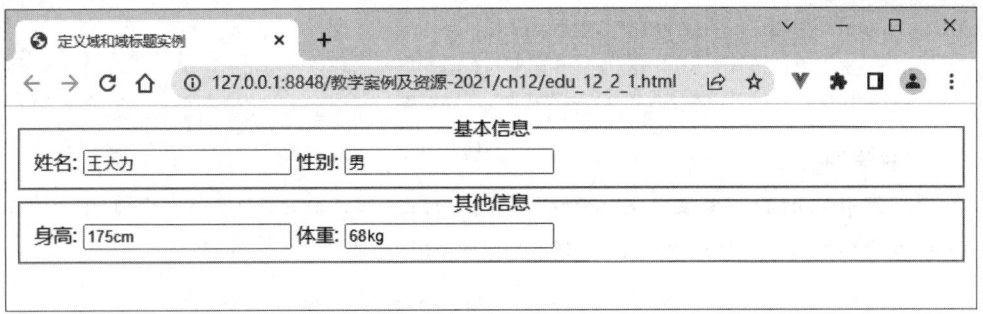

图 12-2 域和域标题标记的应用

代码中第 10~14 行定义了一个域,域标题为"基本信息",包含姓名和性别信息;第 15~19 行定义了另外一个域,域标题为"其他信息",包含身高和体重信息。

12.3 表单信息的输入

表单的主要功能是为用户提供输入信息的接口,将输入信息发送到服务器并等待服务器响应。表单中输入信息的标记是 input 标记,可以输入一行信息。input 标记是单(个)标记。

1．基本语法

< input name = "" type = ""/>

2．属性说明

表单信息输入标记的属性主要有 name、type 等,输入类型是由类型 type 属性定义的。type 属性有很多不同的值,设置的属性值不同,就会产生不同的界面效果。input 标记的属性、取值及说明如表 12-2 所示。

表 12-2　表单信息输入标记的属性、取值及说明

属　性	取　值	说　明
name	name	定义 input 元素的名称
type	text|password| checkbox|radio| image|submit|reset| button|file|hidden	规定 input 元素的类型。text:单行文本输入框;password:密码输入框;checkbox:复选框;radio:单选按钮;image:图像按钮;submit:提交按钮;reset:重置按钮;button:普通按钮;file:文件选择框;hidden:隐藏框

12.3.1　单行文本输入框与密码框

设置 input 标记的 type 属性值为 text,可以实现向表单中插入一个单行文本框。在单行文本框中可以输入任意类型的数据,但是输入的数据只能单行显示,不能换行。

设置 input 标记的 type 属性值为 password,可以实现向表单中插入一个密码输入框。密码输入框中可以输入任意类型的数据,与单行文本输入框有所不同,这些数据不是显式地显示在页面上,而是被显示字符"·"所取代,这样设计可以保障用户输入的密码不被泄露。

密码输入框的主要属性、取值及说明如表 12-4 所示。

1．基本语法

```
< input name = "" type = "text" maxlength = "" size = "" value = "" readonly />
< input name = "" type = "password" maxlength = "" size = ""/>
```

2．属性说明

单行文本输入框的主要属性有 name、maxlength、size、value、readonly，密码输入框的主要属性有 name、maxlength、size。其属性、取值及说明如表 12-3 所示。

表 12-3　文本输入框与密码框标记相关属性、取值及说明

属 性	取 值	说　　明
name	name	定义 input 元素的名称
maxlength	number	规定输入字段中的字符的最大长度
size	number_of_char	定义输入字段的宽度。其值小于或等于最大长度
value	value	规定 input 元素的默认值
readonly	readonly	规定文本框中内容只读，不能修改和编辑

扫一扫
视频讲解

【例 12-3-1】　用户信息的输入。其代码如下，页面效果如图 12-3 所示。

```
1  <!-- edu_12_3_1.html -->
2  <!doctype html>
3  < html lang = "en">
4    < head >
5      < meta charset = "UTF - 8">
6      < title >单行文本输入框实例</title>
7    </head >
8    < body >
9      < h4 >输入用户信息</h4 >
10     < form >
11       用户名：< input type = "text" name = "chu" maxlength = "20" size = "10"/>
12       身份：< input type = "text" name = "" readonly value = "学生"><br>
13       密         码：< input type = "password" name = "psw" maxlength = "20" size = "10">
14     </form >
15   </body >
16 </html >
```

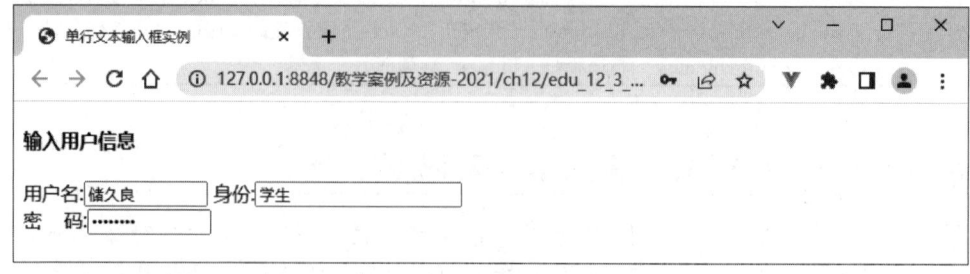

图 12-3　用户信息的输入

代码中第 11 行在表单中插入一个单行文本输入框，其名称为 chu，并定义最大长度为 20、显示宽度为 10，当超出宽度时，输入内容向左移动，直到达到最大长度为止，文本框的默认值为空；第 12 行插入一个单行文本框，赋初值为"学生"，且定义了 readonly 属性，此文本

框不可修改；第 13 行插入一个密码框，其名称为 psw，并定义最大长度为 20、显示宽度为 10，当超出宽度时，输入内容向左移动，直到达到最大长度为止。密码输入框中输入的字符显示为"•"。

12.3.2 复选框与单选按钮

设置 input 标记的 type 属性值为 checkbox，可以实现向表单中插入一个复选框，用户可利用复选框在网页上设置多项选择。设置 input 标记的 type 属性值为 radio，可以实现向表单中插入一个单选按钮，用户可利用单选按钮在网页上为某一选择设置多个单选项。

1. 基本语法

```
< input name = "" type = "checkbox" value = "" checked = "checked"/>
< input name = "" type = "radio" value = "" checked = "checked"/>
```

2. 属性说明

复选框与单选按钮的主要属性有 name、value、checked，其中 checked 属性用于设置初始预选项。复选框与单选按钮的属性、取值及说明如表 12-4 所示。

表 12-4 复选框与单选按钮属性、取值及说明

属 性	取 值	说 明
name	name	定义 input 标记的名称
value	value	规定 input 标记的值
checked	checked	预先选定复选框

由于复选择框可以支持多选，每一个复选框都是不同的，一组复选框的所有 name 属性值应该不同，value 属性值也应该不同。

由于单选按钮必须是唯一的，所以在一组单选按钮中只能选择一个单选按钮，所以一组单选按钮的所有 name 属性值必须相同，value 属性取值应该不同。

【例 12-3-2】复选框与单选按钮的应用。其代码如下，页面效果如图 12-4 所示。

扫一扫

视频讲解

```
1  <!-- edu_12_3_2.html -->
2  <!doctype html>
3  < html lang = "en">
4     < head >
5        < meta charset = "UTF - 8">
6        < title >复选框与单选按钮的应用</title>
7        < style type = "text/css">
8           fieldset {width: 300px; height: 120px; border: 2px double  # 003399; padding -
                left:30px;}
9        </style>
10    </head>
11    < body >
12       < form >
13          < fieldset >
14             < legend >请填写个人信息</legend ><br>
15             姓名:< input type = "text" name = "xm" maxlength = "10" size = "10"><br>
16             爱好:< input type = "checkbox" name = "c1" value = "读书"/>读书
17             < input type = "checkbox" name = "c2" value = "唱歌"checked = "checked"/>唱歌
```

```
18          < input type = "checkbox" name = "c3" value = "游戏" checked = "checked"/>游戏< br >
19          性别:< input type = "radio" name = "sex" value = "male" checked = "checked"/>男性
20              < input type = "radio" name = "sex" value = "female"/>女性
21          </fieldset>
22      </form>
23  </body>
24  </html>
```

代码中第 8 行定义 fieldset 标记的样式,第 13～21 行在表单中插入域和域标题标记,对表单元素进行分组。其中第 15 行在表单中插入单行文本输入框;第 16～18 行分别在表单中插入 3 个复选框,name 属性值分别为 c1、c2 和 c3,value 属性的取值分别为"读书""唱歌"和"游戏",并给 input 标记设置 checked 属性,将名称为 c2 和 c3 的复选框设置为预选项;第 19～20 行在表单中插入两个单选按钮,name 属性值均为 sex,value 属性值分别为 male 和 female,并给 input 标记设置 checked 属性,将"男性"单选按钮设置成预选项。

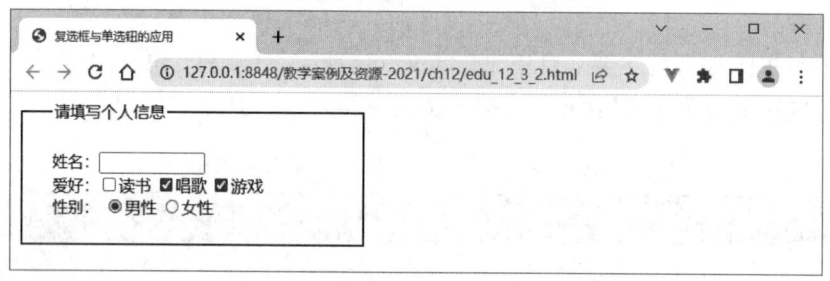

图 12-4　复选框与单选按钮的应用

12.3.3　图像按钮

设置 input 标记的 type 属性值为 image,可以实现向表单中插入一个图像按钮。用户可利用图像按钮在网页中插入一张图像,通过 src 属性加载图像。

1. 基本语法

< input name = "" type = "image" src = "" width = "" height = ""/>

2. 属性说明

图像按钮标记的属性主要有 name、src、width、height,其属性、取值及说明如表 12-5 所示。

表 12-5　图像按钮标记的属性、取值及说明

属　　性	取　　值	说　　明
name	name	定义 input 标记的名称
src	URL	定义以提交按钮形式显示的图像的 URL
width	width	规定图像的宽度,单位为像素
height	height	规定图像的高度,单位为像素

【例 12-3-3】　在网页中使用图像按钮。代码如下所示,页面效果如图 12-5 所示。

```
1   <!-- edu_12_3_3.html -->
2   <!doctype html >
```

```
3    <html lang = "en">
4        <head>
5            <meta charset = "UTF-8">
6            <title>图像按钮实例</title>
7            <style type = "text/css">
8                body{text-align: center;}
9                input{width: 150px;height: 150px;}
10               [type = "submit"]{border-radius: 60px;}
11           </style>
12       </head>
13       <body>
14           <form>
15               <h3>图像按钮与提交按钮的应用</h3>
16               <input type = "image" name = "yes" src = "yesbutton.jpg" align = "middle" />
17               <input type = "image" name = "no" src = "nobutton.jpg" onclick = "alert('您单击了-no按钮!')" align = "middle" />
18               <input type = "submit" value = "提交">
19           </form>
20       </body>
21   </html>
```

代码第8行设置body标记样式为内容居中；第9行设置input标记宽度和高度；第10行设置属性值选择器样式为圆角，半径为60px；第16行在表单中插入一个图像按钮，名称为yes，图像为yesbutton.jpg；第17行在表单中插入一个图像按钮，名称为no，图像为nobutton.jpg；第18行插入一个提交按钮。当用户单击第1个图像按钮时，URL中会显示当前鼠标的坐标位置值（如edu_12_3_3.html? yes.x＝95&yes.y＝41）。当用户单击第2个图像按钮时，会弹出告警信息框。

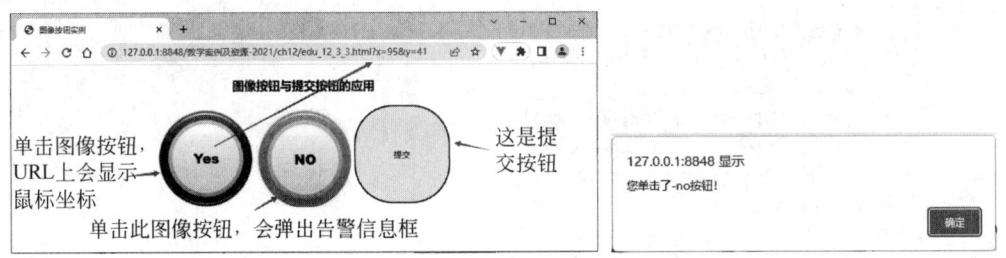

图12-5 图像按钮实例

12.3.4 提交、重置及普通按钮

设置input标记的type属性值为submit，可以实现向表单中插入一个提交按钮，提交按钮用于将表单的信息提交至服务器进行处理。设置input标记的type属性值为reset，可以实现向表单中插入一个重置按钮，重置按钮用于将表单中所有的输入信息清空，然后让用户可以重新填写。设置input标记的type属性值为button，可以实现向表单中插入一个普通按钮。普通按钮在网页设计中非常有用，如果不通过表单提交按钮处理事件，则可以给普通按钮绑定事件代码，来实现所需的功能。

1. 基本语法

```
< input name = "" type = "submit" value = "提交"/>
< input name = "" type = "reset" value = "重置">
< input name = "" type = "button" value = "" onclick = ""/>
```

2. 属性说明

提交、重置按钮的属性主要有 name、value，其属性、取值及说明如表 12-6 所示。

表 12-6 提交、重置按钮属性、取值及说明

属 性	取 值	说 明
name	name	定义 input 标记的名称
value	value	规定 input 标记的值

普通按钮的属性有 name、value 和 onclick，其属性、取值及说明如表 12-7 所示。

表 12-7 普通按钮属性、取值及说明

属 性	取 值	说 明
name	name	定义 input 标记的名称
value	value	规定 input 标记的值
onclick	事件代码	绑定事件代码、自定义函数或直接使用脚本代码

视频讲解

【例 12-3-4】3 种按钮的应用。其代码如下，页面效果如图 12-6 所示。

```
 1  <!-- edu_12_3_4.html -->
 2  <!doctype html>
 3  < html lang = "en">
 4     < head >
 5        < meta charset = "UTF - 8">
 6        < title >3 种按钮的应用</title >
 7        < style type = "text/css">
 8           input{width:100px;height:25px;}
 9           body{text - align:center;}
10           fieldset{width:400px;height:180px;}
11        </style >
12     </head >
13     < body >
14        < form >
15           < fieldset >
16              < legend >3 种按钮的应用</legend >
17              < h3 >请输入用户信息：</h3 >
18              用户名：< input type = "text" name = "username" size = "10"/>
19              密码：< input type = "password" name = "password" size = "10"/>< br/>< br >
                   
20              < input type = "submit" name = "submit" value = "提交"/>
21              < input type = "reset" name = "reset" value = "重置"/>
22              < input type = "button" name = "button" value = "注册新用户" onclick =
                 "javascript:alert('注册新用户');"/>
23           </fieldset >
24        </form >
25     </body >
26  </html >
```

代码中第 8～10 行分别定义了 input、body、fieldset 标记的样式，第 15～23 行在表单中插入域和域标题标记，对表单元素进行分组。其中第 20 行在表单中插入一个提交按钮，名称为 submit，值为"提交"；第 21 行在表单中插入一个重置按钮，名称为 reset，值为"重置"；第 22 行在表单中插入一个普通按钮，名称为 button，值为"注册新用户"。单击"注册新用户"按钮将触发 onclick 事件，执行 JavaScript 代码，弹出"注册新用户"告警框，如图 12-6 所示。

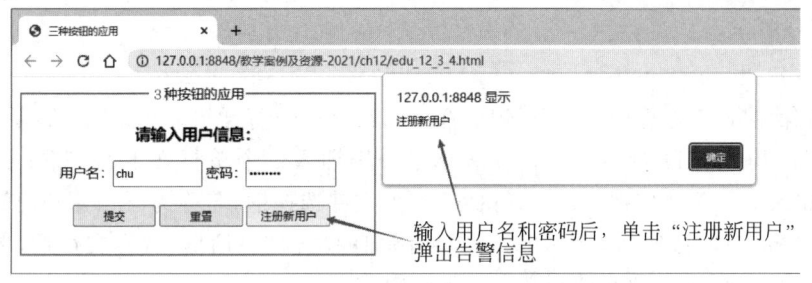

图 12-6 3 种按钮的应用

12.3.5 文件选择框与隐藏框

设置 input 标记的 type 属性值为 file，可以实现向表单中插入一个文件选择框。设置 input 标记的 type 属性值为 hidden，可以实现向表单中插入一个隐藏框，用户提交表单时，隐藏框的信息也会一起提交到服务器，但隐藏框在网页中是不可见的。

1．基本语法

```
< input name = "" type = "file">
< input name = "" type = "hidden" value = "" />
```

2．属性说明

name：定义 input 标记的名称。页面上会自动添加一个文本输入框和一个"浏览"按钮。单击"浏览"按钮可以从"选择要加载的文件"对话框中选择某一个文件，然后将文件名称回填到文本输入框中，但并没有做任何其他操作。隐藏框的 value 属性值为传输的内容。

【例 12-3-5】 文件选择框与隐藏框的应用。其代码如下，页面效果如图 12-7 所示。

```
 1 <!-- edu_12_3_5.html -->
 2 <!doctype html>
 3 < html lang = "en">
 4     < head >
 5         < meta charset = "UTF - 8">
 6         < title >文件选择框与隐藏框的应用</title >
 7         < style type = "text/css">
 8             fieldset{width:500px;height:200px;margin:20px;}
 9         </style >
10     </head >
11     < body >
12         < form >
13             < fieldset >
14                 < legend >文件选择框与隐藏框的应用</legend >
15                 < h4 >请输入个人信息：</h4 >
```

扫一扫

视频讲解

```
16            姓名:< input type = "text" name = "name" size = "10"/>
17            性别:< input type = "radio" name = "sex" value = "male"/>男
18            < input type = "radio" name = "sex" value = "female"/>女  
19            年龄:< input type = "text" name = "age" size = "8"/><br/>
20            < h4 >请选择文件: </ h4 >
21            < input type = "file" name = "file"><br>
22            < input type = "hidden" name = "admin" value = "ABCD">
23        </ fieldset >
24     </ form >
25   </ body >
26 </ html >
```

代码中第 8 行定义了 fieldset 标记的样式,第 12~24 行插入表单,并在表单中插入域和域标题标记。其中第 16 行、第 19 行在表单中分别插入一个单行文本输入框;第 17 行、第 18 行分别插入一个单选按钮;第 21 行插入一个文件选择框,名称为 file,用户可选择相关文件。单击"选择文件"按钮后,会弹出"选择要添加的文件"对话框,选择文件后,单击"打开"按钮,所选文件的名称自动回填到文本输入框内。

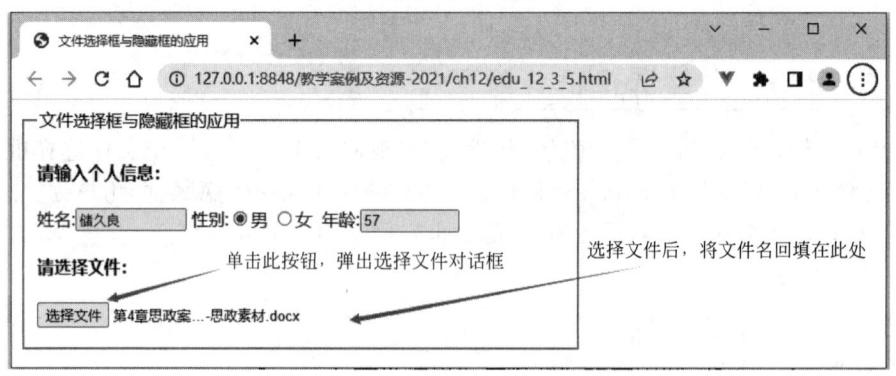

图 12-7 文件选择框与隐藏框的应用

12.4 多行文本输入框

网站管理员经常需要收集用户对某一事件的看法或征求一下用户的意见,但用户的反馈意见往往比较长,单行文本输入框不能满足这一要求。使用 textarea 标记可以向表单中插入多行文本输入框。多行文本输入框可以用来输入较多的文字信息,而且可以换行,并将这些信息提交到服务器。

1. 基本语法

```
< textarea name = "" rows = "" cols = "" wrap = ""/>初始信息内容</ textarea >
< textarea rows = "" cols = "" wrap = "soft|hard"></ textarea ><!-- HTML5 定义 -->
```

2. 属性说明

多行文本输入框 textarea 标记是成对标记,其属性主要有 name、rows、cols、wrap,另外 HTML5 新增加了相关属性,其属性、取值及说明如表 12-8 所示。在默认情况下,当用户在文本区域中输入文本后,浏览器会将它们按照输入时的状态发送给服务器。注意,只有在用户按下 Enter 键的地方生成换行。

第12章 表单

表 12-8 多行文本输入框标记的属性、取值及说明

属 性	取 值	说 明
name	name	定义 textarea 标记的名称
rows	number	规定文本区内的可见行数
cols	number	规定文本区内的可见宽度
wrap	soft|hard	HTML5 中 soft 表示提交时不换行，hard 表示提交时换行
readonly	readonly	指示用户无法修改文本区内的内容
required	required	定义为了提交该表单，该 textarea 的值是否为必需的
disabled	disabled	规定禁用文本区域
maxlength	number	在文本区域中允许的最大字符数

【例 12-4-1】 多行文本输入框属性的应用。其代码如下，页面效果如图 12-8 所示。

扫一扫

视频讲解

```
1  <!-- edu_12_4_1.html -->
2  <!doctype html>
3  <html lang = "en">
4    <head>
5      <meta charset = "UTF - 8">
6      <title>多行文本输入框属性的应用</title>
7    </head>
8    <body>
9      <form>
10       <h3>设置 name、rows、cols 属性的多行文本域</h3>
11       <textarea name = "info" rows = "4" cols = "50">请输入内容</textarea>
12       <h3>设置新增 placeholder、required 和 maxlength 属性的多行文本域</h3>
13       <textarea name = "info" rows = "4" cols = "50" placeholder = "请输入内容" maxlength =
         "20" required = "required"></textarea>
14       <input type = "submit" name = "" id = "" value = "提交"/>
15     </form>
16   </body>
17 </html>
```

(a)

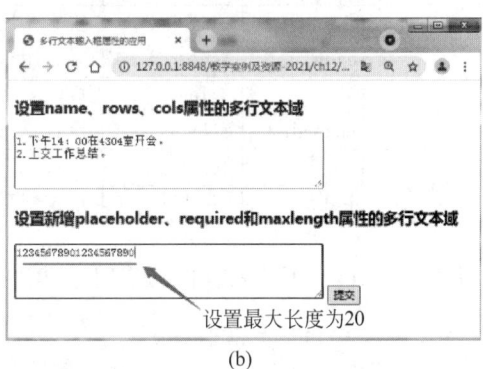

(b)

图 12-8 多行文本输入框属性的应用

代码中第 11 行在表单中插入了一个 4 行 50 列的多行文本输入框，名称为 info。第 13 行定义 4 行 50 列的多行文本域，新增属性 placeholder、required 和 maxlength。其中 placeholder 为占位符，设置提示文字；required 为必填项，不输入直接提交会提示"请填写此

213

字段",如图12-8(a)所示;设置最大长度为20,超过20个字符将不能输入,如图12-8(b)所示。

12.5 下拉列表框

下拉列表可以在表单中接受用户的输入。下拉列表通常需要同时使用 select、optgroup 和 option 3 个标记实现在表单中插入下拉菜单和选项的分组显示。其中<optgroup>标记常用于把相关的选项组合在一起。

1. 基本语法

```
<select name="" size="" multiple>
    <option value="" disabled>请选择</option>
    <optgroup label="规定选项组描述">
        <option value="" selected>文字信息</option>
        <option value=""></option>
    </optgroup>
    ...
</select>
```

2. 属性说明

select 标记是成对标记,option 标记是单(个)标记,但应该把它补成成对标记,这样结构更为清晰。optgroup 为成对标记,用于选项的分组。select、optgroup 和 option 3 个标记通常组合在一起使用。每个选项必须指定一个显示文本和一个 value 值,显示文本通常附加在 option 标记的后面。它们的属性、取值及说明如表 12-9 所示。

表 12-9 select 标记和 option 标记的属性、取值及说明

标记名称	属 性	取 值	说 明
select	name	name	定义 select 标记的名称
	size	number	规定下拉列表中可见选项的数目
	multiple	multiple	规定可选择多个选项
	disabled	disabled	规定禁用该下拉列表
	required	required	规定用户在提交表单前必须选择下拉列表中的一个选项
option	value	value	规定列表项的值
	selected	selected	设置预选列表项
optgroup	label	text	为选项组规定描述
	disabled	disabled	规定禁用该选项组

扫一扫

视频讲解

【例12-5-1】 下拉列表框的应用。其代码如下,页面效果如图12-9所示。

```
1  <!-- edu_12_5_1.html -->
2  <!doctype html>
3  <html lang="en">
4    <head>
5      <meta charset="UTF-8">
6      <title>下拉列表框的应用</title>
7    </head>
8    <body>
```

```
 9    <form>
10      <h3>请选择您的课程:</h3>
11      <select name="course" size="8" multiple>
12        <option value="" disabled>请选择</option>
13        <optgroup label="语言类">
14          <option value="c1" selected>C/C++程序设计</option>
15          <option value="c2">Java程序设计</option>
16        </optgroup>
17        <optgroup label="核心类">
18          <option value="c3">计算机组成原理</option>
19          <option value="c4">计算机网络</option>
20          <option value="c5">数据结构</option>
21        </optgroup>
22      </select>
23    </form>
24  </body>
25 </html>
```

代码中第 11~22 行插入了一个下拉列表框,名称为 course,选项数目为 8,设置 multiple 属性支持多选;第 13~16 行、第 17~21 行定义两个选项组,分别插入了相关选项,选项内容为课程名称,其中第 12 行为默认提示选项,不能响应。第 14 行设置 selected 属性,使选项"C/C++程序设计"为默认选项。

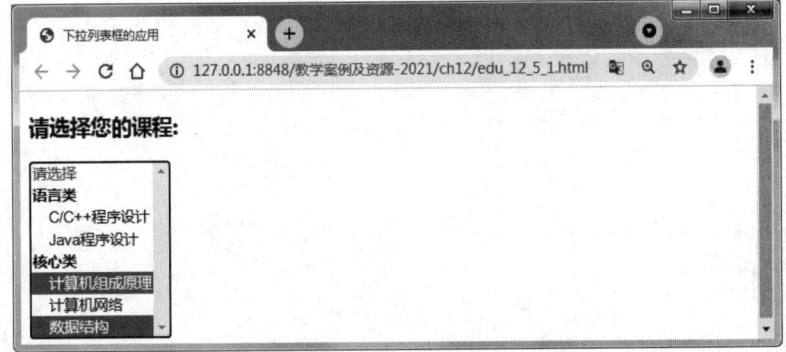

图 12-9 下拉列表框的应用

12.6 综合案例 1——通用会议注册表

扫一扫

视频讲解

本节以"通用会议注册表"页面为例,采用 11 行 9 列的表格和表单混合布局来完成会议注册页面设计,采用部分 CSS3 新属性生成带阴影边框的表格和带圆角边框的普通按钮,页面效果如图 12-10 所示。其实现代码如下:

```
1  <!-- edu_12_6_1.html -->
2  <!doctype html>
3  <html lang="en">
4  <head>
5    <meta charset="UTF-8">
6    <title>通用会议注册表</title>
7    <style type="text/css">
8      body {text-align: center;}
```

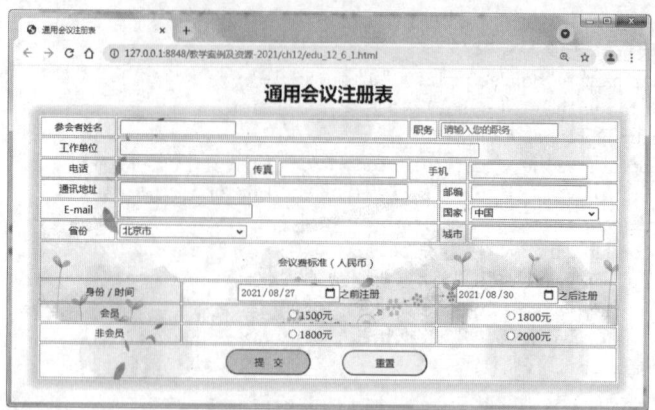

图 12-10 通用会议注册表效果图

```
9      h1{font-size: 26px;text-align: center;}
10     .zhuce{font-size: 14px;text-align: center;width: 820px;
11       margin: 0 auto;background: url(image-12-6-bg.jpg);
12       box-shadow: 0 0 10px 10px #E1E2F5;    /*设置边框阴影*/
13     }
14     .zhuce td{border: 1px solid #9B9B9B;padding: 2px 3px;}
15     .zhuce .ibg{text-align: left;}
16     .zhuce .bbg{padding: 5px 0;font-size: 16px;}
17     .bt{width: 120px;height: 35px;background: #FFFBDA;
18       margin: 0 20px;border-radius: 25px;    /*设置圆角边框*/
19     }
20     .bt:hover{background-color: #DFF100;}/*盘旋时改变背景颜色*/
21     </style>
22   </head>
23   <body>
24     <h1>通用会议注册表</h1>
25     <form>
26       <table class="zhuce">
27         <tr>
28           <td width="100px">参会者姓名</td>
29           <td colspan="4" class="ibg"><input name="txtName" type="text"></td>
30           <td>职务</td>
31           <td colspan="3" class="ibg">
32             <input name="txtZhiwu" type="text" placeholder="请输入您的职务">
33           </td>
34         </tr>
35         <tr>
36           <td>工作单位</td><td colspan="8" class="ibg">
37             <input name="txtDanwei" type="text" style="width:500px;">
38           </td>
39         </tr>
40         <tr>
41           <td>电话</td><td colspan="2" class="ibg">
42             <input name="txtTel" type="text"></td>
43           <td>传真</td><td class="ibg"><input name="txtFax" type="text"></td>
44           <td colspan="3">手机</td>
45           <td class="ibg"><input name="txtMobil" type="text"></td>
46         </tr>
47         <tr>
```

```
48        <td>通讯地址</td>
49        <td colspan = "6" class = "ibg">
50          <input name = "txtAddress" type = "text" style = "width:400px;">
51        </td>
52        <td>邮编</td>
53        <td class = "ibg"><input name = "txtPostCode" type = "text"></td>
54      </tr>
55      <tr>
56        <td>E-mail</td>
57        <td colspan = "6" class = "ibg">
58          <input name = "txtEmail" type = "text" style = "width:180px;">
59        </td>
60        <td>国家</td>
61        <td class = "ibg">
62          <select name = "ddlCountry" id = "ddlCountry" style = "width:180px;">
63            <option value = "" disabled>请选择</option>
64            <option value = "中国" selected>中国</option>
65            <option value = "欧洲-英国">欧洲-英国</option>
66            <option value = "南美洲-巴西">南美洲-巴西</option>
67            <option value = "美国">美国</option>
68            <option value = "非洲-南非">非洲-南非</option>
69          </select>
70        </td>
71      </tr>
72      <tr>
73        <td>省份</td>
74        <td colspan = "6" class = "ibg">
75          <select name = "ddlProvince" style = "width:180px;">
76            <option value = "请选择" disabled>请选择</option>
77            <option value = "北京市">北京市</option>
78            <option value = "天津市">天津市</option>
79            <option value = "重庆市">重庆市</option>
80            <option value = "上海市">上海市</option>
81          </select>
82        </td>
83        <td>城市</td>
84        <td class = "ibg"><input name = "txtCity" type = "text" style = "width:180px;">
          </td>
85      </tr>
86      <tr><td colspan = "9"><p>会议费标准(人民币)</p></td></tr>
87      <tr>
88        <td colspan = "2">身份/时间</td>
89        <td colspan = "4"><input type = "date" value = "2021-08-27"/>之前注册</td>
90        <td colspan = "3"><input type = "date" value = "2021-08-30"/>之后注册</td>
91      </tr>
92      <tr>
93        <td colspan = "2">会员</td>
94        <td colspan = "4"><input type = "radio" name = "rbMem" value = "rbMem1">1500元
          </td>
95        <td colspan = "3"><input type = "radio" name = "rbMem" value = "rbMem2">1800元
          </td>
96      </tr>
97      <tr>
98        <td colspan = "2">非会员</td>
```

```
 99         <td colspan = "4"><input type = "radio" name = "rbMem" value = "rbNoMem1">1800 元
            </td>
100         <td colspan = "3"><input type = "radio" name = "rbMem" value = "rbNoMem2">
            2000 元</td>
101       </tr>
102       <tr>
103         <td colspan = "9" class = "bbg">
104           <input class = "bt" type = "submit" name = "btnOk" value = "提 交">
105           <input class = "bt" type = "reset">
106         </td>
107       </tr>
108     </table>
109   </form>
110 </body>
111 </html>
```

上述代码中第 25～109 行在 HTML 的 body 标记中插入表单，在表单中又插入一个 11 行 9 列的表格。第 29、32、37、42、45、50、53、58、84 行插入单行文本输入框，分别用于输入参会者姓名、职务、工作单位、电话、传真、手机、通讯地址、邮编、E-mail 等信息。第 62～69 行插入下拉列表框，用于输入用户所属的国家，中国为预选状态。第 75～81 行插入下拉列表框，用于输入用户所属的省份。第 89、90 行在单元格中插入日期输入表单控件（HTML5 中新增 input 类型）。第 94、95、99、100 行插入单选按钮，输入会员信息和缴费信息。第 104、105 行插入提交按钮和重置按钮，用于提交整个表单信息和清空表单内容。

本章小结

表单是 Web 服务器端和客户端进行信息交互的主要桥梁。Web 服务器通过含有表单和表单控件的 Web 页面完成用户信息的采集。表单有 3 个重要属性，分别是 name、action、method。表单有 12 个常用表单控件，分别是单行文本输入框、密码输入框、复选框、单选按钮、图像按钮、提交按钮、重置按钮、普通按钮、文件选择框、隐藏框、多行文本输入框、下拉列表框。使用域和域标题可以对表单元素进行合理分组。组合运用这些标记，可以使 HTML 网页和用户更加灵活地交互信息。

扫一扫

自测题

练习 12

1．选择题

（1）下列选项不是表单标记的属性是（　　）。

    A．method   B．action   C．enctype   D．option

（2）下列选项不是 input 标记的 type 属性值的是（　　）。

    A．password   B．radio   C．textarea   D．button

（3）下列 input 标记的类型属性取值表示复选框的是（　　）。

    A．hidden   B．checkbox   C．radio   D．select

（4）下列 input 标记的类型属性取值表示单选按钮的是（　　）。

    A．hidden   B．checkbox   C．radio   D．select

(5) 用于设置文本输入框显示宽度的属性是(　　)。
　　A．size　　　　　　B．maxlength　　　　C．value　　　　　　D．length
(6) 下拉列表中用于设置选项分组的标记是(　　)。
　　A．＜select＞　　　B．＜option＞　　　　C．＜optgroup＞　　D．＜li＞

2．填空题

(1) 在表单 form 标记中，method 属性的取值可以为_____和_____。

(2) 表单是 Web _____和 Web _____之间实现信息交流和传递的桥梁。

(3) ＜select＞标记通常必须与_____标记配合使用。如果选项太多，可以使用_____标记来进行选项分组，通过_____属性来设置分组描述。select 标记通常设置_____、_____和_____ 3 个主要属性。

(4) _____标记用于定义多行文本输入框，指定行数的属性为_____，指定列数的属性为_____，指定为必填项的属性为_____，指定最大长度的属性为_____。

(5) 重置按钮的 type 属性值为_____，提交按钮的 type 属性值为_____，普通按钮的 type 属性值为_____。

(6) 一组复选框中复选框的 name 属性值必须_____，value 属性值也必须_____；而一组单选按钮中每一个单选按钮的 name 属性值必须_____，value 属性值必须_____。

(7) 通过_____属性可以将某一复选框、单选按钮设置为默认预选状态；通过_____属性可以将下拉列表框中的某一选项设置为默认预选状态。

(8) 使用_____标记可以定义域，使用_____标记可以定义域的标题。

实验 12

1. 编写程序实现如图 12-11 所示的登录页面。
2. 利用表单和表单元素设计简单的应聘页面，如图 12-12 所示，写出实现的 HTML 代码。

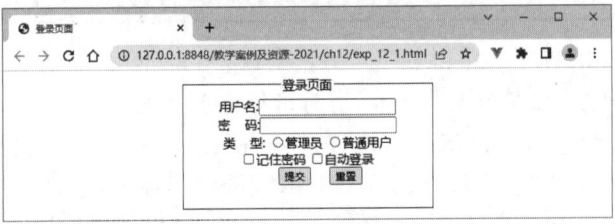

图 12-11　登录页面效果图

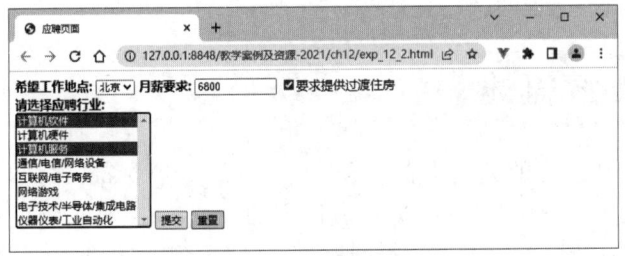

图 12-12　应聘页面效果图

第 13 章
CHAPTER 13

HTML5基础与CSS3应用

本章学习目标

随着移动互联技术不断发展，HTML5、CSS3、JavaScript、jQuery Mobile等技术在移动端的应用越来越普及，所以学会移动开发技术已经是势在必行了。本章主要介绍HTML5的新特点、新增标记及新增属性，学会运用CSS3新特性来改变网页的外在表现，以增加用户的体验。

Web移动前端开发工程师应知应会以下内容：
- 熟悉掌握HTML5新特性。
- 掌握HTML5页面结构。
- 学会使用HTML5新增元素和新增属性。
- 掌握HTML5新增表单元素及新增属性的设置方法。
- 学会使用HTML5的Audio和Video媒体元素。
- 学会使用CSS3的转换、过渡和动画等特性设计页面的动态效果。
- 学会设置与应用CSS3文本效果及多列等属性。

W3C（World Wide Web Consortium，万维网联盟）自2008年1月22日公布HTML5草案到2014年10月28日发布正式标准，历时多年终于完成标准的制定。目前HTML5已经成为HTML、XHTML及HTML DOM的新标准，大多数浏览器已经支持HTML5技术。2016年11月1日W3C正式发表了HTML5.1推荐标准，该推荐标准定义了HTML语言第5个版本的第1个小版本（https://www.w3.org/TR/2016/REC-html51-20161101/），绝大多数的主流浏览器已经能够实现或即将实现HTML5.1引入的新特性和变化，同时W3C已在着手制定下一个版本HTML5.2。

13.1　HTML5 概述

由于HTML4.01标准的标记功能不足，而XHTML1.0标准又过于严格、兼容性差，在实际Web应用开发中很难完全遵守W3C所制定的规范。在Web应用开发中面临许多困难，如很多人开始怀疑Flash的安全性等问题，但又找不到合适的插件，Web前端开发工程师纷纷埋怨在开发计算机端和移动端应用时，仍然需要为微软、苹果、安卓等系统设计不同方案。2004年,为了推动Web标准化运动的发展,由Apple、Opera、Google、Mozilla等公司发起,与一些浏览器生产厂家和相关团体共同成立一个协作组织,称之为WHATWG(Web HyperText Application Technology Working Group,Web超文本应用技术工作组)。WHATWG组织专门致力于Web表单和应用程序,当时W3C专注于XHTML2.0标准的制定。2006年10月,W3C决定与WHATWG合作共同研制HTML5相关技术标准。

在HTML5中需要弄清楚元素、标记和属性的相关概念,以便于正确理解和阅读本章的内容。标记就是被尖括号"<"和">"包围起来的关键字,表示特定功能。绝大部分的标记都是双(成对)标记,例如< html ></ html >、< head ></ head >等;少部分是单(个)标记,例如< br >、< hr >、< meta >、< link >等。标记是用来说明HTML元素的。一个非空HTML元素是由开始标记、元素的属性和值、内容和结束标记组成的,是构成HTML文件的基本对象。位于起始标记和结束标记之间的文本就是HTML元素的内容。为HTML元素提供各种附加信息的就是HTML属性,它总是以属性名="属性值"这种名值对的形式出现,而且属性总是在HTML元素的开始标记中进行定义。示例代码如下:

```
< html >
  < head >                                  <!-- 这是开始标记 -->
    < title >元素、标记和属性讲解</ title >   <!-- 这是一个title元素 -->
  </ head >                                 <!-- 这是结束标记 -->
  < body onload = "alert('页面装载!');">    <!-- 这是在开始标记内定义属性并赋值 -->
    < h3 >这是元素的内容</ h3 >              <!-- 这是一个h3元素 -->
  </ body >
</ html >
```

在这个示例中,"< h3 >这是元素的内容</ h3 >"就是HTML元素,其中"这是元素的内容"就是元素的具体内容。< head >、< title >、< body >等就是HTML标记,这些标记构成了HTML元素。< body onload = "alert('页面装载!');">中的onload = "alert('页面装载!');"就是标记的属性。总之,大家对于元素和标记的区别不必太在意,在实际工作中会直接以标记统称。属性就是为HTML标记添加各种附加信息或者配置选项的参数。

13.2　HTML5文档结构

HTML5文档结构同样是由头部和主体两部分组成,只是新增了一些结构元素,例如header、nav、article、section、aside、footer,这些元素都是块级元素。

13.2.1　HTML5页面结构

在HTML4.01之前,通常使用DIV+CSS来进行页面布局,采用DIV分割页面,采用CSS定义DIV的样式,页面效果如图13-1所示。在HTML5中采用页眉、页脚、导航、文章内容等结构元素来进行页面布局,显得十分方便,页面效果如图13-2所示。

HTML5页面结构元素的语法如下:

```
<!doctype html >
< html lang = "en">
< head >
    < meta charset = "UTF - 8">
    < meta name = "Keywords" content = "">
```

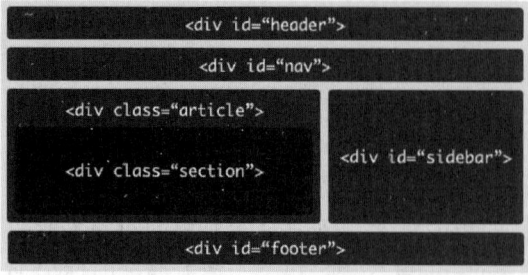

图 13-1　HTML4.01 页面布局

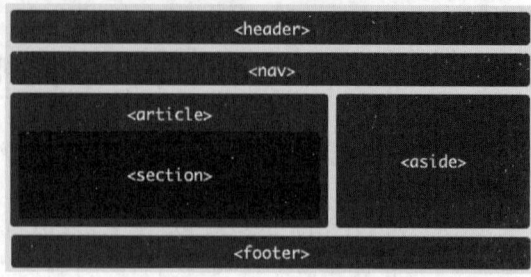

图 13-2　HTML5 结构元素布局

```
    <meta name="Description" content="">
    <title>HTML5 文档结构</title>
</head>
<body>
    <header>
        <nav>…</nav>
    </header>
    <article>
        <section>…</section>
    </article>
    <aside>…</aside>
    <footer>…</footer>
</body>
</html>
```

13.2.2　HTML5 新增的结构元素

1．header 标记

header 标记定义文档和区域的页眉，通常是一些引导和导航信息。它不局限于写在网页头部，也可以写在网页内容里面。通常< header >标记至少包含(但不局限于)一个标题标记(h1~h6)，也可以包括 hgroup(标题组合)标记、表格标识、搜索表单、导航等。

【例 13-2-1】　页眉与标题组合标记的应用。其代码如下，页面效果如图 13-3 所示。

扫一扫

视频讲解

```
 1  <!-- edu_13_2_1.html -->
 2  <!doctype html>
 3  <html lang="en">
 4      <head>
 5          <meta charset="UTF-8">
 6          <title>HTML5 结构元素 header 和 hgroup 标记的应用</title>
 7      </head>
 8      <body>
 9          <header>
10              <hgroup>
11                  <h1>HTML5 是下一代的 HTML。</h1>
12                  <h3>什么是 HTML5?</h3>
13                  <h5>HTML5 将成为 HTML、XHTML 以及 HTML DOM 的新标准。</h5>
14              </hgroup>
15          </header>
16      </body>
17  </html>
```

图 13-3　页眉与标题组合标记的应用

2．nav 标记

nav 标记代表页面的一个部分，是一个可以作为页面导航的链接组。用户不要在 footer 元素中使用 nav 元素，否则易造成页面显示不正确。配置相应的 CSS 代码可以实现水平导航。

【例 13-2-2】　页眉与导航 nav 标记的应用。其代码如下，页面效果如图 13-4 所示。

扫一扫

视频讲解

```
1  <!-- edu_13_2_2.html -->
2  <!doctype html>
3  <html lang="en">
4    <head>
5      <meta charset="UTF-8">
6      <title>HTML5 结构元素 header 和 nav 标记的应用</title>
7    </head>
8    <body>
9      <header>
10       <nav>
11         <ul>
12           <li><a href="#">HTML 参考手册</a></li>
13           <li><a href="#">HTML 实例</a></li>
14           <li><a href="#">HTML 测验</a></li>
15         </ul>
16       </nav>
17     </header>
18   </body>
19 </html>
```

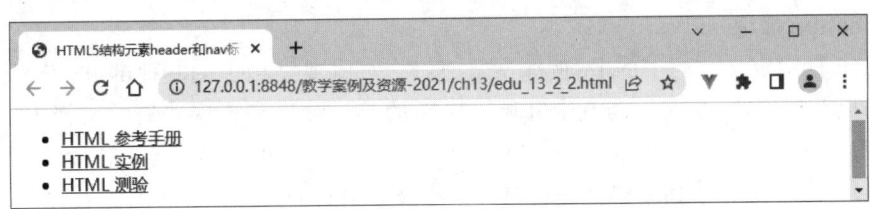

图 13-4　页眉与导航 nav 标记的应用

3．article 标记

article 标记是一个特殊的 section 标记，比 section 具有更明确的语义，它代表一个独立的、完整的相关内容块，可独立于页面中的其他内容使用。例如论坛帖子、博客文章、新闻故事、评论等。一般来说，article 会有标题部分，通常包含在 header 内，有时也会包含 footer。article 标记可以嵌套，内层的 article 对外层的 article 标记有隶属关系。例如一篇博客的文章可以用 article 显示,然后后续的一些评论可以用 article 的形式嵌入其中。

【例 13-2-3】 文章 article 标记的应用。其代码如下,页面效果如图 13-5 所示。

```
1  <!-- edu_13_2_3.html -->
2  <!doctype html>
3  <html lang="en">
4    <head>
5      <meta charset="UTF-8">
6      <title>HTML5 结构元素 artical 和 header 标记的应用</title>
7    </head>
8    <body>
9      <article>
10       <header>
11         <hgroup>
12           <h1>HTML5 结构元素的简介</h1>
13           <h2>HTML5 的诞生</h2>
14         </hgroup>
15         <time datetime="2021-04-28">2021-04-28</time>
16       </header>
17       <p>HTML5 引入了许多新标记,包括几个用于更好地描述文本结构的标记。在本文中,我们将了解这些 HTML5 引入的新的结构化标记以及如何使用它们将一个文档划分成几个内容块。</p>
18     </article>
19   </body>
20 </html>
```

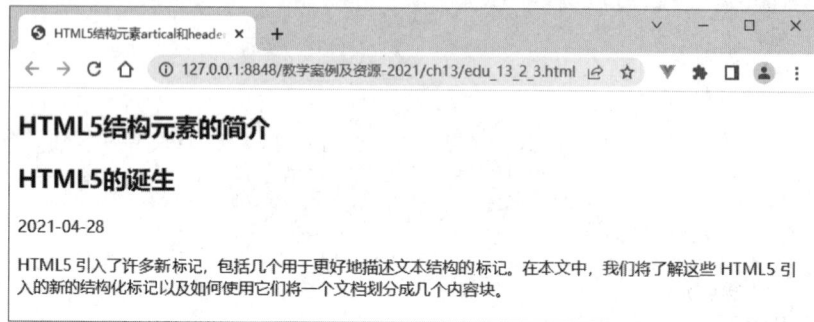

图 13-5　文章 article 标记的应用

4. section 标记

section 标记定义文档中的节,例如章节、页眉、页脚或文档中的其他部分。section 标记一般用于成节的内容,会在文档流中开始一个新的节。它用来表现普通的文档内容或应用区块,通常由内容及其标题组成。section 元素不是一个普通的容器元素,它表示一段专题性的内容,可以带有标题。如果描述一件具体的事物,建议使用 article 来代替 section;如果使用 section,仍可以使用 h1 作为标题,而不用担心它所处的位置。如果一个容器需要定义样式或行为,建议用 div 标记。

【例 13-2-4】 section 标记的应用。其代码如下,页面效果如图 13-6 所示。

```
1  <!-- edu_13_2_4.html -->
2  <!doctype html>
3  <html lang="en">
4    <head>
```

第13章 HTML5基础与CSS3应用

```
 5        <meta charset = "UTF-8">
 6        <title>HTML5结构元素artical和section标记的应用</title>
 7    </head>
 8    <body>
 9        <section>
10            <h1>section标记</h1>
11            <p>用来定义文档中的节(section、区段)。比如章节、页眉、页脚或文档中的其他部分。</p>
12        </section>
13        <article>
14            <h1>article标记</h1>
15            <p>article标记标识了Web页面中的主要内容。以博客为例,每篇帖子都构成一个重要内容。</p>
16        </article>
17    </body>
18 </html>
```

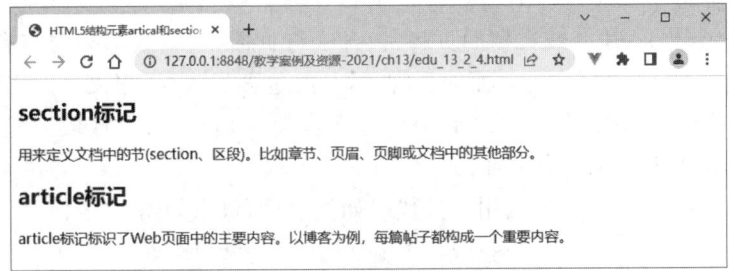

图 13-6　section 标记的应用

5．aside 标记

aside(侧栏,也称为旁注)标记用来说明其所包含的内容与页面主要内容相关,但不是该页面的一部分,类似于使用括号对正文进行注释。括号中的内容提供关于该元素的一些附加信息,例如广告、成组的链接、侧栏等。

【例 13-2-5】　aside 标记的应用。其代码如下,页面效果如图 13-7 所示。

```
 1 <!-- edu_13_2_5.html -->
 2 <!doctype html>
 3 <html lang = "en">
 4    <head>
 5        <meta charset = "UTF-8">
 6        <title>HTML5结构元素aside和article标记的应用</title>
 7    </head>
 8    <body>
 9        <header>我的博客</header>
10        <section>
11            <article>
12                <p>这是页面上重要的内容部分。也许是博客文章。带aside元素。</p>
13                <aside style = "float:right;width:100px;height:100px;background: #EEFFCC;">
14                    <p>这是第一篇博客文章。</p>
15                </aside>
16            </article>
17            <article>
18                <p>这是页面上重要的内容部分。也许是博客文章。不带aside元素。</p>
19            </article>
```

```
20        </section>
21    </body>
22 </html>
```

图 13-7　aside 标记的应用

6．footer 标记

footer 标记定义 section 或文档的页脚，包含了与页面、文章或部分内容有关的信息，例如文章的作者或者日期。当作为页面的页脚时，一般包含了版权、相关文件和链接。它与页眉 header 标记的用法相同，在一个页面中可以多次使用，若在一个区段的最后使用 footer 标记，那么它就相当于该区段的页脚。

【例 13-2-6】footer 标记的应用。其代码如下，页面效果如图 13-8 所示。

```
1  <!-- edu_13_2_6.html -->
2  <!doctype html>
3  <html lang="en">
4    <head>
5      <meta charset="UTF-8">
6      <title>HTML5 结构元素 footer 和 section 标记的应用</title>
7    </head>
8    <body>
9      <footer>
10       <div style="text-align:center;">
11         <section>
12           <a href="http://www.caict.ac.cn/" target="_blank">CAICT 中国信通院</a>
13           <a href="//www.w3.org/" target="_blank">W3C</a>
14           <a href="//www.dcloud.io/" target="_blank">DCloud</a>
15         </section>
16         <span style="padding:2px 5px;">京 ICP 备 12046007 号-5</span>
17         <span style="padding:2px 5px;">HTML5 中国产业联盟版权所有</span>
18       </div>
19     </footer>
20   </body>
21 </html>
```

图 13-8　footer 标记的应用

13.3 HTML5 新增的页面元素

HTML5 中除新增了结构元素 header、nav、article、aside、section、footer 外,还增加了新的内联元素(time、meter 及 progress 等)、新的内嵌元素(video 和 audio)、新的交互元素(details、datagrid 和 command 等)及其他页面元素。

13.3.1 hgroup 标记

标题组合 hgroup 标记是对网页或区段 section 的标题元素(h1~h6)进行组合。例如在某一区段中需要连续设置多个标题标记,可以使用 hgroup 标记来组合。

【例 13-3-1】 hgroup 标记的应用。其代码如下,页面效果如图 13-9 所示。

```
1  <!-- edu_13_3_1.html -->
2  <!doctype html>
3  <html lang="en">
4    <head>
5      <meta charset="UTF-8">
6      <title>HTML5 页面元素 hgroup 标记的应用</title>
7    </head>
8    <body>
9      <hgroup>
10         <h1>JSDoc + 规范</h1>
11         <h2 style="color:red;">介绍</h2>
12     </hgroup>
13     <p style="text-indent:2em;">编写 JSDoc 是为了增强代码的可读性,以及方便导出 API 文档。它的规范可参考 JSDoc 3。对于代码规范要求高的工程师和 JS 框架的开发者,熟悉 JSDoc 是必需的技能。</p>
14   </body>
15 </html>
```

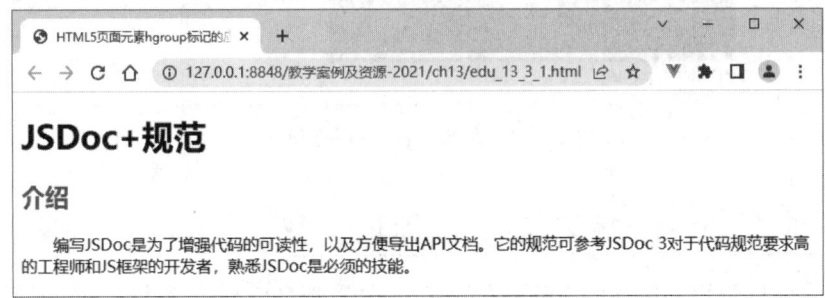

图 13-9 hgroup 标记的应用

13.3.2 figure 标记与 figcaption 标记

figure 标记用于对元素进行组合,常用于图像与图像描述组合。figcaption(图题)标记用于定义 figure 元素的标题(caption),可以给一组图像标记定义标题,但 figcaption 标记不是必需的。如果包含了 figcaption 元素,那么它必须放置在 figure 元素的第一个或最后一个子元素的位置上。

扫一扫

视频讲解

【例 13-3-2】 figure 与 figcaption 标记的应用。其代码如下,页面效果如图 13-10 所示。

```
1   <!-- edu_13_3_2.html -->
2   <!doctype html>
3   <html lang="en">
4     <head>
5       <meta charset="UTF-8">
6       <title>HTML5 页面元素 figure 与 figcaption 标记的应用</title>
7     </head>
8     <body>
9       <figure>
10        <p>HTML5 具有语义、离线与存储、设备访问等 8 个新特性,其对应的 Logo 如下图所示:</p>
11        <img src="class-header-semantics.jpg" width="150px" alt="语义" title="语义"/>
12        <img src="class-header-offline.jpg" width="150px" alt="离线&存储" title="离线&存储"/>
13        <img src="class-header-device.jpg" width="150px" alt="设备访问" title="设备访问"/>
14        <figcaption>HTML5 新 Logo(图题)</figcaption>
15      </figure>
16    </body>
17  </html>
```

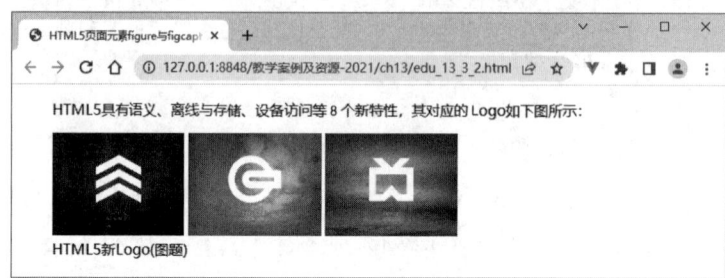

图 13-10　figure 与 figcaption 标记的应用

13.3.3　mark 标记与 time 标记

记号 mark 标记用来定义带有记号的文本。在需要突出显示文本时可以使用 mark 标记。此标记对关键字做高亮处理(黄底色标注),突出显示,标注重点,可以在搜索方面应用。

时间 time 标记用来定义公历的时间(24 小时制)或日期,时间和时区偏移是可选的。该标记能够以机器可读的方式对日期和时间进行编码。该标记不会在任何浏览器中呈现任何特殊效果。

1. 基本语法

```
<mark>重点标注的内容</mark>
<time>9:00</time>    <!-- 定义时间 -->
<time datetime="2021-05-01" pubdate="pubdate">国际劳动节</time>  <!-- 定义日期 -->
```

2．属性说明

- time 标记的 pubdate 属性：指示该标记中的日期/时间是文档（或最近的 article 标记）的发布日期。
- time 标记的 datetime 属性：规定日期/时间，否则由元素的内容给定日期/时间。

【例 13-3-3】 mark 和 time 标记的应用。其代码如下，页面效果如图 13-11 所示。

```
 1  <!-- edu_13_3_3.html -->
 2  <!doctype html>
 3  <html lang = "en">
 4    <head>
 5      <meta charset = "UTF-8">
 6      <title>HTML5 页面元素 mark 和 time 标记的应用</title>
 7    </head>
 8  <body>
 9    <article>
10      <header>
11        <h1>五一国际劳动节</h1>
12      </header>
13      <p style = "text-indent:2em;">国际劳动节又称"<mark>五一国际劳动节</mark>"、"<mark>国际示威游行日</mark>"(International Workers' Day 或者 May Day)，是世界上 80 多个国家的全国性节日，定在每年的五月一日。它是全世界劳动人民共同拥有的节日。1889 年 7 月，由恩格斯领导的第二国际在巴黎举行代表大会。会议通过决议，规定<time datetime = "1890-05-01">1890-05-01</time>国际劳动者举行游行，并决定把 5 月 1 日这一天定为国际劳动节。中央人民政府政务院于 1949 年 12 月作出决定，将 5 月 1 日确定为劳动节。1989 年后，国务院基本上每 5 年表彰一次全国劳动模范和先进工作者，每次表彰 3000 人左右。</p>
14    </article>
15  </body>
16  </html>
```

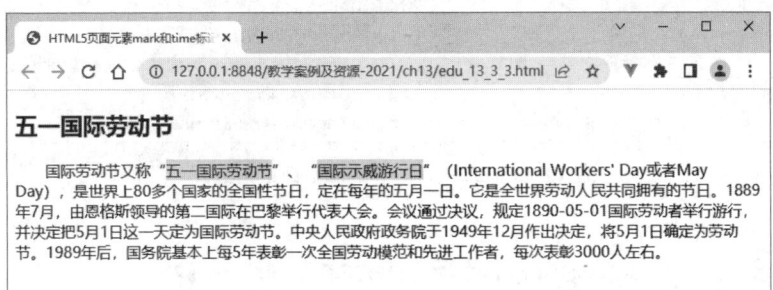

图 13-11　mark 和 time 标记的应用

13.3.4　details 标记与 summary 标记

细节 details 标记是一个开关式、交互式控件，用来定义用户可见的或者隐藏的需求补充细节，任何形式的内容都能被放在该标记中。该元素的内容对用户是不可见的，除非设置了 open 属性。与摘要 summary 标记配合使用可以为 details 定义标题，summary 元素应该是 details 元素的第一个子元素。标题是可见的，当用户单击标题时会显示出 details。另外，只有 Chrome、Safari 6 以上版本的浏览器支持 details 标记。

基本语法

```
< details open >
    < summary > details 的标题</summary>
    details 的详细内容
</details>
```

【例 13-3-4】 details 和 summary 标记的应用。其代码如下,页面效果如图 13-12 所示。

```
1  <!-- edu_13_3_4.html -->
2  <!doctype html>
3  < html lang = "en">
4    < head >
5      < meta charset = "UTF - 8">
6      < title > HTML5 页面元素 details 和 summary 标记的应用</title>
7    </head>
8    < body >
9      < details >
10       < summary > HTML5 是下一代的 HTML。</summary>
11       < h3 > 什么是 HTML5?</h3>
12       < p > HTML5 将成为 HTML、XHTML 以及 HTML DOM 的新标准。</p>
13       < p > HTML 的上一个版本诞生于 1999 年.自从那以后,Web 世界已经经历了巨变。</p>
14       < p > 大部分现代浏览器已经具备了某些 HTML5 支持。</p>
15     </details>
16     < p >< strong >< mark >注意:</mark ></strong >目前,只有 Chrome 和 Safari 6 支持 details 标记。</p>
17   </body>
18 </html>
```

图 13-12 details 和 summary 标记的应用

13.3.5 progress 标记与 meter 标记

进度 progress 标记用来定义运行中的任务进度(进程)。该标记有两个属性:max 表示规定需要完成的值;value 规定进程的当前值。

度量 meter 标记定义已知范围或分数值内的标量测量,也被称为 gauge(尺度),例如磁盘用量、CPU 使用率等。meter 标记的属性如表 13-1 所示。

表 13-1 meter 标记的属性、取值及说明

属 性	取 值	说 明
form	form_id	规定 meter 元素所属的表单
high	number	规定被界定为高值的范围
low	number	规定被界定为低值的范围
max	number	规定范围的最大值

续表

属 性	取 值	说　　明
min	number	规定范围的最小值
optimum	number	规定度量的最优值
value	number	必需。规定度量的当前值

【例 13-3-5】 progress 和 meter 标记的应用。其代码如下,页面效果如图 13-13 所示。

```
 1  <!-- edu_13_3_5.html -->
 2  <!doctype html>
 3  <html lang="en">
 4    <head>
 5      <meta charset="UTF-8">
 6      <title>HTML5 页面元素 progress 和 meter 标记的应用</title>
 7    </head>
 8    <body>
 9      <p><strong>文件下载进度：</strong>
10      <progress value="22" max="100"></progress></p>
11      <p><strong>空进度条：</strong><progress></progress></p>
12      <p><strong>服务器CPU使用情况：</strong>
13      <meter value="0.3" high="0.9" low="0.1" optimum="0.5">3/10</meter></p>
14      <p><strong>内存使用情况：</strong><meter value="0.6" max="1" min="0" optimum=".75">60%</meter></p>
15      <p><mark>注释：</mark>IE9 以及更早的版本不支持 progress、meter 标记。</p>
16    </body>
17  </html>
```

IE9 以及更早版本的 IE 浏览器不支持 progress、meter 标记。在需要显示工作任务的进度时,通常将 JavaScript 脚本与 progress 标记结合起来使用。

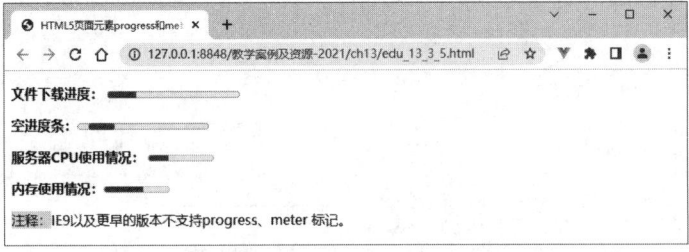

图 13-13 progress 和 meter 标记的应用

13.3.6　input 标记与 datalist 标记

input 标记用于搜集用户信息,其详细介绍参见第 12 章,此处仅介绍将 input 标记的 list 属性与 datalist 标记的 id 属性进行关联,即将这两个属性的值设置为相同的值,通过 datalist 标记列出所有合法的输入值列表。

1. 基本语法

```
<input list="name" placeholder=""/>
<datalist id="name">
```

```
    < option value = "选项 x">
    < option value = "选项 x">
</datalist >
```

2. 语法说明

选项列表 datalist 标记用来定义 input 标记可能的选项列表。一般与 input 标记配合使用(通过 list 属性值与 id 属性值相同来关联),主要用来定义 input 可能的值,提供"自动完成"的功能,方便用户输入。datalist 标记及其选项不会被显示出来,只有当用户将鼠标指针盘旋在 input 标记域时才能看到"▼",单击"▼",将弹出一个下拉列表,提供用户选择,作为用户的输入数据。

视频讲解

【例 13-3-6】 input 和 datalist 标记的应用。其代码如下,页面效果如图 13-14 所示。

```
1  <!-- edu_13_3_6.html -->
2  <! doctype html >
3  < html lang = "en">
4      < head >
5          < meta charset = "UTF - 8">
6          < title > HTML5 页面元素 input 和 datalist 标记的应用</title >
7      </head >
8      < body >
9          < input list = "course" placeholder = "请选择课程"/>
10         < datalist id = "course">
11             < option value = "HTML5 移动应用开发">
12             < option value = ".NET 应用开发">
13             < option value = "JavaEE 应用开发">
14             < option value = "PHP + MySQL 应用开发">
15         </datalist >
16         < p >< mark >注释:</mark >除了 IE9 和更早版本的 IE 浏览器以及 Safari 不支持 datalist 标记,其余均支持。</p >
17     </body >
18 </html >
```

图 13-14 input 和 datalist 标记的应用

除了 IE9 和更早版本的 IE 浏览器以及 Safari 不支持 datalist 标记,其余均支持。

13.4 HTML5 表单

表单是 HTML 中获取用户输入的手段,HTML5 对表单系统做了彻底的改造,以适应当前的应用。在 HTML5 中增加了从用户收集特定类型数据的新方法和在浏览器中检查数据的能力,但在使用一些新增特性前最好先检查一下浏览器的支持情况。下面从表单新增属性、表单新增元素及表单新增类型等方面进行介绍。

13.4.1 HTML5 新增的表单属性

HTML5 给 form 标记新增了一些属性，这些属性是 autocomplete、novalidate。

1．form 标记的新属性

1) autocomplete 属性

autocomplete：on|off。该属性规定 form 标记或类型为 text、search、url、tel、email、password、date pickers、range、color 的 input 标记是否具有自动完成的功能。当表单元素设置了自动完成功能以后，会记录用户输入过的内容，单击表单元素会显示历史输入。

2) novalidate 属性

novalidate：true|false。该属性规定在提交表单时不验证 form 或类型为 text、search、url、tel、email、password、date pickers、range、color 的 input 标记。

【例 13-4-1】 表单属性 autocomplete 和 novalidate 的应用。其代码如下，页面效果如图 13-15 所示。赋值方法为 novalidate="novalidate"或 novalidate="true"。

```
 1  <!-- edu_13_4_1.html -->
 2  <!doctype html>
 3  <html lang="en">
 4    <head>
 5      <meta charset="UTF-8">
 6      <title>HTML5 表单 form 的 autocomplete 和 novalidate 属性的应用</title>
 7    </head>
 8    <body>
 9      <form action="" method="get" novalidate="novalidate" autocomplete="on">
10        <fieldset>
11          <legend align="center">个人基本信息</legend>
12          姓名:<input type="text" name="name"/><br/>
13          邮箱:<input type="email" name="email" autocomplete="off"/><br/>
14          <input type="submit" value="提交"/>
15        </fieldset>
16      </form>
17      <p>请填写并提交此表单，然后重载页面，来查看自动完成功能是如何工作的。</p>
18      <p>请注意，表单的自动完成功能是打开的，而 E-mail 域是关闭的。</p>
19    </body>
20  </html>
```

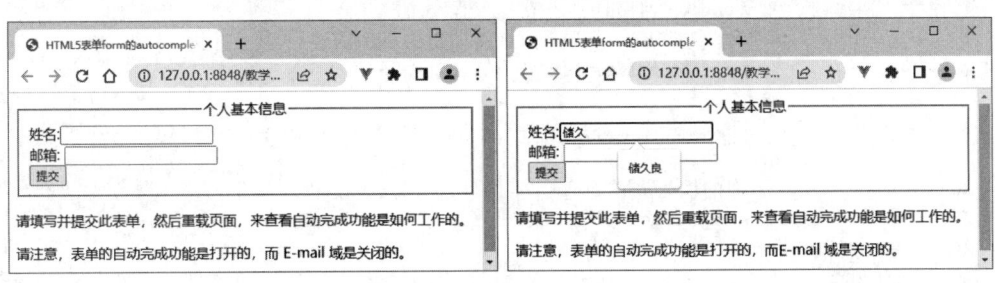

图 13-15　表单属性 autocomplete 和 novalidate 的应用

2．input 标记的新属性

HTML5 给 input 标记新增了一些属性，这些属性是 autocomplete、autofocus、form、form overrides(formaction、formenctype、formmethod、formnovalidate、formtarget)、height、width、list、min、max、step、multiple、pattern(regexp)、placeholder、required。

- height 和 width 属性：height 和 width 属性规定只适用于 image 类型的 input 标记的图像的高度和宽度。
- form 属性：form 属性规定输入域所属的一个或多个表单。form 属性必须引用所属表单的 id。
- list 属性：list 属性规定输入域的 datalist。datalist 标记是输入域的选项列表。list 属性适用于类型为 text、search、url、tel、email、password、date pickers、range、color 的 input 标记。当用户将鼠标指针盘旋在该域上并获得焦点后，单击该域会弹出下拉列表选项，在用户输入值前简短的提示会显示在输入域上，方便用户快速选择输入。
- placeholder 属性：placeholder 属性提供一种提示，描述输入域所期待的值。
- autofocus 属性：autofocus 属性规定在页面加载时该域自动地获得焦点。该属性适用于所有 input 标记的类型。该属性的设置方法为 autofocus＝"autofocus"或直接使用 autofocus 属性。

扫一扫

视频讲解

【例 13-4-2】 input 标记的新增部分属性的应用。其代码如下，页面效果如图 13-16 所示。

```
1   <!-- edu_13_4_2.html -->
2   <!doctype html>
3   <html lang = "en">
4       <head>
5           <meta charset = "UTF - 8">
6           <title>HTML5 的 input 标记新增部分属性的应用</title>
7       </head>
8       <body>
9           <fieldset style = "text - align:center;border:1px solid red;">
10              <legend align = "center">用户登录</legend>
11              <form id = "myform" action = "" method = "get">
12                  姓名：<input type = "text" name = "name" placeholder = "请输入姓名" autofocus = "autofocus"/>
13                  班级：<input type = "text" name = "class" placeholder = "请输入班级" list = "class_list"/>
14                  <datalist id = "class_list">
15                      <option value = "15 计算机 1 班">
16                      <option value = "15 软件工程">
17                      <option value = "15 信息管理与信息系统">
18                      <option value = "15 电子信息工程">
19                  </datalist>
20                  <input type = "image" src = "eg_submit.jpg" width = "35" height = "35"/>
21              </form>
22              <p>下面的输入域在 form 元素之外，但仍然是表单的一部分。</p>
23              密码：<input type = "password" name = "user_key" form = "myform">
24          </fieldset>
25      </body>
26  </html>
```

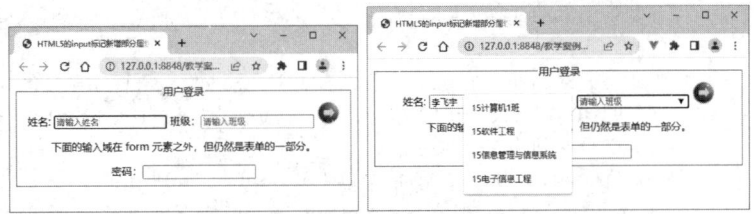

图 13-16 input 标记的新增部分属性的应用

- required 属性：required 属性规定必须在提交之前填写输入域（不能为空）。required 属性适用于类型为 text、search、url、tel、email、password、date pickers、number、checkbox、radio、file 的 input 标记。该属性的设置方法为 required＝"required"或直接使用 required 属性。
- min、max 和 step 属性：min、max 和 step 属性用于为包含数字或日期的 input 类型规定限制（约束）。其中 max 属性规定输入域所允许的最大值，min 属性规定输入域所允许的最小值，step 属性为输入域规定合法的数字间隔，例如 step＝"5"，则合法的数是－5、0、5、10 等。该组属性适用于类型为 date pickers、number、range 的 input 标记。
- multiple 属性：multiple 属性规定输入域中可选择多个值，该属性适用于类型为 email、file 的 input 标记。
- form overrides 属性：表单重写 form overrides 属性允许重写 form 元素的某些属性设定。这些重写属性分别是重写表单的 action 属性 formaction、重写表单的 enctype 属性 formenctype、重写表单的 method 属性 formmethod、重写表单的 novalidate 属性 formnovalidate、重写表单的 target 属性 formtarget。表单重写属性适用于类型为 submit 和 image 的 input 标记。
- pattern 属性：pattern 属性规定用于验证 input 域的模式（pattern）。pattern 属性适用于类型为 text、search、url、tel、email、password 的 input 标记。该属性的值是正则表达式。

【例 13-4-3】 input 标记的其他新增属性的应用。其代码如下，页面效果如图 13-17～图 13-21 所示。

```
1  <!-- edu_13_4_3.html -->
2  <!doctype html>
3  <html lang = "en">
4      <head>
5          <meta charset = "UTF-8">
6          <title>HTML5 的 input 标记新增部分属性的应用</title>
7      </head>
8      <body>
9          <form action = "" method = "get">
10             <fieldset style = "text-align:center;padding:20px;">
11                 <legend align = "center">理财认购信息</legend>
12                 用户名称<input type = "text" name = "usrname" required><!-- 不能为空 -->
```

```
13          认购金额:<input type="number" name="money" min="5" max="100" step=
            "5"/>
14          手机号码:<input type="text" name="phone" pattern="1[3|4|5|8][0-9]
            [0-9]{8}$" title="手机号码是11位数字" required/><br/><br/><!-- 不
            能为空且必须为11位数字 -->
15          <label>相片:</label><input type="file" multiple="multiple"/><!-- 支持多选  -->
16              <input type="submit" formaction="admin.asp" value="以管理员身份提交"/>
                <!-- 重写action -->
17              <input type="submit" formnovalidate="true" value="不要求验证提交"/>
                <!-- 重写novalidate -->
18              <input type="submit" value="提交"/>
19          </fieldset>
20      </form>
21  </body>
22  </html>
```

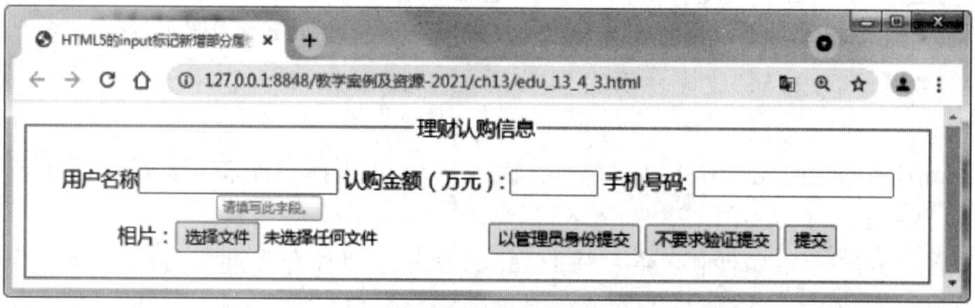

图 13-17　新增表单其他属性的应用的初始页面

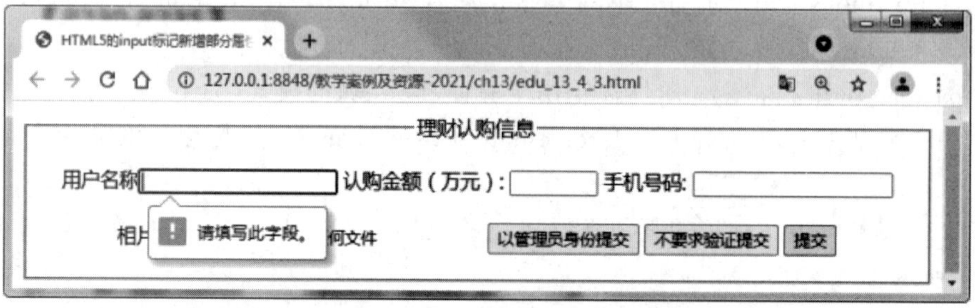

图 13-18　未输入用户名称直接提交后的页面

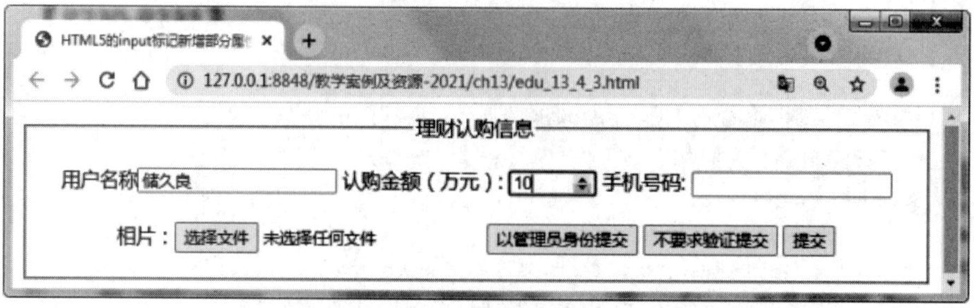

图 13-19　number 型 input 标记的属性的应用

第13章　HTML5基础与CSS3应用

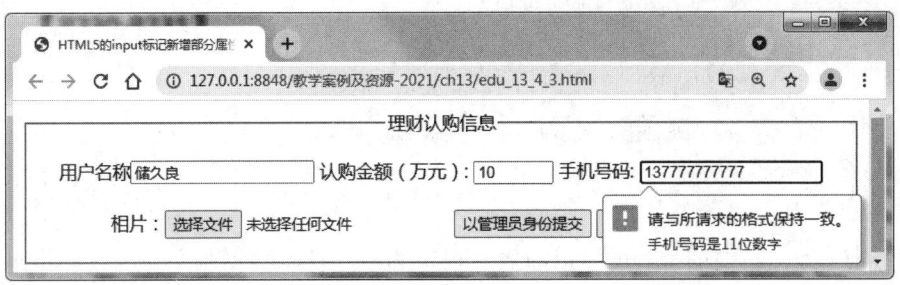

图 13-20　设置 pattern 属性后的验证信息

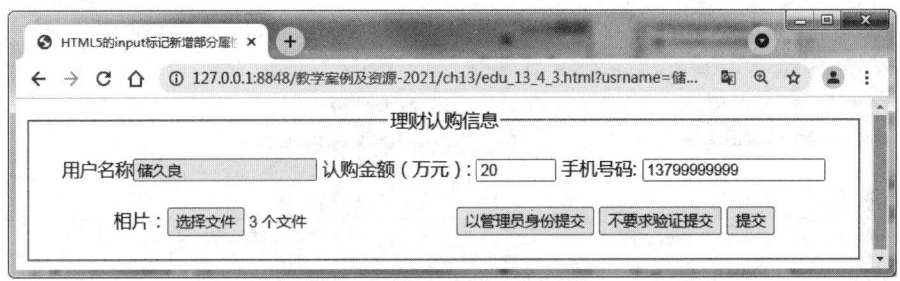

图 13-21　给 file 类型的 input 标记设置 multiple 属性支持多选

13.4.2　HTML5 新增的表单元素

HTML5 新增了 output、keygen、datalist 等表单元素，其功能描述如表 13-2 所示。

表 13-2　HTML5 新增的表单元素

标 记 名 称	标记功能描述
<output></output>	定义不同类型的输出，例如脚本的输出
<keygen></keygen>	规定用于表单的密钥对生成器字段
<datalist></datalist>	定义选项列表。与 input 元素配合使用来定义 input 可能的值

1．output 标记

output 标记定义不同类型的输出。该标记有 for、form、name 3 个属性。for 属性用于描述计算中使用的元素与计算结果之间的关系，其值为每个元素的 id，多个 id 之间用空格分隔。form 属性用于定义输入字段所属的一个或多个表单。name 属性用于定义对象的唯一名称（在表单提交时使用）。

【例 13-4-4】　新增 output 标记的应用。其代码如下，页面效果如图 13-22 所示。

扫一扫

视频讲解

```
1  <!-- edu_13_4_4.html -->
2  <!doctype html>
3  <html lang = "en">
4      <head>
5          <meta charset = "UTF - 8">
6          <title>HTML5 的 output 标记新增部分属性的应用</title>
7      </head>
8  <body onload = "sum.value = parseInt(num1.value) + parseInt(num2.value)">
9      <form oninput = "sum.value = parseInt(num1.value) + parseInt(num2.value)">
```

```
10          0 < input type = "range" id = "num1" value = "50" min = "0" max = "100"> 100
11          + < input type = "number" id = "num2" value = "50">
12          = < output name = "sum" for = "num1 num2"></output>
13        </form>
14        <p><strong>注意:</strong> IE 浏览器不支持 output 标记。</p>
15      </body>
16  </html>
```

代码中 range 类型的 input 标记的表示范围为 0～100,当前值为 50。number 类型的 input 标记的当前值为 50。当用户拖动滑块时,右边的 output 标记内容通过 oninput 事件句柄绑定 JS 语句 sum.value=parseInt(num1.value)+parseInt(num2.value)来自动计算并填充。

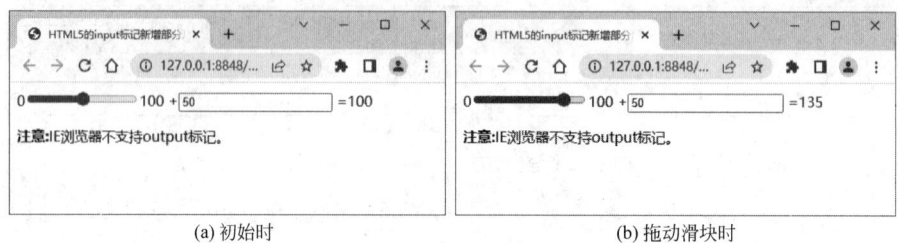

(a) 初始时　　　　　　　　　　　　(b) 拖动滑块时

图 13-22　output 标记的应用

2. keygen 标记

keygen 标记用来提供一种验证用户的可靠方法。keygen 元素是密钥对生成器(key-pair generator)。当提交表单时会生成两个键：一个是私钥(private key),一个公钥(public key)。私钥存储于客户端,公钥则被发送到服务器。公钥可用于之后验证用户的客户端证书(client certificate)。目前,浏览器对此元素的支持度不足以使其成为一种有用的安全标准。

【例 13-4-5】 新增 keygen 标记的应用。其代码如下,页面效果如图 13-23 所示。

```
1  <!-- edu_13_4_5.html -->
2  <!doctype html>
3  <html>
4      <head>
5          <meta charset = "UTF - 8">
6          <title>keygen 标记的应用</title>
7      </head>
8      <body>
9          <form action = "" method = "get">
10            用户名: < input type = "text" name = "usr_name"/>
11            加密: <keygen name = "security"/>
12              < input type = "submit" value = "提交"/>
13        </form>
14      </body>
15  </html>
```

3. datalist 标记

datalist 标记规定了 input 标记可能的选项列表。datalist 标记被用来为 input 标记提供"自动完成"的特性。用户能看到一个下拉列表,其中的选项是预先定义好的,将作为用户的输入数据。一般使用 input 标记的 list 属性来绑定 datalist 元素(input 标记的 list 属性值应该与 datalist 标记的 id 属性值相同)。相关案例参见例 13-3-6 和例 13-4-2。

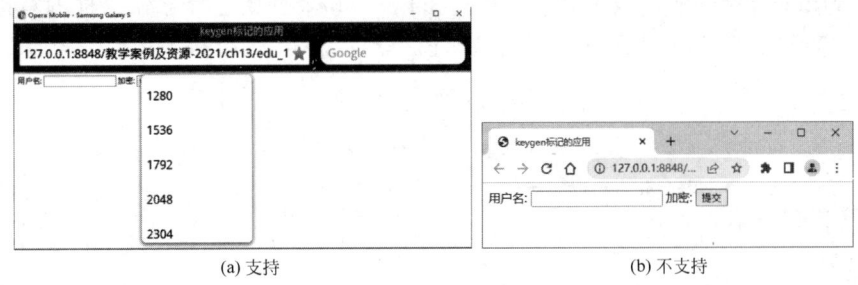

(a) 支持　　　　　　　　　　　　　　(b) 不支持

图 13-23　keygen 标记的应用

13.4.3　HTML5 新增的 input 类型

HTML5 增加了很多新的表单输入类型，这些新特性提供了更好的输入控制和验证。新增 input 标记的输入类型是 color、date pickers（日期选择器，包括 date、month、week、time、datetime、datetime-local）、email、number、range、search、tel、url。目前所有的主流浏览器一般都支持新的 input 类型，即使不支持，仍可以将其显示为常规的文本域。下面对这些新增类型的使用方法分别进行介绍。

- input 类型：date pickers（日期选择器）。

HTML5 提供了多个可供选取日期和时间的新输入类型。

（1）date：选取日、月、年。

（2）month：选取月、年。

（3）week：选取周和年。

（4）time：选取时间（小时和分钟）。

（5）datetime：选取时间、日、月、年（UTC 时间）。

（6）datetime-local：选取时间、日、月、年（本地时间）。

【例 13-4-6】 表单日期选择器的应用。其代码如下，页面效果如图 13-24 所示。

```
1  <!-- edu_13_4_6.html -->
2  <!doctype html>
3  <html>
4      <head>
5          <meta charset = "UTF-8">
6          <title>表单新增 input 类型的应用</title>
7      </head>
8      <body>
9          <fieldset>
10             <legend align = "center">新生报到须知</legend>
11             开学日期：<input type = "date"/><br/>
12             开学起始周：<input type = "week" name = "user_date"/><br/>
13             开始起始月：<input type = "month" name = "user_date"/><br/>
14             交费时间：<input type = "time" name = "user_date"/><br/>
15             日期与时间：<input type = "datetime" name = "user_date"/><br/>
16             本地日期与时间：<input type = "datetime-local" name = "user_date"/><br/>
17             <input type = "submit" value = "提交"/>
18             <input type = "reset"/>
19         </fieldset>
20     </body>
21 </html>
```

除 datetime 类型的输入框不会出现任何图标外，其余日期选择器输入框的右边会显示一个图标(📅或🕐)。单击此图标会弹出日期选择器对话框，进行相关选择设置。

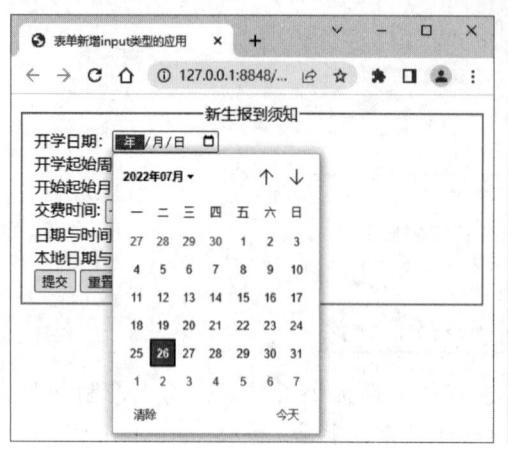
(a) 单击📅图标时

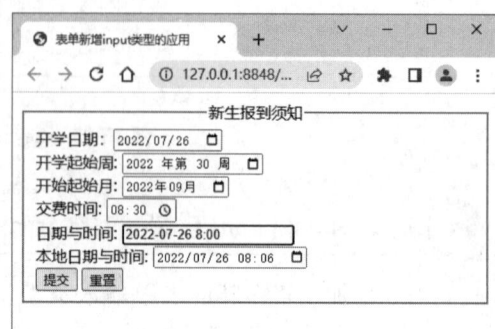
(b) 设置完成时

图 13-24　input 标记的表单日期选择器的应用

- input 类型：color。

`< input type = "color" name = "favcolor"> <!-- 从取色器拾取颜色 -->`

- input 类型：tel。

定义输入电话号码字段。

`< input type = "tel" name = "usrtel">`

- input 类型：email。

email 类型用于包含 E-mail 地址的输入域。在提交表单时会自动验证 email 域的值是否合法、有效。

`< input type = "email" name = "useremail"> <!-- 自动验证邮箱格式 -->`

- input 类型：number。

number 类型用于包含数值的输入域。此类型的 input 标记的常用属性如表 13-3 所示。

`< input type = "number" name = "mynumber" min = "0" max = "100">`

表 13-3　number 类型的 input 标记的属性及说明

属　性	说　明
disabled	规定输入字段是禁用的
max	规定允许的最大值
maxlength	规定输入字段的最大字符长度
min	规定允许的最小值
pattern	规定用于验证输入字段的模式
readonly	规定输入字段的值无法修改(只读)
required	规定输入字段的值是必需的

续表

属　性	说　　明
size	规定输入字段中的可见字符数
step	规定输入字段的合法数字间隔
value	规定输入字段的默认值

- input 类型：range。

range 类型用于包含一定范围内数字值的输入域。range 类型显示为滑动条。

```
< input type = "range" name = "money" min = "1" max = "1000" step = "5">
```

- input 类型：search。

search 类型用于搜索域，例如站点搜索或 Google 搜索。

```
< input type = "search" name = "websidesearch">
```

- input 类型：url。

url 类型用于包含 URL 地址的输入域。在提交表单时会自动验证 url 域的值。

```
< input type = "url" name = "homepage">
```

【例 13-4-7】 其他新增 input 类型的综合应用。其代码如下，页面效果如图 13-25 和图 13-26 所示。

```
1  <!-- edu_13_4_7.html -->
2  <!doctype html>
3  <html>
4    <head>
5      <meta charset = "UTF - 8">
6      <title>表单新增 input 类型的应用</title>
7    </head>
8    <body>
9      <fieldset style = "width:500px;height:200px;padding:20px 50px;">
10       <legend align = "center">新增其他 input 类型</legend>
11       <form method = "post" action = "">
12         设置颜色：< input type = "text" name = "color1" id = "color1" readonly >
13         < input type = "color" name = "color2" oninput = "color1.value = color2.value"><br>
14         输入邮箱：< input type = "email" name = "useremail"><br>
15         站内搜索：< input type = "search" name = "insidesearch"><br>
16         电话号码：< input type = "tel" name = "usrtel"><br>
17         个人主页：< input type = "url" name = "homepage"><br>
18         年龄：< input type = "range" name = "age" min = "1" max = "120" oninput = "age_num.value = age.value">< output name = "age_num" for = "age"></output>
           <br>
19         期望薪酬：< input type = "number" name = "quantity" min = "2500" max = "10000" step = "100" value = "2500"><br>
20         < input type = "submit" value = "提交"/>
21         < input type = "reset"/>
22       </form>
23     </fieldset>
24   </body>
25 </html>
```

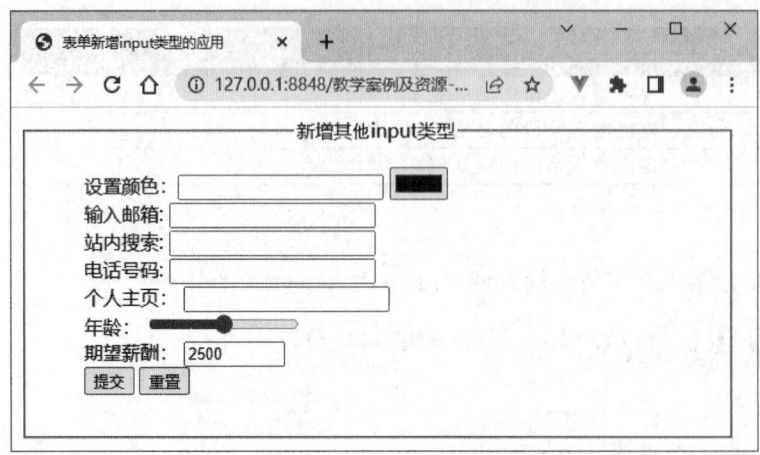
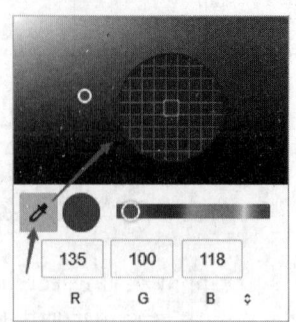

图 13-25　新增其他 input 类型的初始页面　　　　图 13-26　"颜色"对话框

在图 13-25 中单击 color 类型的文本域，弹出"颜色"对话框，如图 13-26 所示。单击某一颜色区域后，再单击"确定"按钮，将 6 位十六进制颜色填充到左边的文本框中。由于定义邮箱为 email 类型，会自动验证，所以当用户输入的邮箱不包含@、.等字符时会弹出验证信息，如图 13-27 所示。当用户在个人主页对应的 url 类型的文本域中输入的信息不正确时会弹出验证信息，如图 13-28 所示。

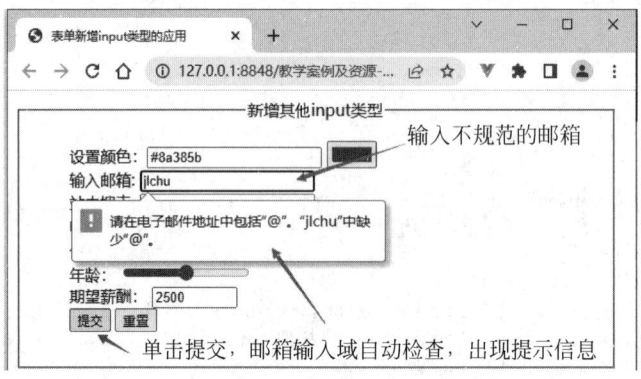

图 13-27　email 类型文本域验证页面

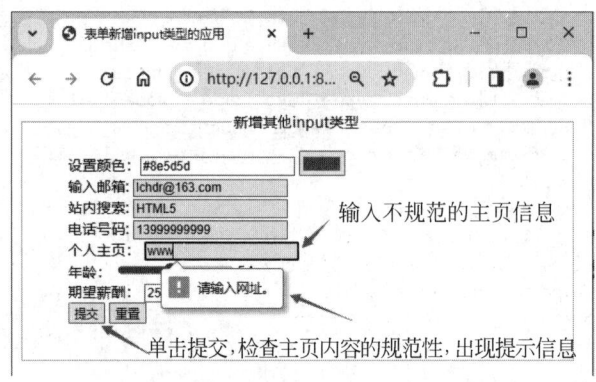

图 13-28　url 类型文本域验证页面

当用户拖动年龄滑动条时,会将滑动条的当前值填充到右边的 output 标记内,如图 13-29 所示。当用户设置期望薪酬时,通过单击微调按钮来递增或递减薪酬标准,由于设置 min 为 2500、max 为 10000、step 为 100,所以此域中初始值为 2500,单击微调按钮每次自动递增或递减 100,如图 13-30 所示。

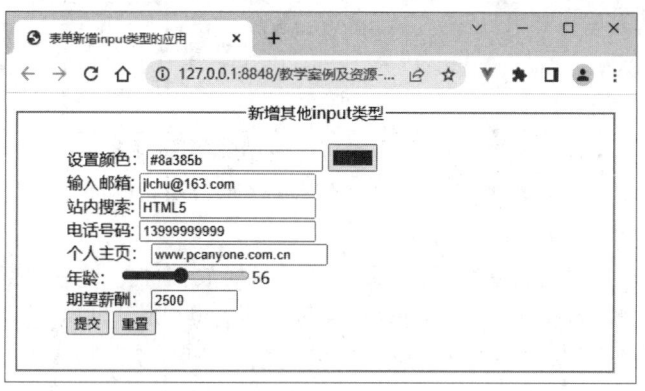

图 13-29　拖动年龄滑动条时的页面

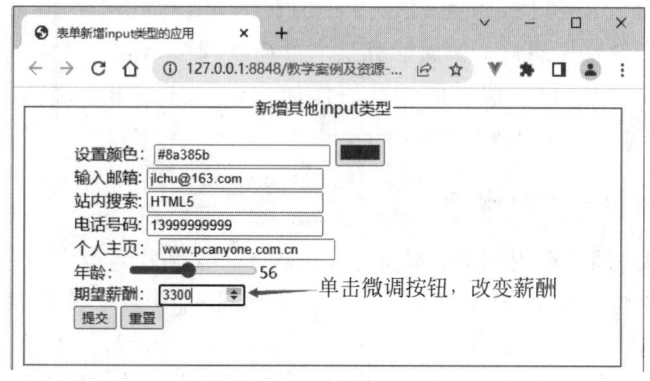

图 13-30　单击微调按钮时的页面

13.5　HTML5 视频与音频

大多数商业网站都喜欢用视频来宣传自己的公司或者推销自己的产品或服务。然而在 HTML4.01 版本之前,只能通过相关插件(比如 Flash)来播放,而且所有浏览器不一定都有同样的插件,还需要安装其他插件才能实现。HTML5 提供了 video 标记和 audio 标记,很好地解决了这一问题。

13.5.1　video 标记及属性

HTML5 规定了一种通过 video 标记来包含视频的标准方法。video 标记支持 3 种视频格式,分别为 Ogg、MP4、WebM。其格式说明如下。
- Ogg:带有 Theora 视频编码和 Vorbis 音频编码的 Ogg 文件。
- MP4:带有 H.264 视频编码和 AAC 音频编码的 MP4 文件。

- WebM：带有VP8视频编码和Vorbis音频编码的WebM文件。

video标记提供了播放、暂停和音量控件来控制视频。

1．基本语法

```
<video src="movie.ogg" width="320" height="240" controls="controls">
    您的浏览器不支持video标记。
</video>
```

2．属性说明

width和height属性：控制视频的尺寸。在使用时需要设置视频的高度和宽度，以便于视频的播放。如果不设置宽度和高度，页面就会根据原始视频的大小而改变。

- src属性：规定要播放的视频的URL。
- controls属性：设置该属性，则页面上会显示播放控件。浏览器控件应该包括播放、暂停、定位、音量、全屏切换、字幕（如果可用）、音轨（如果可用）。
- autoplay属性：设置该属性，则视频就绪后马上播放。其设置方法为autoplay="autoplay"或autoplay。
- loop：设置该属性，在媒体文件完成播放后再次开始播放。
- preload：设置该属性，则视频在页面加载时进行加载，并预备播放。如果使用autoplay，则忽略该属性。该属性有3个可选值，即auto（一旦页面加载，则开始加载音频/视频）、metadata（当页面加载后仅加载音频/视频的元数据）、none（页面加载后不应该加载音频/视频）。其语法格式如下：

```
<video preload="auto|metadata|none">
```

- poster属性：用于在视频下载时显示的图像（海报图片），或者在用户单击播放按钮前显示的图像。如果未设置该属性，则使用视频的第1帧代替。其赋值方法为poster="url"。

如果浏览器不支持video标记，就在<video>与</video>标记之间插入相关提示信息。

video标记支持多个source标记，可以使用source标记为video标记和audio标记提供多个不同的音频、视频文件，以解决浏览器支持。如果浏览器支持，将使用第一个可识别的格式。其使用语法如下：

```
<video width="320" height="240" controls="controls">
    <source src="movie.ogg" type="video/ogg">
    <source src="movie.mp4" type="video/mp4">
    您的浏览器不支持video标记。
</video>
```

【例13-5-1】 video标记的应用。其代码如下，页面效果如图13-31和图13-32所示。

```
1  <!-- edu_13_5_1.html -->
2  <!doctype html>
3  <html>
4      <head>
5          <meta charset="UTF-8">
6          <title>视频标记的应用</title></video>
7      </head>
```

```
 8      <body>
 9          <fieldset style = "text-align:center;float:left;">
10              <legend>src 属性提供视频文件</legend>
11              <video src = "movie.ogg"  poster = "url" loop autoplay width = "320" height =
                "240" controls = "controls">
12                  您的浏览器不支持 video 标记。
13              </video>
14          </fieldset>
15          <fieldset style = "text-align:center;float:left;">
16              <legend>source 标记提供不同的视频文件</legend>
17              <video width = "320" height = "240" controls = "controls">
18                  <source src = "movie.ogg" type = "video/ogg">
19                  <source src = "movie.mp4" type = "video/mp4">
20                  您的浏览器不支持 video 标记。
21              </video>
22          </fieldset>
23      </body>
24 </html>
```

图 13-31　HTML5 视频播放页面

图 13-32　浏览器不支持视频时的页面

13.5.2　audio 标记及属性

HTML5 规定了一种通过 audio 标记来包含音频的标准方法。audio 标记能够播放声音文件或者音频流。同样可以使用 source 标记给 audio 标记提供不同格式的音频文件，浏览器将使用第一个支持的音频文件。audio 标记的部分属性与 video 标记相同，此处不再介绍。如果浏览器不支持 audio 标记，则显示 audio 标记之间的提示信息，如图 13-33 所示。

【例 13-5-2】　audio 标记的应用。其代码如下，页面效果如图 13-33 和图 13-34 所示。

```
1  <!-- edu_13_5_2.html -->
2  <!doctype html>
3  <html>
4    <head>
5      <meta charset="UTF-8">
6      <title>音频标记的应用</title>
7    </head>
8    <body>
9      <fieldset style="text-align:center;float:left;">
10       <legend>src 属性提供音频文件</legend>
11       <audio src="horse.ogg" controls="controls">
12          您的浏览器不支持 audio 标记(元素)。
13       </audio>
14     </fieldset>
15     <fieldset style="text-align:center;float:left;">
16       <legend>source 标记提供不同的音频文件</legend>
17       <audio controls="controls">
18         <source src="horse.ogg" type="audio/ogg">
19         <source src="horse.mp3" type="audio/mpeg">
20         您的浏览器不支持 audio 标记(元素)。
21       </audio>
22     </fieldset>
23   </body>
24 </html>
```

图 13-33　HTML5 音频播放页面

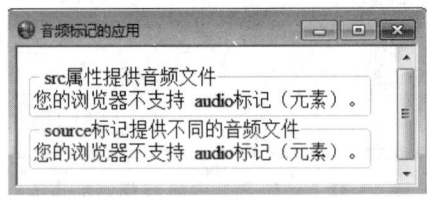

图 13-34　浏览器不支持音频时的页面

13.6　CSS3 基础应用

随着 Web 技术的不断发展和广泛传播，原来的 CSS2 标准和相关技术似乎已经满足不了日益增长的开发需求。人们需要实现更加美观、用户体验更好的界面，CSS3 这个新一代的标准应运而生。

13.6.1 CSS3新特性

为了满足Web UI的开发需求,CSS3提供了一系列强大的功能,例如许多新的CSS属性(文字、布局、颜色等)、各种CSS特效、CSS动画、元素的变换等。这些CSS新特性可以说都是功能非常强大和比较完善的,用户只需要添加几行简单的CSS代码便可以实现一系列令人眼前一亮的效果,相比之前用JavaScript去模拟这样的效果要好得多,不仅降低了复杂度,变得易维护,在性能上也突飞猛进了。

CSS3被细分为许多"模块"。在CSS2中已经拆分成小块,又新增了一些最重要的CSS3模块,分别为选择器、盒模型、背景和边框、文字特效、2D/3D转换、动画、多列布局、用户界面。许多新的CSS3属性已在目前主流的浏览器中得到应用。本节主要介绍边框、转换、过渡与动画等CSS3新特性,以满足用户的学习与使用需要。

13.6.2 CSS3浏览器兼容性

1. 常用的浏览器属性前缀

为了让CSS样式能够满足不同浏览器版本的需要,充分发挥CSS3的魅力,需要在样式属性前面增加一些区分不同浏览器的前缀。

- -webkit-:适用于webkit核心浏览器,包含Safari、Chrome等。
- -moz-:适用于Firefox浏览器等。
- -ms-:适用于IE浏览器。
- -o-:适用于Opera浏览器。

在实际开发过程中,为了满足不同浏览器对CSS3新特性的支持,需要写上类似如下的声明语句。

```
div{
    -moz-animation: myfirst 5s;           /*Firefox*/
    -webkit-animation: myfirst 5s;        /*Safari和Chrome*/
    -o-animation: myfirst 5s;             /*Opera*/
    -ms-animation: myfirst 5s;            /*IE*/
    animation: myfirst 5s;                /*标准属性写在最后*/
}
```

2. CSS3前缀解决方案

为了使CSS属性支持所有的浏览器,例如Chrome、Firefox、IE、Opera、Safari等,经常需要添加带有浏览器特定前缀的CSS相关代码,特别是CSS3中的相关属性,尤其需要处理。为了简化开发过程和相关的代码冗余问题,在页面中引入了-prefix-free这个类库,可以自动帮助用户在CSS中添加相关的浏览器特有的前缀属性。

-prefix-free是一个JavaScript工具库,用户再也不需要编写带有浏览器前缀的CSS代码,在需要的时候,-prefix-free会自动帮助用户添加当前浏览器需要的前缀。其引用方式如下:

```
<script src="http://cdn.gbtags.com/prefixfree/1.0.7/prefixfree.min.js"></script>
<script src="http://leaverou.github.com/prefixfree/prefixfree.min.js"></script>
```

-prefix-free 类库也可以从"http://leaverou.github.com/prefixfree/"网站上直接下载到本地,使用下列格式来引用。

```
<script src = "js/prefixfree.min.js"></script>
```

3. CSS 样式重置方案

由于不同的浏览器定义的 HTML 元素的默认样式不尽相同,导致页面在不同的浏览器中显示会有一定的差异,为了保护所有浏览器默认样式而不是完全去掉它们,推荐使用 normalize.css 来统一不同浏览器下的样式。

normalize.css 是一个很小的 CSS 文件,但它在默认的 HTML 元素样式上提供了跨浏览器的高度一致性。相比于传统的 CSS reset,normalize.css 是一种现代的、为 HTML5 准备的优质替代方案。normalize.css 现在已经被用于 Twitter Bootstrap、HTML5 Boilerplate、GOV.UK、Rdio、CSS Tricks 以及许多其他框架、工具和网站上。

用户可以从 Github 下载 normalize.css,然后引用到页面中,也可以在 normalize.css 源代码的基础上重新编写,在必要的时候用自己写的 CSS 覆盖默认值。

```
<link rel = "stylesheet" href = "css/normalize.css" type = "text/css">
```

13.6.3 CSS3 边框

在 CSS3 之前,要想创建带圆角边框、添加阴影、绘制图形边框往往需要借助于类似 PhotoShop 这样的软件,有了 CSS3 之后,一切问题迎刃而解。

CSS3 提供了 3 个边框属性,如表 13-4 所示。

表 13-4　CSS3 边框属性及说明

属　性	说　明
border-image	设置所有 border-image-* 属性的复合属性
border-radius	设置 4 个 border-*-radius 属性的复合属性
box-shadow	向矩形方框添加一个或多个阴影

1. border-radius 圆角边框

语法:

```
border - radius: 水平半径(1~4 个值)px | % /垂直半径(1~4 个值)px | %;
```

该属性是复合属性,用于设置 4 个 border-*-radius 属性。它有两个参数,使用"/"分隔,第一个参数表示水平半径,可以有 1~4 个值;第二个参数表示垂直半径,也有 1~4 个值。若不使用"/",说明水平和垂直半径相同。属性值可以是像素,也可以是百分比。每个半径的 4 个值的顺序是左上角、右上角、右下角、左下角。如果省略左下角,右上角是相同的;如果省略右下角,左上角是相同的;如果省略右上角,左上角是相同的。圆角半径表示如图 13-35 所示。

```
border - radius:2em;                /*等同于下列 4 行定义*/
border - top - left - radius:2em;   /*定义左上角半径*/
```

```
border-top-right-radius:2em;         /*定义右上角半径*/
border-bottom-right-radius:2em;      /*定义右下角半径*/
border-bottom-left-radius:2em;       /*定义左下角半径*/
```

例如，设置"border-radius:10px 20px 30px 40px;"，说明4个圆角的水平与垂直半径相同，如图13-36(a)所示；设置"border-radius:10px 20px 30px 40px/20px 50px 30px 10px;"，表示左上角、右上角、右下角、左下角的水平半径分别为10px、20px、30px、40px，左上角、右上角、右下角、左下角的垂直半径分别为20px、50px、30px、10px，如图13-36(b)所示。

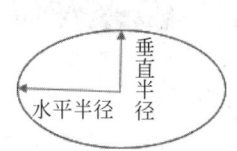
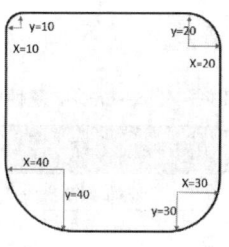
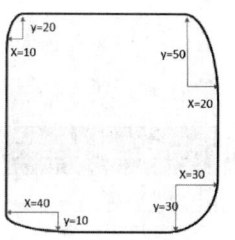

图 13-35 圆角的半径表示

(a) border-radius: 10px 20px 30px 40px；

(b) border-radius: 10px 20px 30px 40px/20px 50px 30px 10px；

图 13-36 不同圆角的不同半径表示

【例13-6-1】 CSS3 圆角边框的应用。其代码如下，页面效果如图13-37所示。

```
 1  <!-- edu_13_6_1.html -->
 2  <!doctype html>
 3  <html lang="en">
 4    <head>
 5      <meta charset="UTF-8">
 6      <title>CSS3边框的应用</title>
 7      <link rel="stylesheet" href="css/normalize.css" type="text/css">
 8      <script type="text/javascript" src="js/prefixfree.min.js"></script>
 9      <style type="text/css">
10        div{float:left;width:120px;height:120px;margin:50px 80px;
            background:#dadada;border:6px solid #00CC66;padding:10px;    }
11        #div1{border-radius:25px;}
12        #div2{border-radius:25px 50px;}
13        #div3{border-radius:80px 100px 60px 120px/50px 60px 70px 70px;}
14      </style>
15    </head>
16    <body>
17      <h3>CSS3 圆角边框</h3><hr>
18      <div id="div1" class=""><p>半径均相同</p></div>
19      <div id="div2" class=""><p>左、右对角的半径相同</p></div>
20      <div id="div3" class=""><p>每个角水平与垂直半径均不同</p>
21      </div>
22    </body>
23  </html>
```

2．box-shadow 边框阴影

边框阴影 box-shadow 属性是复合属性，它含有6个属性，如表13-5所示。

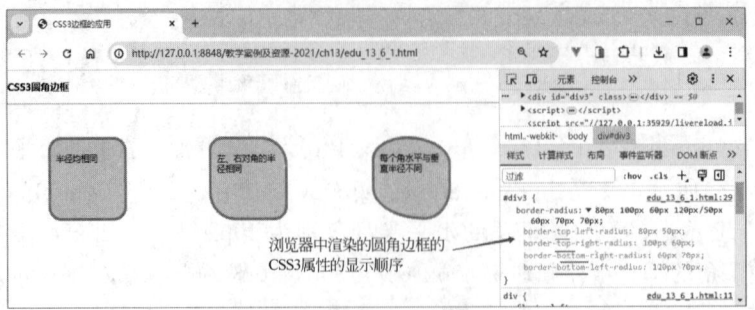

图 13-37　CSS3 圆角边框的应用

表 13-5　box-shadow 属性的取值及说明

取　值	说　明
h-shadow	必需。水平阴影的位置。允许负值
v-shadow	必需。垂直阴影的位置。允许负值
blur	可选。模糊距离
spread	可选。阴影的尺寸
color	可选。阴影的颜色。请参阅 CSS 颜色值
inset	可选。将外部阴影（outset）改为内部阴影

该属性是复合属性，可以设置 6 个属性值，分别表示水平偏移、垂直偏移、模糊距离、阴影尺寸、颜色、阴影模式（默认是外部阴影，指定 inset 改为内部阴影），其中阴影不占空间。

基本语法如下：

```
box-shadow: h-shadow v-shadow blur spread color inset|outset;
                                            /*举例如下*/
box-shadow: 0 0 30px 20px #6699FF inset;    /*内部阴影*/
box-shadow:0px 0px 45px 10px #9999FF;       /*外部阴影*/
box-shadow: 20px 20px 35px 15px #99FF33;    /*外部阴影*/
```

第 1 行为语法。第 3 行设置了内部阴影样式为水平和垂直偏移 0px、模糊距离 30px、阴影尺寸 20px、颜色#6699FF。第 4 行设置外部阴影样式为水平和垂直偏移 0px、模糊距离 45px、阴影尺寸 10px、颜色#9999FF。第 5 行设置外部阴影样式为水平和垂直偏移 20px、模糊距离 35px、阴影尺寸 15px、颜色#99FF33。

【例 13-6-2】　CSS3 边框阴影的应用。其代码如下，页面效果如图 13-38 所示。

```
1  <!-- edu_13_6_2.html -->
2  <!doctype html>
3  <html lang="en">
4    <head>
5      <meta charset="UTF-8">
6      <title>CSS3 边框的应用</title>
7      <link rel="stylesheet" href="css/normalize.css" type="text/css">
8      <script type="text/javascript" src="js/prefixfree.min.js"></script>
9      <style type="text/css">
10       div{float:left;width:120px;height:120px;margin:50px 80px;
           background:#DADADA;border:6px solid #00CC66;padding:10px;}
```

```
11            #div1{border-radius:25px;box-shadow: 0 0 30px 20px #6699FF inset;}
12            #div2{border-radius:25px 50px;box-shadow:0px 0px 45px 10px #9999FF;}
13            #div3{border-radius:80px 100px 60px 120px/50px 60px 70px 70px;
14                         box-shadow: 20px 20px 35px 15px #99FF33;}
15        </style>
16     </head>
17     <body>
18        <h3>CSS3圆角边框、阴影</h3><hr>
19        <div id="div1" class=""><p>半径均相同,内部阴影</p></div>
20        <div id="div2" class=""><p>左、右对角的半径相同,外部阴影</p></div>
21        <div id="div3" class=""><p>每个角水平与垂直半径不同,带水平、垂直偏移的外部
           阴影</p></div>
22     </body>
23 </html>
```

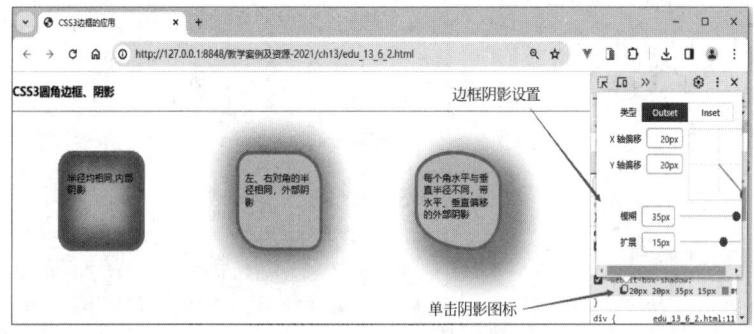

图13-38　CSS3边框阴影的应用

3．border-image 边框图像

通过 CSS3 的 border-image 属性可以创建带有图像的边框,其主要参数有 3 个,分别是图像、剪裁位置、重复性。该属性有 5 个子属性,它们的说明如表 13-6 所示。其语法如下:

```
border-image:border-image-source
border-image-slice/border-image-width/border-image-outset border-image-repeat
border-image: url("border.png") 27 27 27 27 fill/27 27 27 27/27px 27px 27px 27px repeat
/*剪裁和宽度不需要单位,偏移量需要单位。fill表示可选项,指定中间第9块为非透明块*/
```

表 13-6　border-image 属性的取值及说明

取值	说明
border-image-source	规定边框中图像的路径
border-image-slice	规定图像边框向内偏移,可以是数字或百分比
border-image-width	规定图像边框的宽度
border-image-outset	规定边框图像区域超出边框的量
border-image-repeat	规定图像边框是否应平铺(复制)、铺满(环绕)或拉伸

1) border-image-source 属性(边框图像)

默认无边框图像,如果设置边框图像,则使用绝对或相对 URL 地址指定边框图像。

```
border-image-source:none|url(image文件);
border-image-source:url("border.png");
```

2) border-image-slice 属性(图像切片/剪裁)

该属性规定图像边框向内偏移,可以是数字或百分比,可以取 1～4 个值,类似于 padding 属性的设置方法。其语法如下:

```
border-image-slice:number|%|fill;
border-image-slice:27 27 27 27;   /*边框图像切9块,每个角为27px×27px*/
```

W3C 指定一个专用位图,图像名称为 border.png,大小为 81px×81px,可以将此图剪裁成小方格为 27px×27px 的九宫格。它有 4 个角、4 个边区域和一个中间部分,fill 表示可选项,指定中间第 9 块为非透明块,不指定说明中间第 9 块是透明块,如图 13-39(a)所示。border-image-slice 的取值为百分比或数字(默认单位是像素),其中 top/bottom 相对于背景图的高,left/right 相对于背景图的宽,如图 13-39(b)所示。

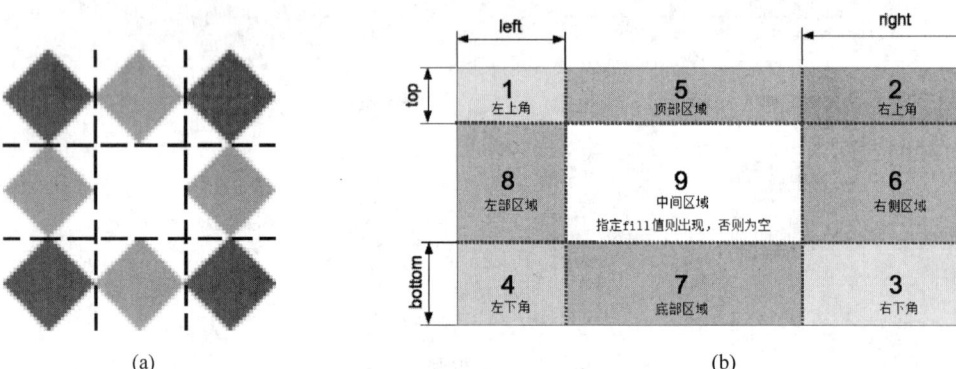

图 13-39　W3C 指定的 81px×81px 位图及九宫格分割法

3) border-image-repeat 属性(边框图像重复)

该属性用于设置边框图像的重复方式。其语法如下:

```
border-image-repeat: stretch|round|repeat
```

该属性有 3 个可选值,分别为 stretch(拉伸)、round(环绕)、repeat(复制)。其默认值为 stretch。stretch 表示拉伸图像来填充区域;repeat 表示直接用图像来填充区域,在填充时图像可能有残缺;round 与 repeat 的效果类似,如果无法完整平铺所有图像,则对图像进行缩放以适应区域。

边框将 border-image 分成了 9 个区域,分别为 4 个角(border-top-left-image、border-top-right-image、border-bottom-left-image、border-bottom-right-image)、4 条边(border-top-image、border-right-image、border-bottom-image、border-left-image)及中间的内容区域,如图 13-40 所示。

边框图像剪裁完后,就可以用裁切的各区域图分别进行绘制。其中,4 个角在绘制时会分布在应用元素的 4 个角上,不会拉伸、平铺或者重复。其他 4 条边(除了中间 5)的图像分别用来绘制相应的 4 条边,4 条边会应用 border-image-repeat 中设定的排列方式。

4) border-image-width 属性(边框图像宽度)

border-image-width 属性有 4 个值,用于把 border 图像区域分为九部分。它们代表上、右、下、左侧向内的距离。如果第 4 个值被省略,它和第 2 个是相同的;如果也省略了第 3

个,那么它和第1个是相同的;如果也省略了第2个,那么它和第1个是相同的。负值是不允许的。

```
border-image-width: number|%;        /*可以有1~4个值,类似于border-width属性*/
border-image-width:27px 1 10% 27px;   /*边框图像宽度设置为top:27px,right:1倍,bottom:
                                        10%,left:27px*/
```

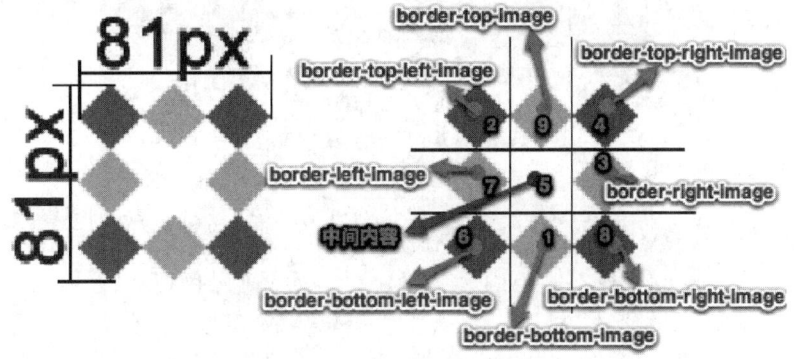

图 13-40　81px×81px 位图及九宫格分割区域描述

5) border-image-outset 属性(图像外凸)

通过定义距离边框图像区域边缘的向内偏移量来指定边框图像的宽度/高度,如图 13-41 所示。注意此属性和 border-width 属性的区别。

```
border-image-outset: length|number|percentage|auto;  /*可以有1~4个值*/
```

例如,设置 div 的类样式如下,边框图像不向外凸出,页面效果如图 13-41 所示。

```
.box{
    width: 200px; height: 50px;
    border: 54px solid red;                                    /*边框宽度54px*/
    border-image: url("border.png") 27/27px round;  /*边框图像高度与宽度均为27px*/}
```

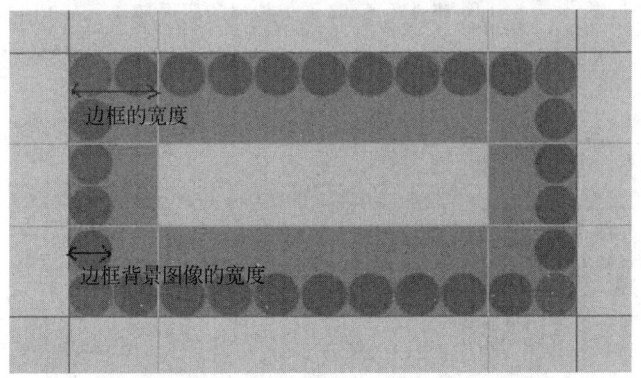

图 13-41　定义边框图像宽度、高度的效果图

例如,设置 div 的类样式如下,边框图像向外凸出,页面效果如图 13-42 所示。

```
.box{
    width: 200px;height: 50px;
```

```
border: 54px solid red;              /*边框宽度 54px*/
border-image: url("border.png") 27/15px/10px round;  /*指定边框背景图像的宽度为
15px、偏移量为 10px*/}
```

偏移量是建立在边框背景宽度的基础上的,在设置偏移量的时候边框背景宽度不能为 0。

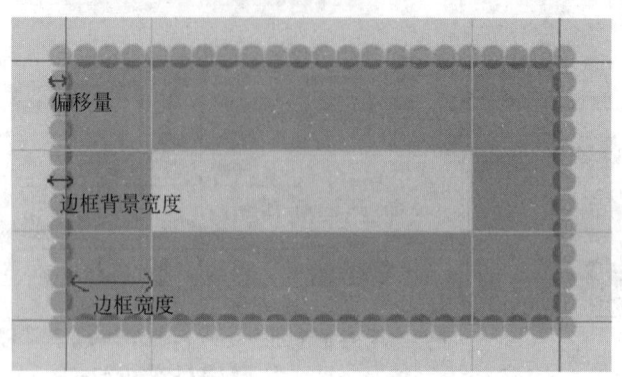

图 13-42　定义边框图像宽度及偏移量的效果图

【例 13-6-3】　CSS3 图像边框的应用。其代码如下,页面效果如图 13-43 所示。

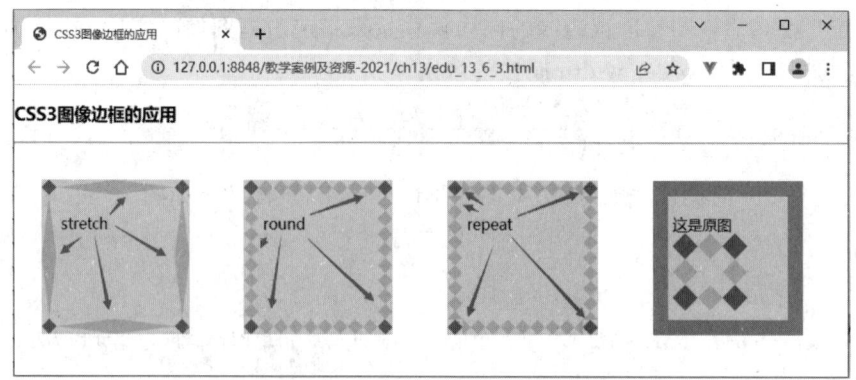

图 13-43　CSS3 图像边框的应用

```
1  <!-- edu_13_6_3.html -->
2  <!doctype html>
3  <html lang="en">
4    <head>
5      <meta charset="UTF-8">
6      <title>CSS3 图像边框的应用</title>
7      <link rel="stylesheet" href="css/normalize.css" type="text/css">
8      <script type="text/javascript" src="js/prefixfree.min.js"></script>
9      <style type="text/css">
10         div{float:left; width:120px; height:120px; margin:30px 30px; background:#
           DADADA;border:1em solid #00CC66;padding:5px;}
11         #div1{border-image:url("border.png") 27 27 stretch;}
12         #div2{border-image:url("border.png") 27 27  round;}
13         #div3{border-image:url("border.png") 27 27  repeat;}
14      </style>
15    </head>
16    <body>
```

```
17      <h3>CSS3 图像边框</h3><hr>
18      <div id="div1" class=""><p>stretch</p></div>
19      <div id="div2" class=""><p>round</p></div>
20      <div id="div3" class=""><p>repeat</p></div>
21      <div id="div4" class="">
22      <p>这是原图<img src="border.png" border="0" alt=""></p>
23      </div>
24      </body>
25      </html>
```

13.6.4 CSS3 转换 transform 属性

通过 CSS3 转换,可以实现对元素进行移动、缩放、转动、拉长或拉伸。转换是改变元素的形状、尺寸和位置,使其达到另外一种效果的过程。用户可以对元素进行 2D 或 3D 转换。

1. CSS3 2D 转换

CSS3 2D 转换的常用方法有 translate()、rotate()、scale()、skew()、matrix(),下面分别介绍每一种方法。

1) 位移 translate(x,y)

translate(x,y)方法的作用是将元素从当前位置根据给定的 X 轴坐标和 Y 轴坐标进行移动。x 表示 left,父元素的左边界;y 表示 top,父元素的上边界。translate()方法还提供了根据单一轴移动的方法,分别是 translateX()和 translateY()。其使用方法如下:

```
transform:translate(50px,50px);      /*向右移动50px,向下移动50px*/
transform:translate(50px,0);         /*向右移动50px*/
transform:translateX(50px);          /*向右移动50px*/
transform:translate(0,50px);         /*向下移动50px*/
transform:translateY(50px);          /*向下移动50px*/
```

2) 旋转 rotate(deg)

对元素旋转给定的角度,正值为顺时针,负值为逆时针。通过 transform-origin 属性来指定旋转元素的基点位置(默认的旋转基点是其元素的中心点)。

```
transform:rotate(deg)                        /*基本语法*/
transform-origin: x-axis y-axis z-axis;      /*定义X/Y/Z轴上的位置*/
transform:rotate(10deg);                     /*顺时针旋转10°*/
transform:rotate(-120deg);                   /*逆时针旋转120°*/
```

其中,x-axis 可能的值为 left、center、right、length、%;y-axis 可能的值为 top、center、bottom、length、%;z-axis 可能的值为 length。

【例 13-6-4】 CSS3 2D 位移与旋转的应用。其代码如下,页面效果如图 13-44 所示。

```
 1   <!-- edu_13_6_4.html -->
 2   <!doctype html>
 3   <html lang="en">
 4     <head>
 5       <meta charset="UTF-8">
 6       <title>CSS3 2D 转换-位移与旋转</title>
 7       <link rel="stylesheet" href="css/normalize.css" type="text/css">
 8       <script type="text/javascript" src="js/prefixfree.min.js"></script>
 9       <style type="text/css">
10         div{width:180px;height:50px;background:#DADADA;border:1px solid #00CC66;}
```

```
11          #div1{transform:translate(50px,50px);}      /*位移*/
12          #div2{transform:rotate(30deg);transform-origin:center center;} /*旋转*/
13          #div3{transform:rotate(120deg);}                                /*旋转*/
14          td{text-align:left;vertical-align:top;}
15        </style>
16      </head>
17      <body>
18        <h3>CSS3 2D转换-位移与旋转</h3><hr>
19        <table border="1px" bordercolor="red" width="750px" height="200px">
20          <tr>
21            <td>
22              <div id="" class=""><p>这是原div</p></div>
23              <div id="div1" class=""><p>这个div向右移动50px,向下移动50px</p></div>
24            </td>
25            <td>
26              <div id="" class=""><p>这是原div</p></div>
27              <div id="div2" class=""><p>这个div旋转30°</p></div>
28            </td>
29            <td>
30              <div id="" class=""><p>这是原div</p></div>
31              <div id="div3" class=""><p>这个div旋转120°</p></div>
32            </td>
33          </tr>
34        </table>
35      </body>
36 </html>
```

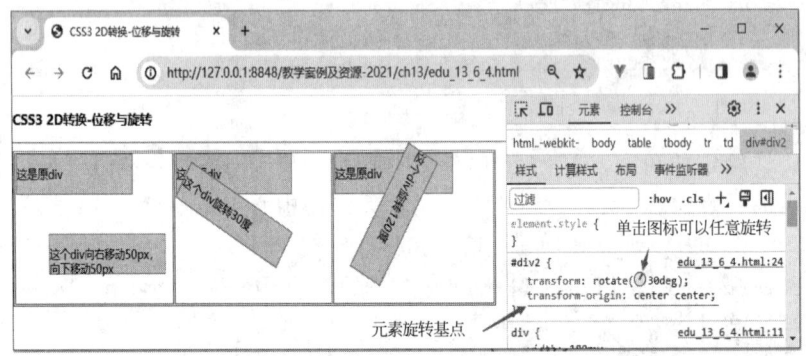

图 13-44　CSS3 2D 位移与旋转的应用

3）缩放 scale(x，y)

scale(x,y)方法的作用是缩放指定的元素,参数 x 表示元素宽度的缩放倍数,参数 y 表示元素高度的缩放倍数。scale()方法也可以接受负值,当参数 x 为负值时,元素内容会横向倒置；当参数 y 为负值时,元素内容会纵向倒置。

```
transform:scale(x,y);         /*基本语法*/
transform:scale(1,4);         /*宽度上不变,高度上放大4倍*/
transform:scale(2,2);         /*宽度、高度上均放大两倍*/
```

4）扭曲 skew(deg，deg)

skew(x,y)是将元素沿 X 轴和 Y 轴方向同时倾斜给定的角度,参数 x、y 分别表示沿 Y

轴、X 轴倾斜的角度。当 x 为正值时,X 轴不动(宽度不变),Y 轴逆时针倾斜;当 x 为负值时,X 轴不动,Y 轴顺时针倾斜。当 y 为正值时,Y 轴不动(高度不变),X 轴顺时针倾斜;当 y 为负值时,Y 轴不动,X 轴逆时针倾斜。

```
transform:skew(deg,deg);              /* 基本语法 */
transform:skew(30deg,30deg);          /* 使元素沿 X 轴和 Y 轴方向同时倾斜 */
transform:skewX(30deg);               /* 使元素沿 X 轴方向向右倾斜,与 Y 轴成 30°,宽度不变 */
transform:skewY(-30deg);              /* 使元素沿 Y 轴方向向上倾斜,与 X 轴成 30°,高度不变 */
```

5)综合转换 matrix(n,n,n,n,n,n)

matrix()方法和 2D 变换方法合并成一个。matrix()方法是一个综合性的方法,它综合了上述的移动、旋转、缩放等功能。matrix()方法有 6 个参数,包含旋转、缩放、移动(平移)和倾斜功能。其语法如下:

```
transform:matrix(scaleX, skewX, skewY, scaleY, translateX, translateY);   /* 基本语法 */
transform:matrix(0.866,0.5,-0.5,0.866,20,20);   /* 将元素旋转 θ 度(30°),matrix()方法的前 4 个参数值分别为 cosθ、sinθ、-sinθ、cosθ。sin30°=0.5,cos30°=0.866 */
```

参数的作用如下。

参数 1:表示水平缩放,类似于 scaleX。

参数 2:表示水平倾斜,类似于 skewX。

参数 3:表示垂直倾斜,类似于 skewY。

参数 4:表示垂直缩放,类似于 scaleY。

参数 5:表示水平移动,类似于 translateX。

参数 6:表示垂直移动,类似于 translateY。

【例 13-6-5】 CSS3 2D 缩放、扭曲、矩阵综合应用。其代码如下,页面效果如图 13-45 所示。

```
 1  <!-- edu_13_6_5.html -->
 2  <!doctype html>
 3  <html lang="en">
 4    <head>
 5      <meta charset="UTF-8">
 6      <title>CSS3 2D 转换-扭曲、缩放</title>
 7      <link rel="stylesheet" href="css/normalize.css" type="text/css">
 8      <script type="text/javascript" src="js/prefixfree.min.js"></script>
 9      <style type="text/css">
10        div{width:100px;height:50px;background:#DADADA;border:1px solid #00CC66;}
11        #div1{transform:scale(1.5,1.5);margin:10px auto;}
12        #div2{transform:skew(30deg,30deg);margin:10px auto;}
13        #div3{transform:matrix(0.866,0.5,-0.5,0.866,20,20);
14        /* 顺时针旋转 30°;X 轴、Y 轴位移 20px */}
15        td{text-align:left;vertical-align:top;}
16      </style>
17    </head>
18    <body>
19      <h3>CSS3 2D 转换-缩放、扭曲、矩阵</h3><hr>
20      <table border="1px" bordercolor="red" width="750px" height="200px">
21        <tr>
22          <td>
```

```
23                    <div id="" class=""><p>这是原div</p></div>
24                    <div id="div1" class=""><p>这个div缩放1.5倍</p></div>
25              </td>
26              <td>
27                    <div id="" class=""><p>这是原div</p></div>
28                    <div id="div2" class=""><p>这个div采用skew方法</p></div>
29              </td>
30              <td>
31                    <div id="" class=""><p>这是原div</p></div>
32                    <div id="div3" class=""><p>这个div采用matrix方法</p></div>
33              </td>
34         </tr>
35       </table>
36   </body>
37 </html>
```

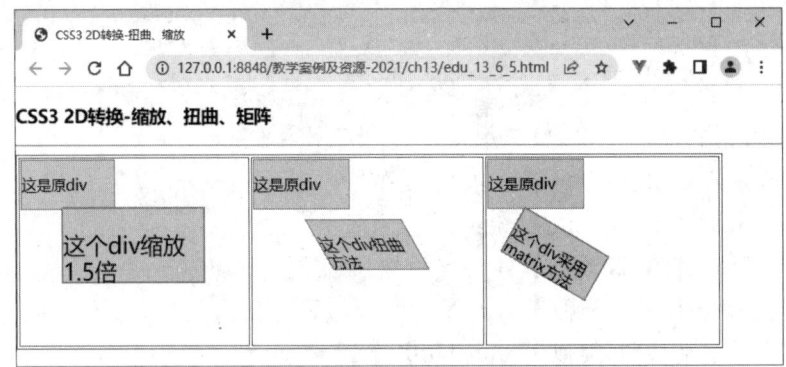

图 13-45　CSS3 2D 缩放、扭曲、矩阵综合应用

2. CSS3 3D 转换

CSS3 可以使用 3D 转换对元素进行格式化，常用的 3D 转换方法有 rotateX()、rotateY()。

1) rotateX() 方法

通过 rotateX() 方法，元素围绕其 X 轴以给定的角度进行旋转。

2) rotateY() 方法

通过 rotateY() 方法，元素围绕其 Y 轴以给定的角度进行旋转。

```
transform:rotateX(angle);              /* X轴方向旋转一定角度 */
transform:rotateY(angle);              /* Y轴方向旋转一定角度 */
#div1{transform:rotateX(120deg);}
#div2{transform:rotateY(120deg);margin:10px auto;}
```

【例 13-6-6】　CSS3 3D 旋转的应用。其代码如下，页面效果如图 13-46 所示。

```
1  <!-- edu_13_6_6.html -->
2  <!doctype html>
3  <html lang="en">
4    <head>
5        <meta charset="UTF-8">
6        <title>CSS3 3D转换</title>
7        <link rel="stylesheet" href="css/normalize.css" type="text/css
```

```
 8      < script type = "text/javascript" src = "js/prefixfree.min.js"></script >
 9      < style type = "text/css">
10          div{width:150px;height:80px;background: #DADADA;border:1px solid #00CC66;}
11          #div1{transform:rotateX(120deg);}
12          #div2{transform:rotateY(120deg);margin:10px auto;}
13          td{text - align:left;vertical - align:top;}
14      </style >
15      </head >
16      < body >
17      < table border = "1px" align = "center" width = "450px" height = "200px">
18          < caption >< h3 >CSS3 3D转换</h3 ></caption >
19          < tr >
20              < td >
21                  < div id = "" class = ""><p>这是原div</p></div >
22                  < div id = "div1" class = ""><p>沿X轴旋转这个div</p></div >
23              </td >
24              < td >
25                  < div id = "" class = ""><p>这是原div</p></div >
26                  < div id = "div2" class = ""><p>沿Y轴旋转这个div</p></div >
27              </td >
28          </tr >
29      </table >
30      </body >
31 </html >
```

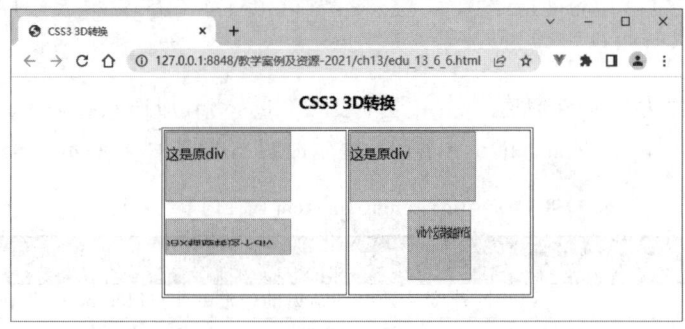

图 13-46　CSS3 3D 旋转的应用

13.6.5　CSS3 过渡 transition 属性

通过CSS3过渡,可以在不使用Flash动画或JavaScript的情况下实现元素从一种样式到另一种样式的转变效果。

CSS3过渡是元素从一种样式逐渐转变为另一种样式的效果。要实现这种效果,需要设置两个因素,分别是指定要添加效果的CSS属性、指定效果的持续时间。如果未指定期限,transition将没有任何效果,因为默认值是0。

transition属性是一个复合属性,它有4个过渡属性,如表13-7所示。其语法如下:

```
transition: property duration timing - function delay;
transition: width 2s;    /* 宽度上过渡2s */
```

表 13-7　transition 属性的取值及说明

取　　值	说　　明
transition-property	规定设置过渡效果的 CSS 属性的名称
transition-duration	规定完成过渡效果需要多少秒或毫秒
transition-timing-function	规定过渡效果的速度曲线
transition-delay	定义过渡效果何时开始

1）transition-property 属性

transition-property 属性规定应用过渡效果的 CSS 属性的名称。当指定的 CSS 属性改变时，过渡效果将开始。过渡效果通常在用户将鼠标指针浮动到元素上时发生。

```
transition-property: none|all|property;
transition-property: width;     /* width 属性上转场 */
```

2）transition-duration 属性

transition-duration 属性规定完成过渡效果需要花费的时间（以秒或毫秒计）。

```
transition-duration: time;
transition-duration: 3s;
```

3）transition-timing-function 属性

其语法如下：

```
transition-timing-function: linear|ease|ease-in|ease-out|ease-in-out|cubic-bezier(n,n,n,n);
```

它的 6 个取值为 linear（匀速）、ease（逐渐变慢）、ease-in（加速）、ease-out（减速）、ease-in-out（加速后减速）、cubic-bezier(n,n,n,n)（贝塞尔曲线），如表 13-8 所示。

表 13-8　transition-timing-function 属性的取值及说明

取　　值	说　　明
linear	规定以相同速度从开始到结束的过渡效果（cubic-bezier(0,0,1,1)）
ease	规定以慢速开始、变快、慢速结束的过渡效果，类似于 cubic-bezier(0.25,0.1,0.25,1)
ease-in	规定以慢速开始的过渡效果（cubic-bezier(0.42,0,1,1)）
ease-out	规定以慢速结束的过渡效果（cubic-bezier(0,0,0.58,1)）
ease-in-out	规定以慢速开始和结束的过渡效果（cubic-bezier(0.42,0,0.58,1)）
cubic-bezier(n,n,n,n)	在 cubic-bezier 函数中定义自己的值，可取值的范围为 0～1

4）transition-delay 属性

transition-delay 属性指定何时开始切换效果，以秒（s）或毫秒（ms）为单位。

```
transition-delay: time;
transition-delay: 2s;
```

【例 13-6-7】　CSS3 过渡与转换的综合应用。其代码如下，页面效果如图 13-47 和图 13-48 所示。

```html
1  <!-- edu_13_6_7.html -->
2  <!doctype html>
3  <html lang="en">
4    <head>
5      <meta charset="UTF-8">
6      <title>CSS3过渡</title>
7      <link rel="stylesheet" href="css/normalize.css" type="text/css">
8      <script type="text/javascript" src="js/prefixfree.min.js"></script>
9      <style>
10         div{width:100px;height:50px;background:#009999;color:white; font-weight: bold;
11         transition:width 2s,height 2s,transform 2s;   /*3个属性过渡*/}
12         #div1{transition-timing-function:linear;}
13         #div2{transition-timing-function:ease;}
14         #div3{transition-timing-function:ease-in;}
15         #div4{transition-timing-function:ease-out;}
16         #div5{transition-timing-function:ease-in-out;}
17         div:hover{width:200px; height:100px;transform:rotate(60deg);
18         /*盘旋时过渡+旋转*/}
19      </style>
20    </head>
21    <body>
22      <h3>CSS3过渡transition与transform综合应用</h3><hr color="red">
23      <div id="div1" style="top:100px">linear</div>
24      <div id="div2" style="top:150px">ease</div>
25      <div id="div3" style="top:200px">ease-in</div>
26      <div id="div4" style="top:250px">ease-out</div>
27      <div id="div5" style="top:300px">ease-in-out</div>
28      <p>请把鼠标指针移动到红色的div元素上,就可以看到<mark>过渡和转换</mark>的效果。</p>
29    </body>
30  </html>
```

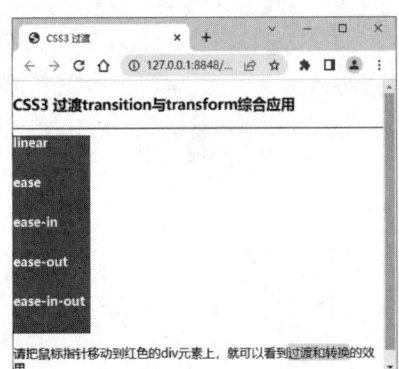

图 13-47　CSS3 过渡初始状态图

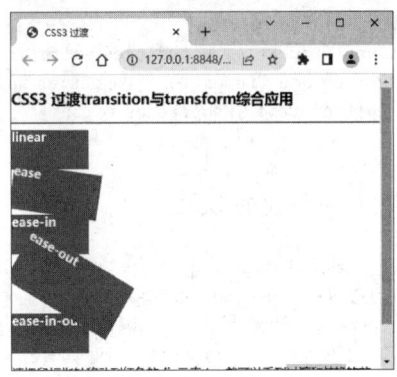

图 13-48　鼠标指针盘旋时的状态图

13.6.6　CSS3 动画 animation 属性

所谓 CSS3 动画,就是指元素从一种样式逐渐变化为另一种样式的效果。通过 CSS3 的 @keyframes(关键帧)规则,可以创建动画,从而取代动画图片、Flash 动画以及用 JavaScript 编写的动画。在 @keyframes 中规定某种 CSS 样式,就能创建由当前样式逐渐变为新样式的动画效果。

1. CSS3 动画 animation 基本语法

animation 是一个复合属性,语法如下,其属性及说明如表 13-9 所示。

animation: animation – name | animation – duration | animation – timing – function | animation – delay | animation – iteration – count | animation – direction

表 13-9　CSS3 动画属性及说明

属　　性	说　　明
@keyframes	规定动画
animation	所有动画属性的复合属性,除了 animation-play-state 属性以外
animation-name	规定@keyframes 动画的名称
animation-duration	规定动画完成一个周期所花费的秒或毫秒,默认值是 0
animation-timing-function	规定动画的速度曲线,默认值是 ease,其他与 transition-timing-function 属性的值相同
animation-delay	规定动画何时开始,默认值是 0
animation-iteration-count	规定动画被播放的次数 n(值为 1(默认)、infinite)
animation-direction	规定动画是否在下一周期逆向播放(值为 normal(默认)、alternate)
animation-play-state	规定动画是否正在运行或暂停,其值为 running(默认)、paused
animation-fill-mode	规定对象在动画时间之外的状态(其值为 none、forwards、backwards、both)

2. @keyframes 规则定义

采用@keyframes 规则创建动画,需要将它绑定到一个 CSS 的选择器,否则动画不会有任何效果。至少定义以下两项 CSS3 动画属性,即可将动画绑定到选择器:规定动画的名称、规定动画的时长。

@keyframes 基本语法如下:

```
@keyframes myAnimation{
    from{Properties:Properties value;}
    Percentage{Properties:Properties value;}
    to{Properties:Properties value;}
}
```

或者全部写成百分比的形式:

```
@keyframes myAnimation{
    0%{Properties:Properties value;}
    Percentage{Properties:Properties value;}
    100%{Properties:Properties value;}
}
```

语法说明:myAnimation 是一个动画名称,最好有特定的含义。用百分比来规定变化发生的时间,或用关键词 from 和 to,等同于 0% 和 100%。0% 是动画的开始,100% 是动画的完成。Percentage 是百分比值,用户可以添加许多个这样的百分比,Properties 为 CSS 的属性名,例如 width、height、background 等;value 就是对应属性的值。选择器 from 和 to 分别对应选择器 0% 和 100%。

为了得到最佳的浏览器支持,至少应该定义 0% 和 100% 选择器。中间状态也可以根据需要增加 n 个选择器,并定义样式,从而完成动画。

3．@keyframes 规则的绑定

绑定动画名称（例如 myAnimation）到某个元素（div）的样式上，并指定时长。其格式如下：

```
div{
    animation: myAnimation 8s;
    -moz-animation: myAnimation 8s;        /*Firefox*/
    -webkit-animation: myAnimation 8s;     /*Safari 和 Chrome*/
    -o-animation: myAnimation 8s;          /*Opera*/
}
```

这里以 Safari 和 Chrome 浏览器为例说明动画的设置方法，代码如下：

```
div{
    /*设置图层的基本样式*/
    width:100px;height:100px;background:red;position:relative;
    /*设置标准动画子属性*/
    animation-name:myMOve;
    animation-duration:5s;
    animation-timing-function:linear;
    animation-delay:2s;
    animation-iteration-count:infinite;
    animation-direction:alternate;
    animation-play-state:running;
    /*仅以 Safari 和 Chrome 浏览器为例，其余类似*/
    -webkit-animation-name: myMOve;
    -webkit-animation-duration:5s;
    -webkit-animation-timing-function:linear;
    -webkit-animation-delay:2s;
    -webkit-animation-iteration-count:infinite;
    -webkit-animation-direction:alternate;
    -webkit-animation-play-state:running;
}
@keyframes myMOve
{   /*定义不同关键帧的样式*/
    0%{background:red; left:0px; top:0px;}
    25%{background:yellow; left:200px; top:0px;}
    50%{background:blue; left:200px; top:200px;}
    75%{background:green; left:0px; top:200px;}
    100%{background:red; left:0px; top:0px;}
}
@-webkit-keyframes myfirst   /*仅以 Safari 和 Chrome 为例*/
{   /*定义不同关键帧的样式*/
    0%{background:red; left:0px; top:0px;}
    25%{background:yellow; left:200px; top:0px;}
    50%{background:blue; left:200px; top:200px;}
    75%{background:green; left:0px; top:200px;}
    100%{background:red; left:0px; top:0px;}
}
```

【例 13-6-8】 CSS3 动画的应用。其代码如下，页面效果如图 13-49 所示。100px×100px 的 div 沿 300px×300px 的矩形的对角线运动，边运动边改变背景颜色，从红色到蓝色过渡。设置 3 个场景切换，即初始状态为红色背景，中间状态为绿色背景，最后状态为蓝色背景。同时考虑到不同浏览器的兼容性，在代码中增加了针对不同浏览器编写的样式效果。

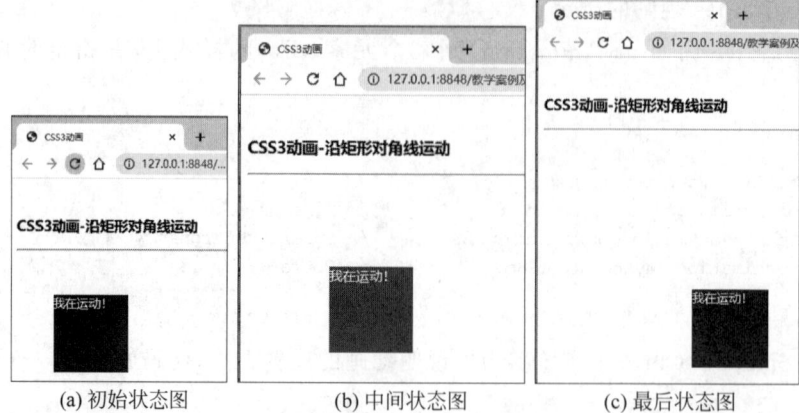

(a) 初始状态图　　　　(b) 中间状态图　　　　(c) 最后状态图

图 13-49　CSS3 动画状态图

```
1  <!-- edu_13_6_8.html -->
2  <!doctype html>
3  <html lang="en">
4      <head>
5          <meta charset="UTF-8">
6          <title>CSS3 动画</title>
7          <style>
8              div{width:100px;height:100px;background:red;position:relative;
9                  animation:mymove 5s;color:white;
10                 -moz-animation:mymove 5s infinite;        /* Firefox */
11                 -webkit-animation:mymove 5s infinite;     /* Safari 和 Chrome */
12                 -o-animation:mymove 5s infinite;          /* Opera */
13             }
14             @keyframes mymove
15             {
16                 from,0% {left:0px;background:red;top:0px;}
17                 50% {left:100px;background:green;top:100px;}
18                 to,100% {left:200px;background:blue;top:200px;}
19             }
20             @-webkit-keyframes mymove                     /* Safari 和 Chrome */
21             {
22                 from,0% {left:0px;background:red;top:0px;}
23                 50% {left:100px;background:green;top:100px;}
24                 to,100% {left:200px;background:blue;top:200px;}
25             }
26             @-moz-keyframes mymove                        /* Firefox */
27             {
28                 from,0% {left:0px;background:red;top:0px;}
29                 50% {left:100px;background:green;top:100px;}
30                 to,100% {left:200px;background:blue;top:200px;}
31             }
32             @-o-keyframes mymove                          /* Opera */
33             {
34                 from,0% {left:0px;background:red;top:0px;}
35                 50% {left:100px;background:green;top:100px;}
```

```
36                to,100%{left:200px;background:blue;top:200px;}
37            }
38        </style>
39    </head>
40    <body>
41        <h3>CSS3 动画-沿矩形对角线运动</h3><hr>
42        <div>我在运动!</div>
43    </body>
44 </html>
```

13.6.7 CSS3 多列属性

使用 CSS3 多列属性可以创建多个列来对文本进行布局,如同编辑报纸和杂志一样。IE9 以及更早的版本不支持多列属性。常用的 CSS3 多列属性主要有 column-count、column-gap、column-rule 等,如表 13-10 所示。

表 13-10 CSS3 多列属性及说明

属性	说明
columns	规定设置 column-width 和 column-count 的复合属性
column-count	规定元素应该被分隔的列数
column-width	规定列的宽度
column-fill	规定如何填充列
column-gap	规定列之间的间隔
column-rule	设置所有 column-rule-* 属性的复合属性
column-rule-width	规定列之间规则的宽度
column-rule-style	规定列之间规则的样式
column-rule-color	规定列之间规则的颜色
column-span	规定元素应该横跨的列数

基本语法如下:

```
columns: column-width column-count;              /*复合属性*/
column-count: number|auto;
column-width: auto|length;
column-rule: column-rule-width column-rule-style column-rule-color; /*复合属性*/
column-rule-width: thin|medium|thick|length;
column-rule-style: none|hidden|dotted|dashed|solid|double|groove|ridge|inset|outset;
column-rule-color: color;
column-gap: length|normal;
column-fill: balance|auto; /*balance列长短平衡;auto列顺序填充*/
```

【例 13-6-9】 CSS3 多列属性的应用。其代码如下,页面效果如图 13-50 所示。

```
1 <!-- edu_13_6_9.html -->
2 <!doctype html>
3 <html lang="en">
4    <head>
5        <meta charset="UTF-8">
6        <title>CSS3 多列属性的应用</title>
7        <style>
8            p{
```

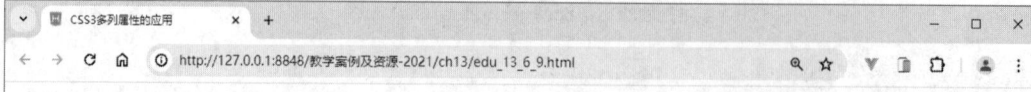

图13-50　CSS3多列属性的应用

```
 9              text-indent:2em;
10              column-count:3;                          /*设置列数*/
11              column-gap:50px;                         /*设置列间隙*/
12              column-rule:4px outset ♯FF0000;          /*设置列宽、线型、颜色*/
13          }
14          h2{
15              column-span:all;                         /*设置标题跨所有列*/
16              text-align:center;background:♯99FF99;
17              height:40px;font-size:28px;padding: 6px 0;}
18      </style>
19  </head>
20  <body>
21      <h2>HTML5 简介</h2>
22      <p>HTML 标准自 1999 年 12 月发布的 HTML4.01 后,后继的 HTML5 和其他标准被束之高阁,为了推动 Web 标准化运动的发展,一些公司联合起来,成立了一个叫作 Web HyperText Application Technology Working Group(Web 超文本应用技术工作组,WHATWG)的组织。WHATWG 致力于 Web 表单和应用程序,而 W3C(World Wide Web Consortium,万维网联盟)专注于 XHTML2.0。在 2006 年,双方决定进行合作,来创建一个新版本的 HTML。<br>
23      HTML5 草案的前身名为 Web Applications 1.0,于 2004 年被 WHATWG 提出,于 2007 年被 W3C 接纳,并成立了新的 HTML 工作团队。<br>
24      HTML5 的第一份正式草案已于 2008 年 1 月 22 日公布。HTML5 仍处于完善之中。然而,大部分现代浏览器已经具备了某些 HTML5 支持。<br>
25      2012 年 12 月 17 日,万维网联盟(W3C)正式宣布凝结了大量网络工作者心血的 HTML5 规范已经正式定稿。根据 W3C 的发言稿称:"HTML5 是开放的 Web 网络平台的奠基石。"<br>
26      2013 年 5 月 6 日,HTML5.1 正式草案公布。该规范定义了第五次重大版本,第一次要修订万维网的核心语言:超文本标记语言(HTML)。在这个版本中,新功能不断推出,以帮助 Web 应用程序的作者,努力提高新元素互操作性。<br>
27      本次草案的发布,从 2012 年 12 月 27 日至今,进行了多达近百项的修改,包括 HTML 和 XHTML 的标记,相关的 API、Canvas 等,同时 HTML5 的图像 img 标记及 svg 也进行了改进,性能得到进一步提升。<br>
```

```
28            支持 HTML5 的浏览器包括 Firefox(火狐浏览器)、IE9 及其更高版本、Chrome(谷歌浏览
              器)、Safari、Opera 等;国内的傲游浏览器(Maxthon),以及基于 IE 或 Chromium(Chrome 的
              工程版或称实验版)所推出的 360 浏览器、搜狗浏览器、QQ 浏览器、猎豹浏览器等国产浏
              览器同样具备支持 HTML5 的能力。</p>
29        </body>
30      </html>
```

13.6.8 CSS3 文本效果

CSS3 新定义了多个文本效果属性,常用的文本效果属性有文本阴影 text-shadow、强制换行 word-wrap、文本溢出 text-overflow、空白处理 white-space 等。

1．文本阴影 text-shadow 属性
1) 基本语法

```
text-shadow: h-shadow v-shadow blur color;
text-shadow: 2px 2px 8px #FF0000;
```

2) 语法说明

text-shadow 属性向文本添加一个或多个阴影。该属性是由空格分隔的阴影列表,其中 h-shadow 定义水平阴影,允许为负值,必需;v-shadow 定义垂直阴影,允许为负值,必需;blur 可选,模糊的距离;color 可选,阴影的颜色。省略的长度是 0。

2．空白处理 white-space 属性
1) 基本语法

```
white-space: normal|nowrap|pre|pre-wrap|pre-line|inherit ;
```

2) 语法说明

white-space 属性规定如何处理元素内的空白。该属性的取值及说明如下。
- normal:默认。空白会被浏览器忽略。
- nowrap:文本不会换行,在同一行上显示,直到遇到
标记为止。
- pre:浏览器会保留空白。与<pre></pre>标记的功能类似。
- pre-wrap:保留空白符序列,并换行。
- pre-line:合并空白符序列,并保留换行符。
- inherit:规定应该从父元素继承 white-space 属性的值。

3．强制换行 word-wrap 属性
1) 基本语法

```
word-wrap: normal|break-word;
```

2) 语法说明

word-wrap 属性允许对文本强制换行,即使这意味着会对单词进行拆分。该属性有两个值,分别为 normal、break-word。其中,normal 表示只在允许的断字点换行(浏览器保持默认处理);break-word 表示在长单词或 URL 地址内部进行换行。

4．文本溢出 text-overflow 属性
1) 基本语法

```
text-overflow: clip|ellipsis|string;
```

2) 语法说明

text-overflow 属性规定当文本溢出包含元素时发生的事情。该属性有 3 个属性值，分别为 clip、ellipsis、string。其中，clip 表示修剪文本；ellipsis 表示用省略符号来代表被修剪的文本；string 表示用给定的字符串来代表被修剪的文本。该属性必须与 overflow 和 white-space 属性配合使用，在选择器中需要同时设置两个属性，其值分别为 hidden 和 nowrap。

【例 13-6-10】 CSS3 文本效果属性的应用。其代码如下，页面效果如图 13-51 所示。

```html
1  <!-- edu_13_6_10.html -->
2  <!doctype html>
3  <html lang="en">
4    <head>
5      <meta charset="UTF-8">
6      <title>Document</title>
7      <style>
8        h2{text-align:center;background:#99CCFF;padding:5px auto;}
9        h1{text-shadow:2px 2px 8px #FF0000; /*设置文本阴影*/}
10       p.test{width:15em; border:1px solid #000000;
11            word-wrap:break-word; /*设置自动换行*/}
12       div.test{white-space:nowrap; /*规定文本不进行换行*/
13            width:12em;overflow:hidden;border:1px solid #000000;}
14     </style>
15   </head>
16   <body>
17     <h2>CSS3 文本效果</h2>
18     <h1>具有模糊效果的文本阴影</h1>
19     <p>【未设置换行和宽度的段落】This paragraph contains a very long word: thisisaveryveryveryveryveryverylongword. The long word will break and wrap to the next line.</p>
20     <p class="test">【设置强制换行和宽度的段落】This paragraph contains a very long word: thisisaveryveryveryveryveryverylongword. The long word will break and wrap to the next line.</p>
21     <h3>下列 div 包含长文本，都能正常显示</h3>
22     <div id="" class="">
23       HTML5 的第一份正式草案已于 2008 年 1 月 22 日公布.HTML5 仍处于完善之中。然而,大部分现代浏览器已经具备了某些 HTML5 支持。
24     </div>
25     <h3>下面两个 div 包含无法在框中容纳的长文本。不能完全显示,文本被修剪了。</h3>
       <hr>
26     <p>下列 div 使用 "text-overflow:ellipsis"：</p>
27     <div class="test" style="text-overflow:ellipsis;">HTML5 的第一份正式草案已于 2008 年 1 月 22 日公布。HTML5 仍处于完善之中。然而,大部分现代浏览器已经具备了某些 HTML5 支持。</div>
28     <h3>下列 div 使用 "text-overflow:clip"：</h3>
29     <div class="test" style="text-overflow:clip;">HTML5 的第一份正式草案已于 2008 年 1 月 22 日公布。HTML5 仍处于完善之中。然而,大部分现代浏览器已经具备了某些 HTML5 支持。</div>
30   </body>
31 </html>
```

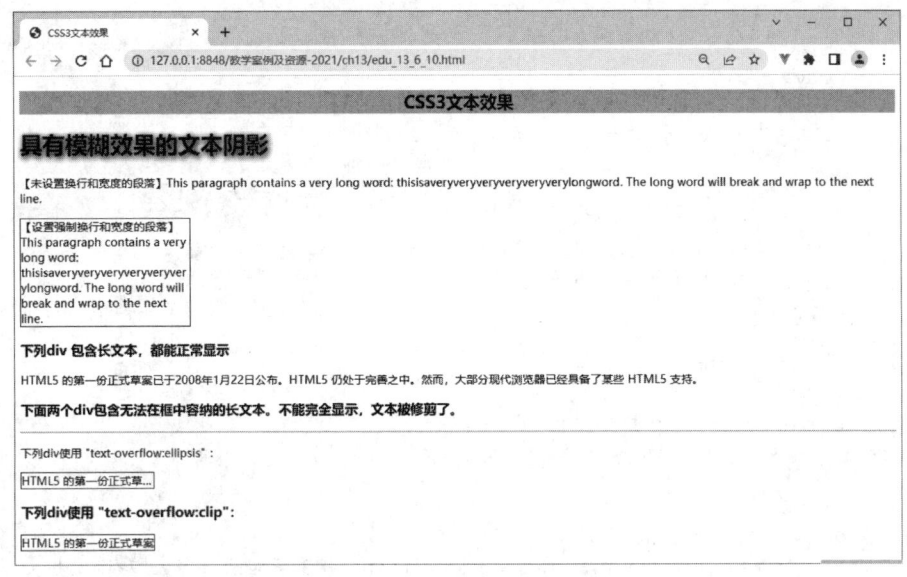

图 13-51　CSS3 文本效果属性的应用

13.7　思政案例 12——卧薪尝胆

本案例以汉语成语"卧薪尝胆"为主题，采用 HTML5 构建页面。其设计要求如下：

（1）整个页面采用 article 标记构架，使用 header、footer、hgroup、section、img、div、p、a 等标记来进行页面布局。

（2）图像部分页面采用 div 包裹 img 标记进行布局。当鼠标指针在 div 上盘旋时，图像在宽度和高度上均放大 1.2 倍。

（3）文字部分采用 section 包裹 p 标记进行布局，分 4 列，并设置列间距和列规则。

（4）footer 部分插入 h3 标记，内容为"成语出处：西汉·《史记·越王勾践世家》"。

其代码如下，页面效果如图 13-52 所示。

```
1  <!-- edu_13_7_1.html -->
2  <!doctype html>
3  <html lang="en">
4    <head>
5      <meta charset="UTF-8">
6      <title>汉语成语——卧薪尝胆</title>
7      <style type="text/css">
8        hgroup,footer {text-align: center;}
9        /*设置文本阴影*/
10       h1 {text-shadow: 3px 3px 10px #FF0000;}
11       section {
12         column-count: 4;              /*设置列数*/
13         column-gap: 40px;             /*设置列间距*/
14         column-rule: 4px outset #FF0000;  /*设置列宽度、线型、颜色*/
15       }
16       p {text-indent: 2em;}
17       div:hover {transform: scale(1.2, 1.2);}
```

```
18      </style>
19    </head>
20    <body>
21      <article style = "margin:20px auto;width:850px;height:500px;background:
        #EEEEEE;padding:30px;">
22        <header>
23          <hgroup>
24            <h3>卧薪尝胆</h3>
25            <h1>卧薪尝胆最早出自西汉时期的《史记·越王勾践世家》</h1>
26            <h5>该成语原意指越王勾践战败后以柴草卧铺,并经常舔尝苦胆,以时时警惕自己
                不忘所受苦难的故事,后形容人刻苦自励,发奋图强;在句中作谓语、定语、状语,含
                褒义。</h5>
27          </hgroup>
28        </header>
29        <div style = "text-align:center;">
30          <img src = "image-13-7-1.jpg">
31        </div>
32        <section>
33          <h3>成语典故</h3>
34          <p>公元前496年,吴王阖闾派兵攻打越国,被越王勾践打得大败,阖闾也受了重伤,
              临死前,嘱咐儿子夫差要替他报仇。夫差牢记父亲的话,日夜加紧练兵,准备攻打越
              国。过了两年,夫差率兵把勾践打得大败,勾践被包围,无路可走,准备自杀。这时谋
              臣文种劝住了他,说:"吴国大臣伯嚭贪财好色,可以派人去贿赂他。"勾践听从了文种
              的建议,就派他带着珍宝贿赂伯嚭,伯嚭答应和文种去见吴王。
35          </p>
36          <p>文种见了吴王,献上珍宝,说:"越王愿意投降,做您的臣下伺候您,请您能饶恕
              他。"伯嚭也在一旁帮文种说话。伍子胥站出来大声反对道:"人常说'治病要除根',
              勾践深谋远虑,文种、范蠡精明强干,这次放了他们,他们回去后就会想办法报仇的!"
              这时的夫差以为越国已经不足为患,就不听伍子胥的劝告,答应了越国的投降,把军
              队撤回了吴国。吴国撤兵后,勾践带着妻子和大夫范蠡到吴国伺候吴王,放牛牧羊,
              终于赢得了吴王的欢心和信任。
37          </p>
38          <p>三年后,他们被释放回国了。勾践回国后,立志发愤图强,准备复仇。他怕自己贪
              图舒适的生活,消磨了报仇的志气,晚上就枕着兵器,睡在稻草堆上,他还在房子里挂
              上一只苦胆,每天早上起来后就尝尝苦胆,门外的士兵问他:"你忘了三年的耻辱了
              吗?"他派文种管理国家政事,范蠡管理军事,他亲自到田里与农夫一起干活,妻子也
              纺线织布。勾践的这些举动感动了越国上下官民,经过十年的艰苦奋斗,越国终于兵
              精粮足,转弱为强。而吴王夫差盲目力图争霸,丝毫不考虑民生疾苦。他还听信伯嚭
              的坏话,杀了忠臣伍子胥。最终夫差争霸成功,称霸于诸侯。但是这时的吴国,貌似
              强大,实际上已经是走下坡路了。
39          </p>
40          <p>公元前482年,夫差亲自带领大军北上,与晋国争夺诸侯盟主,越王勾践趁吴国精
              兵在外,突然袭击,一举打败吴兵,杀了太子友。夫差听到这个消息后,急忙带兵回
              国,并派人向勾践求和。勾践估计一下子灭不了吴国,就同意了。公元前473年,勾
              践第二次亲自带兵攻打吴国。这时的吴国已经是强弩之末,根本抵挡不住越国军队
              的强势猛攻,屡战屡败。最后,夫差又派人向勾践求和,范蠡坚决主张要灭掉吴国。
              夫差见求和不成,才后悔没有听伍子胥的忠告,非常羞愧,就拔剑自杀了。
41          </p>
42        </section>
43        <footer>
44          <h3>成语出处:西汉·《史记·越王勾践世家》</h3>
45        </footer>
46      </article>
47    </body>
48  </html>
```

第13章　HTML5基础与CSS3应用

图 13-52　成语卧薪尝胆释义页面

本章小结

本章介绍了 HTML5 的新特性和 HTML5 的一些基础应用，重点讲述 HTML5 的新增属性、新增表单属性、新增表单的 input 类型、媒体元素（视频、音频）等方面的知识和程序设计技巧。

HTML5 新增了 header、nav、article、section、aside、footer 等结构元素，使用这些元素的标记构建网页更加方便、快捷。HTML5 新增的其他页面元素也极大地丰富了页面内容与表现，结合 JavaScript 脚本能够设计具有更好的用户体验的网站。HTML5 技术在移动互联网时代会具有更加杰出的表现。

运用 CSS3 新增的转换、过渡和动画特性可以增强页面的表现效果；运用 CSS3 多列属性、文本效果属性可以美化页面排版效果。

练习 13

1．选择题

(1) HTML5 之前的 HTML 版本是(　　)。

　　A．HTML4.9　　　　B．HTML4　　　　C．HTML4.01　　　　D．HTML4.1

(2) HTML5 的正确 doctype 是(　　)。

　　A．<!doctype html>

　　B．<!doctype html5>

　　C．<!doctype html public "-//W3C//DTD HTML 5.0//EN" "http://www.w3.org/TR/html5/strict.dtd">

　　D．以上都不是

(3) 在 HTML5 中，属于组合标题的标记是(　　)。

　　A．<group>　　　　B．<header>　　　　C．<headings>　　　　D．<hgroup>

(4) 用于播放 HTML5 视频文件的正确 HTML5 元素是(　　)。

　　A．<media>　　　　B．<audio>　　　　C．<video>　　　　D．<movie>

(5) 在 HTML5 中，规定输入字段必填的属性是(　　)。

　　A．required　　　　B．formvalidate　　　　C．validate　　　　D．placeholder

(6) 下列输入类型用于定义滑块控件的是(　　)。

　　A．search　　　　B．controls　　　　C．slider　　　　D．range

(7) 下列输入类型用于定义周和年控件(无时区)的是(　　)。

　　A．date　　　　B．week　　　　C．year　　　　D．time

(8) 下列 HTML5 元素用于显示已知范围内的标量测量的是(　　)。

　　A．<gauge>　　　　B．<range>　　　　C．<measure>　　　　D．<meter>

(9) 下列属性中表示 CSS3 过渡的属性是(　　)。

　　A．animation　　　　B．transform　　　　C．transition　　　　D．box-shadow

(10) 下列属性中能够设置圆角边框的属性是(　　)。

　　A．box-shadow　　　　B．border-image

　　C．border-style　　　　D．border-radius

(11) 下列属性中不是过渡 transition 子属性的是(　　)。

　　A．transition-property　　　　B．transition-delay

　　C．transition-play　　　　D．transition-duration

(12) 下列选项中定义动画 animation 的关键帧的是(　　)。

　　A．@keyframes　　　　B．keyframes　　　　C．@import url()　　　　D．@keyframe

2．填空题

(1) 数据列表选项 datalist 标记通常与_____标记结合在一起使用，通过该标记的_____属性与 datalist 标记的_____属性关联。

(2) HTML5 新增媒体元素除了可以通过_____属性加载媒体文件 URL 外，还可以通过_____标记加载不同格式的媒体文件，以满足浏览器支持的需要。

(3) HTML5 新增_____类型的 input 元素可以拾取颜色；新增_____类型的

input 元素可以对邮箱进行自动验证；新增_____类型的 input 元素可以产生滑动条控件；新增_____类型的 input 元素可以产生带有微调按钮的输入域。

（4）HTML5 新增_____表单元素可以产生数据加密；新增_____表单元素可以产生不同类型的输出；新增_____表单元素可以定义选项列表。

3．简答题

（1）简述 HTML5 文档结构的基本组成。

（2）简述 CSS3 动画与 CSS3 过渡的区别。

实验 13

1．采用 HTML5 和 CSS3 多列属性设计一个简易的 HTML5 页面，效果如图 13-53 所示。

图 13-53　HTML5 与 CSS3 多列属性的应用页面

设计要求：

（1）整个页面采用 article 标记构架。

（2）使用 header、figure、figcaption、footer、hgroup 等标记来进行页面布局。

（3）标题采用 CSS 文本阴影，当鼠标指针在图像上盘旋时能够在水平和垂直方向上均放大 1.2 倍，段落分三栏，设置分列规则为 4px、dashed、#FF0000。

（4）程序名称为 exp_13_1.html。

2. 采用纯 CSS3 设计"北京风景图片动画欣赏",页面效果如图 13-54 所示。

图 13-54 "北京风景图片动画欣赏"页面

设计要求：

在一个 div 中包裹 9 个子 div,每个子 div 中包裹一个图像,所有图像水平居中排列,父 div 的宽度为 1000px、高度为 600px、有边框阴影(阴影尺寸 5px、模糊距离 15px、颜色 ♯F3E3D3)。每个子 div 的宽度为 300px、高度为 180px、过渡时间为 3 秒。

(1) 当在第 1 幅图上盘旋时,X 轴方向移动 665px、Y 轴方向移动 200px。

(2) 当在第 2 幅图上盘旋时,扭曲 210°、在所有属性上过渡 3 秒。

(3) 当在第 3 幅图上盘旋时,在 Y 轴方向旋转 50°、在所有属性上过渡 3 秒。

(4) 当在第 4 幅图上盘旋时,在 Y 轴方向旋转 50°、在所有属性上过渡 3 秒。

(5) 当在第 5 幅图上盘旋时,放大两倍、在所有属性上过渡 3 秒。

(6) 当在第 6 幅图上盘旋时,在 Z 轴上旋转 180°、在所有属性上过渡 3 秒。

(7) 当在第 7 幅图上盘旋时,在 Z 轴上旋转 180°、在 X 轴上移动－333px、在 Y 轴上移动 400px、在所有属性上过渡 3 秒。

(8) 当在第 8 幅图上盘旋时,在 Y 轴上旋转 360°、在所有属性上过渡 3 秒。

(9) 当在第 9 幅图上盘旋时,在 X 轴上旋转 360°、在所有属性上过渡 3 秒。

CHAPTER 14

JavaScript基础

> **本章学习目标**
>
> 采用HTML+CSS技术设计的网页具有信息丰富、呈现样式美观等优势,但是网页缺乏与用户交互的功能。JavaScript是一种基于对象和事件驱动并具有相对安全性的客户端脚本语言,主要目的是为服务器端脚本语言提供数据验证的基本功能。
>
> Web前端开发工程师应知应会以下内容:
> - 理解JavaScript程序的概念与作用。
> - 掌握JavaScript标识符和变量的概念及其使用方法。
> - 掌握JavaScript常用运算符和表达式。
> - 掌握JavaScript中顺序、分支、循环3种程序控制结构语法。
> - 掌握JavaScript函数的定义方法,并学会使用。
> - 学会综合运用JavaScript设计具有动态、交互功能的网页。

JavaScript是目前非常流行、应用广泛的一种客户端脚本语言,在2022年7月的TIOBE(The Importance of Being Earnest)编程语言排行榜中JavaScript排名第6位。JavaScript是一种基于对象和事件驱动并具有相对安全性的客户端脚本语言,被广泛应用于各种客户端Web程序开发中,尤其是HTML的开发,能给HTML网页添加动态功能,响应用户的各种操作,实现诸如信息验证、数字日历、滚动文字、显示浏览器停留时间等特殊功能和效果。

14.1 JavaScript概述

JavaScript由Netscape公司的Brendan Eich(布兰登·艾奇)于1995年开发设计,最初命名为LiveScript,是一种动态、弱类型、基于原型的语言。后来Netscape和Sun公司进行合作,将LiveScript改名为JavaScript。JavaScript在设计之初受到Java的启发,语法上与Java有很多类似之处,并借用了许多Java的名称和命名规范。

14.1.1 JavaScript简介

JavaScript主要运行在客户端,用户访问带有JavaScript的网页,网页中的JavaScript

程序就传给浏览器，由浏览器解释和处理。表单数据有效性验证等互动性功能都是在客户端完成的，不需要和 Web 服务器发生任何数据交换，因此不会增加 Web 服务器的负担。

JavaScript 具有以下特点。

1．简单性

JavaScript 是一种脚本编程语言，采用小程序段的方式实现编程，像其他脚本语言一样，JavaScript 是一种解释性语言，因此 JavaScript 编写的程序无须进行编译，而是在程序运行过程中被逐行地解释。JavaScript 基于 Java 基本语句和控制流，学习过 Java 的编程人员非常容易上手。此外，它的变量类型采用弱类型，未使用严格的数据类型安全检查。

2．安全性

JavaScript 是一种安全性语言，它不允许程序访问本地的硬盘资源，不能将数据存入服务器上，不允许对网络文档进行修改和删除，只能通过浏览器实现信息浏览或动态交互，从而有效地保障数据的安全性。

3．动态性

JavaScript 可以直接对用户的输入信息进行简单处理和响应，而无须向Web服务程序发送请求再等待响应。JavaScript 的响应采用事件驱动的方式进行，当在页面中执行了某种操作时会产生特定事件（Event），例如移动鼠标指针、调整窗口大小等操作会触发相应的事件响应处理程序。

4．跨平台性

JavaScript 程序的运行只依赖于浏览器，与操作系统和计算机硬件无关，只要计算机上安装了支持 JavaScript 的浏览器（例如 Edge、Firefox、Chrome 等）就能正确运行。

14.1.2　第一个 JavaScript 程序

JavaScript 程序不能独立运行，必须依赖于 HTML 文件。通常将 JavaScript 代码放置在 script 标记内，由浏览器 JavaScript 脚本引擎来解释执行。

1．基本语法

```
1 <script type="text/javascript" [src="外部JS文件"]>
2    JS 语句块;
3 </script>
```

2．语法说明

script 标记是成对标记，以<script>开始，以</script>结束。type 属性说明脚本的类型，属性值"text/javascript"是指使用 JavaScript 编写的程序是文本文件。src 属性是可选属性，用于加载指定的外部 JS 文件。如果设置此属性，将忽略 script 标记内的所有语句。

script 标记既可以放在 HTML 的头部，也可以放在 HTML 的主体部分，只是装载的时间不同。

【例 14-1-1】　使用 JavaScript 向 HTML 页面输出信息。其代码如下，页面效果如图 14-1 所示。

```
1 <!-- edu_14_1_1.html -->
2 <!doctype html>
3 <html lang="en">
4    <head>
```

```
5        < meta charset = "UTF - 8">
6        <title>第一个 JavaScript 实例</title>
7    </head>
8    <body>
9        <script type = "text/javascript">
10           document.write("第一个 JavaScript 实例!");
11       </script>
12   </body>
13 </html>
```

代码第 9~11 行在 body 标记中直接插入 script 标记,第 10 行在 script 标记内利用 document.write()命令向页面写入"第一个 JavaScript 实例!"。

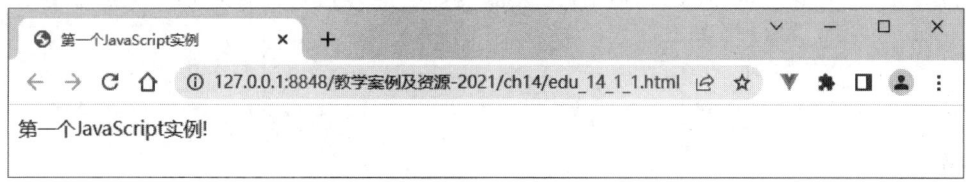

图 14-1　第一个 JavaScript 实例

14.1.3　JavaScript 放置的位置

JavaScript 代码一般放置在页面的 head 或 body 部分。当页面载入时会自动执行位于 body 部分的 JavaScript,例 14-1-1 即是如此;而位于 head 部分的 JavaScript 只有在被显式调用时才会被执行,如例 14-1-2 所示。

1. head 标记中的脚本

script 标记放在头部 head 标记中,JavaScript 代码必须定义成函数形式,并在主体 body 标记内调用或通过事件触发。放在 head 标记内的脚本在页面装载时同时载入,这样在主体 body 标记内调用时可以直接执行,提高了脚本的执行速度。

1) 基本语法

```
1 function functionname(参数 1,参数 2,…,参数 n){
2     函数体语句;
3 }
```

2) 语法说明

JavaScript 自定义函数必须以 function 关键字开始,然后给自定义函数命名,在给函数命名时一定要遵守标识符的命名规范。在函数名称的后面一定要有一对括号"()",括号内可以有参数,也可以无参数,多个参数之间用逗号","分隔。函数体语句必须放在大括号"{}"内。

【例 14-1-2】　在 head 标记内定义两个 JavaScript 函数。其代码如下,页面效果如图 14-2 所示。

```
1 <!-- edu_14_1_2.html -->
2 <!doctype html>
3 <html lang = "en">
4     <head>
```

```
5      <meta charset = "UTF - 8">
6      <title>head 中定义的 JS 函数</title>
7      <script type = "text/javascript">
8          function message(){
9              alert("调用 JS 函数!sum(100,200) = " + sum(100,200));}
10         function sum(x,y){return x + y; //返回函数计算结果}
11     </script>
12   </head>
13   <body>
14     <h4>head 标记内定义两个 JS 函数</h4>
15     <p>无返回值函数：message()</p>
16     <p>有返回值函数：sum(x,y)</p>
17     <form>
18         <input name = "btnCallJS" type = "button" onclick = "message();" value = "计算并显示两个数的和">
19     </form>
20   </body>
21 </html>
```

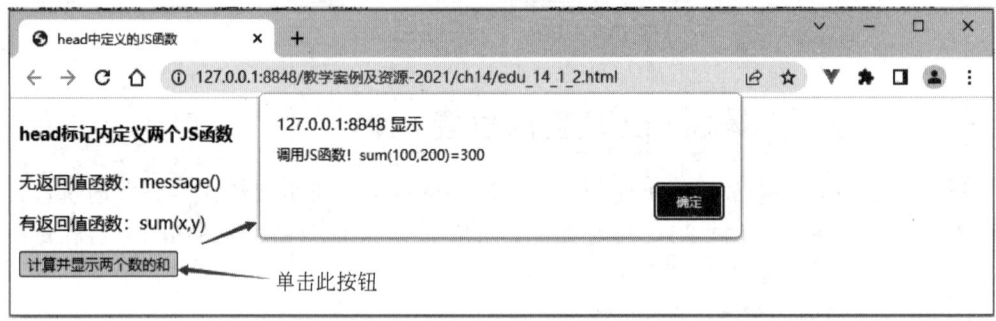

图 14-2　在 head 标记内定义两个 JavaScript 函数

代码中第 7~11 行在 head 部分插入 script 标记，在 script 标记内定义 JavaScript 函数 message()、sum(x,y)。第 9 行用 alert()函数调用告警消息框，并调用 sum(100,200)函数，计算出结果并输出相关信息。第 18 行定义一个普通按钮 btnCallJS，当单击该按钮时触发 onClick 事件，调用在 head 部分定义的 message()函数，弹出告警框。

2．body 标记中的脚本

script 标记放在主体 body 标记中，JavaScript 代码可以定义成函数形式，在主体 body 标记内调用或通过事件触发。另外，也可以在 script 标记内直接编写脚本语句，在页面装载时同时执行相关代码，这些代码的执行结果直接构成网页的内容，在浏览器中可以查看，如例 14-1-1。

3．外部 JS 文件中的脚本

除了将 JavaScript 代码写在 head 和 body 部分以外，也可以将 JavaScript 函数单独写成一个 JS 文件，在 HTML 文档中引用该 JS 文件。

【例 14-1-3】　调用外部 JS 文件中的 JavaScript 函数。其代码如下，页面效果如图 14-3 所示。

```
1 <!-- demo.js -->
2 function message()
```

```
3 {
4     alert("调用外部 JS 文件中的函数!");
5 }
```

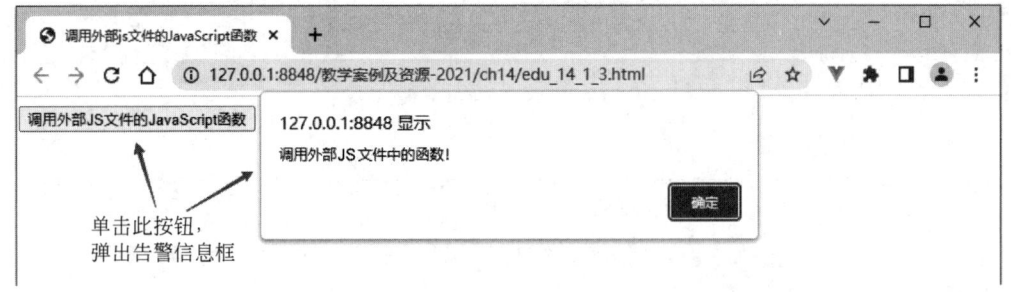

图 14-3　调用外部 JS 文件中的 JavaScript 函数

上述代码将 JavaScript 函数写在一个文件 demo.js 中,代码第 2～5 行定义了一个函数 message(),注意在".js"文件中不需要使用<script></script>标记来包围代码。

```
 1  <!-- edu_14_1_3.html -->
 2  <!doctype html>
 3  <html lang = "en">
 4      <head>
 5          <meta charset = "UTF-8">
 6          <title>调用外部 JS 文件的 JavaScript 函数</title>
 7          <script type = "text/javascript" src = "demo.js">
 8              document.write("这条语句没有执行,被忽略掉了!");
 9          </script>
10      </head>
11      <body>
12          <form>
13              <input name = "btnCallJS" type = "button" onclick = "message()" value = "调用外部
                  JS 文件的 JavaScript 函数">
14          </form>
15      </body>
16  </html>
```

上述代码中第 7 行引用外部的 demo.js 文件;第 13 行定义普通按钮,在单击按钮时触发 onClick 事件,执行 demo.js 中定义的 message()函数,实现在页面上弹出告警框的功能。很显然第 8 行代码没有被执行,因为设置 src 属性后,<script></script>标记之间的所有语句都不会执行,所以没有在页面上输出信息。

4. 事件处理代码中的脚本

JavaScript 代码除上述 3 种放置位置外,还可以直接写在事件处理代码中。

【例 14-1-4】　调用直接写在事件处理代码中的 JavaScript 程序。其代码如下,页面效果如图 14-4 所示。

```
1  <!-- edu_14_1_4.html -->
2  <!doctype html>
3  <html lang = "en">
4      <head>
5          <meta charset = "UTF-8"
```

```
6         <title>直接在事件处理代码中加入 JavaScript 代码</title>
7     </head>
8     <body>
9         <form>
10            <input type = "button" onclick = "alert('直接在事件处理代码中加入 JavaScript 代
              码')" value = "直接调用 JavaScript 代码">
11        </form>
12    </body>
13 </html>
```

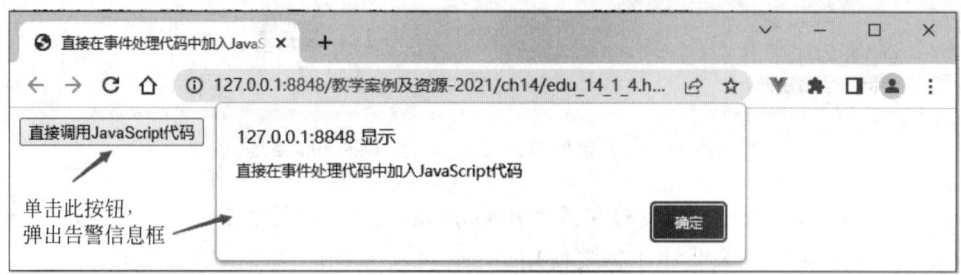

图 14-4　直接在事件处理代码中加入 JavaScript 代码

上述代码中第 10 行直接在普通按钮的 onClick 事件中插入了 JavaScript 代码，注意，JavaScript 代码需要用双引号("")引起来，在单击该按钮时会弹出告警框，如图 14-5 所示。

图 14-5　浏览器阻止程序运行界面

14.2　JavaScript 程序

JavaScript 程序由语句、语句块、函数、对象、方法、属性等构成，通过顺序、分支和循环 3 种基本程序控制结构来进行编程。

14.2.1　语句和语句块

JavaScript 语句向浏览器发出命令。该语句的作用是告诉浏览器做什么。例如下面语句的作用是告诉浏览器在页面上输出"我是 JavaScript 程序！"。

```
document.write("我是 JavaScript 程序!");
```

多行 JavaScript 语句可以组合起来形成语句块，语句块以左大括号"{"开始，以右大括号"}"结束，块的作用是使语句序列一起执行。下面的语句块向网页中输出一个标题以及两个段落。

```
1 <script type="text/javascript">
2 {
3     document.write("<h1>标题1</h1>");
4     document.write("<p>这是段落1</p>");
5     document.write("<p>这是段落2</p>");
6 }
7 </script>
```

14.2.2 代码

JavaScript代码是JavaScript语句的序列,由若干条语句或语句块构成。以下代码中第2~7行由语句和语句块构成的部分就是JavaScript代码。

```
1 <script type="text/javascript">
2     var color = "red";
3     if(color == "red")
4     {
5         document.write("颜色是红色!");
6         alert("颜色是红色!");
7     }
8 </script>
```

14.2.3 消息对话框

JavaScript中的消息对话框分为告警框、确认框和提示框3种。

1. 告警框

alert()函数用于显示一条指定消息和一个"确定"按钮的告警框。

1) 基本语法

```
alert(message);
```

2) 参数说明

message参数是显示在弹出对话框上的纯文本(非HTML文本)。

【例14-2-1】 输出告警消息。其代码如下,页面效果如图14-6所示。

```
1  <!-- edu_14_2_1.html -->
2  <!doctype html>
3  <html lang="en">
4      <head>
5          <meta charset="UTF-8">
6          <title>告警消息框的应用</title>
7      </head>
8      <body>
9          <script type="text/javascript">
10             alert("这是告警消息框!");
11         </script>
12     </body>
13 </html>
```

代码中第10行使用alert()函数在页面中弹出告警框。

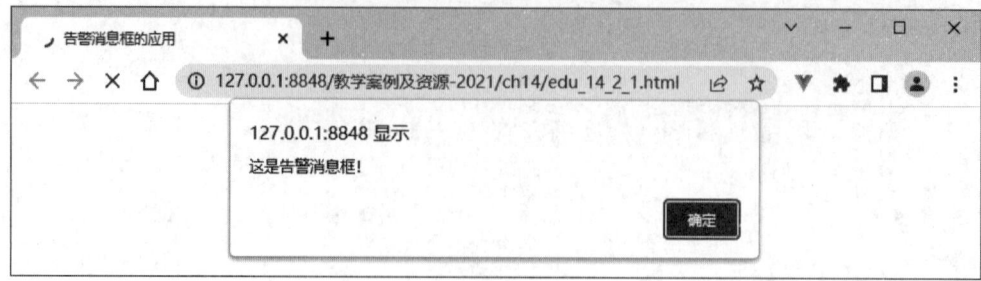

图 14-6　告警框使用界面

2．确认框

confirm()函数用于显示指定消息和"确定"及"取消"按钮的对话框。

1）基本语法

```
confirm(message);
```

2）语法说明

如果用户单击"确定"按钮,则 confirm()返回 true;如果单击"取消"按钮,则 confirm()返回 false。在用户单击"确定"按钮或"取消"按钮关闭对话框之前,它将阻止用户对浏览器的所有操作。在调用 confirm()时将暂停对 JavaScript 代码的执行,在用户做出响应之前,不会执行下一条语句。

3）参数说明

message 参数是显示在弹出对话框上的纯文本(非 HTML 文本)。

【例 14-2-2】　使用 JavaScript 确认框。其代码如下,页面效果如图 14-7 所示。

```
1  <!-- edu_14_2_2.html -->
2  <!doctype html>
3  <html lang="en">
4      <head>
5          <meta charset="UTF-8">
6          <title>确认框的应用</title>
7          <script type="text/javascript">
8              function show_confirm(){
9                  var tf = confirm("请选择按钮!");
10                 if(tf == true){alert("您按了确定按钮!");}
11                 else{alert("您按了取消按钮!");}
12             }
13         </script>
14     </head>
15     <body>
16         <form method="post" action="">
17             <input type="button" onclick="show_confirm()" value="显示确认框"/>
18         </form>
19     </body>
20 </html>
```

代码中第 8～12 行定义 JavaScript 函数 show_confirm();第 9 行调用 confirm()函数显示一个确认框;第 10～11 行使用双分支结构,如果单击"确定"按钮,将弹出告警框显示"您按了确定按钮!",否则弹出告警框显示"您按了取消按钮!";第 17 行在表单中插入一个按钮,并定义按钮的 onClick 事件,当用户单击该按钮时调用 show_confirm()函数。

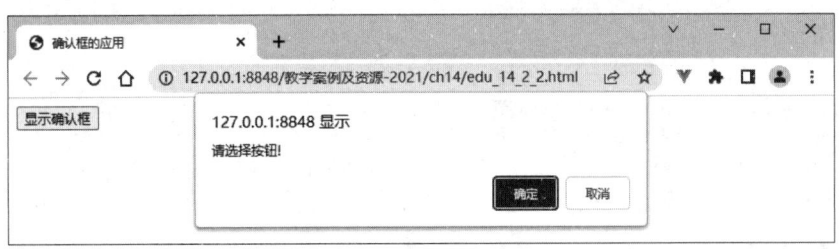

图 14-7　确认框使用界面

3．提示框

prompt()函数用于提示用户在进入页面前输入某个值。

1) 基本语法

```
prompt("提示信息",默认值);
```

如果用户单击提示框中的"取消"按钮,则返回 null。如果用户单击"确定"按钮,则返回文本框中输入的值。在用户单击"确定"按钮或"取消"按钮关闭对话框之前,它将阻止用户对浏览器做的所有操作。在调用 prompt()时将暂停对 JavaScript 代码的执行,在用户做出响应之前不会执行下一条语句。

2) 参数说明

该函数有两个参数,第 1 个是"提示信息";第 2 个是文本框的默认值,可以修改。

【例 14-2-3】　使用 JavaScript 提示框。其代码如下,页面效果如图 14-8 所示。

```
1  <!-- edu_14_2_3.html -->
2  <!doctype html>
3  <html lang="en">
4    <head>
5      <meta charset="UTF-8">
6      <title>提示框的应用</title>
7      <script type="text/javascript">
8        function disp_prompt(){
9          var name = prompt("请输入您的姓名","李大为");
10         if(name!= null && name!= "") //既不为空,也不为 null
11         {
12            document.write("您好," + name + "!");
13         }
14       }
15     </script>
16   </head>
17   <body>
18     <form method="post" action="">
19       <input type="button" onclick="disp_prompt()" value="显示提示框"/>
20     </form>
21   </body>
22 </html>
```

代码中第 8～14 行定义 JavaScript 函数 disp_prompt();第 9 行使用 prompt()函数调用提示框,让用户输入姓名,假设用户输入的姓名为"李大为",则第 12 行在页面上输出信息"您好,李大为!"。

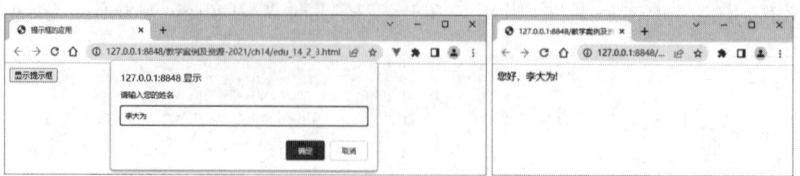

图 14-8　提示框使用界面

14.2.4　JavaScript 注释

JavaScript 提供了单行注释和多行注释两种类型的注释。单行注释使用"//"作为注释标记，可以单独一行或跟在代码末尾，放在同一行中，"//"后为注释内容部分。当注释行数较少时适合使用单行注释，如果注释行数较多，则需要在每行的开头加"//"，比较麻烦，此时应使用多行注释。多行注释能包含任意行数的注释文本，以"/*"标记开始，以"*/"标记结束，两个标记之间所有的内容都是注释文本。所有的注释内容都将被浏览器忽略，不影响页面效果和程序的执行，对以后阅读和维护程序十分方便。

如果在某行代码前面加上单行注释符号"//"，那么此行代码就不能执行，对程序调试非常有用。例如：

```
1  <!-- edu_14_2_4.html -->
2  <!doctype html>
3  <html lang="en">
4    <head>
5      <meta charset="UTF-8">
6      <title>注释的应用</title>
7    </head>
8    <body>
9      <script type="text/javascript">
10        //这是单行注释
11        /*
12            这是多行注释
13            可以包含多行内容
14        */
15        //alert("此语句不执行!");
16        alert("此语句执行了!");   //执行时弹出告警框
17      </script>
18    </body>
19  </html>
```

14.3　标识符和变量

任何一种编程语言，在实际编程时都要使用变量来存储常用的数据。所谓变量，顾名思义，就是在程序运行过程中不断变化的量。为了便于变量的使用，在使用时需要给变量命名，变量的名字称为标识符。

14.3.1　命名规范

1. 标识符

标识符是计算机语言中用来表示变量名、函数名等的有效字符序列，简单来说标识符就是一个名字。JavaScript 对于标识符的规定如下：

（1）必须以英文字母、下画线和＄开头。

（2）必须由英文字母、数字、下画线组成，不能出现空格或制表符。

（3）不能使用 JavaScript 关键字与 JavaScript 保留字。

（4）不能使用 JavaScript 语言内部的单词，例如 Infinity、NaN、undefined 等。

（5）大小写敏感，例如 name 和 Name 是两个不同的标识符。

根据以上规则，判断下列标识符的命名是否为合法的。

```
合法的标识符：Hello_javascript、_12th、Dog119、$ dcv
不合法的标识符：if、3Com、case、switch、break、class
```

2．关键字

关键字是 JavaScript 中已经被赋予特定意义的一些单词，关键字不能作为标识符来使用。JavaScript 中主要的关键字如下：

break、case、catch、continne、default、delete、do、else、finally、for、function、if、in、instanceof、new、return、switch、this、throw、try、typeof、var、void、while、with。

3．保留字

在 JavaScript 中除了关键字以外，还有一些用于未来扩展时使用的保留字，保留字同样不能用于标识符的定义。JavaScript 中主要的保留字如下：

abstract、boolean、byte、char、class、debugger、double、enum、export、extends、final、float、goto、implements、import、int、interface、long、native、package、private、protected、public、short、static、super、synchronized、throws、transient、volatile。

14.3.2 数据类型

数据类型是每一种计算机语言的重要基础，JavaScript 中的数据类型可分为字符型、数值型、布尔型、Null、Undefined 和对象 6 种。

1．String 字符型

字符型数据又称为字符串，由若干个字符组成，并且需要用单引号('')或双引号("")封装起来。下面的例子列举了正确和错误使用字符型数据的几种情形。

```
"Tiger",'JavaScript 字符串'              （正确）
'document',"你好'                        （错误，单、双引号不匹配）
"热烈欢迎参加'JavaScript 技术'研讨的专家" （正确，单、双引号嵌套不交叉）
'热烈欢迎参加"JavaScript 技术"研讨的专家' （正确，单、双引号嵌套不交叉）
'热烈欢迎参加"JavaScript 技术'研讨的专家" （错误，单、双引号嵌套且交叉）
```

注意：字符串内引用字符串时，可以在单引号内嵌套双引号，也可以在双引号内嵌套单引号，但嵌套不能交叉。

2．Number 数值型

与其他编程语言类似，JavaScript 中最基本的一种数据类型是数值型，该类型可分为整型、浮点型、内部常量以及特殊值。

（1）**整型**：例如 100、－3500、0 等都是整数。整数除了以十进制表示外，还可以用八进制和十六进制的方式表示。使用 0 开头的整数是八进制整数，例如 017、－035 等都是合法的八进制整数。使用 0x 或 0X 开头的整数是十六进制整数,例如 0x16、0X3A89 等都是合法的十六进制整数。

（2）浮点型：例如 3.53、-534.87 等都是浮点型数值。浮点数还可以用科学记数法进行表示,例如 3.5E15 表示 3.5×10^{15}。

（3）内部常量：JavaScript 中常用的内部常量及说明如表 14-1 所示。

表 14-1 JavaScript 中的内部常量及说明

常　　量	说　　明	常　　量	说　　明
Math.E	自然数	Math.LN2	2 的自然对数
Math.PI	圆周率	Math.LN10	10 的自然对数
Math.SQRT2	2 的平方根	Math.LOG2E	以 2 为底的 e 的对数
Math.SQRT1_2	1/2 的平方根	Math.LOG10E	以 10 为底的 e 的对数

（4）特殊值：JavaScript 中的特殊值及说明如表 14-2 所示。

表 14-2 JavaScript 中的特殊值及说明

特　殊　值	说　　明
Infinity	无穷大
Number.NaN	非数字值(Not a Number)
Number.MAX_VALUE	可表示的最大的数
Number.MIN_VALUE	可表示的最小的数
Number.NEGITIVE_INFINITY	负无穷大,溢出时返回该值
Number.POSITIVE_INFINITY	正无穷大,溢出时返回该值

【例 14-3-1】 数值类型数据的应用。其代码如下,页面效果如图 14-9 所示。

```
1  <!-- edu_14_3_1.html -->
2  <!doctype html>
3  <html lang="en">
4      <head>
5          <meta charset="UTF-8">
6          <title>数值类型数据的应用</title>
7      </head>
8      <body>
9          <script type="text/javascript">
10             var i = 3500,f = 3.5,s = 3.5e3;
11             var o = 012,h = 0x12;
12             document.write("十进制整型数"+i+"的输出结果："+i+"<br>");
13             document.write("十进制浮点型数"+f+"的输出结果："+f+"<br>");
14             document.write("十进制数科学记数法 3.5e3 的输出结果："+s+"<br>");
15             document.write("八进制整型数 012 的输出结果："+o+"<br>");
16             document.write("十六进制整型数 0x12 的输出结果："+h+"<br>");
17         </script>
18     </body>
19 </html>
```

上述代码中第 10 行定义变量 i 是整数、变量 f 是浮点数、变量 s 是浮点数并用科学记数法表示,相当于 3.5×10^3,即 3500。第 11 行定义变量 o 是一个八进制数,相当于十进制数的 10；同时定义变量 h 是一个十六进制数,相当于十进制数的 18。

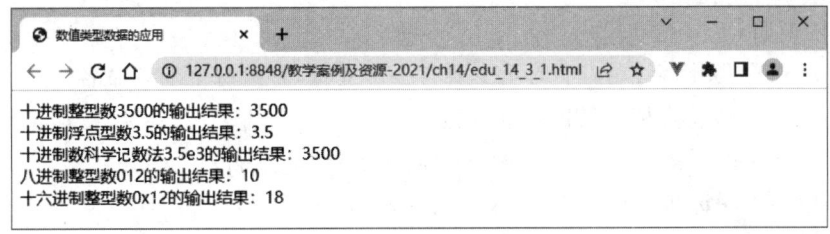

图 14-9　数值类型数据的应用实例

3．Boolean 布尔型

布尔型是一种只含 true 和 false 两个值的数据类型，通常来说，布尔型数据表示"真"或"假"。在实际应用中，布尔型数据常用在比较、逻辑等运算中，运算的结果往往是 true 或者 false。例如 1＜2 的比较结果是 true，而 3＝＝4 的比较结果是 false。此外，布尔型变量还常用在控制结构的语句中，例如 if 语句等。

在 JavaScript 中，通常用 true 和 false 表示布尔型数据，也可将它们转换为其他类型的数据，例如可将值为 true 的布尔型数据转换为整数 1，可将值为 false 的布尔型数据转换为整数 0，但不能用 true 表示 1 或用 false 表示 0。

4．Null

在 JavaScript 中，Null 是一种特殊的数据类型，也称为空类型。此类型只有一个值为 null，表示"无值"，什么也不表示。null 除了表示 Null 类型的数据外，也可用在表示其他类型的数据中，例如对象、数组和字符串等。当变量不再使用时，将它赋值为 null，以释放存储空间。

5．Undefined

在 JavaScript 中，Undefined 也是一种特殊的数据类型，其值 undefined 是指变量在创建之后还没有赋值之前所具有的值。它与 null 值的不同之处在于：null 值表示已经对变量赋值，只不过赋的值是"无值"；而 undefined 表示变量不存在或者没有赋值。如果使用未定义的变量也会显示 undefined，但通常使用未定义的变量会造成程序错误。

6．Object 对象

在 JavaScript 中除了数值型、字符型和布尔型等这些基本的数据类型以外，还有一种复合的数据类型，称为对象，对象是属性和方法的集合。对象的属性可以是任何类型的数据，包括数值、字符、布尔型，甚至是另一种类型的对象；而方法是定义在对象中的函数，用于实现特定的功能。

在 JavaScript 中定义了多个对象，例如 Date、Window、Document 等，这部分内容将在第 16 章详细介绍。

14.3.3　变量

JavaScript 变量是一个存储或者表示数据的名称，可用来存储和表示各种数据类型的数据，并且这些值在程序运行期间是可以改变的。JavaScript 是一种无数据类型的计算机语言，在定义变量时不需要指定变量的数据类型，统一使用关键字 var 声明，JavaScript 会在需要的时候自动对不同的数据类型进行转换。

1．基本语法

var 变量名[＝初值][,变量名[＝初值]…];

2. 语法说明

var(variant)是关键字,在声明时至少要有一个变量,并给每个变量命名。

变量的命名应该符合标识符的命名规范。

(1) 可以同时声明多个变量,多个变量之间用逗号","分隔。

(2) 可以边声明边赋值。

(3) 每条声明语句均需要以";"结束,这是一个好习惯。

以下是声明变量的示例。

```
var userName, userAge;
var str;
```

上面例子中第1行代码声明了两个变量,第2行声明了一个变量str。

```
var x1 = 0, y1 = 2.5;        //在声明时同时赋值
var str = "欢迎学习JS";        //在声明时同时赋值
```

在JavaScript中所使用的变量也可以不声明直接使用,但这不是一种好的编程习惯,建议所有变量"先声明再使用"。

14.3.4 转义字符

如果在字符串中涉及一些特殊字符,例如"\""""'"等,这些字符无法直接使用,需要采用转义字符的方式。JavaScript中常用的转义字符如表14-3所示。

表14-3 常用转义字符

转 义 字 符	代表的含义	转 义 字 符	代表的含义
\b	退格符	\t	水平制表符
\f	换页符	\'	单引号
\n	换行符	\"	双引号
\r	回车符	\\	反斜线
\uhhhh	编码转换		

14.4 运算符和表达式

JavaScript中的运算符主要有算术运算符、关系运算符、逻辑运算符、赋值运算符、自增/自减运算符、条件运算符、逗号运算符和位运算符等;也可以根据操作数的个数,将运算符分为一元运算符、二元运算符和三元运算符。

由操作数(变量、常量、函数等)和运算符组合在一起构成的式子称为"表达式",最简单的表达式可以是常量名称,例如以下都是合法的表达式:

```
100                //整型常量表达式
14.35              //浮点型常量表达式
"JavaScript"       //字符型常量表达式
x                  //变量表达式
```

此外,还可以使用操作数和运算符建立复杂的表达式,例如"str="江苏省";"是一个赋值表达式,将字符串"江苏省"赋值给变量 str。其他类型的表达式将在下面详细介绍。

14.4.1 算术运算符和表达式

JavaScript 算术运算符负责进行算术运算,用算术运算符和运算对象(操作数)连接起来的符合规则的式子称为算术表达式。JavaScript 中常用的算术运算符如表 14-4 所示。

表 14-4 算术运算符

运算符	操作说明	运算符	操作说明
+	加法运算符	%	模(取余)运算符
-	减法运算符或取反运算符	++	自增运算符
*	乘法运算符	--	自减运算符
/	除法运算符		

1. 基本语法

二元运算符:

```
op1 operator op2
```

一元运算符:

```
op operator 或 operator op
```

2. 语法说明

算术运算符是一类大家常见的、较为熟悉的运算符,但作为一种编程语言,它也有一些需要特别注意的地方。

1) 加法运算符(+)

加法运算符是一个二元运算符,可以对数值型的操作数执行加法操作。例如:

```
304 + 135;              //对数字 304 和 135 执行加法操作,结果为 439
```

加法运算符还可以用在其他情况中。如果两个操作数都是字符型,或者一个是字符型,另一个是数值型,那么加法运算符将数值转换成字符串,然后执行两个字符串的连接操作。例如:

```
"Hello" + "JavaScript";    //对两个字符串执行连接操作,结果为"HelloJavaScript"
"JavaScript" + 1.6         //将数值转换为字符,再与字符串执行连接操作,结果为"JavaScript1.6"
```

2) 减法运算符(-)

减法运算符是一个二元运算符,对两个数值型操作数执行减法操作。例如:

```
888 - 303;              //对数字 888 和 303 执行减法操作,结果为 585
```

如果减法运算符用于取反运算,那么它就是一个一元运算符,操作数必须为数字,且运算符位于操作数前。例如:

```
-108;              //操作数为108,取反结果为-108
-(-350);           //操作数为-350,取反结果为350
```

减法运算符还有一个作用,就是可以将字符串转换成数值型数据。例如:

```
"690"-0;           //将字符串"690"转换成数字690
```

3) 乘法运算符(*)

乘法运算符是一个二元运算符,用于完成两个数值型操作数的乘法操作。如果操作数不是数值型,但可以转换为数值型,乘法运算符会自动将其转换为数字,再进行乘法操作;如果操作数无法转换成数值型,则运算结果为"NaN"。

```
3*5;               //对数字3和5执行乘法操作,结果为15
3*"6";             //将字符"6"转换为数字6,再执行乘法操作,结果为18
3*"A";             //"A"无法转换为数字,结果为NaN
```

4) 除法运算符(/)

除法运算符是一个二元运算符,用于完成两个数值型操作数的除法操作。其运算规则与乘法运算符类似,如果操作数不是数值型,但可以转换为数值型,除法运算符会自动将其转换为数字,再进行除法运算;如果操作数无法转换成数值型,则运算结果为NaN。如果被除数为正数,除数为0,则结果为Infinity;如果被除数为负数,除数为0,则结果为-Infinity。

```
15/5;              //对数字15和5执行除法操作,结果为3
18/"6";            //将字符"6"转换为数字6,再执行除法操作,结果为3
18/"A";            //"A"无法转换为数字,结果为NaN
20/0;              //被除数为20,除数为0,结果为Infinity
-20/0;             //被除数为-20,除数为0,结果为-Infinity
```

5) 模运算符(%)

模运算符又称为取余数运算符,可以计算第一个操作数对第二个操作数的模(余数)。模运算符同样可以将能够转换为数值型的操作数转换为数值型数据再运算,如果操作数无法转换为数值型,则取模结果为NaN。另外,任何数字对0取模的结果都是NaN。

```
15%6;              //对数字15和6执行取模操作,结果为3
18%"7";            //将字符"7"转换为数字7,再执行取模操作,结果为4
18%"A";            //"A"无法转换为数字,结果为NaN
20%0;              //第二个操作数为0,结果为NaN
```

6) 自增运算符(++)

自增运算符是一元运算符,可以对操作数执行自增运算,增量为1。要求操作数必须是变量,不能是常量。自增运算有两种形式:前置和后置。前置是将自增运算符放在操作数之前,表示在使用操作数之前先将其增加1;后置是将自增运算符放在操作数之后,表示在使用完操作数之后再将之增加1。例如:

```
var x,y,a=3,b=5;
x=a++;             //自增后置,x的值为3,a的值为4
y=++b;             //自增前置,y的值为6,b的值为6
```

7）自减运算符（——）

自减运算符是一元运算符，可以对操作数执行自减运算，减量为1。同样地，自减运算符也要求操作数必须是变量，不能是常量。自减运算有两种形式：前置和后置。前置是将自减运算符放在操作数之前，表示在使用操作数之前先将其减少1；后置是将自减运算符放在操作数之后，表示在使用完操作数之后再将之减1。例如：

```
var x,y,a = 8,b = 10;
x = a-- ;                //自减后置,x 的值为 8,a 的值为 7
y = --b;                 //自减前置,y 的值为 9,b 的值为 9
```

14.4.2 关系运算符和表达式

关系运算符用于比较运算符两端的表达式的值，确定二者的关系，根据运算结果返回一个布尔值。用关系运算符和操作数连接起来的符合规则的式子称为关系表达式。JavaScript 中常用的关系运算符如表 14-5 所示。

表 14-5 关系运算符

运算符	操作说明	运算符	操作说明
==	等于	<=	小于或等于
!=	不等于	>	大于
<	小于	>=	大于或等于
===	全等于	!==	非全等于

1．基本语法

```
op1 operator op2
```

2．语法说明

1）等于运算符（==）

等于运算符是一个二元运算符，用于判断两个操作数是否相等，如果相等返回 true，如果不相等返回 false。在使用它时有 3 点需要注意：

（1）操作数的类型转换。如果被比较的操作数是同类型的，那么等于运算符将直接对操作数进行比较。如果被比较的操作数的类型不同，那么等于运算符在比较两个操作数之前会自动对其进行类型转换。转换规则为：

- 如果操作数中既有数字又有字符串，那么 JavaScript 将字符串转换为数字，然后进行比较。
- 如果操作数中有布尔值，那么 JavaScript 将 true 转换为 1，将 false 转换为 0，然后进行比较。
- 如果操作数一个是对象，一个是字符串或数字，那么 JavaScript 将把对象转换成与另一个操作数类型相同的值，然后再进行比较。

（2）两个对象、数组或者函数的比较不同于有字符串、数字和布尔值参与的比较。前者比较的是引用内容，换句话说，只有两个变量引用的是同一个对象、数组或者函数的时候，它们才是相等的；如果两个变量引用的不是同一个对象、数组和函数，即使它们的属性、元素完全相同,或者可以转换成相等的原始数据类型的值,它们也是不相等的。

（3）特殊值的比较。
- 如果一个操作数是 NaN,另一个操作数是数字或 NaN,那么结果不等。
- 如果两个操作数都是 null,那么结果相等。
- 如果两个操作数都是 Undefined 类型,那么结果相等。
- 如果一个操作数是 null,另一个操作数是 undefined,那么结果相等。

2）不等于运算符(!=)

不等于运算符和等于运算符的比较规则正好相反：如果两个操作数相等,则返回 false；如果两个操作数不等,则返回 true。除此之外,不等于运算符的数据类型转换规则,对象、数组和函数的比较方法,以及特殊值的处理情况都可以参考等于运算符的情况,等于运算符返回 true 时,不等于运算符返回 false；等于运算符返回 false 时,不等于运算符返回 true。

3）小于运算符(<)

小于运算符用于比较两个操作数,如果第一个操作数小于第二个操作数,那么计算结果返回 true,否则返回 false。

小于运算符存在数据类型转换问题,其规则为：
- 运算符可以是任何类型的,但是比较运算只能在数字和字符上执行,所以不是数字和字符类型的数据都会被转换成这两种类型。
- 如果两个操作数都是数字,或者都能被转换为数字,则按照数字大小规则比较。
- 如果两个操作数都是字符串,或者都能被转换为字符串,则按照字母顺序规则比较。
- 如果一个是字符串或者能被转换为字符串,一个是数字或者能被转换为数字,则首先将字符串转换成数字,然后按数字大小规则比较。
- 如果操作数中包含无法转换成数字也无法转换成字符串的内容,比较结果是 false。

4）小于或等于运算符(<=)

小于或等于运算符用于比较两个操作数,如果第一个操作数小于或等于第二个操作数,那么计算结果返回 true,否则返回 false。数据类型转换规则参考小于运算符。

5）大于运算符(>)

大于运算符用于比较两个操作数,如果第一个操作数大于第二个操作数,那么计算结果返回 true,否则返回 false。数据类型转换规则参考小于运算符。

6）大于或等于运算符(>=)

大于或等于运算符用于比较两个操作数,如果第一个操作数大于或等于第二个操作数,那么计算结果返回 true,否则返回 false。数据类型转换规则参考小于运算符。

7）全等于运算符(===)与非全等于运算符(!==)

全等于运算符"==="表示比较的两个数据的值相等、类型相同,结果为 true；若只是值相等,但类型不同,则结果为 false。例如"9999"===9999,值相等,类型不同,结果为 false。非全等于运算符"!=="表示比较的两个数据的值和类型有一个不相同,或两个都不相同。例如"9999"!==9999,值相等,类型不同,结果为 true。

14.4.3 逻辑运算符和表达式

逻辑运算符用来执行逻辑运算,其操作数都应该是布尔型数值和表达式或者是可以转换为布尔型的数值和表达式,运算结果返回 true 或 false。用逻辑运算符和操作数连接起来的符合规则的式子称为逻辑表达式。JavaScript 中常用的逻辑运算符如表 14-6 所示。

表 14-6 逻辑运算符

a	b	!a(逻辑非)	a&&b(逻辑与)	a||b(逻辑或)
true	true	false	true	true
true	false	false	false	true
false	true	true	false	true
false	false	true	false	false

1．基本语法

二元运算符：

```
boolean_expression1 operator boolean_expression2
```

一元运算符：

```
!boolean_expression
```

2．语法说明

1）逻辑与运算符(&&)

逻辑与运算符是一个二元运算符，如果两个布尔型操作数都是 true，则运算结果为 true；如果两个操作数中有一个或两个为 false，则运算结果为 false。

```
true&&false         //逻辑与的运算结果为 false
(8<10)&&(3>-1)      //(8<10)为 true,(3>-1)为 true,逻辑与的运算结果为 true
```

2）逻辑或运算符(\|\|)

逻辑或运算符是一个二元运算符，如果两个布尔型操作数中有一个或两个为 true，则运算结果为 true；如果两个布尔型操作数全部为 false，则运算结果为 false。

```
true||false;         //逻辑或的运算结果为 true
(3>=5)||(2>0);       //(3>=5)为 false,(2>0)为 true,逻辑或的运算结果为 true
```

3）逻辑非运算符(!)

逻辑非运算符是一个一元运算符，其作用是先计算操作数的布尔值，然后对运算结果的布尔值取反，并作为结果返回，即如果操作数的布尔值为 true，则逻辑非的运算结果返回 false，否则运算结果返回 true。

```
!10;                 //10 先转换为布尔型变量 true,逻辑非运算结果为 false
!((4<10)&&(5>6));    //(4<10)为 true,5>6 为 false,逻辑与运算结果为 false,再进行逻辑
                     //非运算结果为 true
```

14.4.4 赋值运算符和表达式

赋值运算符是 JavaScript 中使用频率最高的运算符之一。赋值运算符要求其左操作数是一个变量、数组元素或对象属性，右操作数是一个任意类型的值，可以为常量、变量、数组元素或对象属性。赋值运算符的作用就是将右操作数的值赋给左操作数。用赋值运算符和

操作数连接起来的符合规则的式子称为赋值表达式。JavaScript中常用的赋值运算符如表14-7所示。

表 14-7 赋值运算符

运算符	操 作 说 明	运算符	操 作 说 明
=	基本赋值运算符	*=	复合赋值运算符,a*=b 相当于 a=a*b
+=	复合赋值运算符,a+=b 相当于 a=a+b	/=	复合赋值运算符,a/=b 相当于 a=a/b
-=	复合赋值运算符,a-=b 相当于 a=a-b	%=	复合赋值运算符,a%=b 相当于 a=a%b

1. 基本语法

简单赋值运算:

<变量> = <变量> operator <表达式>

复合赋值运算:

<变量> operator =<表达式>

2. 语法说明

赋值运算符可以将一个值赋给一个变量名。

```
var a = 10, b = 20, c;
c = a;            //c 的值为 10
c += b;           //相当于 c = c + b,c 的值为 30
c /= a;           //相当于 c = c/a,c 的值为 3
b %= c;           //相当于 b = b%c,b 的值为 2
```

14.4.5 位运算符和表达式

位运算符是对二进制表示的整数进行按位操作的运算符。如果操作数是十进制或者其他进制表示的整数,在运算前先将这些整数转换成 32 位的二进制数字,如果操作数无法转换成 32 位的二进制数表示,位运算的结果为 NaN。

1. 基本语法

二元运算符:

op1 operator op2

一元运算符:

operator op

2. 语法说明

位运算符是在数的二进制基础上进行操作,JavaScript 中的常用位运算符如表 14-8 所示。

表 14-8 位运算符

运 算 符	操 作 说 明	运 算 符	操 作 说 明
&	按位与运算符	~	按位非运算符
|	按位或运算符	^	按位异或运算符

1) 按位与运算符(&)

按位与运算符是一个二元运算符,它将两个整型操作数转换为二进制数并逐位进行逻辑与操作。如果两个操作数对应位置上的数字都是 1,运算结果的这一位为 1,否则为 0。

```
10&78     //将十进制数 10 转换为二进制数 00001010,将十进制数 78 转换为二进制数 01001110,
          //按位与的结果为 00001010,转换为十进制数为 10
30&071    //将八进制数 30 转换为二进制数 00011000,将八进制数 71 转换为二进制数 00111001,
          //按位与的结果为 00011000,转换为十进制数为 24
```

2) 按位或运算符(|)

按位或运算符是一个二元运算符,它将两个整型操作数转换为二进制数并逐位进行逻辑或操作。如果两个操作数对应位置上的数字都是 0,运算结果的这一位为 0,否则为 1。

```
81|16       //将十进制数 81 转换为二进制数 01010001,将十进制数 16 转换为二进制数 00010000,
            //按位或的结果为 01010001,转换为十进制数为 81
0xA1|0x39   //将十六进制数 A1 转换为二进制数 10100001,将十六进制数 39 转换为二进制数
            //00111001,按位或的结果为 10111001,转换为十进制数为 185
```

3) 按位非运算符(~)

按位非运算符是一个一元运算符,其作用是将整型操作数转换为二进制数并逐位进行逻辑非操作,即将操作数的每一位取反(将 1 变为 0,将 0 变为 1)。

```
~100     //将十进制数 100 转换为二进制数 00000000 00000000 00000000 01100100,按位非的结果
         //为 11111111 11111111 11111111 10011011(这是负数的补码),转换为十进制数为 -101
~0xCD    //将十六进制数 CD 转换为二进制数 00000000 00000000 00000000 11001101,按位非的结果
         //为 11111111 11111111 11111111 00110010(这是负数的补码),转换为十进制数为 -206
```

4) 按位异或运算符(^)

按位异或运算符是一个二元运算符,它将两个整型操作数转换为二进制数并逐位进行逻辑异或操作。如果两个操作数对应位置上的数字相同(都为 0 或都为 1),运算结果的这一位为 0,否则为 1。例如:

```
10 ^ 30      //将十进制数 10 转换为二进制数 00001010,将十进制数 30 转换为二进制数 00011110,
             //按位异或的结果为 00010100,转换为十进制数为 20
0xA0 ^ 032   //将十六进制数 A0 转换为二进制数 10100000,将八进制数 32 转换为二进制
             //位 00011010,按位异或的结果为 10111010,转换为十进制数为 186
```

14.4.6 条件运算符和表达式

条件运算符是一个三元运算符,条件表达式由?、:运算符和 3 个操作数构成。

1. 基本语法

<变量>=<条件表达式>?<真值表达式>:<假值表达式>

2. 语法说明

该条件表达式表示,如果条件表达式的结果为真(true),则将真值表达式的值赋给变量,否则将假值表达式的值赋给变量。

例如,变量 number1、number2 比较大小,将较大的数赋给变量 max,代码如下:

```
var max = (number1 > number2)?number1:number2;
```

14.4.7 其他运算符和表达式

在 JavaScript 中除了上述运算符外,还有一些其他运算符,如表 14-9 所示。

表 14-9 其他运算符

运算符	操作说明	运算符	操作说明
,	逗号运算符	delete	删除运算符
new	新建对象运算符	typeof	类型运算符

1.逗号运算符(,)

逗号运算符是一个二元运算符,其运算规则是先计算第一个表达式的值,再计算第二个表达式的值,运算结果为第二个表达式的值。

```
var rs;
rs = (3 + 5, 10 * 6);   //先计算第一个表达式 3+5 的值为 8,再计算第二个表达式 10×6 的值为 60,
                        //最后将第二个表达式的值 60 赋给变量 rs
```

2.新建对象运算符(new)

新建对象运算符是一个一元运算符,用于创建 JavaScript 对象实例或数组。

```
var obj = new Object();     //创建一个 Object 对象,对象名为 obj
var date = new Date();      //创建一个 Date 对象,对象名为 date
var array = new Array();    //创建一个数组对象,对象名为 array
```

3.删除运算符(delete)

删除运算符是一个一元运算符,用于删除一个对象的属性或某个数组的元素。

```
delete array[30];       //删除 array 数组中下标为 30 的元素(第 31 个元素)
delete obj.height;      //删除对象 obj 的 height 属性
```

4.类型运算符(typeof)

类型运算符是一个一元运算符,其操作数可以是任意类型,运算结果返回一个表示操作数类型的字符串。

```
typeof 300 ;        //返回 number
typeof "Hello" ;    //返回 string
typeof NaN          //返回 number
```

typeof 运算符的具体规则如表 14-10 所示。

表 14-10 类型运算符的运算规则

数据类型	运算结果	数据类型	运算结果
数值型	Number	数组	Object
字符型	String	函数	Function
布尔型	Boolean	Null	Object
对象	Object	未定义	Undefined

14.5 JavaScript 程序控制结构

在 HTML 的基础上，使用 JavaScript 可以开发交互式 Web 页面，例如可以在线填写各类表格、联机编写文档并发布等。JavaScript 的出现使得网页和用户之间实现了一种实时性的、动态的、交互性的关系，使网页包含更多活跃元素和更加精彩的内容。这也是 JavaScript 与 HTML DOM 共同构成 Web 网页的行为。在网页设计中，JavaScript 的主要作用是实现内容与行为的分离，而要设计交互式的页面必须编写相应的脚本程序。程序是专门用来解决某一问题的特定代码。

JavaScript 程序设计分为面向过程和面向对象的程序设计。在所有的编程语言中，程序的结构都有 3 种，分别为顺序结构、分支结构和循环结构，任何复杂的算法都可以使用这 3 种结构来表达。

14.5.1 顺序结构

顺序结构是程序设计中最常用、最基本的一种程序结构，是按照语句出现的顺序，从第一条语句开始一行一行逐条执行，直到最后一条语句。

【例 14-5-1】 使用顺序结构程序计算圆的周长和面积。其代码如下，页面效果如图 14-10 所示。

```html
1  <!-- edu_14_5_1.html -->
2  <!doctype html>
3  <html lang="en">
4    <head>
5      <meta charset="UTF-8">
6      <title>顺序结构的应用</title>
7    </head>
8    <body>
9      <script type="text/javascript">
10         var radius = 6;
11         var circumference = 2 * Math.PI * radius;
12         var area = Math.PI * radius * radius;
13         alert("圆的周长为" + circumference + "\n" + "圆的面积为" + area);
14     </script>
15   </body>
16 </html>
```

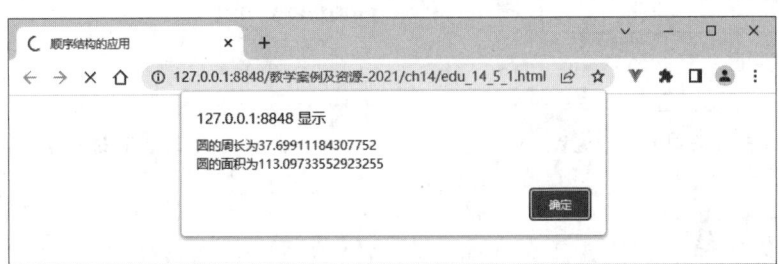

图 14-10　使用顺序结构计算圆的周长和面积

代码中使用了顺序结构计算圆的周长和面积。第 10 行定义圆的半径变量并赋值为 6；

第 11 行定义圆的周长变量并赋值；第 12 行定义圆的面积并赋值；第 13 行输出圆的周长和面积信息。整个代码从始至终都是按照代码书写的顺序一行一行执行，直到最后一条语句。

14.5.2 分支结构

在 JavaScript 中可以使用 4 种形式的分支结构语句。
- 单 if(){语句块}语句：在条件成立时执行语句块。
- 双 if(){语句块 1}else{语句块 2}语句：在指定条件成立时执行语句块 1，不成立时执行语句块 2。
- 多 if(){语句块 1}else if(){语句块 2}…else{语句块 n}语句：在指定条件成立时执行语句块 1，否则再判断第 2 个条件，如果成立执行语句块 2，以此类推，直到所有条件均不成立时执行语句块 n。
- 多分支 switch(){}语句：根据变量或表达式的值与 case 常量的匹配情况，选择其中一个分支执行。

1．if 语句

if 语句是单分支条件语句，即根据一个条件来控制程序执行的流程。

1）基本语法

```
if (表达式) {
    条件为真时执行代码；
}
```

2）语法说明

if 语句的小括号中表达式的结果类型必须是布尔型，即 true 或 false，当值为 true 时，执行大括号中的代码，否则跳过大括号中的代码继续执行大括号后面的代码。if 语句的执行流程如图 14-11 所示。

【例 14-5-2】 判断学生成绩是否及格。其代码如下，页面效果如图 14-12 所示。

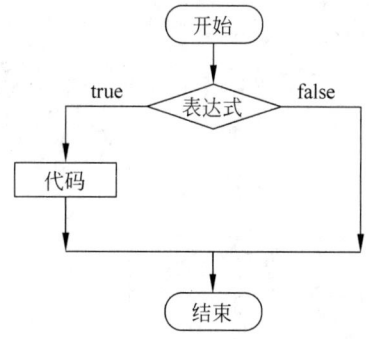

图 14-11 if 条件语句的执行流程

图 14-12 单 if 语句的应用实例

```
1 <!-- edu_14_5_2.html -->
2 <!doctype html>
3 < html lang = "en">
4     < head >
5         < meta charset = "UTF - 8">
```

```
 6        <title>单 if 语句的应用</title>
 7    </head>
 8    <body>
 9        <script type = "text/javascript">
10            var score = 87;
11            if(score >= 60)
12            {
13                alert("考试成绩为" + score + "分,及格!");
14            }
15        </script>
16    </body>
17 </html>
```

代码中第 10 行定义变量 score 并赋值为 87；第 11 行判断关系表达式 score>=60,结果为 true,因此执行大括号中的代码,通过告警框输出"考试成绩为 87 分,及格!"。

2．if…else 语句

if…else 语句是双分支条件语句,即根据一个条件来控制程序执行的流程。

1) 基本语法

```
if(表达式) {
    条件成立时执行代码 1
}else{
    条件不成立时执行代码 2
}
```

2) 语法说明

代码中 if…else 语句的小括号中表达式的结果类型必须是布尔型,即 true 或 false,当值为 true 时,执行代码 1,否则执行代码 2。if…else 语句的执行流程如图 14-13 所示。

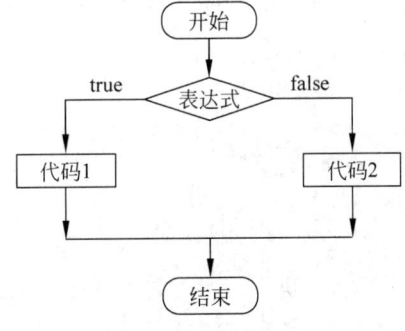

图 14-13　if…else 条件语句的执行流程

【例 14-5-3】 判断学生成绩是否及格。其代码如下,页面效果如图 14-14 所示。

```
 1 <!-- edu_14_5_3.html -->
 2 <!doctype html>
 3 <html lang = "en">
 4    <head>
 5        <meta charset = "UTF-8">
 6        <title>if…else 语句的应用</title>
 7    </head>
 8    <body>
 9        <script type = "text/javascript">
10            var score = parseFloat(prompt("请输入课程成绩",50));  //解析为实数
11            if(score >= 60)
12            {
13                alert("考试成绩为" + score + "分,及格!");
14            }
15            else
16            {
17                alert("考试成绩为" + score + "分,不及格!");
18            }
```

```
19     </script>
20   </body>
21 </html>
```

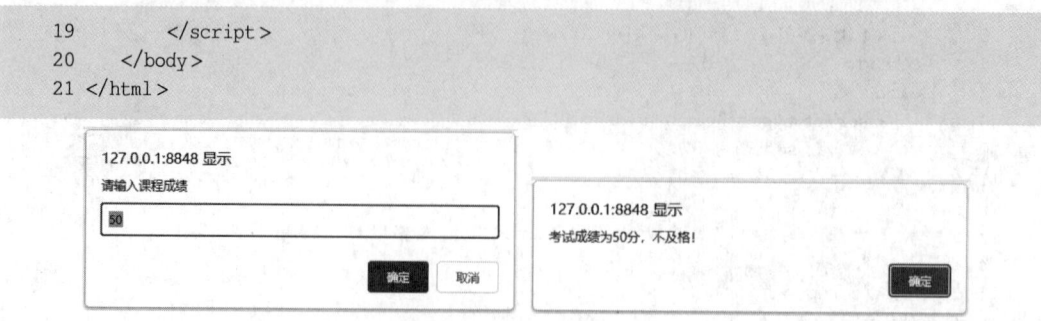

图 14-14　if…else 语句的应用界面

代码中第 10 行定义变量 score 并通过提示框进行赋值,在输入 50 后,单击"确定"按钮,然后将字符型数据转换为浮点数;第 11 行判断关系表达式 score>=60,结果为 false,因此执行第 17 行的代码,通过告警框输出"考试成绩为 50 分,不及格!"。如果再次运行程序,输入 65 后单击"确定"按钮,会执行第 13 行的代码,通过告警框输出"考试成绩为 65 分,及格!"。

3．多重 if…else 语句

if…else if…else 语句是多条件多分支语句,可根据两个以上的条件来控制程序的执行流程。

1) 基本语法

```
1 if(表达式 1) {
2     代码 1
3 }
4 else if (表达式 2) {
5     代码 2
6 }
7 …
8 else {
9     代码 n
10 }
```

2) 语法说明

在多重 if…else if…else 语句中,if 以及多个 else if 后面小括号内的表达式的值为 boolean 类型。

程序执行时,按照该语句中表达式的顺序,首先计算表达式 1 的值,如果计算结果为 true,则执行代码 1,执行完后结束 if…else if…else 语句;如果计算结果为 false,则继续计算表达式 2 的值;以此类推,假设第 n 个表达式的值为 true,则执行紧跟的代码 n,并结束 if…else if…else 语句的执行;否则结束 if…else if…else 语句的执行。其语句的执行流程如图 14-15 所示。

例如,学生成绩五级制表示法中部分 JS 代码如下:

```
1 <script type = "text/javascript">
2     //五级制成绩表示法
3     //采用分支嵌套结构
4     document.write("<b>判断课程成绩等级</b><br>");
5     document.write("课程成绩为 85 分");
6     //var x = 85;              //直接给定某课程成绩
```

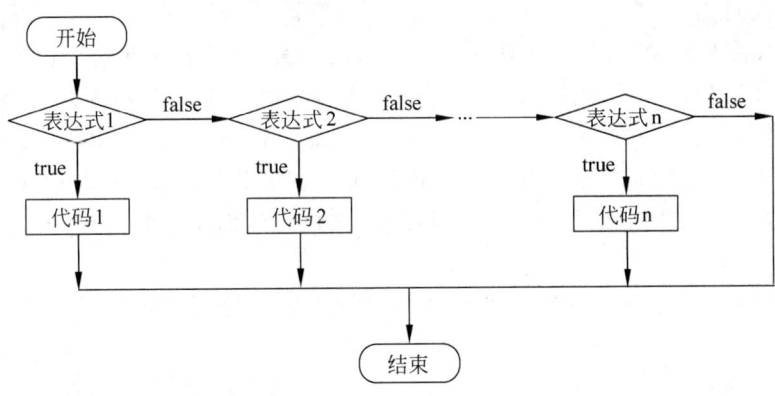

图 14-15　多重 if…else if…else 条件语句的执行流程

```
7       //利用函数输入一个成绩
8       var x = prompt("请输入你的成绩：",85);
9       if (x!= null){
10          if (x>= 90) {
11              alert("1 -- 成绩为\"优秀\"!");
12          }else if(x>= 80){
13              alert("2 -- 成绩为\"良好\"!");
14          }else if(x>= 70){
15              alert("3 -- 成绩为\"中等\"!");
16          }else if(x>= 60){
17              alert("4 -- 成绩为\"合格\"!");
18          }else{
19              alert("5 -- 成绩为\"不及格\"!");
20          }
21      }else{
22          alert("请重新输入成绩!");
23      }
24      alert("6 -- 程序结束!");
25  </script>
```

4．switch 语句

switch 语句是单条件多分支语句，它可以通过判断一个条件完成对程序多个分支的控制，比使用 if…else 更方便，结构更清晰。

1）基本语法

```
1  switch(表达式) {
2      case 常量 1:
3          {代码 1
4          }break;
5      case 常量 2:
6          {代码 2
7          }break;
8      …
9      case 常量 n:
10         {代码 n
11         }break;
12     default:
13         {代码 n + 1}
14 }
```

2）语法说明

在执行 switch 语句时,首先计算变量或表达式的值,然后查找和这个值匹配的 case 常量,如果找到了匹配的常量,则执行后面的语句块,否则执行 default 后的语句块。

在上面的语法格式中,每个 case 语句块的后面都有一个 break 语句,其作用是终止 switch 语句的执行,继续执行 switch 下面的语句。如果没有这个 break 语句,那么 switch 语句会从和表达式的值匹配的 case 常量开始,依次执行后面所有的代码,直到 switch 语句的结尾处。

【例 14-5-4】 采用 switch 结构实现成绩等级制转百分制。其代码如下,页面效果如图 14-16 所示。

```
 1  <!-- edu_14_5_4.html -->
 2  <!doctype html>
 3  <html lang = "en">
 4     <head>
 5        <meta charset = "UTF - 8">
 6        <title>switch 结构的应用</title>
 7        <script type = "text/javascript">
 8           function showScore(type){
 9              var msg = "";
10              switch(type)
11              {
12                 case 'A':
13                    {msg = "成绩为 90~100";break;}
14                 case 'B':
15                    {msg = "成绩为 80~89";break;}
16                 case 'C':
17                    {msg = "成绩为 70~79";break;}
18                 case 'D':
19                    {msg = "成绩为 60~69";break;}
20                 case 'E':
21                    {msg = "成绩低于 60";break;}
22                 default:
23                    {msg = "成绩类型错误!";}
24              }
25              alert(msg);
26           }
27        </script>
28     </head>
29     <body>
30        <form>
31           请输入学生成绩等级:
32           <input type = "text" name = "score"/><br/>
33           <input type = "button" value = "显示学生分数" onclick = "showScore(score.value)"/>
34        </form>
35     </body>
36  </html>
```

代码中第 7~27 行在 script 标记内定义了 showScore()函数,在 showScore()函数中使用 switch 结构判断学生的成绩等级,并根据 type 的值和 case 后面的常量进行匹配;第 33 行为普通按钮的 onClick 事件属性指定事件处理程序,调用 showScore()函数,并将单行文本输入框 score 中的内容作为 showScore()函数的实际参数。输入等级 B 后,单击"显示学生分数"按钮,弹出告警框显示信息"成绩为 80~89",如图 14-16 所示。

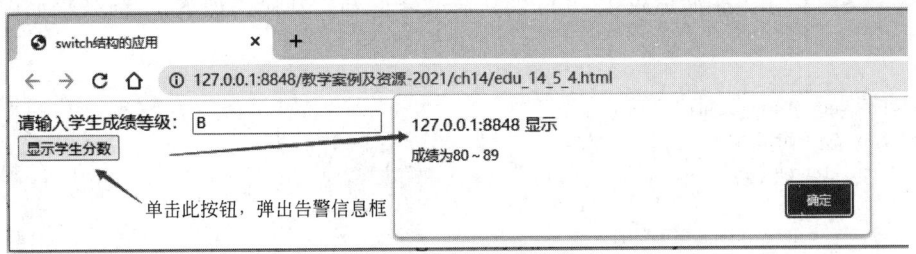

图 14-16　switch 语句的应用

14.5.3　循环结构

如果遇到要求将一个班级中所有同学的名字按每行 10 个的方式输出到网页上时,在页面中重复写 n 行相同的代码去输出所有同学的名字,很显然是不科学的,也是不可取的。这种情况使用循环结构可以解决实际问题。JavaScript 提供了 for、while、do…while、for…in 等多种循环。

1．for 循环

for 循环是一种结构简单、使用频率较高的循环控制语句,作用是有条件地重复执行一段代码。for 循环的执行流程如图 14-17 所示。

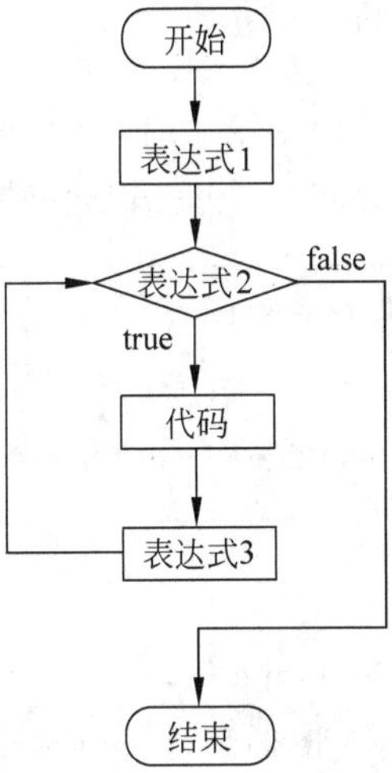

1）基本语法

```
for(表达式 1;表达式 2;表达式 3)
{
需要循环执行的代码;
}
```

图 14-17　for 循环的执行流程

2）语法说明
- for 是 for 语句的关键字,for 关键字后面的一对小括号()不可省略,括号中是用分号";"分隔的 3 个表达式。
- 表达式 1 是初始化表达式,在循环开始前执行,一般用来定义循环变量。
- 表达式 2 是判断表达式,就是循环条件,必须为布尔型数据的表达式,当表达式的结果为 true 时循环继续执行,否则循环结束。
- 表达式 3 是循环表达式,在每次循环执行后都被执行,作用是修改循环变量,然后再进行判断表达式的计算,决定是否继续下一次循环。
- 大括号{}内的代码为循环体,当循环体只有一条语句时,大括号{}可以省略。

for 循环的执行流程如下:
(1) 计算初始化表达式的值,完成循环的初始化工作。
(2) 计算判断表达式的值,若判断表达式为 true,则转到(3),否则跳转到(4)。
(3) 执行循环体代码,然后计算循环表达式的值,以改变循环变量,跳转到(2)。
(4) 结束 for 语句的执行。

【例 14-5-5】 用 for 循环求 1～100 的所有数字之和。其代码如下，页面效果如图 14-18 所示。

```
1  <!-- edu_14_5_5.html -->
2  <!doctype html>
3  <html lang="en">
4    <head>
5      <meta charset="UTF-8">
6      <title>for 循环的应用</title>
7    </head>
8    <body>
9      <script type="text/javascript">
10       for(var i=1,sum=0; i<=100;i++)
11       {
12         sum = sum + i;
13       }
14       document.write("用 for 循环求 1～100 的所有数字之和为" + sum);
15     </script>
16   </body>
17 </html>
```

代码中第 10 行设置 for 循环的 3 个表达式，分别是初始化表达式、判断表达式和循环表达式；第 12 行完成累加功能；第 14 行用 document.write() 方法在页面上输出计算结果。

图 14-18　for 循环的应用实例

2．while 循环

while 循环是 JavaScript 中最基本的循环控制语句之一，其作用是有条件地重复执行某一段代码。

1) 基本语法

```
1 while(表达式)
2 {
3    需要循环执行的代码;
4 }
```

2) 语法说明

while 语句由关键字 while、一对小括号()中的表达式和一对大括号{}中的代码组成，代码称为循环体，表达式称为循环条件。由于 while 循环中只有一个判断表达式，不像 for 循环有 3 个表达式，所以初始化表达式必须挪到 while 循环结构的前面，循环表达式必须挪到 while 循环体中。此时 while 循环与 for 循环才能执行同样的功能。

while 循环的执行流程如下：

(1) 计算表达式的值，如果值为 true，跳转到(2)，否则跳转到(3)。

(2) 执行循环体代码,跳转到(1)。
(3) 终止 while 语句的执行。

在使用 while 循环时需要注意以下几个问题:
- 在 while 循环之前必须完成循环变量的初始化工作。
- 不管有没有语句,循环体语句必须使用{}括起来。
- 在循环体语句中必须含循环控制语句,避免发生死循环。

while 循环的执行流程如图 14-19 所示。

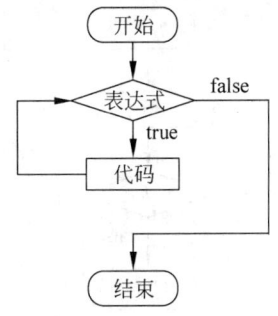

【例 14-5-6】 用 while 循环计算 1~100 的所有数字之和。其代码如下,页面效果如图 14-20 所示。

图 14-19 while 循环的执行流程

```
1  <!-- edu_14_5_6.html -->
2  <!doctype html>
3  <html lang = "en">
4    <head>
5      <meta charset = "UTF-8">
6      <title>while 循环的应用</title>
7    </head>
8    <body>
9      <script type = "text/javascript">
10         var i = 1, sum = 0;        //定义初始化表达式
11         while(i <= 100)            //定义判断表达式
12         {
13             sum = sum + i;         //计算累加和
14             i = i + 1;             //定义循环表达式
15         }
16         document.write("用 while 循环计算 1~100 的所有数字之和 = " + sum);
17      </script>
18    </body>
19  </html>
```

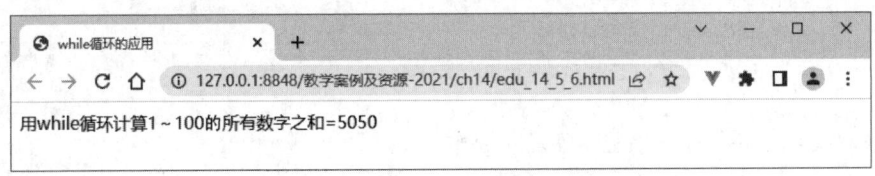

图 14-20 while 循环的应用实例

代码中第 10 行定义了初始化表达式(相当于 for 循环的第 1 个表达式);第 11 行设置 while 循环条件为 i<=100(相当于 for 循环的判断表达式),如果条件成立,将 i 值累加到 sum 中;第 14 行将 i 的值加 1(相当于 for 循环的循环表达式),直到 i 的值大于 100,跳出循环,并输出 1~100 的所有数字和。

3. do…while 循环

do…while 循环和 while 循环非常类似,也用于重复执行某一段代码。它们的不同点在于:while 循环的条件表达式位于 while 循环的头部,而 do…while 循环的条件表达式位于 do…while 循环的尾部。因此,while 循环总是先检测条件表达式是否成立,如果成立才执行循环体代码;而 do…while 循环先执行一次循环体内的代码,再判断条件表达式是否成立,

如果成立则继续执行循环体语句,否则结束循环。do…while 循环的执行流程如图 14-21 所示。

1) 基本语法

```
do{
    需要循环执行的代码;
} while(表达式)
```

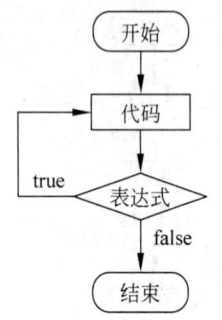

图 14-21 do…while 循环的执行流程

2) 语法说明

与 while 循环一样,在使用 do…while 循环时需要注意以下几个问题:

- 在 do…while 循环之前必须完成循环变量的初始化工作。
- 不管有没有语句,循环体语句必须使用{}括起来。
- 在循环体语句中必须含循环控制语句,避免发生死循环。

do…while 循环的执行流程如下:

(1) 执行循环体代码。
(2) 计算表达式的值,如果值为 true,跳转到(1),否则跳转到(3)。
(3) 终止 while 语句的执行。

do…while 循环和 while 循环的执行流程基本相同,不同的是:while 循环先判断给定条件是否成立,后执行循环体;而 do…while 循环先执行一次循环体,后判断条件。因此,在一定条件下 while 循环可能一次都不执行,而 do…while 循环在任何条件下至少要执行一次。

【例 14-5-7】 用 do…while 循环计算 1~100 的所有数字之和。其代码如下,页面效果如图 14-22 所示。

```
1  <!-- edu_14_5_7.html -->
2  <!doctype html>
3  <html lang="en">
4    <head>
5      <meta charset="UTF-8">
6      <title>do…while 循环的应用</title>
7    </head>
8    <body>
9      <script type="text/javascript">
10        var i=1,sum=0;        //定义初始化表达式
11        do                    //先执行一遍循环体语句
12        {
13          sum = sum + i;      //计算累加和
14          i = i + 1;          //定义循环表达式
15        }while(i <= 100)      //定义判断表达式
16        document.write("用 do…while 循环计算 1~100 的所有数字之和 = " + sum);
17      </script>
18    </body>
19  </html>
```

例 14-5-7 和例 14-5-5 的作用相同,都是求 1~100 的所有数字之和。

4. for…in 循环

在 JavaScript 中,除了 for 语句可以用于控制循环结构以外,还有另一种形式的 for 语句,主要用于数组、集合对象的遍历,也需要循环执行某一段代码,即 for…in 循环。

图 14-22 do…while 循环的应用实例

1）基本语法

```
for (variable in objectOrArray)
{
    需要循环执行的代码;
}
```

2）语法说明

variable可以是一个变量名，表示数组中一个元素或者是对象中一个属性。objectOrArray表示可以是一个对象名或者数组名。for…in循环将对objectOrArray中的每一个属性或每一元素的执行一次循环，在循环过程中，首先将objectOrArray中的一个属性名或者一个元素地下标作为字符串赋给变量variable，这样在循环体内就可以通过变量objectOrArray[variable]访问对象属性或数组元素。

【例14-5-8】 使用for…in循环列出screen对象的所有属性和数组对象的所有元素。其代码如下，页面效果如图14-23所示。

```
 1  <!-- edu_14_5_8.html -->
 2  <!doctype html>
 3  <html lang="en">
 4      <head>
 5          <meta charset="UTF-8">
 6          <title>for…in循环的应用</title>
 7      </head>
 8      <body>
 9          <script type="text/javascript">
10              var i = 1;    //定义计数器变量
11              document.write("<h3>screen对象所有属性名称/属性值: </h3>");
12              //遍历对象的所有属性
13              for(var property in screen)
14              {
15                  document.write(i + "." + property + "/" + screen[property] + "   ");
16                  if(i % 2 == 0){document.write("<br/>");} //每行输出两对
17                  i++;
18              }
19              //遍历数组对象的所有元素
20              var stu = new Array("王春平","张宏伟","金一鑫","李大为","任小月","储忠庆");
21              var j = 1;    //定义计数器j
22              document.write("<h3>数组的元素分别为: </h3>");
23              for (var student in stu)
24              {
25                  document.write(j + "." + stu[student] + "   ");
26                  if(j % 2 == 0){document.write("<br/>");} //每行输出两对
27                  j++;
28              }
29          </script>
30      </body>
31  </html>
```

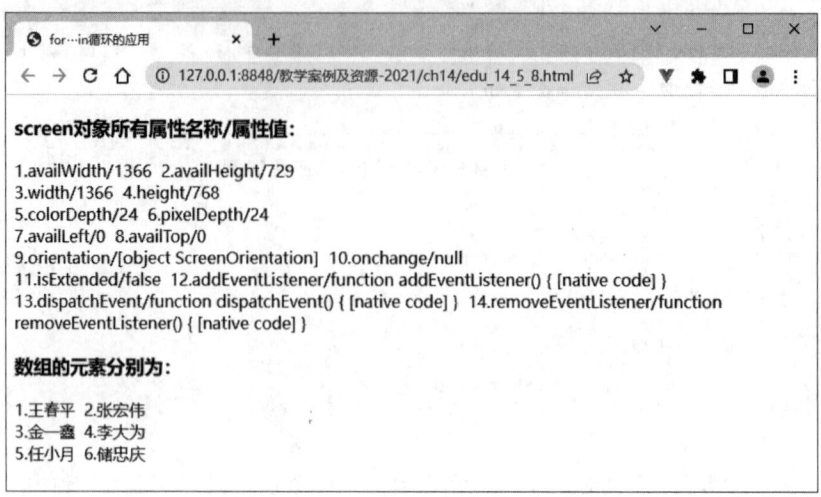

图 14-23　for…in 循环的应用实例

代码中第 12~18 行使用变量 property 遍历输出 screen 对象的所有属性及属性值。第 19~28 行使用变量 student 遍历输出数组对象 stu 的所有元素。

5．循环的嵌套

一个循环内又包含着另一个完整的循环结构，称为循环嵌套。在内嵌的循环中还可以继续嵌套其他循环，这就构成多重循环结构。

【例 14-5-9】 计算 1/1!＋1/2!＋1/3!＋…＋1/n! 的累加和，要求通过提示框输入一个整数，并要求判断输入的整数不能为 null 和 NaN，且大于 5。其代码如下，页面效果如图 14-24 所示。

```
1  <!-- edu_14_5_9.html -->
2  <!doctype html>
3  <html lang="en">
4  <head>
5    <meta charset="UTF-8">
6    <title>计算 1/1! + 1/2! + 1/3! + … + 1/n!的累加和</title>
7  </head>
8  <body>
9    <script type="text/javascript">
10     var n = prompt('请输入大于 5 的正整数 n', 10);
11     if (n != null) {
12       if (!isNaN(parseInt(n)) && parseInt(n)>5) {
13         n = parseInt(n)
14         document.write("计算 1/1! + 1/2! + 1/3! + … + 1/" + n + "!的和<br/>");
15         for (i = 1, sum = 0; i <= n; i++) {
16           for (j = 1, cj = 1; j <= i; j++) {   /*计算阶乘*/
17             cj = cj * j;
18           }
19           document.write(i + "!= " + cj + "   阶乘的倒数 = " + 1 / cj + "<br/>");
20           sum = sum + 1 / cj;          /*计算累加和,输出时保留两位小数*/
21         }
22         document.write("1/1! + 1/2! + 1/3! + … + 1/" + n + "!= " + sum.toFixed(2));
23       } else {
24         alert('请输入正整数 n,并单击确定按钮!');
```

```
25          }
26        } else {
27          alert('请输入正整数 N!');
28        }
29    </script>
30  </body>
31  </html>
```

代码中第 15~21 行是外层 for 循环,计算连续若干个数的阶乘的倒数和;第 16~18 行是内层 for 循环,计算 i!。第 22 行输出阶乘的倒数累加和,保留两位小数。

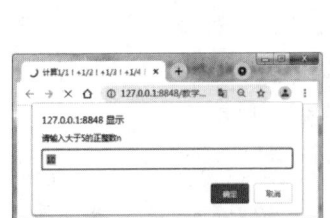
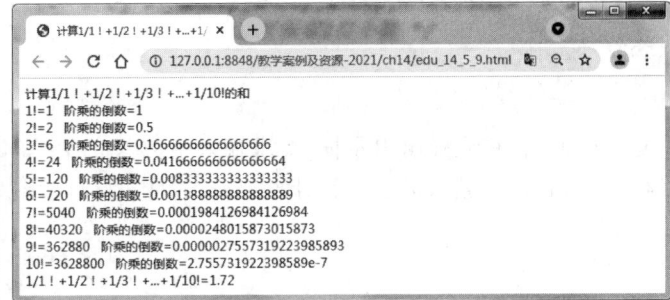

图 14-24 计算阶乘倒数的累加和

6．循环中断与继续

在正常的循环结构中,每次循环都是从满足条件开始到不满足条件结束,也就是说,必须完整地执行完所有循环。但在实际问题中有时并不需要完整地执行完所有循环才结束程序,可能会遇到一些需要提前终止或跳过某些循环的情况,这时需要使用 break 和 continue 语句来解决实际问题。

在循环体中 break 语句的作用是立即结束循环,跳转到循环后面的语句,而不管原来的循环还有多少次,都不会再执行。在循环体中 continue 语句的作用是结束本次循环,本次循环后面的所有语句都不会执行,直接进入下一次循环,直到循环结束。

【例 14-5-10】 计算 $5!+6!+\cdots+n!$ 的和($5\leqslant n\leqslant 15$)。其代码如下,页面效果如图 14-25 和图 14-26 所示。

```
1   <!-- edu_14_5_10.html -->
2   <!doctype html>
3   <html lang="en">
4     <head>
5       <meta charset="UTF-8">
6       <title>计算部分∑N!的和</title>
7     </head>
8     <body>
9       <script type="text/javascript">
10        document.write("计算部分∑N!的和<br/>");
11        var n = prompt("请输入整数 N: ",20);
12        for(i=1,sum=0;i<=n;i++)
13        {
14          if(i>15){break;}              //当循环到第 15 次时跳出循环
15          //当 i 为 1~5 的数时结束本次循环进入下一次循环
16          if(i>=1 && i<5){
```

```
17                    continue;
18              }else{              //当i大于或等于5时执行循环
19                  for(j = 1,cj = 1;j <= i;j++)
20                  {
21                      cj = cj * j;    //计算阶乘
22                  }
23                  document.write(i + "!= " + cj + "<br/>");
24                  sum = sum + cj;    //累加阶乘之和
25              }
26          }
27          i = i - 1
28          document.write("∑" + i + "!= " + sum);
29      </script>
30  </body>
31 </html>
```

运行代码后,首先弹出提示框,要求输入整数 N 的值,默认值为 20,如图 14-25 所示。单击"确定"按钮,N 取默认值 20 后,计算部分∑N! 的和,如图 14-26 所示。

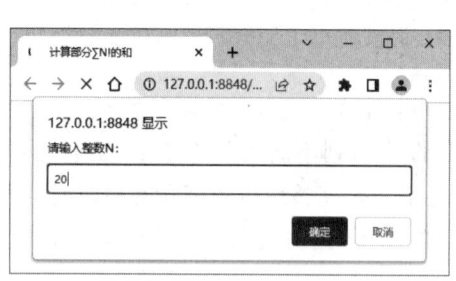

图 14-25　提示框界面

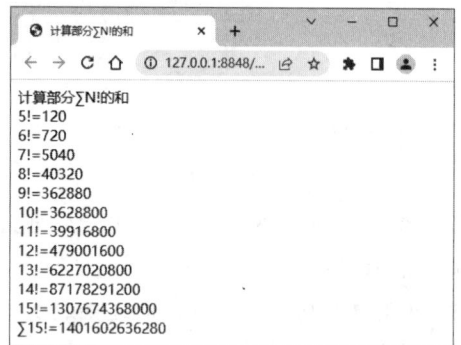

图 14-26　计算 5！＋6！＋…＋N！ 的和

代码中第 11 行定义变量 n,并通过 prompt()方法给变量 n 赋值(设默认值为 20)。第 12~26 行是外层 for 循环,计算连续若干个数的阶乘的和。第 14 行采用单分支 if 语句判断当变量 i 的值大于 15 时执行 break 语句,立即结束循环,即跳出外层循环,从第 27 行代码开始执行,如果 i 的值小于或等于 15,则继续执行外循环。第 16~25 行采用双分支 if…else 结构,根据变量 i 的取值范围是否在[1,4]来判断是否结束本次循环直接进入下一次循环。如果在此区间内,执行 continue 语句,结束本次循环,后面所有语句此次不再执行,开始下一次循环,直到结束；如果不在此区间,则执行内循环。第 19~22 行是内层 for 循环,计算变量 j!,结果保存在变量 cj 中。第 23 行是外循环每执行一次就输出循环变量的阶乘值。

14.6　JavaScript 函数

JavaScript 函数分为系统内部函数、系统对象定义的函数以及用户自定义函数。函数就是完成一个特定功能的程序代码。函数只需要定义一次,可以多次使用,从而提高程序代码的复用率,既减轻开发人员的负担,又降低了代码的重复度。

函数需要先定义后使用,JavaScript 函数一般定义在 HTML 文件的头部 head 标记或外部 JS 文件中,而函数的调用可以在 HTML 文件的主体 body 标记中的任何位置。

14.6.1 常用系统函数

在JavaScript中有许多预定义的系统内部函数和对象定义的函数,例如document.write()就是其中之一。这些预定义的系统函数大多存在于预定义的对象中,例如String、Date、Math、window及document对象中都有很多预定义的函数,只有熟练地使用这些函数才能充分发挥JavaScript的强大功能,简洁、高效地完成程序设计任务。

常用系统函数分全局函数和对象定义的函数。全局函数不属于任何一个内置对象,在使用时不需要加任何对象名称,直接调用,例如 eval()、escape()、unescape()、parseFloat()、parseInt()、isNaN()等。全局函数如表14-11所示。对象定义的函数依赖于对象,在使用时需要加对象名称(顶层对象 window 除外),例如 alert()、confirm()、prompt()等函数是 window对象定义的函数。document.write()是 document对象的方法。

表14-11 全局函数名称与说明对照表

函　　数	说　　明
decodeURI()	解码某个编码的 URI
decodeURIComponent()	解码一个编码的 URI 组件
encodeURI()	把字符串编码为 URI
encodeURIComponent()	把字符串编码为 URI 组件
eval()	计算 JavaScript 字符串,并把它作为脚本代码来执行
escape()	对字符串进行编码
unescape()	对由 escape()编码的字符串进行解码
parseFloat()	解析一个字符串并返回一个浮点数
parseInt()	解析一个字符串并返回一个整数
getClass()	返回一个 JavaObject 的 JavaClass
isNaN()	检查某个值是否为非数值
isFinite()	检查某个值是否为有穷大的数
Number()	把对象的值转换为数字
String()	把对象的值转换为字符串

下面重点介绍常用的全局函数和对象函数。
1. 全局函数
1) 计算表达式的结果函数
(1) 基本语法。

```
eval(string)
```

(2) 语法说明。
eval()函数的作用是返回字符串 string 表达式中的值。该函数接受原始字符串作为参数,将该字符串作为代码在上下文环境中执行,并返回执行结果。
(3) 参数说明。
string 为要计算的字符串表达式,含要计算的 JavaScript 表达式或要执行的语句。
【例14-6-1】 eval()函数的应用。其代码如下,页面效果如图14-27所示。

```
1 <!-- edu_14_6_1.html -->
2 <!doctype html>
3 <html lang = "en">
```

```
4    <head>
5        <meta charset = "UTF-8">
6        <title>eval()函数的应用</title>
7    </head>
8    <body>
9        <h4>eval()函数的应用</h4>
10       <script type = "text/javascript">
11           eval("x = 20;y = 30;document.write('x = ' + x + ',y = ' + y + ',x * y = ' + x * y)");
12           document.write("<br/>");
13           document.write("2 + 2 = " + eval("2 + 2"));
14           var abce;   //声明变量未赋值
15           document.write("<br/> abce = " + eval(abce));
16       </script>
17   </body>
18 </html>
```

代码第 11 行中 eval() 函数的参数是代码,在上下文环境中执行,并返回 x*y 的计算结果,输出到页面上;第 13 行中 eval() 函数的参数是表达式,计算 2+2 的值并输出到页面上;第 15 行中 eval() 函数的参数不是表达式,而是只定义未赋值的变量 abce,所以返回结果为 undefined。

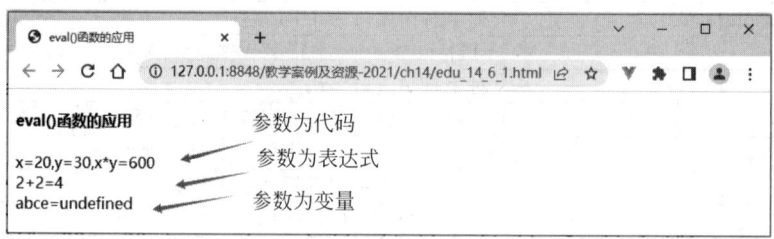

图 14-27　eval() 函数的应用实例

2) 编码与解码函数
- 编码函数 escape()。

(1) 基本语法。

```
escape(string)
```

(2) 语法说明。

escape() 函数可对字符串(ISO-Latin-1 字符集)进行编码,这样就可以在所有的计算机上读取该字符串。该函数不会对 ASCII 字符和数字进行编码,也不会对 *、@、-、_、+、.、/ 这些 ASCII 标点符号进行编码。其他所有字符都会被转义序列替换。

(3) 参数说明。

string 为要被转义或编码的字符串。

【例 14-6-2】 escape() 函数的应用。其代码如下,页面效果如图 14-28 所示。

```
1  <!-- edu_14_6_2.html -->
2  <!doctype html>
3  <html lang = "en">
4      <head>
5          <meta charset = "UTF-8">
6          <title>escape()函数的应用</title>
```

```
 7      </head>
 8      <body>
 9        <h4>escape()函数的应用</h4>
10        <script type = "text/javascript">
11          document.write("\"?\"进行编码后为:" + escape("?") + "<br/>");
12          document.write("\"JavaScript编程!\"编码后为: " + escape("JavaScript编程!"));
13          document.write("<br/>Mr Chu 你好!" + "编码后为:" + escape("Mr Chu 你好!"));
14        </script>
15      </body>
16    </html>
```

代码中第11行对字符"?"进行编码,由于"?"的ASCII码为63,转换为十六进制数为3F,因此输出"%3F";第12行对字符串"JavaScript编程!"进行编码,这当中"JavaScript"是字母,因此不编码,而其他字符进行了编码,汉字是双字节编码,格式为"％u"+两字节的十六进制数,例如"编"的编码为％u7F16;第13行对空格和汉字进行编码,空格的编码为％20。

图14-28　escape()函数的应用实例

- 解码函数unescape()。

(1) 基本语法。

```
unescape(string)
```

(2) 语法说明。

unescape()函数返回的字符串是ISO-Latin-1字符集的字符。该函数找到形式为％xx和％uxxxx的字符序列(x表示十六进制的数字),用字符\u00xx和\uxxxx替换这样的字符序列进行解码。

(3) 参数说明。

string为要解码或反转义的字符串。

【例14-6-3】使用unescape()函数对经过编码的字符进行解码。其代码如下,页面效果如图14-29所示。

```
 1  <!-- edu_14_6_3.html -->
 2  <!doctype html>
 3  <html lang = "en">
 4    <head>
 5      <meta charset = "UTF-8">
 6      <title>unescape()函数的应用</title>
 7    </head>
 8    <body>
 9      <h4>unescape()函数的应用</h4>
```

```
10        <script type="text/javascript">
11            document.write("\"%3F\"解码后为：" + unescape("%3F") + "<br/>");
12            document.write("JavaScript%u7F16%u7A0B%21解码后为：" + unescape("JavaScript%
              u7F16%u7A0B%21"));
13        </script>
14    </body>
15 </html>
```

代码中第 11 行对"％3F"进行解码，得到的结果为"?"；第 12 行对字符串"JavaScript％u7F16％u7A0B％21"进行解码，得到的结果为"JavaScript编程！"。

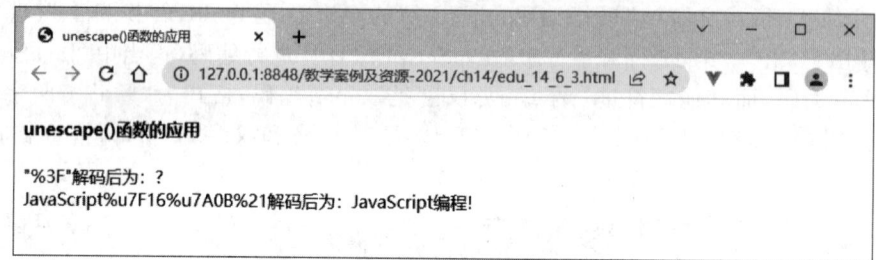

图 14-29　unescape()函数的应用实例

3) 字符型转换成数值型函数
- parseFloat()函数。

(1) 基本语法。

```
parseFloat(string)
```

(2) 语法说明。

parseFloat()函数的作用是返回 string 字符串对应的实数值。只有字符串中的第一个数字会被返回，如果字符串 string 的第一个字符不能被转换为数字，那么 parseFloat()函数会返回 NaN。

(3) 参数说明。

string 为要被解析的字符串。

【例 14-6-4】　parseFloat()函数的应用。其代码如下，其页面效果如图 14-30 所示。

```
1  <!-- edu_14_6_4.html -->
2  <!doctype html>
3  <html lang="en">
4      <head>
5          <meta charset="UTF-8">
6          <title>parseFloat()函数的应用</title>
7      </head>
8      <body>
9          <h4>parseFloat()函数的应用</h4>
10         <script type="text/javascript">
11             document.write("\"100\"转换后为：" + parseFloat("100") + "<br/>");
12             document.write("\"100.00\"转换后为：" + parseFloat("100.00") + "<br/>");
13             document.write("\"100.88\"转换后为：" + parseFloat("100.88") + "<br/>");
14             document.write("\"12 34 56\"转换后为：" + parseFloat("12 34 56") + "<br/>");
15             document.write("\" 60 \"转换后为：" + parseFloat(" 60 ") + "<br/>");
```

```
16              document.write("\"40 years\"转换后为:" + parseFloat("40 years") + "< br/>");
17              document.write("\"衣服 100 元\"转换后为:" + parseFloat("衣服 100 元") + "< br/>");
18         </script>
19     </body>
20 </html>
```

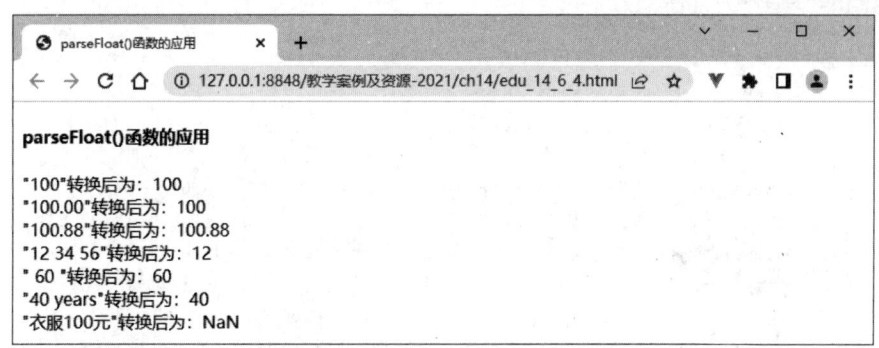

图 14-30 parseFloat()函数的应用实例

代码中第 11 行将一个整数字符串 100 转换为实数,输出 100;第 12 行将一个实数字符串 100.00 转换为实数,由于小数部分为 0.00,因此输出时被省略,结果为 100;第 13 行的实数字符串 100.88 转换为 100.88,输出也是 100.88;第 14 行有 3 个用空格分隔的整数字符串,解析后只能将第 1 个数 12 转换为实数,从空格开始向后全部忽略,所以输出为 12;第 15 行的数字 60 前后各有一个空格,转换时前面的空格被忽略,因此输出 60;第 16 行只转换空格前的数字,输出 40;第 17 行第 1 个字符不能被转换为数字,因此输出 NaN。

• parseInt()函数。

(1) 基本语法。

parseInt(string,radix)

(2) 语法说明。

parseInt()函数的作用是返回 string 字符串对应的十进制整数值,参数 radix 用于指定数字的基数。只有字符串中的第 1 个数字会被返回,如果字符串的第 1 个字符不能被转换为数字,那么 parseInt()函数会返回 NaN。

(3) 参数说明。

parseInt()函数的参数及说明如表 14-12 所示。

表 14-12 parseInt()函数的参数及说明

参数	说明
string	要被解析的字符串
radix	表示要解析的数字的基数。该值的取值范围为 2~36 如果省略该参数或其值为 0,则数字将以 10 为基数来解析 如果它以 0 开头,将以 8 为基数 如果它以 0x 或 0X 开头,将以 16 为基数 如果该参数小于 2 或者大于 36,则 parseInt()将返回 NaN

【例 14-6-5】 parseInt()函数的应用。其代码如下,页面效果如图 14-31 所示。

```
1  <!-- edu_14_6_5.html -->
2  <!doctype html>
3  <html lang="en">
4    <head>
5      <meta charset="UTF-8">
6      <title>parseInt()函数的应用</title>
7    </head>
8    <body>
9      <h4>parseInt()函数的应用</h4>
10     <script type="text/javascript">
11       document.write("\"10\"转换为整数结果为:" + parseInt("10") + "<br>");
12       document.write("十进制\"63\"转换为整数结果为:" + parseInt("63",10) + "<br>");
13       document.write("二进制\"11\"转换为整数结果为:" + parseInt("11",2) + "<br>");
14       document.write("八进制\"15\"转换为整数结果为:" + parseInt("15",8) + "<br>");
15       document.write("十六进制\"1f\"转换为整数结果为:" + parseInt("1f",16) + "<br>");
16       document.write("\"010\"转换为整数结果为:" + parseInt("010",8) + "<br>");
17       document.write("\"书定价为 30 元\"转换为整数结果为:" + parseInt("书定价为 30 元") + "<br/>");
18     </script>
19   </body>
20 </html>
```

代码中第 11 行省略函数的第 2 个参数,默认为十进制,输出结果为 10;第 12 行指定 63 为十进制,输出结果为 63;第 13 行指定 11 为二进制,输出结果为 3;第 14 行指定 15 为八进制,输出结果为 13;第 15 行指定 1f 为十六进制,输出结果为 31;第 16 行 010 以 0 开头,表示是八进制,输出结果为 8;第 17 行第 1 个字符不能被转换为数字,输出 NaN。

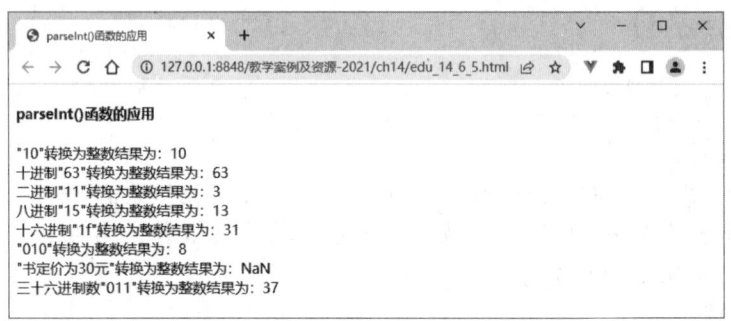

图 14-31 parseInt()函数的应用实例

4) 判断是否为 NaN 函数

(1) 基本语法。

```
isNaN(string)
```

(2) 语法说明。

isNaN()函数的作用是判断 string 是否为数值,如果 string 是特殊的非数值 NaN(或者能被转换为这样的值),返回的值就是 true;如果 string 是其他值,则返回 false。

(3) 参数说明。

string 为要检测的值。

【例14-6-6】 isNaN()函数的应用。其代码如下,页面效果如图14-32所示。

```
 1 <!-- edu_14_6_6.html -->
 2 <!doctype html>
 3 <html lang="en">
 4   <head>
 5     <meta charset="UTF-8">
 6     <title>isNaN()函数的应用</title>
 7   </head>
 8   <body>
 9     <h4>isNaN()函数的应用</h4>
10     <script type="text/javascript">
11         document.write("\"40\"是否为非数值:" + isNaN(40) + "<br>");
12         document.write("\"3*30\"是否为非数值:" + isNaN(3*30) + "<br>");
13         document.write("\"JavaScript\"是否为非数值:" + isNaN("JavaScript"));
14     </script>
15   </body>
16 </html>
```

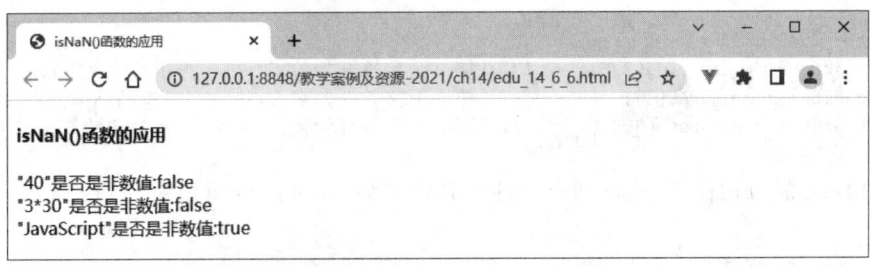

图14-32 isNaN()函数的应用实例

代码中第11行的40是数值,返回false;第12行的"3*30"可以转换为数值,返回false;第13行的JavaScript不可以转换为数值,返回true。

2．常用的对象函数

(1) toString(radix):将Number型数据转换为字符型数据,并返回指定的基数的结果。其中radix的范围为2~36,若省略该参数,则使用基数10。例如:

```
var a = 12;
alert(a.toString(2));    //告警框中的输出结果为1100(二进制)
alert(a.toString());     //告警框中的输出结果为12(默认的十进制)
```

(2) toFixed(n):将浮点数转换为固定小数点位数的数字。n是整数,设置小数的位数,如果省略了该参数,将用0代替。例如:

```
var a = 2016.1567;
alert(a.toFixed(2));   //保留两位小数,告警框中的输出结果为2016.16
alert(a.toFixed(5));   //保留5位小数,告警框中的输出结果为2016.15670
```

(3) 字符串查找和提取函数。

字符串对象提供了一系列字符串查找和提取函数,如表14-13所示。

表 14-13　字符串查找和提取函数及说明

函　数	说　明
indexOf（searchvalue, fromindex）	从前向后搜索字符串,返回某个指定的字符串值在字符串中首次出现的位置,如果没有发现,返回－1
lastIndexOf(searchvalue, fromindex)	从后向前搜索字符串,返回一个指定的字符串值最后出现的位置,如果没有发现,返回－1
charAt(index)	返回在指定位置的字符
substring(start, stop)	用于提取从 start 到 end(不包括该元素)的字符串
substr(start, length)	返回字符串的一部分。start 表示起始位置,若为负数,则表示从字符串末尾开始计算的位置。length 表示数量,若省略,则表示提取从 start 位置开始到字符串末尾的所有字符

在开发 Web 应用程序的过程中,经常需要对用户输入的数据进行有效性、合法性验证。通过程序提取用户输入的数据,然后对提取的字符串进行适当处理。例如判断用户名的首字符是否为字母、字符串中是否包含特定的字符等,通过字符串对象提供的函数可以很容易实现。举例如下：

```
var str = "Welcome to you!";
var substr = str.substring(3,6);    //从第 0 个字符开始数,第 3～6 个的字符为"com"
var somestr = str.charAt(4);         //从第 0 个字符开始数,取第 4 个字符的结果是"o"
var otherstr = str.substr(3,4);      //从第 3 个字符开始数,取 4 个字符,结果为"come"
```

【例 14-6-7】 判断邮箱地址的合法性。其代码如下,页面效果如图 14-33 所示。

```
 1  <!--  edu_14_6_7.html  -->
 2  <!doctype html>
 3  <html lang = "en">
 4    <head>
 5      <meta charset = "UTF-8">
 6      <title>验证邮箱的合法性</title>
 7      <script type = "text/javascript">
 8        function emailCheck() {
 9          //获取用户输入的邮箱地址的相关信息
10          var emailString = document.form1.email.value;
11          var emailLength = emailString.length;
12          var index1 = emailString.indexOf("@");
13          var index2 = emailString.lastIndexOf(".");  //取最后一个点
14          var msg = "验证邮箱地址实例:\n\n";
15          msg += "邮箱地址:" + emailString + "\n";
16          msg += "验证信息:";
17          var emailFlag = false;
18          /*判断邮箱中是否有@和.,且@在前,.在后;@不为首字符,.不为最后一个字符*/
19          if (index1 != -1 && index2 != -1 && index2 - index1 > 0) { /*说明有@和.*/
20            if (index1 > 0 && index2 < emailLength-1) { /*@不为首字符,.不为最后一个字符*/
21              emailFlag = (index2 >= index1 + 3) ? true : false;
22            } else {
23              emailFlag = false;
24            }
25          }
26          if (!emailFlag) {
27            msg += "邮箱地址不合法!\n\n";
28            msg += "不能同时满足如下条件:\n";
29            msg += "1.邮件地址中同时含有'@'和'.'字符; \n";
```

```
30          msg += "2.'@'后必须有'.',且中间至少间隔两个字符;\n";
31          msg += "3.'@'不为第1个字符,'.'不为最后一个字符.\n";
32        } else {
33          msg += "邮箱地址合法!\n\n";
34          msg += "能同时满足如下条件:\n";
35          msg += "1.邮件地址中同时含有'@'和'.'字符;\n";
36          msg += "2.'@'后必须有'.',且中间至少间隔两个字符;\n";
37          msg += "3.'@'不为第1个字符,'.'不为最后一个字符。\n"
38        }
39        alert(msg);
40      }
41    </script>
42  </head>
43  <body>
44    < form name = "form1">
45      邮箱地址:< input type = "text" name = "email" value = "@">
46      < input type = "button" value = "验证邮箱地址" onclick = "emailCheck()">
47    </form>
48  </body>
49 </html>
```

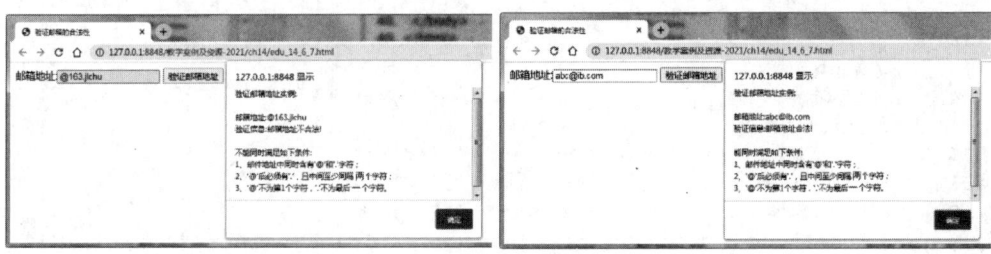

图 14-33　验证邮箱合法性时的告警框

上述代码中第 8~40 行定义了一个 JavaScript 函数名为 emailCheck()；第 45 行定义了一个文本输入框给用户输入邮箱地址；第 46 行定义了一个普通按钮，并为按钮设置了 onClick 事件句柄。在文本输入框中输入邮箱地址，单击"验证邮箱地址"按钮时会触发 Click 事件调用 emailCheck() 函数验证邮箱地址是否符合标准。如果输入的邮箱地址是不合法的，例如 @163.jlchu，则弹出"邮箱地址不合法"的信息；如果输入的邮箱地址是合法的，例如 abc@ib.com，则弹出"邮箱地址合法"的信息。

14.6.2　自定义函数

函数是由事件驱动的或者当它被调用时执行的可重复使用的代码块。

1. 基本语法

```
1 function functionname(argument1,argument2,…,argumentn)
2 {
3     这里是要执行的代码(也称为函数体);
4 }
```

2. 语法说明

- 函数就是包括在大括号中的代码块，使用关键字 function 来定义。在调用该函数时，会执行函数内的代码。

- 在调用函数时,可以向其传递值,这些值被称为参数。这些参数可以在函数中使用。用户可以发送任意多的参数,参数之间用逗号分隔。当然也可以没有参数,但括号不能省略,参数类型不需要给定。
- 函数体必须写在"{"和"}"内,"{""}"定义了函数的开始和结束。
- 在 JavaScript 中区分字母大小写,因此"function"的字母必须全部小写,否则程序会出错。另外需要注意的是,必须使用大小写完全相同的函数名来调用函数。

【例 14-6-8】 自定义求梯形面积的函数。其代码如下,页面效果如图 14-34 所示。

```
1  <!-- edu_14_6_8.html -->
2  <!doctype html>
3  <html lang="en">
4      <head>
5          <meta charset="UTF-8">
6          <title>自定义函数的应用</title>
7          <script type="text/javascript">
8              function area(a,b,c){
9                  s = ((parseInt(a.value) + parseInt(b.value))/2 * parseInt(c.value);
10                 alert("梯形的面积为" + s);
11             }
12         </script>
13     </head>
14     <body>
15         <form>
16             上底:<input type="text" name="a"><br/>
17             下底:<input type="text" name="b"><br/>
18             高度:<input type="text" name="c"><br/>
19                 <input type="button" onclick="area(a,b,c)" value="求面积"><br/>
20         </form>
21     </body>
22 </html>
```

代码中第 8~11 行定义了有参数的 JavaScript 函数 area(a,b,c),3 个参数分别表示梯形的上底、下底和高;第 9 行将 3 个文本框中的输入数据转换成整数;第 10 行通过告警框输出面积;第 15~20 行在 body 标记中插入表单,在表单中插入表单元素,即 3 个文本框和一个普通按钮,文本框用于输入梯形的上底、下底和高,普通按钮用于调用自定义函数 area(a,b,c);第 19 行给普通按钮的 onClick 事件绑定事件处理程序,完成梯形面积的计算。

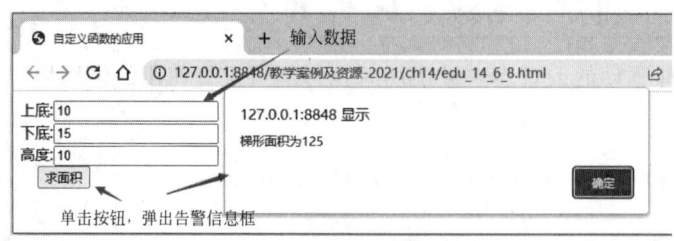

图 14-34 自定义函数的应用实例

14.6.3 带参数返回的 return 语句

如果需要返回函数的计算结果,可以使用带参数的 return 语句;如果不需要返回函数的计算结果,则使用不带参数的 return 语句。

1. 基本语法

```
return 函数执行结果;    //有返回值
return ;               //无返回值,此句可有可无
```

2. 语法说明

- 有值返回的函数调用方式与无值返回的函数调用方式略有不同。无值返回可以通过事件触发、程序触发等方式调用；有值返回的函数类似于操作数,和表达式一样可以直接参加运算,不需要通过事件或程序来触发。
- 函数体内使用不带返回值的 return 语句可以结束程序的运行,其后的所有语句均不再执行。return 语句只能返回一个计算结果。return 语句后可以跟上一个具体的值,也可以是一个变量,还可以是一个复杂的表达式。

【例 14-6-9】 return 语句的应用。其代码如下,页面效果如图 14-35 所示。

```
1  <!-- edu_14_6_9.html -->
2  <!doctype html>
3  <html lang="en">
4    <head>
5      <meta charset="UTF-8">
6      <title>return 语句返回计算结果</title>
7      <script type="text/javascript">
8        function showSum(){
9          document.write("3+4+5 结果为: " + plus(3,4,5));   //调用函数
10         return;                                           //结束函数
11       }
12       function plus(a,b,c){
13         return a+b+c;                                     //返回函数结果
14       }
15     </script>
16   </head>
17   <body>
18     <h4>计算 3 个数的和</h4>
19     <script type="text/javascript">
20       showSum();
21     </script>
22   </body>
23 </html>
```

代码中第 8~14 行定义了两个函数,分别是一个带有 3 个形式参数的函数 plus(a,b,c) 和不带参数的函数 showSum()。在 plus(a,b,c) 函数体中只有一条 return 语句,返回 3 个数的累加和；在 showSum() 函数体中先调用 plus(3,4,5) 函数,然后用 return 结束函数的运行。第 20 行执行 showSum() 函数。在程序中两种 return 语句均使用了,但作用却不相同。

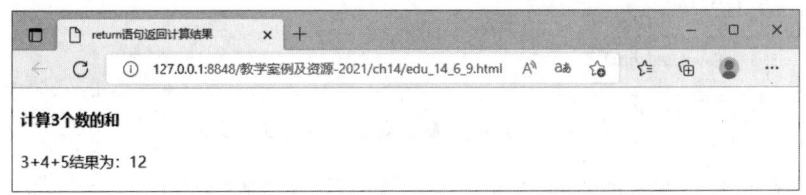

图 14-35 函数返回值的应用实例

14.6.4 函数变量的作用域

函数体是完成特定功能的代码段,在代码的执行过程中总是需要使用一些存放程序运行的中间结果的变量。变量分为局部变量和全局变量两种类型。局部变量是指在函数体内声明的变量,该变量只能在一段程序中发挥作用;全局变量是指在函数体外声明的变量,该变量在整个JavaScript代码中发挥作用,全局变量的生命周期从声明开始,到页面关闭时结束。

局部变量和全局变量可以重名,也就是说,即便在函数体外声明了一个变量,在函数体内还可以再声明一个同名的变量。在函数体内,局部变量的优先级高于全局变量,即在函数体内,同名的全局变量被隐藏了。

需要注意的是,专用于函数体内的变量一定要用var关键字声明,否则该变量将被定义成全局变量,如果函数体外有同名的变量,可能会导致该全局变量被修改。

【例14-6-10】 变量的作用域范围。其代码如下,页面效果如图14-36所示。

```
1  <!-- edu_14_6_10.html -->
2  <!doctype html>
3  <html lang="en">
4      <head>
5          <meta charset="UTF-8">
6          <title>全局变量和局部变量使用实例</title>
7      </head>
8      <body>
9          <h4>全局变量和局部变量的使用</h4>
10         <script type="text/javascript">
11             var test1 = 100, test2 = 100;         //定义全局变量
12             function checkScope()
13             {
14                 var test1 = 200;                  //定义局部变量
15                 test2 = 200;                      //给全局变量再次赋值
16                 document.write("局部变量test1的值为" + test1);
17                 document.write("<br/>");
18             }
19             checkScope();
20             document.write("全局变量test1的值为" + test1);
21             document.write("<br/>");
22             document.write("全局变量test2的值为" + test2);
23         </script>
24     </body>
25 </html>
```

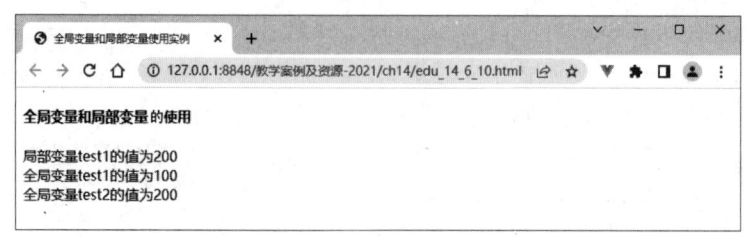

图14-36 全局变量和局部变量的使用实例

代码中第11行声明了两个全局变量test1和test2,初值均为100。第14行用var声明了一个同名的局部变量test1,初值为200。第15行的全局变量test2赋值为200(但没有用

var 声明）。由于局部变量和全局变量重名，根据规则，局部变量的优先级更高，因此第 16 行输出的结果是 200。第 20 行的 test1 是 100。第 22 行的 test2 也是全局变量，但是其值在第 15 行被修改为 200，结果显示为 200。

14.7 综合案例 2——手机批发业务-产品选购

扫一扫

视频讲解

本节以"手机批发业务-产品选购"为主题，采用表单嵌套表格来进行页面布局，使用 CSS3 进行页面美化，完成查看购物车、收银台结算、初始化参数等功能，页面效果如图 14-37 所示。

图 14-37　手机批发业务选购产品页面（已勾选 3 件）

设计要求：

- "查看购物车"按钮的功能：当用户勾选相关产品后，能够显示用户的所有选购信息，如果未勾选任何产品，会提示告警信息，如图 14-38 所示。其对应函数为 shoppingCart()（代码中的第 44～54 行）。
- "收银台结算"按钮的功能：当用户查看完购物车后，可以统计所选产品的件数和金额，通知支付，如图 14-39 所示。其对应函数为 checkOut()（代码中的第 31～41 行）。
- "初始化参数"按钮的功能：将所有复选框变为未选中状态及数组清零。其对应函数为 clearAll()（代码中的第 21～30 行）。checkSelect(number) 函数的功能是检查页面上每个复选框的状态。除此之外，代码中的第 17～19 行定义 3 个数组变量，分别用于保存产品名称、产品价格和产品选择状态。

其代码如下：

```
1 <!-- edu_14_7_1.html -->
2 <!doctype html>
```

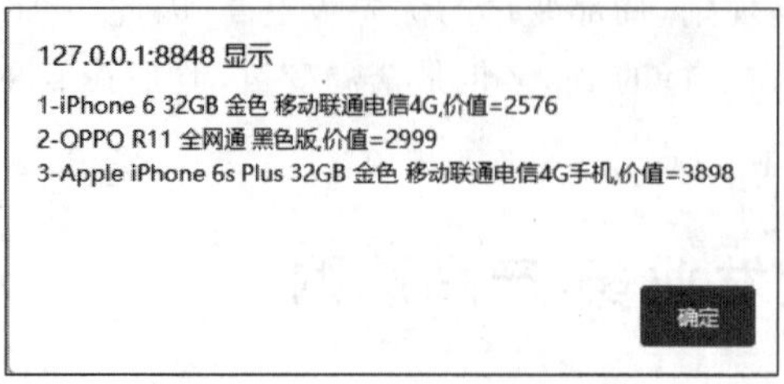

图 14-38 单击"查看购物车"按钮后弹出的消息框 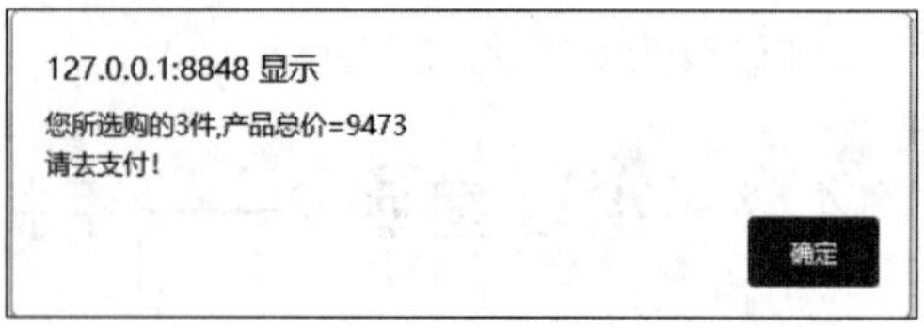　　图 14-39 单击"收银台结算"按钮后弹出的消息框

```
3    <html lang = "en">
4      <head>
5        <meta charset = "UTF - 8">
6        <title>手机网上微店</title>
7        <style type = "text/css">
8          table{width: 580px;height: 200px;
9            box - shadow: 0 0 15px 15px #F2F3F4;}
10         caption{margin: 15px auto;font - size: 22px;}
11         td{text - align: center;vertical - align: middle;}
12         .myBtn{margin: 20px;width: 120px;height: 45px;
13           border: 1px solid #44FFEE;border - radius: 25px;}
14        .myBtn:hover{background - color: #F1D2E3;}
15      </style>
16      <script type = "text/javascript">
17         var result = "";    //存放选购信息
18         var price = new Array(2576.00, 2999.00, 3898.00, 699.00, 599.00, 699.00);
19         var product = new Array("iPhone 6 32GB 金色 移动联通电信 4G", "OPPO R11 全网通
             黑色版", "Apple iPhone 6s Plus 32GB 金色 移动联通电信4G手机", "小米 红米手机
             4X 全网通版 2GB 内存 16GB 香槟金", "小米 红米手机 4A 全网通版 2GB 内存 16GB 玫瑰
             金", "小米 红米 4X 全网通版 2GB 内存 16GB 樱花粉");
20         var isSelected = new Array(0, 0, 0, 0, 0, 0);
21         function clearAll() {
22           isSelected = [0, 0, 0, 0, 0, 0];    //选择状态全部置 0
23           //所有复选框变为未选中状态
24           myForm.sp0.checked = false;
25           myForm.sp1.checked = false;
26           myForm.sp2.checked = false;
27           myForm.sp3.checked = false;
28           myForm.sp4.checked = false;
29           myForm.sp5.checked = false;
30         }
31         function checkOut() {
32           var total = 0;                      //存放小计金额
33           var count = 0;                      //存放选购产品件数
34           for(var i = 0; i < isSelected.length; i++) {
35             count += isSelected[i];
36           }
37           for(var i = 0; i < price.length; i++) {
38             total = total + price[i] * isSelected[i]    //累计金额
39           }
40           alert("您所选购的" + count + "件,产品总价 = " + total + "\n" + "请去
             支付!");
41         }
42         function shoppingCart() {
43           //判断有多少个复选框被选中
```

```
44          var selectList = "";       //保存所选产品清单
45          for (var j = 0; j < product.length; j++) {
46              if (isSelected[j]) {    //分行显示
47                  selectList += (j + 1) + " - " + product[j] + ",价值 = " + price[j] +
                    "\n";
48              }
49          }
50          var info = (selectList == "") ? "您的购物车为空,请选购!" : selectList;
51          alert(info);               //生成一个结算清单,显示输出
52      }
53      function checkSelect(number) {
54          var temp;                  //暂存复选框状态
55          switch (number) {
56              case 0:
57                  temp = myForm.sp0.checked;
58                  break;
59              case 1:
60                  temp = myForm.sp1.checked;
61                  break;
62              case 2:
63                  temp = myForm.sp2.checked;
64                  break;
65              case 3:
66                  temp = myForm.sp3.checked;
67                  break;
68              case 4:
69                  temp = myForm.sp4.checked;
70                  break;
71              default:
72                  temp = myForm.sp5.checked;
73                  break;
74          }
75          isSelected[number] = (temp) ? 1 : 0;    //记录下选中产品,1为选中,0为未选
76      }
77  </script>
78  </head>
79  <body>
80      <form name = "myForm" method = "post" action = "">
81          <table align = "center" border = "0">
82              <caption>手机批发业务 - 商品备选区</caption>
83              <tr>
84                  <td><img src = "mobile_1.jpg" /><br/>
85                  <h4 name = "h41"> iPhone 6 32GB 金色 移动联通电信 4G </h4><input type =
                    "checkbox" name = "sp0" value = "2576"
86                  onclick = "checkSelect(0);">￥2576.00<br/>
87                  </td>
88                  <td><img src = "mobile_2.jpg" /><br/>
89                  <h4 name = "h421"> OPPO R11 全网通 黑色版</h4>
90                  <input type = "checkbox" name = "sp1" value = "2999" onclick =
                    "checkSelect(1);">￥2999.00<b/>
91                  </td>
92                  <td><img src = "mobile_3.jpg" /><br/>
93                  <h4 name = "h43"> Apple iPhone 6s Plus 32GB 金色 移动联通电信 4G手机</h4>
94                  <input type = "checkbox" name = "sp2" onclick = "checkSelect(2);">￥3898.00
                    <br/>
95                  </td>
96              </tr>
```

```
 97              <tr>
 98                  <td><img src = "mobile_4.jpg" /><br/>
 99                      <h4 name = "h44">小米 红米手机 4X 全网通版 2GB 内存 16GB 香槟金</h4>
100                      <input type = "checkbox" name = "sp3" value = "699"
                             onclick = "checkSelect(3);"> ￥699.00
101                      <br/>
102                  </td>
103                  <td><img src = "mobile_5.jpg" /><br/>
104                      <h4 name = "h45">小米 红米手机 4A 全网通版 2GB 内存 16GB 玫瑰金</h4>
105                      <input type = "checkbox" name = "sp4" value = "599" onclick =
                             "checkSelect(4);"> ￥599.00<br/>
106                  </td>
107                  <td><img src = "mobile_6.jpg" /><br/>
108                      <h4 name = "h46">小米 红米 4X 全网通版 2GB 内存 16GB 樱花粉</h4>
109                      <input type = "checkbox" name = "sp5" value = "699" onclick =
                             "checkSelect(5);"> ￥699.00<br/>
110                  </td>
111              </tr>
112              <tr>
113                  <td colspan = "3">
114                      <input class = "myBtn" type = "button" value = "查看购物车" onclick =
                             "shoppingCart();">
115                      <input class = "myBtn" type = "button" value = "收银台结算" onclick =
                             "checkOut();">
116                      <input class = "myBtn" type = "button" value = "初始化参数" onclick =
                             "clearAll();">
117                  </td>
118              </tr>
119          </table>
120      </form>
121  </body>
122 </html>
```

本章小结

JavaScript 是一种功能强大、使用简便、具有安全性的客户端脚本语言。本章简要介绍了 JavaScript 语言的历史和特点，详细讲解了 JavaScript 的标识符、变量、运算符和表达式、3 种程序控制结构（包括顺序结构、分支结构和循环结构）以及函数等相关知识。通过在 HTML 文档中嵌入 JavaScript 脚本语言，可以增强用户与网页之间的交互性，并在页面中实现各种特效，提高页面的观赏性。

练习 14

1．选择题

（1）在客户端最为通用的网页制作脚本语言是（　　）。

  A．JavaScript B．VB C．Perl D．ASP

（2）下列不是 JavaScript 的特点的是（　　）。

  A．跨平台性 B．动态性 C．编译型语言 D．解释型语言

（3）下列不属于 JavaScript 的关键字的是（　　）。

A．for B．interface C．switch D．new

（4）下列属于 JavaScript 常量的是（　　）。

A．NaN B．undefined C．Math.PI D．Infinity

（5）在 JavaScript 中表示声明变量的关键字是（　　）。

A．if B．while C．var D．loop

（6）下列定义 display()函数的语法正确的是（　　）。

A．function display(){ } B．function：display(){ }

C．function＝display(){ } D．display(){ }

（7）引用外部 show.js 文件的方法正确的是（　　）。

A．＜script src＝"show"＞＜/script＞

B．＜script name＝"show.js"＞＜/script＞

C．＜script href＝"show.js"＞＜/script＞

D．＜script src＝"show.js"＞＜/script＞

2．填空题

（1）在 HTML 中嵌入 JavaScript 代码时需要使用_____标记。

（2）JavaScript 中的消息对话框分为_____、_____和_____3 种。

（3）表达式 18/0 的值为_____。

（4）逻辑表达式(5＜100) &&(3＞0)的结果为_____。

（5）位表达式 5 & 7、5 | 7 和 5 ^ 7 的结果分别为_____、_____和_____。

3．简答题

（1）continue 和 break 语句在循环中的作用有什么不同？

（2）do…while 循环和 while 循环有什么不同？

（3）在自定义函数时应注意哪些事项？

实验 14

1．编写 JavaScript 程序实现奇数行带背景色、粗体的"九九乘法口诀"表，如图 14-40 所示。

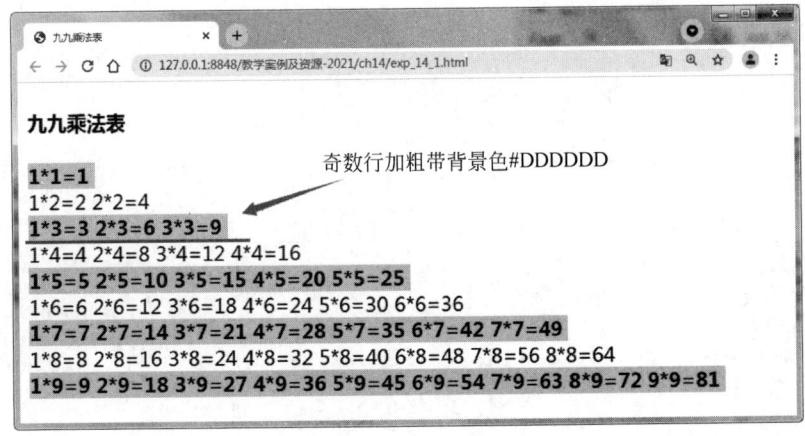

图 14-40　带效果的九九乘法表效果图

2. 编写 JavaScript 代码，找出符合条件的数，效果如图 14-41 所示。

(1) 页面标题为"找出符合条件的数"。

(2) 页面内容：以 3 号标题标记显示"找出 1000～9999 能够被 17 和 13 同时整除的整数的个数及累加和"，要求输出区间中有多少个符合条件的整数，并计算符合条件的整数的累加和，同时输出符合条件的整数，输出格式为每行 10 个整数。

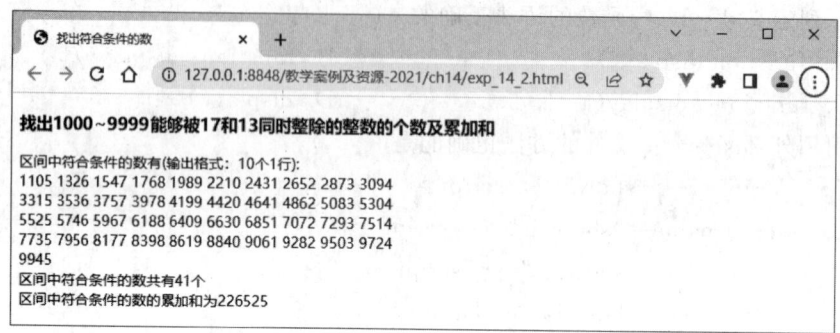

图 14-41 找出符合条件的数

CHAPTER 15

第15章

JavaScript事件分析

本章学习目标

本章通过 JavaScript 事件知识的学习，了解网页中基本的事件类型，理解 JavaScript 事件在网页设计中的作用，理解事件及事件句柄的相关概念；掌握 JavaScript 中常用的事件句柄；理解事件发生时的事件处理过程。

Web 前端开发工程师应知应会以下内容：
- 了解 JavaScript 事件类型。
- 理解事件的概念。
- 理解事件句柄与事件处理代码相关联的方式。
- 学会利用表单的提交及重置事件对表单的数据进行校验。
- 理解鼠标事件中的鼠标单击、双击及鼠标移动事件。
- 掌握常用的键盘及窗口事件。

15.1 JavaScript 事件概述

事件是一些可以通过脚本响应的页面动作。当用户按下鼠标键或者提交一个表单，甚至在页面上移动鼠标指针时，就会产生相关的事件。绝大多数事件的命名是描述性的，很容易理解，例如 Click、Submit、MouseOver 等，通过名称就可以猜测其含义。

15.1.1 事件类型

JavaScript 中的事件大多数与 HTML 标记相关，都是由用户操作页面元素时触发的。根据事件触发的来源及作用对象的不同，可以把事件分为鼠标事件、键盘事件、HTML 事件及突变事件 4 种类型。

1. 鼠标事件

鼠标事件主要指用户使用鼠标操作 HTML 元素时触发的事件。常见的鼠标单击/双击、文本框选择、单选按钮选中、复选框选中都会触发鼠标事件。当鼠标指针移动、盘旋、移出网页上相关区域内的特定元素时触发 MouseMove、MouseOver 和 MoveOut 事件。

2. 键盘事件

键盘事件主要指用户在键盘上敲击、输入时触发的事件。例如用户在键盘上按下某一键时会触发 KeyDown 事件，用户释放按下的键会触发 KeyUp 事件。

3．HTML 事件

HTML 事件主要指当窗口发生变动或者发生特定的客户端/服务器端交互时触发的事件。例如页面完全载入时在 window 对象上会触发 Load 事件；任何元素或者窗口本身失去焦点时会触发 Blur 事件。

4．突变事件

突变事件主要指文档对象底层元素发生改变时触发的事件。例如当文档或者元素的子树因为添加或者删除节点而改变时会触发 DomSubtreeModified（DOM 子树修改）事件；当一个节点作为另一个节点的子节点插入时会触发 DomNodeInserted（DOM 节点插入）事件。

15.1.2 事件句柄

事件句柄（又称事件处理函数）是指事件发生时要进行的操作。每个事件均对应一个事件句柄，在程序执行时将相应的函数或语句指定给事件句柄，则在该事件发生时浏览器便执行指定的函数或语句，从而实现网页内容与用户操作的交互。当浏览器检测到某事件发生时，便查找该事件对应的事件句柄有没有被赋值，如果有，则执行该事件句柄。通常，事件句柄的命名原则是在事件名称前加上前缀 on。例如鼠标移动 MouseOver 事件，其事件句柄为 onMouseOver。事件句柄的名称与 HTML 标记的事件处理属性相同。

1．基本语法

```
<标记  事件句柄 = "JavaScript 代码">…</标记>
< input type = "button" name = "" value = "显示" onclick = "show();">
```

2．语法说明

事件句柄的名称与事件处理属性相同，都作为 HTML 标记的属性，与事件名称略有不同，即事件名称前面加上了 on。例如 Click 事件的事件句柄为 onClick，该项标记对应的事件属性也为 onClick；Blur 事件的事件句柄为 onBlur，该项标记对应的事件属性也为 onBlur，其他事件的事件句柄以此类推。常用的事件和事件句柄的对照关系如表 15-1 所示。

表 15-1 事件类型、事件、事件句柄一览表

事件类型	事件	事件句柄	事件解释
键盘事件	KeyDown	onKeyDown	当键盘被按下时执行 JavaScript 代码
	KeyPress	onKeyPress	当键盘被按下后又松开时执行 JavaScript 代码
	KeyUp	onKeyUp	当键盘被松开时执行 JavaScript 代码
鼠标事件	Click	onClick	当鼠标被单击时执行 JavaScript 代码
	Dblclick	onDblclick	当鼠标被双击时执行 JavaScript 代码
	MouseDown	onMouseDown	当鼠标按键被按下时执行 JavaScript 代码
	MouseMove	onMouseMove	当鼠标指针移动时执行 JavaScript 代码
	MouseOut	onMouseOut	当鼠标指针移出某元素时执行 JavaScript 代码

续表

事件类型	事 件	事件句柄	事件解释
鼠标事件	MouseOver	onMouseOver	当鼠标指针悬停于某元素之上时执行 JavaScript 代码
	MouseUp	onMouseUp	当鼠标按键被松开时执行 JavaScript 代码
表单控件事件	Change	onChange	当元素改变时执行 JavaScript 代码
	Submit	onSubmit	当表单被提交时执行 JavaScript 代码
	Reset	onReset	当表单被重置时执行 JavaScript 代码
	Select	onSelect	当元素被选取时执行 JavaScript 代码
	Blur	onBlur	当元素失去焦点时执行 JavaScript 代码
	Focus	onFocus	当元素获得焦点时执行 JavaScript 代码
窗口事件	Load	onLoad	当文档载入时执行 JavaScript 代码
	UnLoad	onUnload	当文档卸载时执行 JavaScript 代码

15.1.3 事件处理

只要给特定的事件句柄绑定事件处理代码就可以响应事件。事件处理指定方式有两种,即在 HTML 标记中的静态指定和在 JavaScript 中的动态指定。

1. 静态指定

1) 基本语法

```
<标记 事件句柄1="事件处理程序1" [事件句柄2="事件处理程序2" … 事件句柄n="事件处理程序n"]>…</标记>
```

2) 语法说明

静态指定方式,是在开始标记中设置相关事件句柄,并绑定事件处理程序。一个标记可以设置一个或多个事件句柄,并绑定事件处理程序。事件程序可以是 JavaScript 代码块或函数,通常将事件处理程序定义成函数。

例如,给 p 标记和 body 标记添加事件句柄属性,并绑定事件。其格式如下:

```
<p onClick="show();" onDblClick="display();"></p>
<body onLoad="alert('页面装载成功!');" onbeforeunload="pageLoad();"></body>
```

【例15-1-1】 HTML 属性的事件处理器的应用。其代码如下,页面效果如图 15-1 和图 15-2 所示。

```
1  <!-- edu_15_1_1.html -->
2  <!doctype html>
3  <html lang="en">
4    <head>
5      <meta charset="UTF-8">
6      <title>HTML 属性的事件处理器的应用</title>
7      <script type="text/javascript">
8        function testInfo(message){alert(message);}
9      </script>
```

```
10      </head>
11      <body>
12         <h4>HTML 属性的事件处理器的应用</h4>
13         <form method="post" action="">
14            <input type="button" value="通过 JS 语句输出信息" onclick="alert
               ('使用 alert()输出信息')">
15            <input type="button" value="通过函数输出信息" onclick="testInfo
               ('调用 testInfo()函数输出信息')">
16         </form>
17      </body>
18  </html>
```

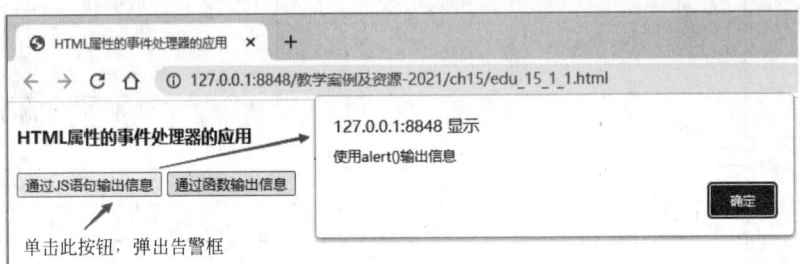

图 15-1　通过 Java Script 语句输出信息

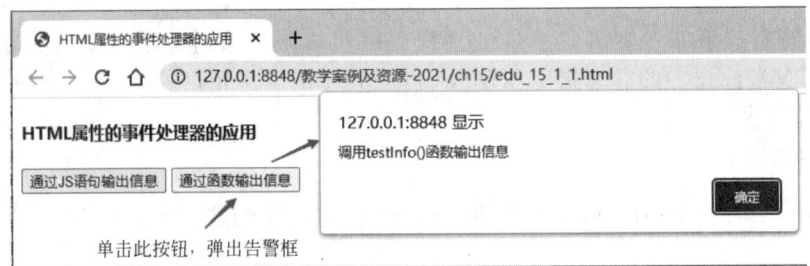

图 15-2　通过函数输出信息

代码中第 14 行、第 15 行定义了两个普通按钮,并通过 HTML 的 input 标记的 onClick 事件句柄来关联事件处理程序。如果单击"通过 JS 语句输出信息"按钮,将触发该按钮的 Click 事件,直接执行 JavaScript 代码 alert('使用 alert()输出信息'),弹出告警框,显示信息;如果单击"通过函数输出信息"按钮,将触发该按钮的 Click 事件,调用代码中第 7~9 行定义的名为 testInfo(message)的函数,通过参数传递要输出的信息,函数的执行结果是弹出告警框,并把参数传递的信息显示在对话框内。

2．动态指定

大多数情况下使用静态指定方式来处理事件,但有时也需要在程序运行过程中动态地指定事件,称为分配某一事件,这种方式允许程序像操作 JavaScript 属性一样来处理事件。

1) 基本语法

```
<事件源对象>.<事件句柄> = function(){<事件处理程序>;}
Object.onclick = function(){disp();}  //动态给对象指定事件,绑定事件处理函数
Object.onclick();    //调用方法
//添加事件监听器
element.addEventListener(event,function,useCapture)
//取消事件监听器
element.removeEventListener(event, function,useCapture)
```

```
//给 window 对象添加 beforeunload 事件监听器
window.addEventListener('beforeunload',beforeUnloadHandler,true);
function beforeUnloadHandler(event){
    event.returnValue = "要离开吗?"
}
```

2) 语法说明

在此用法中,"事件处理程序"必须使用不带函数名的 function(){}来定义,即是无函数名的函数,函数体内可以是字符串形式的代码,也可以是函数。

addEventListener()方法用于向指定元素添加事件句柄,其参数如下。

- event:必需。字符串,指定事件名。注意,不要使用"on"前缀,例如使用"Click",而不是使用"onClick"。对于所有 HTML DOM 事件,可以查看 HTML DOM Event 对象参考手册。
- function:必需。指定事件触发时执行的函数,事件对象会作为第一个参数传入函数。事件对象的类型取决于特定的事件,例如,"Click"事件对应 MouseEvent(鼠标事件)对象。
- useCapture:可选。布尔值,指定事件是否在捕获或冒泡阶段执行。其值为 true,表示事件句柄在捕获阶段执行;其值为 false(默认值),表示事件句柄在冒泡阶段执行。

【例 15-1-2】 在 JavaScript 中动态指定事件处理程序。其代码如下,页面效果如图 15-3 所示。

```
 1  <!-- edu_15_1_2.html -->
 2  <!doctype html>
 3  <html lang = "en">
 4  <head>
 5    <meta charset = "UTF-8">
 6    <title>JavaScript 中的动态指定</title>
 7    <style type = "text/css">
 8      #inp{width: 100px;height: 40px;color: red;}
 9    </style>
10    <script type = "text/javascript">
11      function clickHandler() {
12        alert("代码触发事件,即将提交表单!");
13        return true;
14      }
15    </script>
16  </head>
17  <body>
18    <form name = "myform" method = "post" action = "">
19      <input id = "inp" type = "button" name = "mybutton" value = "提交">
20    </form>
21    <script type = "text/javascript">
22      //向 input 元素动态分配 onClick 事件
23      document.getElementById('inp').onClick = function() {
24        return clickHandler();
25      }
26      myform.mybutton.onClick();    //程序触发
27      //document.getElementById('inp').addEventListener('click', clickHandler)
//使用此需要屏蔽 23～26 行代码
28    </script>
29  </body>
30  </html>
```

代码中第 11～14 行定义了一个名为 clickHandler() 的函数；第 18～20 行定义了一个表单,并在表单中插入一个按钮；第 21～28 行插入脚本。其中第 23～25 行通过 JavaScript 程序给 button 按钮动态分配 onClick 事件句柄,当代码执行时,第 26 行通过代码触发 Click 事件,执行 onclick() 函数,而不是用户单击"提交"按钮的结果。如果使用第 27 行代码添加监听器,需要屏蔽第 23～26 行代码。

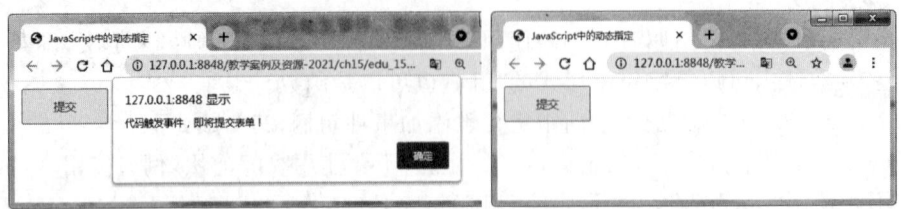

图 15-3　在 JavaScript 中动态指定事件处理程序

【例 15-1-3】 JavaScript 捕获与冒泡事件流的应用,页面效果如图 15-4 所示。

注：事件流描述的是从页面中接受事件的顺序。微软(IE)和网景(Netscape)开发团队提出了两个截然相反的事件流概念。IE 的事件流是事件冒泡流(event bubbling), Netscape 的事件流是事件捕获流(event capturing)。

"DOM2 级事件"规定的事件流包含 3 个阶段,即事件捕获阶段、处于目标阶段、事件冒泡阶段。首先发生的事件捕获为截获事件提供机会,然后是实际的目标接收事件,最后一个阶段是事件冒泡阶段,可以在这个阶段对事件做出响应。

在 DOM 事件流中,事件的目标在捕获阶段不会接收到事件,这意味着在捕获阶段事件从 document 到<p></p>就停止了,下一个阶段是处于目标阶段,于是事件在<p></p>上发生,并在事件处理中被看成冒泡阶段的一部分,然后冒泡阶段发生,事件又传播回 document,如图 15-4(a)所示。

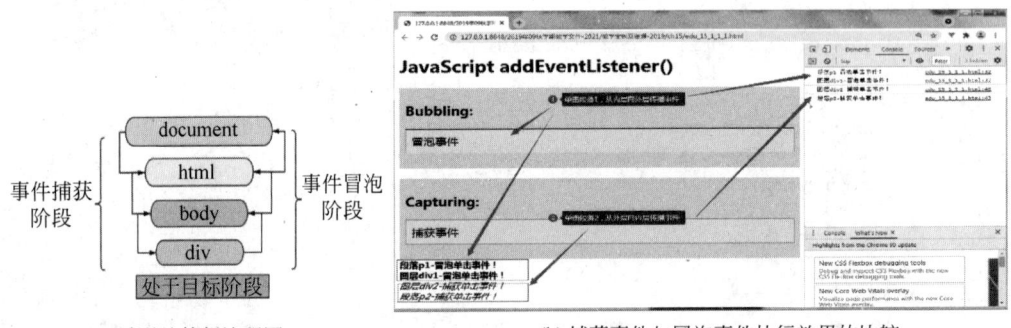

(a) 事件流执行流程图　　　　　　　　(b) 捕获事件与冒泡事件执行效果的比较

图 15-4　JavaScript 捕获与冒泡事件流的应用

其代码如下：

```
1  <!-- edu_15_1_3.html -->
2  <!DOCTYPE html>
3  <html>
4    <head>
5      <style>
6        #myDiv1, #myDiv2 {background: #E9E4EE;padding: 10px;}
7        #myP1, #myP2 {background: #EDEDED;font-size: 20px;
```

```
 8        border: 1px solid black;padding: 10px;}
 9    </style>
10    <meta content = "text/html; charset = utf-8" http-equiv = "Content-Type">
11  </head>
12  <body>
13    <h1>JavaScript addEventListener()</h1>
14    <div id = "myDiv1">
15      <h2>Bubbling:</h2>
16      <p id = "myP1">冒泡事件</p>
17    </div><br>
18    <div id = "myDiv2">
19      <h2>Capturing:</h2>
20      <p id = "myP2">捕获事件</p>
21    </div>
22    <script>
23      //以下是事件冒泡,从内层元素向外层元素依次执行单击事件
24      document.getElementById("myP1").addEventListener("click", function() {
25        alert("段落 1 - 冒泡单击事件!");
26      }, false);
27      document.getElementById("myDiv1").addEventListener("click", function() {
28        alert("div1 - 冒泡单击事件!");
29      }, false);
30      //以下是事件捕获,从外层元素向内层元素依次执行单击事件
31      document.getElementById("myP2").addEventListener("click", function() {
32        alert("段落 2 - 捕获单击事件!");
33      }, true);
34      document.getElementById("myDiv2").addEventListener("click", function() {
35        alert("div2 - 捕获单击事件!");
36      }, true);
37    </script>
38  </body>
39 </html>
```

15.1.4 事件处理程序的返回值

在 JavaScript 中事件处理程序通常不需要有返回值,这时浏览器会按默认方式进行处理。在很多情况下需要使用返回值来判断事件处理程序是否进行正确处理,或者通过这个返回值来判断是否进行下一步操作。

在这种情况下,事件处理程序的返回值都是布尔值,如果为 false,则阻止浏览器的下一步操作;如果为 true,则进行默认的操作。

1．基本语法

```
<标记 事件句柄 = "return 函数名(参数);">…</标记>
```

2．语法说明

在事件处理代码中,函数必须具有布尔型的返回值,即函数体中的最后一句必须是带返回值的 return 语句。

【例 15-1-4】 事件处理程序返回值的应用。其代码如下,页面效果如图 15-5 所示。

```
1 <!-- edu_15_1_4.html -->
2 <!doctype html>
3 <html lang = "en">
```

```
4     <head>
5       <meta charset = "UTF - 8">
6       <title>事件处理程序返回值的应用</title>
7       <script language = "javascript">
8         function showName(){
9           if(document.form1.name1.value == "")
10          {   alert("没有输入内容!"); return false;}
11          else {
12            alert("欢迎你!" + document.form1.name1.value);return true;
13          }
14        }
15      </script>
16    </head>
17    <body>
18      <h4>事件处理程序返回值的应用</h4>
19      <!-- onSubmit 事件处理程序返回 true 值就执行 action 指定的网页 -->
20      <form name = "form1" action = "simple.html" onsubmit = "return showName();">
21        姓名:<input type = "text" name = "name1"/>
22        <input type = "submit" value = "提交"/>
23      </form>
24    </body>
25  </html>
```

代码中第 8~14 行定义一个 JavaScript 函数 showName();如果表单的姓名文本框中没有内容,则提示"没有输入内容!",返回 false 值;如果在姓名文本框中输入姓名,例如"储久良",则提示"欢迎你! 储久良",单击"确定"按钮后,返回 true 值。第 20~23 行定义一个表单,并在表单中插入一个文本输入框和一个提交按钮,其中第 20 行定义了表单的 onSubmit 事件句柄,并指定事件发生时调用执行代码"return showName();"。

浏览网页,并在姓名文本框中输入姓名,单击"提交"按钮,触发 Submit 事件,调用执行代码"return showName();",返回值为 true,则浏览器进行下一步操作,访问网页 simple.html,如图 15-6 所示;如果在文本输入框中不输入任何内容就单击"提交"按钮,则返回 false 值,浏览器阻止进行下一步操作,返回输入界面。

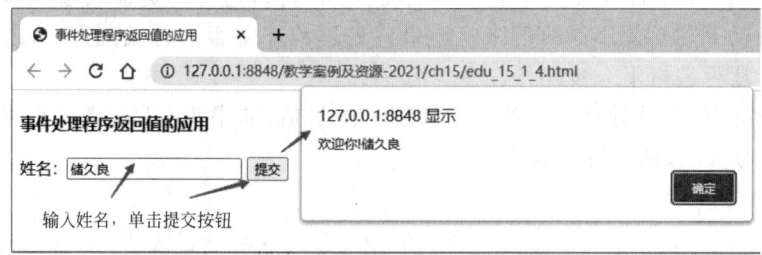

图 15-5　事件处理程序返回值的应用

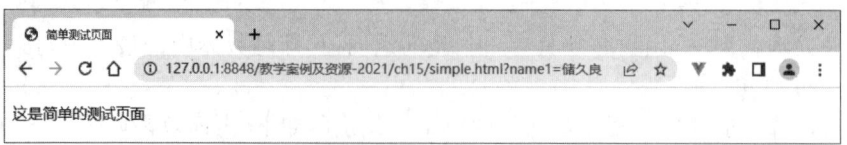

图 15-6　返回值为 true 时的网页

15.2 表单事件

表单是Web应用中和用户进行交互最常用的工具,用户注册、发表讨论和评论等都需要用到表单。用户在表单中填写数据,然后将数据发送到服务器端。JavaScript脚本所要做的工作主要就是表单验证,例如验证用户是否有未填信息、输入的数据格式是否正确等。这样,在数据被提交到服务器之前数据的正确性和合法性就得到了验证并反馈给用户,用户可以根据提示修改错误。

表单控件(元素)有很多,例如文本输入框、下拉列表框、复选框、单选按钮、提交按钮等。在对表单控件(元素)进行操作时都会触发相应的事件。

15.2.1 获得焦点与失去焦点事件

当表单控件获得焦点时会触发Focus事件,当表单控件失去焦点时会触发Blur事件。当单击表单中的按钮时,该按钮就获得了焦点;当单击表单中的其他区域时,该按钮就失去了焦点。

【例15-2-1】 表单控件焦点事件的应用。其代码如下,页面效果如图15-7所示。

```
1  <!-- edu_15_2_1.html -->
2  <!doctype html>
3  <html lang="en">
4    <head>
5      <meta charset="UTF-8">
6      <title>获得/失去焦点测试</title>
7      <script type="text/javascript">
8        function getFocus(){document.bgColor="#F1F2F3";}
9        function loseFocus(){document.bgColor="#FF66FF";}
10     </script>
11   </head>
12   <body>
13     <form>
14       <br/><input type="button" onfocus="getFocus()" value="获得/失去焦点触发事件" onblur="loseFocus()"/>
15     </form>
16   </body>
17 </html>
```

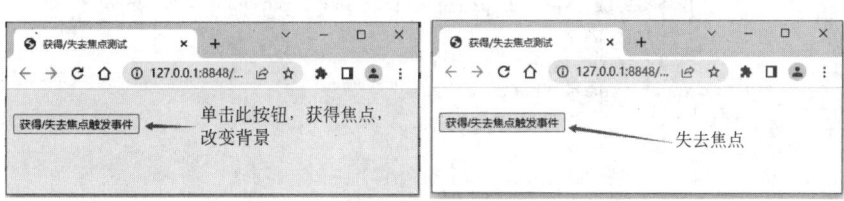

图15-7 普通按钮获得/失去焦点效果图

代码中第14行定义了"获得/失去焦点触发事件"的普通按钮,并为此按钮设置了onFocus和onBlur事件句柄,当该按钮获得焦点时会触发Focus事件,调用getFocus()函数将文档的背景颜色设置为#114455,当该按钮失去焦点时会触发Blur事件,调用loseFocus()函数将文档的背景颜色设置为#FF66FF。

15.2.2 提交及重置事件

在表单中单击"提交"按钮后会触发 Submit 事件,将表单中的数据提交到服务器端;当单击"重置"按钮后会触发 Reset 事件,将表单中的数据重置为初始值。在表单中通过插入一个 type 属性值为 submit 的 input 标记来添加一个提交按钮,当单击该按钮时会触发表单的 Submit 事件;同样可以通过插入一个 type 属性值为 reset 的 input 标记来添加一个重置按钮,当单击该按钮时会触发表单的 Reset 事件。如果需要表单在 Submit 事件及 Reset 事件触发时完成特定的功能,例如需要对表单数据进行合法性验证,则需要为表单设置事件句柄,并自定义相关函数。

【例 15-2-2】 表单提交、重置事件的应用。其代码如下,页面效果如图 15-8 所示。

```
1  <!-- edu_15_2_2.html -->
2  <!doctype html>
3  <html lang="en">
4    <head>
5      <meta charset="UTF-8">
6      <title>表单提交、重置事件的应用</title>
7      <style type="text/css">
8        fieldset{width:300px;height:150px;}
9      </style>
10     <script language="javascript" type="text/javascript">
11       function $(id){return document.getElementById(id);}
12       function submitTest(){
13         var msg="用户名:"+$("input1").value;
14         msg+="\n密码:是"+$("input2").value;
15         alert(msg);
16         return false;
17       }
18       function resetTest(){alert("将数据清空");}
19     </script>
20   </head>
21   <body>
22     <form onSubmit="return submitTest();" onReset="resetTest()">
23       <fieldset>
24         <legend>表单数据提交</legend>
25         <br><label>用户名:</label><input type="text" id="input1">
26         <br><label>密 码:</label><input type="password"
             id="input2">
27         <br><input type="submit" value="提交">
28         <input type="reset" value="重置">
29       </fieldset>
30     </form>
31   </body>
32 </html>
```

代码中第 10~19 行定义了 3 个 JavaScript 函数,分别是 $(id)、submitTest() 和 resetTest();第 22 行为表单设置了 onSubmit 和 onReset 事件句柄。

当单击"提交"按钮提交表单数据时将触发 Submit 事件,调用执行代码"return submitTest();",这段代码将调用 submitTest(),获取输入框中的用户名和密码,弹出告警框并返回 false;当单击"重置"按钮重置表单数据时将触发 Reset 事件,调用执行代码"resetTest()",这段代码调用执行后会弹出"数据清空"的告警框。

第15章 JavaScript事件分析

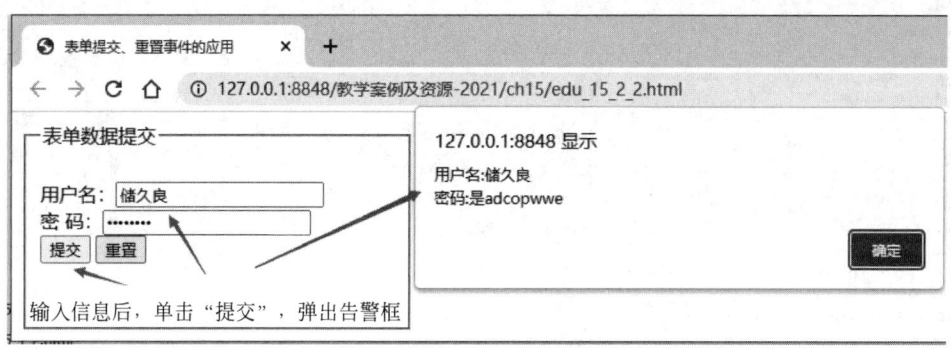

图 15-8　单击"提交"按钮时的提示信息

15.2.3　改变及选择事件

在表单中，当选择了文本输入框或多行文本输入框内的文字时会触发 Select 事件。示例代码如下：

```
<form>
<input type = "text" name = "" value = "文本被选择后触发事件" onSelect =
"Javascript:alert('内容已被选中!')">
</form>
```

代码中第 2 行定义了一个文本输入框，并设置 onSelect 属性值为 JavaScript 代码；当文本框的内容被选中后将触发 Select 事件，调用代码，通过告警框弹出一个显示"内容已被选中!"的对话框；当一个文本输入框或多行文本输入框失去焦点并更改值时或者当 select 下拉列表框中一个选项的状态改变时会触发 Change 事件。

【例 15-2-3】 用下拉列表框实现图像的切换。其代码如下，页面效果如图 15-9 所示。

```
1  <!-- edu_15_2_3.html -->
2  <!doctype html>
3  <html lang = "en">
4      <head>
5          <meta charset = "UTF-8">
6          <title>下拉列表框</title>
7          <script language = "javascript">
8              function $(id){return document.getElementById(id);}  //获取元素
9              function changeImage(){
10                 var index = $("game").selectedIndex;           //获取下拉列表框中的选项
11                 $("show").src = $("game").options[index].value;  // 更改图片
12             }
13         </script>
14     </head>
15     <body>
16         <div align = "center">
17             <form>
18                 <select id = "game" onChange = "changeImage()">
19                     <option value = "pic4.jpg">-- 请选择 --</option>
20                     <option value = "pic0.jpg">平板电视</option>
21                     <option value = "pic1.jpg">笔记本电脑</option>
22                     <option value = "pic2.jpg">单反相机</option>
23                     <option value = "pic3.jpg">智能手机</option>
```

```
24                </select>
25            </form>
26       </div>
27       <p align="center">
28            <img src="pic4.jpg" id="show">
29       </p>
30   </body>
31 </html>
```

图 15-9　用下拉列表框选择"单反相机"选项

代码中第 8~12 行定义了两个 JavaScript 函数,分别为 ${\rm id}$、changeImage();第 18 行为下拉列表框设置了 onChange 事件句柄;第 28 行在页面中插入了一张图像。当下拉列表框中的选项改变时会触发 Change 事件,调用 changeImage()将原来的图像更改为选中的图像。

第 10 行用于获得下拉列表框中选中的列表项的索引;第 11 行用于将指定索引处的下拉列表框选项的值赋给 img 元素的 src 属性来完成图片的更换。

15.3　鼠标事件

在网页设计中,如果用鼠标对网页中的控件进行操作会触发鼠标事件。例如,当单击鼠标左键时会触发 Click 事件,双击鼠标时会触发 DblClick 事件,鼠标左键被按下后再松开时会触发 MouseUp 事件等。下面对一些常用的鼠标事件做简单介绍。

15.3.1　鼠标单击、双击事件

鼠标事件主要指用鼠标左键对页面中的控件进行单击或双击操作时触发的事件,它们也是在网页开发中运用最多的事件。当单击页面中的按钮时会触发鼠标单击事件,例如:

```
<input type="button" name="click" value="鼠标单击" onClick="alert('你单击了我!')">
```

当双击页面中的按钮时会触发鼠标双击事件,例如:

```
<input type="button" name="click" value="鼠标双击" onDblClick="alert('你双击了我!')">
```

【例 15-3-1】　复制文本框内容。其代码如下,页面效果如图 15-10 所示。

```
 1  <!-- edu_15_3_1.html -->
 2  <!doctype html>
 3  <html lang = "en">
 4      <head>
 5          <meta charset = "UTF - 8">
 6          <title>鼠标单击事件</title>
 7          <script type = "text/javascript">
 8              function $(id){return document.getElementById(id);}
 9              function copyText(){$("target").value = $("source").value;}
10          </script>
11      </head>
12      <body>
13          <h4>复制文本框内容</h4>
14          <form method = "post" action = "">
15              来源文本框:<input type = "text" id = "source" value = ""><br>
16              目标文本框:<input type = "text" id = "target" readonly><br>
17              <input type = "button" value = "复制文本框内容" onClick = "copyText();">
18          </form>
19      </body>
20  </html>
```

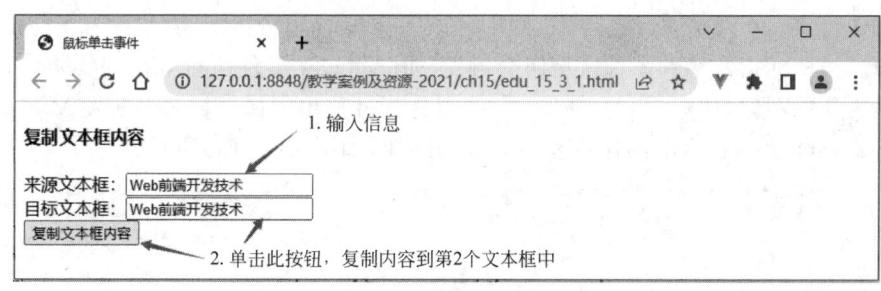

图 15-10　鼠标单击事件

代码中第 8 行、第 9 行定义了两个函数,分别为 $(id)、copyText();第 15 行、第 16 行定义了两个文本框,且第 2 个文本框设置只读属性;第 17 行定义了一个普通按钮,并为该按钮设置了 onClick 事件句柄。在第 1 个文本框中输入完内容后,单击"复制文本框内容"按钮时会触发 Click 事件,调用 copyText()函数完成文本框内容的复制。

15.3.2　鼠标移动事件

鼠标事件除了最典型的 Click 事件以外,还有鼠标进入页面元素 MouseOver 事件、退出页面元素 MouseOut 事件和鼠标按键检测 MouseDown 及 MouseUp 事件等。下面的例子实现了鼠标指针移向页面中的某个图像时触发 MouseOver 事件,鼠标指针移出图像时触发 MouseOut 事件。

【例 15-3-2】　移动鼠标指针替换图片。其代码如下,页面效果如图 15-11 所示。

```
1  <!-- edu_15_3_2.html -->
2  <!doctype html>
3  <html lang = "en">
4      <head>
5          <meta charset = "UTF - 8">
```

```
 6      <title>鼠标移动事件</title>
 7      <script type="text/javascript">
 8          function $(id){return document.getElementById(id);}
 9          function mouseOver(){ $('b1').src = "eg_mouse1.jpg";}
10          function mouseOut(){ $('b1').src = "eg_mouse2.jpg";}
11      </script>
12      <style type="text/css">
13          p,h4{text-align:center;}
14      </style>
15  </head>
16  <body>
17      <h4>鼠标事件</h4>
18      <hr color="blue">
19      <p>
20          <img alt="鼠标移动事件" src="eg_mouse2.jpg" id="b1"
             onmouseover="mouseOver()" onmouseout="mouseOut()"/>
21      </p>
22  </body>
23 </html>
```

代码中第 8~10 行定义了 3 个 JavaScript 函数，分别为 $(id)、mouseOver() 和 mouseOut()。第 20 行定义了一个图像并为该图像设置了 onMouseOver 和 onMouseOut 事件句柄。当鼠标指针移到图像区域时会触发 MouseOver 事件执行 mouseOver()，将当前图像更换为新的图像，如图 15-11(a)所示；当鼠标指针移出图像区域时会触发 MouseOut 事件执行 mouseOut()，将当前图像恢复为原来的图像，如图 15-11(b)所示。

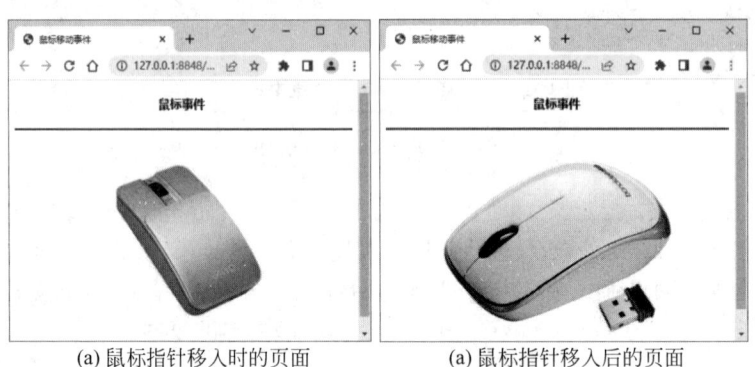

(a) 鼠标指针移入时的页面　　　　(a) 鼠标指针移入后的页面

图 15-11　鼠标移动事件的应用

15.4　键盘事件

键盘事件主要有 3 个，分别是 KeyDown、KeyPress 及 KeyUp 事件，它们用来检测键盘按下、按下松开及完全松开这些动作。通过 window 对象的 event 对象中的 event.keyCode 可以获得按键对应的键码值，常用的字母和数字键的键码值(keyCode)对应表如表 15-2 所示。

表 15-2　字母和数字键的键码值对应表

按键	键码值	按键	键码值	按键	键码值	按键	键码值
A	65	C	67	E	69	G	71
B	66	D	68	F	70	H	72

续表

按键	键码值	按键	键码值	按键	键码值	按键	键码值
I	73	P	80	W	87	3	51
J	74	Q	81	X	88	4	52
K	75	R	82	Y	89	5	53
L	76	S	83	Z	90	6	54
M	77	T	84	0	48	7	55
N	78	U	85	1	49	8	56
O	79	V	86	2	50	9	57

【例15-4-1】 键盘事件的应用。其代码如下，页面效果如图15-12所示。

```
1  <!-- edu_15_4_1.html -->
2  <!doctype html>
3  <html lang="en">
4    <head>
5      <meta charset="UTF-8">
6      <title>键盘事件的应用</title>
7      <script type="text/javascript">
8        function checkNo()
9        {
10         if(window.event.keyCode!=13)
11         {
12         if(event.keyCode<48 || event.keyCode>57){alert("你输入的学号错误!");}
13         }else{
14           if(myform.sno.value.length<=0){alert("学号不能为空");}
15           else{alert("你的学号为："+myform.sno.value);}
16         }
17       }
18       function checkName(){
19         if(window.event.keyCode==13){alert("你的姓名为："+myform.sname.value);}
20       }
21     </script>
22   </head>
23   <body>
24     <h4>键盘事件的应用</h4>
25     <form name="myform" method="post" action="">
26       学号：<input type="text" name="sno" id="sno" onKeyPress="checkNo()">必须为数字<br>
27       姓名：<input type="text" name="sname" id="sname" onkeypress="checkName()">回车显示姓名<br>
28       <input type="submit" value="提交"><input type="reset">
29     </form>
30   </body>
31 </html>
```

代码中第7~21行定义了两个JavaScript函数，分别是checkNo()及checkName()。第25~29行定义了一个表单，在表单中插入两个文本输入框，并为两个文本输入框设置了onKeyPress事件句柄。在sno文本输入框中通过键盘输入学号时，会触发KeyPress事件调用checkNo()执行检查，如果通过键盘按下的不是Enter键且输入的不是数字（Enter键的键码值是13，数字键0~9对应的键码值是48~57），则给出"你输入的学号错误！"的提示信息；如果用户按下的是 Enter 键且输入的是数字键，则给出"你的学号为：XXX"的提示信息；如果用户没有输入数据直接按下 Enter 键，则给出"学号不能为空"的提示信息。当在 sname 文本输入框中输入姓名时，会触发 KeyPress 事件调用 checkName() 函数执行检查，如果通过键盘按下的是 Enter 键，则给出"你的姓名为：XXX"的提示信息。

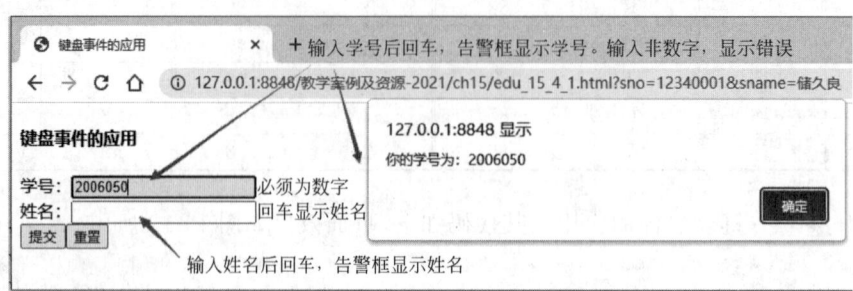

图 15-12　键盘事件的应用

15.5　窗口事件

窗口事件是指浏览器窗口在加载页面或卸载页面时触发的事件。在加载页面时会触发 Load 事件，在卸载页面之前时会触发 BeforeUnload 事件，这两个事件和 < body >、< frameset >两个页面元素有关。由于只有 IE 浏览器还支持 unload 事件，其他浏览器已经不支持关闭和刷新操作，因此可以用 BeforeUnload 事件来代替 unload 事件。

采用添加监听器的方法可以解决这一问题。在 body 标记内增加以下代码，实现当关闭窗口时触发 BeforeUnload 事件，而不需要在 body 标记上设置 onBeforeUnload 事件属性。

其代码如下：

```
1  < script type = "text/javascript">
2    window.onbeforeunload = function() {return "onbeforeunload is work";}
3  </script >
```

【例 15-5-1】　窗口事件的应用。其代码如下，页面效果如图 15-13 所示。

```
1  <!-- edu_13_5_1.html -->
2  <!doctype html >
3  < html lang = "en">
4    < head >
5      < meta charset = "UTF - 8">
6      < title >窗口事件的应用</title >
7      < style type = "text/css">
8        p {width: 200px;height: 40px;border: 1px solid black;}
9      </style >
10     < script type = "text/javascript">
11       function load() {alert("欢迎访问本页面!");}
12     </script >
13   </head >
14   < body onload = "load();">
15     < h4 >窗口事件的应用</h4 >
```

```
16      <p onclick = "alert('单击我!')">单击我!</p>
17      <script type = "text/javascript">
18          window.onbeforeunload = function() {
19              console.log("onbeforeunload is work!");
20              return "onbeforeunload is work!";
21          }
22      </script>
23  </body>
24  </html>
```

代码中第 11 行定义了 load() 函数。第 14 行为该页面的 body 元素设置了 onLoad 事件句柄。当浏览器窗口加载该页面时会触发 Load 事件调用 load() 函数,弹出"欢迎访问本页面!"的提示信息,如图 15-13(a)所示;当单击段落时会触发 Click 事件,弹出"单击我!"的提示消息,如图 15-13(b)所示;当关闭该浏览器窗口或当前页面跳转到其他页面时会触发 BeforeUnload 事件,调用 onbeforeunload() 函数,在 Chrome 浏览器中弹出"系统可能不会保存您所做的更改。"的提示信息,如图 15-13(c)所示。在其他浏览器上会显示"onbeforeunload is work!"。

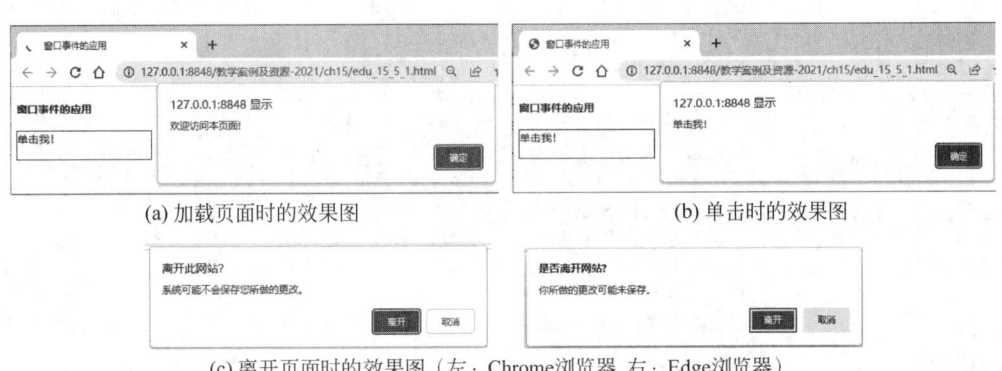

图 15-13　加载事件/卸载事件页面效果图

15.6　综合案例 3——用户注册信息的验证

在网页设计与开发的过程中,经常利用表单提交与重置事件对表单中的数据进行验证。例如进入当当网的注册界面,输入数据后单击"用户注册"按钮,如果数据格式符合要求,则将数据提交到服务器端,显示注册成功;如果输入的邮箱/手机号码或密码格式不正确,则要求重新输入。

用 JavaScript 程序也可以模拟一个注册过程,当单击"用户注册"按钮时,如果验证合法,则将数据提交;否则继续保持登录页,并给出相关提示信息。

【例 15-6-1】用户注册信息的验证。其代码如下,页面效果如图 15-14 所示。

```
1   <!-- edu_15_6_1.html -->
2   <!doctype html>
3   <html lang = "en">
4       <head>
5           <meta charset = "UTF - 8">
```

```
6       <title>用户注册页面</title>
7       <style type="text/css">
8           strong{color:red;font-style:bolder;}
9           fieldset{width:560px;height:186px;padding:0px 50px;}
10          #button{margin:10px 20px;}
11      </style>
12      <script type="text/javascript">
13          function $(id){return document.getElementById(id);}
14          function checkReg()
15          {
16              var username = $("myname").value;
17              var pwd = $("mypwd1").value;
18              var pwdConfirm = $("mypwd2").value;
19              var checkright = true;
20              if(username == "" || pwd == "")    //两者中有一个为空
21              {
22                  alert("请确认用户名和密码输入是否正确!!");
23                  checkright = false;
24              }else    //不为空,再判断用户名和密码长度的合法性
25              {
26                  if(username.length<6)
27                  {
28                      alert("用户名长度太短,至少6个字符!!");
29                      checkright = false;
30                  }else if(pwd.length<6){
31                      alert("密码长度太短,至少6个字符!!");
32                      checkright = false;
33                  }else if(pwd!=pwdConfirm){
34                      alert("两次输入的密码必须一致!!");
35                      checkright = false;
36                  }else{
37                      checkright = true;}
38              }
39              return checkright;
40          }
41          function clearInfo()
42          {
43              var flag = confirm("确认要重置数据吗?");
44              if(flag == true)
45              {
46                  $("myname").value = "";
47                  $("mypwd1").value = "";
48                  $("mypwd2").value = "";
49              }
50          }
51      </script>
52  </head>
53  <body>
54      <form action="regsuccess.html" method="get" onSubmit="return checkReg()" onReset="clearInfo()">
55          <fieldset>
56              <legend align="center">新用户注册</legend><br>
57              <div>
58                  <label>用 户 名:</label>
59                  <input type="text" name="myname" id="myname">
                    <strong>(用户名要大于6位)</strong><br>
60                  <label>登录密码:</label>
```

```
61                    < input type = "password" name = "mypwd1" id = "mypwd1">
                      < strong>(密码要大于6位)</strong>< br >
62                    < label > 密码确认：</label>
63                    < input type = "password" name = "mypwd2" id = "mypwd2">
                      < br >
64                     < input id = "button" type = "submit" value = "用户注册" >
65                     < input    id = "button" type = "reset" value = "重置">
66                </div >
67            </fieldset>
68        </form >
69    </body >
70 </html>
```

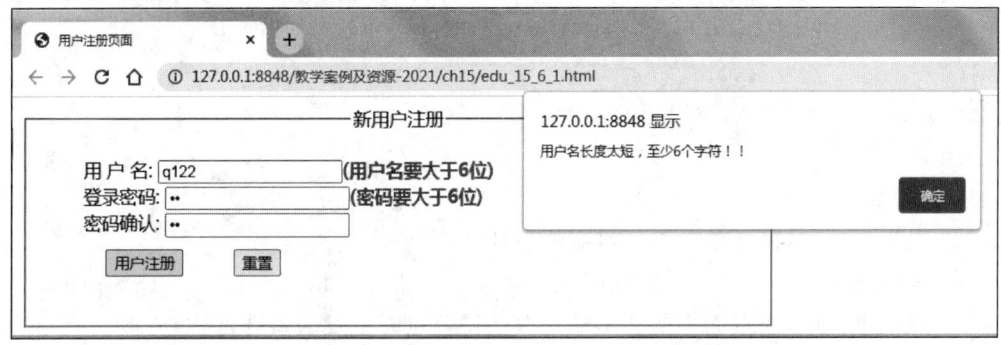

图 15-14　单击"用户注册"按钮验证用户注册信息的页面效果图

代码中第 12～51 行定义了 3 个 JavaScript 函数，分别是 $(id)、checkReg()、clearInfo()函数。第 54 行为表单设置了 onSubmit 和 onReset 事件句柄。当单击"用户注册"按钮提交表单数据时会触发 Submit 事件，调用执行代码 return checkReg()，首先判断用户输入的用户名或密码是否为空，如果为空则弹出提示对话框，并返回 false；接着判断用户名或密码是否大于 6 个字符，如果不是则返回 false；最后判断两次输入的密码是否相同，如果不同则返回 false；其他情况返回 true。

如果注册的用户名少于 6 个字符，单击"用户注册"按钮后会弹出"用户名长度太短，至少 6 个字符！！"的提示信息，如图 15-14 所示。

当单击"重置"按钮重置表单数据时会触发 Reset 事件，调用执行函数 clearInfo()，该函数的作用是提醒用户是否将表单数据重置，如图 15-15 所示。

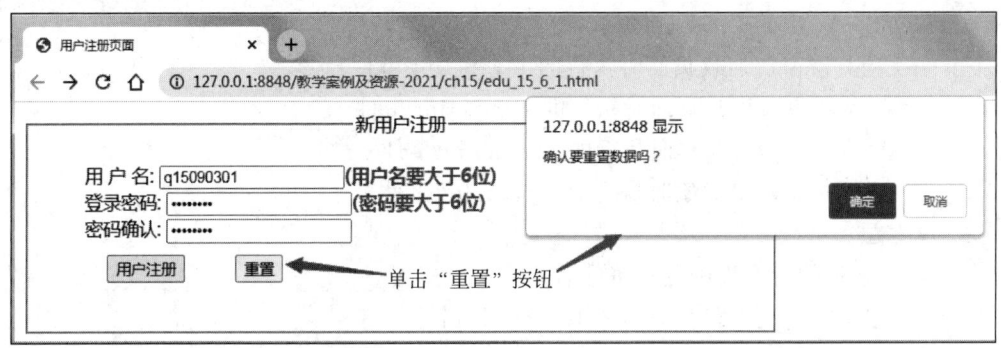

图 15-15　单击"重置"按钮时的页面效果图

本章小结

本章介绍 JavaScript 脚本中事件处理的概念、方法,列出了常用的事件及事件句柄,并且介绍了如何编写用户自定义的事件处理函数以及如何将它们与页面中用户的动作相关联,以得到预期的交互性能。

本章重点介绍了 Web 开发中常用的表单事件、鼠标事件、键盘事件等。在表单事件中,详细介绍表单元素的焦点事件、表单提交与重置事件以及表单元素的选中及改变事件。在鼠标事件中,详细介绍鼠标单击及鼠标移动事件。在窗口事件中,主要介绍装载事件和卸载事件。Web 前端开发人员只要掌握 JavaScript 事件的概念、事件的触发类型和事件处理的方式,就可以开发出具有交互性、动态性的页面。

扫一扫
自测题

练习 15

1．选择题

(1) 以下选项中,鼠标单击事件对应的事件句柄是(　　)。
  A. onChange　　　B. onLoad　　　C. onClick　　　D. onDblClick

(2) 以下事件中,当页面中的文本输入框获得焦点时触发的事件是(　　)。
  A. Click　　　B. Load　　　C. Blur　　　D. Focus

(3) 以下事件中,表单数据填完后单击"提交"按钮会触发的事件是(　　)。
  A. Submit　　　B. Reset　　　C. Click　　　D. Focus

(4) 以下选项中,表单重置事件对应的事件句柄是(　　)。
  A. onSubmit　　　B. onReset　　　C. onChange　　　D. onLoad

(5) 以下选项中,将 validate() 函数和一个按钮的单击事件关联起来的正确用法是(　　)。
  A. < input type="button" value="校验" onClick="validate() ">
  B. < input type="button" value="校验" onDbClick="validate() ">
  C. < input type="button" value="校验" onSubmit="validate() ">
  D. < input type="button" value="校验" onReset="validate() ">

(6) 以下事件中,不属于键盘事件的是(　　)。
  A. KeyDown　　　B. KeyPress　　　C. KeyUp　　　D. KeyOver

(7) JavaScript 中的 Load 事件是(　　)。
  A. 浏览器窗口加载页面时执行的 JavaScript 事件
  B. 浏览器窗口离开页面时执行的 JavaScript 事件
  C. 用户提交一个表单时执行的 JavaScript 事件
  D. 鼠标指针移出对象时执行的 JavaScript 事件

2．填空题

(1) 事件句柄的命名规则是在事件名称前加上前缀_____。

(2) JavaScript 中的事件处理方式有 3 种,分别是_____、_____、_____。

(3) 当表单中的表单控件获得焦点时会触发_____事件,该事件对应的事件句柄为_____;当表单数据提交时会触发_____事件,该事件对应的事件句柄为_____。

（4）当用鼠标左键单击时会触发_____事件，浏览器窗口在加载页面时会触发_____事件。

3．简答题

（1）网页开发中常见的事件类型有哪些？分别代表什么操作？

（2）事件发生时对事件的处理方式有哪几种？

（3）表单事件中最常用的事件有哪些？举例说明它们在实际开发中的应用。

实验 15

1．编写 JavaScript 代码实现用户登录时数据合法性校验的功能，界面如图 15-16 所示。

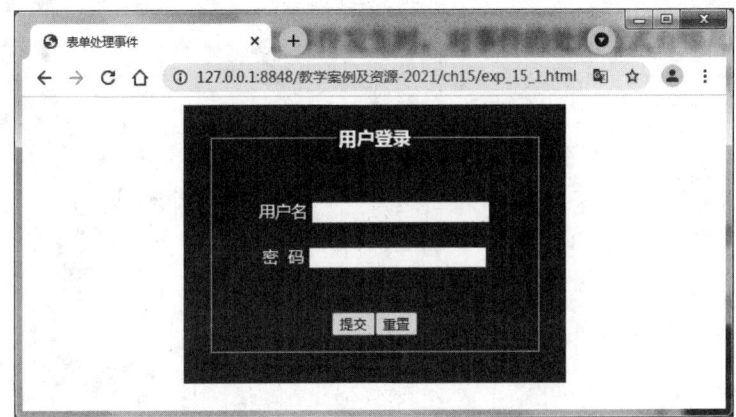

图 15-16　用户登录页面

其具体要求如下。

（1）必填项验证：用户名文本输入框、密码输入框中必须含有值。

（2）有效性验证：用户名、密码的长度大于或等于 8 个字符，小于或等于 20 个字符。

（3）当提交数据时，如果输入框中的数据不合法，则给出对应的提示信息并将焦点聚焦到对应的输入框上。

提示：使用域和域标题进行窗口布局，背景颜色为＃663399。

2．编写 JavaScript 程序实现选择列表框中的任一选项时通过消息框显示教材名称及定价，如图 15-17 所示。

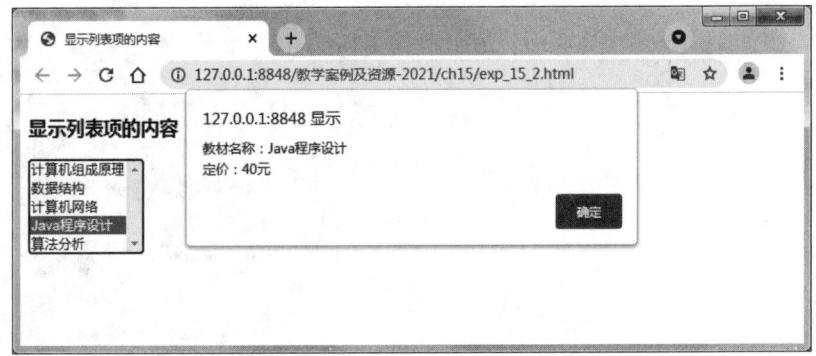

图 15-17　显示列表项内容

其具体要求如下。

（1）页面标题为"显示列表项的内容"。

（2）页面内容：以 3 号标题标记显示标题"显示列表项的内容"；插入一个大小为 5 的列表框，用于显示教材名称，教材定价保存在列表项的 value 中，分别为计算机组成原理 35 元、数据结构 38 元、计算机网络 43 元、Java 程序设计 40 元、算法分析 28 元。

（3）编写 displayItem()函数，实现当用户选择某一列表项时通过消息框分行显示选中的教材名称和定价(列表项的内容和 value 值)。

第 16 章 DOM和BOM

CHAPTER 16

本章学习目标

通过本章的学习，读者能够掌握JavaScript语言中内置对象的常用属性及方法，理解DOM及BOM的概念；掌握运用document对象来访问、创建及修改节点；掌握window对象的常用属性及方法；了解navigator、screen、history、location等对象。

Web前端开发工程师应知会以下内容：

- 学会使用JavaScript内置对象的常用属性及方法。
- 理解文档对象模型的节点树的构建及节点类型的划分。
- 学会使用document对象的常用方法来设计具有动态效果的网页。
- 理解浏览器对象模型中各对象的层次关系。
- 学会使用window对象的定时器及对话框方法。
- 了解navigator、screen、history、location等对象的属性和方法。

16.1　JavaScript 常用对象

JavaScript对象是拥有属性和方法的数据。采用面向对象编程能够减轻编程人员的工作量，提高设计Web页面的能力。

JavaScript对象的类型可以分为4类。

(1) 本地对象(native object)：ECMA-262定义其为"独立于宿主环境的ECMAScript实现提供的对象"。简单来说，本地对象就是ECMA-262定义的类(引用类型)，包括Object、Function、Array、String、Boolean、Number、Date、RegExp、Error、EvalError、RangeError、ReferenceError、SyntaxError、TypeError、URIError等。这些对象独立于宿主环境，先定义对象，实例化后再通过对象名来使用。

(2) 内置对象(built-in object)：由ECMAScript实现提供的、不依赖于宿主环境的对象，在ECMAScript运行之前就已经创建好的对象叫作内置对象。这意味着开发者不必明确实例化内置对象，因为它已被实例化了。ECMA-262只定义了两个内置对象，即Global和Math。Global是全局对象，全局对象只是一个对象，而不是类，既没有构造函数，也无法实例化一个新的全局对象。例如isNaN()、isFinite()、parseInt()和parseFloat()等都是

Global 对象的方法。Math 对象可直接使用,例如 Math.random()、Math.round(20.5)等。

（3）宿主对象(host object)：ECMAScript 实现的宿主环境提供的对象。所有 BOM 和 DOM 对象都是宿主对象。通过它可以与文档和浏览器环境进行交互,例如 document、window 和 frames 等。

（4）自定义对象：根据程序设计需要,由编程人员自行定义的对象。例如定义一个 person 对象,它有 4 个属性,分别是 firstName、lastName、age、eyeColor,同时给属性赋值。其定义代码的格式如下：

```
var person = new Object();     /* 这是一种方法 */
person.firstName = "Bill";
person.lastName = "Gates";
person.age = 56;
person.eyeColor = "blue";
var person = {firstName:"John", lastName:"Doe", age:50, eyeColor:"blue"};
/* 另一种方法 */
```

在面向对象编程的过程中,所有本地对象都必须先定义再实例化,然后才能使用。使用 new 运算符来创建对象,例如"var obj = new Object();"。定义后使用对象的方法是"对象名称.方法名()"；访问对象属性的方法是"对象名称.属性名"。在 JavaScript 中包含了一些常用的对象,例如 Array、Boolean、Date、Math、Number、String、Object 等。这些对象常用在客户端和服务器端的 JavaScript 中,下面对这些常用对象做简单介绍。

16.1.1　Array 对象

Array 对象用于在单个变量中存储多个相同类型的值,其值可以是字符串、数值型、布尔型等,但由于 JavaScript 是弱类型的脚本语言,所以数组元素也可以不一致。通过声明一个数组,将相关的数据存入数组,使用循环等结构对数组中的每个元素进行操作。

作为 Web 前端开发人员,在编程时应尽量保证数组中元素的数据类型相同,这是一种良好的编程习惯。

1．创建 Array 对象

1）基本语法

```
var stu1 = new Array();
var stu2 = new Array(size);
var stu3 = new Array(element0, element1, …, elementn);
```

2）参数说明

参数 size 定义数组元素的个数。返回的数组的长度 stu2.length 等于 size。

element0,element1,…,elementn 是参数列表。当使用参数列表中的参数调用构造函数 Array()时,新创建的数组的元素会被初始化为这些值。

2．数组的返回值

数组变量 stu1、stu2、stu3 返回新创建并被初始化的数组。如果在调用构造函数 Array()时没有使用参数,那么返回的数组为空,数组的 length 为 0。若调用构造函数时只传递给它一个数字参数,该构造函数将返回具有指定个数、元素为 undefined 的数组。当其他参数调用 Array()时,该构造函数将用参数指定的值初始化数组。当把构造函数作为函数调用,不使用 new 运算符时,它的行为与使用 new 运算符调用它时的行为完全一样。其格式如下：

```
var stu = ["张有为","蒋丽娟","王一新","李大为"];
```

3．数组元素的初始化与修改指定数组元素

如果数组没有初始化，即是空数组时，可以使用循环给数组元素赋值，也可以一一赋值。例如 stu[i]＝表达式，i 的取值范围为 0～course.length-1，也称为数组的下标。如果数组下标超出了数组的边界，则返回值为 undefined。可以用赋值的方式来修改数组对应位置的元素，代码如下：

```
var stu = new Array();         /*先定义数组*/
stu[0] = "王大为";              /*给数组元素赋值*/
stu[1] = "李永明";              /*给数组元素赋值*/
var len = stu.length;          /*len 的值为 2*/
stu[1] = "张慧娟";              /*修改数组中的第 2 个元素*/
```

4．数组对象的属性和方法

Array 对象的长度可以通过 length 属性值来获取。Array 对象最常用的方法及说明如表 16-1 所示。

表 16-1　Array 对象的方法及说明

方　　法	说　　明
join(分隔符)	把数组的所有元素放入一个字符串。元素通过指定的分隔符进行分隔
pop()	删除并返回数组的最后一个元素
push(新元素)	向数组的末尾添加一个或更多元素，并返回新的长度
shift()	删除并返回数组的第一个元素
unshift(新元素)	向数组的开头添加一个或更多元素，并返回新的长度
sort()	对数组的元素进行排序
reverse()	颠倒数组中元素的顺序
splice(index,n,item1,item2,…,itemX)	删除 index 位置处连续 n 个元素，并向数组添加 item1、item2、……、itemX 等新元素。前面两个参数为必选，后面的新元素可以省略
slice(start,end)	返回一个新的数组，包含从 start 到 end(不包括该元素)的数组中的元素。start 规定从何处开始选取。如果是负数，那么它规定从数组尾部开始算起的位置。也就是说，-1 指最后一个元素，-2 指倒数第二个元素，以此类推。end 可选，规定在何处结束选取。该参数是数组片段结束处的数组下标。如果没有指定该参数，那么切分的数组包含从 start 到数组结束的所有元素。如果这个参数是负数，那么它规定的是从数组尾部开始算起的元素
toString()	把数组转换为字符串(用逗号分隔)，并返回结果
toLocaleString()	把数组转换为本地数组，并返回结果
concat()	连接两个或更多数组，并返回结果

【例 16-1-1】　数组对象的应用。其代码如下，页面效果如图 16-1 所示。

```
1  <!--  edu_16_1_1.html  -->
2  <!doctype html>
3  <html lang = "en">
4    <head>
5      <meta charset = "UTF-8">
6      <title>数组对象的应用</title>
7    </head>
```

```
 8   <body>
 9     <h3>数组对象的应用</h3>
10     <script type="text/javascript">
11       var stu1 = new Array("张有为","蒋丽娟","王一新","李大为");
12       var stu2 = ["张祥雨","姜进步","王新力","刘大山"];
13       document.write("数组中的元素:<br>");
14       //访问数组中的元素
15       for (var i = 0; i <= stu1.length - 1; i++) {
16         document.write(i + "-" + stu1[i] + "  ");
17       }
18       document.write("<br><br>");
19       //join()方法的使用
20       document.write(stu2.join("-") + "<br>"); //"-"分隔
21       document.write(stu2.join("+") + "<br>"); //"+"分隔
22       document.write(stu2.join() + "<br>");    //默认
23       //pop()、push()方法的使用
24       document.write("<br>删除数组最后元素是" + stu2.pop());
25       var s = stu2.push("沈通达","高学衡");
26       document.write("<br>数组 2 的长 =" + s);
27       var stu1 = new Array("张有为","蒋丽娟","王一新","李大为");
28       //shift()、unshift()方法的使用
29       var ss = stu1.shift();
30       document.write("<br>删除数组第一个元素是:" + ss);
31       //在数组开始处插入新元素
32       var s = stu1.unshift("徐丽丽");           //在 IE 浏览器中显示 undefined
33       document.write("<br>数组元素分别:" + stu1 + "<br>数组的长度 = " + s);
34     </script>
35   </body>
36 </html>
```

代码中第 11 行、第 12 行定义了两个数组对象 stu1、stu2,并采用两种方法给数组赋值。第 13~33 行通过使用数组的属性及相关方法对数组进行遍历和修改。

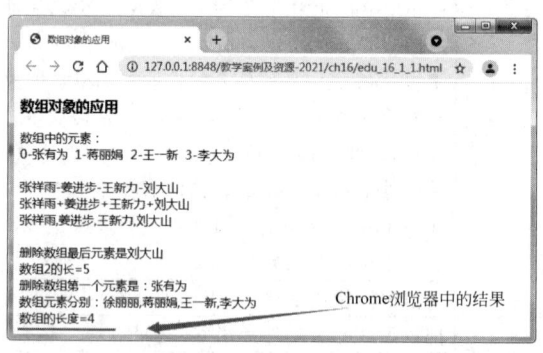

图 16-1　数组对象的应用

16.1.2　Date 对象

JavaScript 脚本核心对象 Date 用于处理日期和时间。Date 对象有很多方法,可以提取时间和日期。

1. 创建日期对象

其基本语法如下:

```
var today = new Date();
var today = new Date(毫秒数);
var today = new Date(标准时间格式字符串);
var today = new Date(年,月,日,时,分,秒,毫秒);
```

根据上述创建方法,可以用下列格式来定义日期对象。格式如下:

```
var today = new Date();                              //自动使用当前的日期和时间
var today = new Date(3000);                          //1970 年 1 月 1 日 0 时 0 分 3 秒
var today = new Date("Apr 15,2016 15:20:00");        //2016 年 4 月 15 日 15 时 20 分 0 秒
var today = new Date(2016,3,25,14,42,50);            //2016 年 4 月 25 日 14 时 42 分 50 秒
```

2.日期对象的方法

日期对象中包含了丰富的信息,可以通过日期对象提供的一系列方法分别提取出年、月、日、时、分、秒等各种信息。Date 对象的方法及说明如表 16-2 所示。

表 16-2 提取日期对象每个字段的方法及说明

方 法 名	说 明
getDate()	从 Date 对象返回一个月中的某一天(1~31)
getDay()	从 Date 对象返回一周中的某一天(0~6)
getMonth()	从 Date 对象返回月份(0~11)
getFullYear()	从 Date 对象以 4 位数字返回年份
getHours()	返回 Date 对象的小时数(0~23)
getMinutes()	返回 Date 对象的分钟数(0~59)
getSeconds()	返回 Date 对象的秒数(0~59)
getMilliseconds()	返回 Date 对象的毫秒数(0~999)
getTime()	返回 1970 年 1 月 1 日至今的毫秒数

【例 16-1-2】 获得当前日期对象的年、月、日、时、分、秒,并且以特定的格式显示在页面中。其代码如下,页面效果如图 16-2 所示。

```
1  <!-- edu_16_1_2.html -->
2  <!doctype html>
3  <html lang = "en">
4     <head>
5        <meta charset = "UTF-8">
6        <title>日期对象的应用</title>
7     </head>
8     <body>
9        <h4>日期对象的应用</h4>
10       <script type = "text/javascript">
11          var now = new Date();
12          var y = now.getFullYear();
13          var m = now.getMonth() + 1;
14          var d = now.getDate();
15          var h = now.getHours();
16          var mi = now.getMinutes();
17          var s = now.getSeconds();
18          if(m < 10){m = "0" + m;}
19          if(d < 10){d = "0" + d;}
20          if(h < 10){h = "0" + h;}
21          if(mi < 10){mi = "0" + mi;}
```

```
22          s = (s<10)?("0" + s):s;    //if(s<10){s = "0" + s;}
23          var str = y + "年" + m + "月" + d + "日 " + h + ":" + mi + ":" + s;
24          document.write(str);
25      </script>
26  </body>
27  </html>
```

代码中第 11 行定义了一个日期对象 now,代表当前的日期时间。第 12~17 行调用对象 now 的相关方法获取该对象的年、月、日、小时、分钟、秒并显示在页面上。

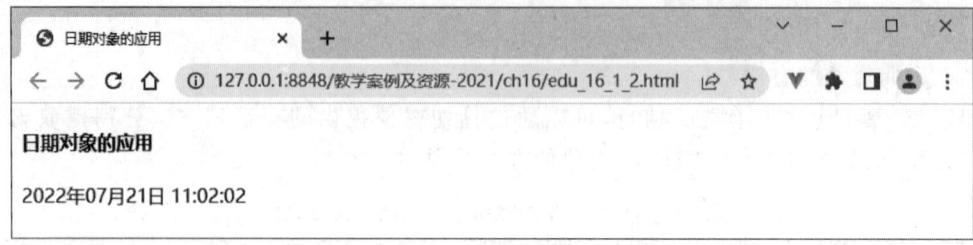

图 16-2　显示当前系统日期和时间

需要注意的是,日期中的 1~12 月用数字 0~11 表示;每周的星期日~星期六用数字 0~6 表示。

3．将日期转换成字符串

Date 对象提供了一些特有的方法将日期转换为字符串,而不需要开发人员编写专门的函数去实现该功能,如表 16-3 所示。

表 16-3　将日期转换成字符串的方法及说明

方法名	说明
toString()	把 Date 对象转换为字符串
toLocaleString()	根据本地时间格式把 Date 对象转换为字符串
toLocaleTimeString()	根据本地时间格式把 Date 对象的时间部分转换为字符串
toLocaleDateString()	根据本地时间格式把 Date 对象的日期部分转换为字符串

【例 16-1-3】　日期转换成字符串的应用。其代码如下,页面效果如图 16-3 所示。

```
1  <!--  edu_16_1_3.html  -->
2  <!doctype html>
3  <html lang = "en">
4      <head>
5          <meta charset = "UTF-8">
6          <title>日期转换成字符串的应用</title>
7      </head>
8      <body>
9          <h4>日期转换为字符串的应用</h4>
10         <script type = "text/javascript">
11             var MyDate = new Date();
12             var msg = "";
13             msg += "当前日期字符串 toString(): " + MyDate.toString() + "<br>";
14             msg += "本地日期字符串 toLocaleString(): " + MyDate.
                   toLocaleString() + "<br>";
```

```
15          document.write(msg);
16        </script>
17    </body>
18 </html>
```

代码中第 11 行定义了一个日期对象 MyDate, 代表当前的日期时间。第 13 行、第 14 行分别调用日期转换为字符串的相关方法将 MyDate 转换为字符串, 并将结果显示在页面上。

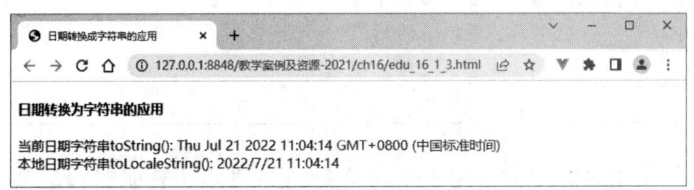

图 16-3　日期转换为字符串实例

16.1.3　Math 对象

Math 对象拥有一系列的属性和方法, 能够进行比基本算术运算更加复杂的运算。Math 对象的所有属性和方法都是静态的, 并不能生成对象的实例, 但能直接访问它的属性和方法。

1. 使用 Math 对象的属性

Math 对象的属性及说明如表 16-4 所示。

例如在计算一个圆的面积时, 圆周率就可以用 Math.PI 来代替。

```
var radius = 18;
var area = Math.PI * radius * radius;
```

表 16-4　Math 对象的属性及说明

属 性 名	说　　明
Math.E	返回算术常量 e, 即自然对数的底数(约等于 2.718)
Math.LN2	返回 2 的自然对数(约等于 0.693)
Math.LN10	返回 10 的自然对数(约等于 2.302)
Math.LOG2E	返回以 2 为底的 e 的对数(约等于 1.414)
Math.LOG10E	返回以 10 为底的 e 的对数(约等于 0.434)
Math.PI	返回圆周率(约等于 3.14159)
Math.SQRT1_2	返回 2 的平方根的倒数(约等于 0.707)
Math.SQRT2	返回 2 的平方根(约等于 1.414)

2. 使用 Math 对象的方法

Math 对象的方法及说明如表 16-5 所示。

表 16-5　Math 对象的方法及说明

方 法 名	说　　明
Math.ceil(x)	对数进行上舍入, 返回大于或等于 x, 并且与 x 接近的整数
Math.floor(x)	对数进行下舍入, 返回小于或等于 x, 并且与 x 接近的整数

续表

方 法 名	说 明
Math.round(x)	把数四舍五入为最接近的整数
Math.random()	返回 0~1 的随机数
Math.max(x,y)	返回 x 和 y 中的最大值
Math.min(x,y)	返回 x 和 y 中的最小值
Math.sqrt(x)	返回数的平方根
Math.exp(x)	返回 e 的指数
Math.pow(x,y)	返回 x 的 y 次幂
Math.log(x)	返回数的自然对数(底为 e)

Math 对象提供了很多数学方法用于基本运算,这些基本运算能够满足 Web 应用程序的要求。例如,在 JavaScript 脚本中可以使用 Math 对象的 random()方法生成 0~1 的随机数。

【例 16-1-4】 使用 Math 对象产生任意范围的 10 个随机整数。其代码如下,页面效果如图 16-4 所示。

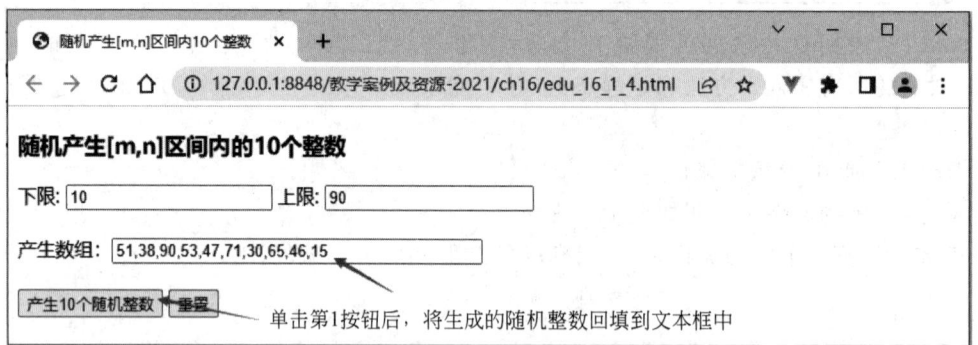

图 16-4 随机数发生器实例

```
1  <!--  edu_16_1_4.html -->
2  <!doctype html>
3  <html lang = "en">
4    <head>
5      <meta charset = "UTF - 8">
6      <title>随机产生[m,n]区间内的 10 个整数</title>
7      <script  type = "text/javascript">
8        function $ (id){return document.getElementById(id);}   //获取元素
9        function createInt()
10       {
11         var m = parseFloat( $ ("minN").value);                //解析为实数
12         var n = parseFloat( $ ("maxN").value);                //解析为实数
13         var array_int = new Array();
14         if(m >= n)                                            //合法性检验
15         {  alert("数组下限值不能大于或等于上限值!请重新输入");
16            $ ("minN").focus();                                //让文本框自动获取焦点
17         }else {
18            for(var i = 0;i<10;i++)
19            {                                                  //产生 m~n 的随机数
20              array_int[i] = Math.round((Math.random() * (n - m) + m));
21            }
```

```
22                    }
23                    $("array_num").value = array_int.join(",");        //会写入文本框
24                }
25        </script>
26    </head>
27    <body>
28        <h3>随机产生[m,n]区间内的 10 个整数</h3>
29        <form name = "Form1">
30            下限: <input type = "text" name = "minN" id = "minN" size = "20" value = 10>
31            上限: <input type = "text" name = "maxN" id = "maxN" size = "20" value = 90><br><br>
32            产生数组: <input type = "text" name = "" id = "array_num" size = "40" readonly><br><br>
33            <input type = "button" value = "产生 10 个随机整数" onclick = "createInt();">
34            <input type = "reset">
35        </form>
36    </body>
37 </html>
```

上述代码中第 7~25 行定义了两个函数,分别为 $(id)、createInt();第 20 行利用循环给数组元素赋值,随机产生[m,n]的整数;第 29~35 行定义了一个表单,该表单包含 3 个文本输入框和一个按钮,并为按钮设置了 onClick 事件句柄。当用户在文本输入框中输入随机数的上限与下限后,单击"产生 10 个随机整数"按钮时会触发 Click 事件,调用 createInt()函数产生 10 个符合条件的随机整数,并在第 3 个文本框中输出。

产生[m,n]区域内随机整数的方法为:

```
var randomInt = Math.round((Math.random() * (n - m) + m));
```

16.1.4　Number 对象

使用强制类型转换函数 Number(value)可以把给定的值转换成数字(可以是整数或浮点数)。Number()的强制类型转换与 parseInt()和 parseFloat()方法的处理方式相似,只是它转换的是整个值,而不是部分值。

```
var ss1 = Number(false);             //返回值为 0
var ss2 = Number(true);              //返回值为 1
var ss3 = Number(null);              //返回值为 0
var ss4 = Number(100);               //返回值为 100
var ss5 = Number("5.5");             //返回值为 5.5
var ss6 = Number("56");              //返回值为 56
var ss7 = Number(undefined);         //返回值为 NaN
var ss8 = Number("5.6.7");           //返回值为 NaN,与 parseFloat("5.6.7")不同
var ss9 = Number(new Object());      //返回值为 NaN
```

16.1.5　String 对象

String 对象是与原始字符串数据类型相对应的 JavaScript 本地对象,属于 JavaScript 核心对象之一,主要提供诸多方法实现字符串检查、抽取子串、字符串连接、字符串分割等与字

符串相关的操作,可以通过以下方式生成 String 对象。例如:

```
var s1 = "hello,world";
var s2 = new String("hello,world");
```

此外,强制类型转换 String(value)可以把给定的值转换成字符串。

```
var s1 = String("100");              //返回值为字符串 100
var s2 = String("acdd");             //返回值为字符串 acdd
var s3 = String("false");            //返回值为字符串 false
var s4 = String(true);               //返回值为字符串 true
var s5 = String(null);               //返回值为字符串 null
var s6 = new Array("111","222","333");alert(String(s1));
                                     //返回值为 111,222,333
var s7 = String(new Object())        //返回值为字符串[object,Object]
```

1. 获取 String 对象的长度属性

String 对象常用的属性有 length,用于返回目标字符串中字符的数目。例如:

```
var s1 = "hello,world";
var len = s1.length;   //s1.length 返回 11,s1 所指向的字符串有 11 个字符
```

2. 连接两个字符串

String 对象的 concat()方法能将作为参数传入的字符串加入调用该方法的字符串的末尾,并将结果返回给新的字符串。例如:

```
var targetString = new String("Welcome to");
var strToBeAdded = new String("the world!");
var finalString = targetString.concat(strToBeAdded);
```

3. 把字符串分割为字符串数组

split()方法可以把字符串分割成字符串数组。例如"How are you doing today?"的 5 个单词之间都用空格间隔,就可以把这个字符串按照空格分成 5 个字符串,代码如下:

```
1  < script type = text/javascript >
2    var str1 = " How are you doing today?";
3    var subarray = str1.split(" ");   //subarray 是一个数组
4    for(var i = 0;i < subarray.length;i++)
5    {
6        document.write(subarray [i]);
7        document.write("< br >");
8    }
9  </script >
```

split()方法的返回值是字符串数组,可以用 Array 对象的方法访问字符串数组中的元素。split()方法还有很多,例如:

```
var sub1 = str1.split("");        //把字符串按字符分割,返回数组["H","o","w",…]
var sub2 = str1.split("o");       //把字符串按字符 o 分割,返回数组["H","w are y",
                                  //"ud","ing t","day?"]
```

4. 改变 String 对象的显示风格的方法

String 对象还提供了可以改变字符串在 Web 页面中显示风格的方法,如表 16-6 所示。

第16章 DOM和BOM

表 16-6　改变字符串显示风格的方法及说明

方　法　名	说　　明	方　法　名	说　　明
blink()	显示闪动字符串	big()	使用大字号来显示字符串
bold()	使用粗体显示字符串	small()	使用小字号来显示字符串
fontcolor()	使用指定的颜色来显示字符串	strike()	使用删除线来显示字符串
fontsize()	使用指定的尺寸来显示字符串	sub()	把字符串显示为下标
italics()	使用斜体显示字符串	sup()	把字符串显示为上标

【例 16-1-5】 字符串对象的不同显示风格。其代码如下，页面效果如图 16-5 所示。

```
1  <!-- edu_16_1_5.html -->
2  <!doctype html>
3  <html lang="en">
4    <head>
5      <meta charset="UTF-8">
6      <title>字符串显示风格方法的应用</title>
7    </head>
8    <body>
9      <h4>字符串显示风格方法的应用</h4>
10     <script type="text/javascript">
11       var MyString = new String("How Are You?");
12       document.write("原始字符串: " + MyString + "<br><hr>");
13       document.write("big()方法: " + MyString.big() + "<br>");
14       document.write("small()方法: " + MyString.small() + "<br>");
15       document.write("bold()方法: " + MyString.bold() + "<br>");
16       document.write("fontcolor('FF0000')方法: " + MyString.
          fontcolor('ff0000') + "<br>");
17       document.write("fontsize(5)方法: " + MyString.
          fontsize(5) + "<br>");
18       document.write("italics()方法: " + MyString.italics() + "<br>");
19       document.write("strike()方法: " + MyString.strike() + "<br>");
20       document.write("sub()方法: " + MyString.sub() + "<br>");
21       document.write("sup()方法: " + MyString.sup() + "<br>");
22     </script>
23   </body>
24 </html>
```

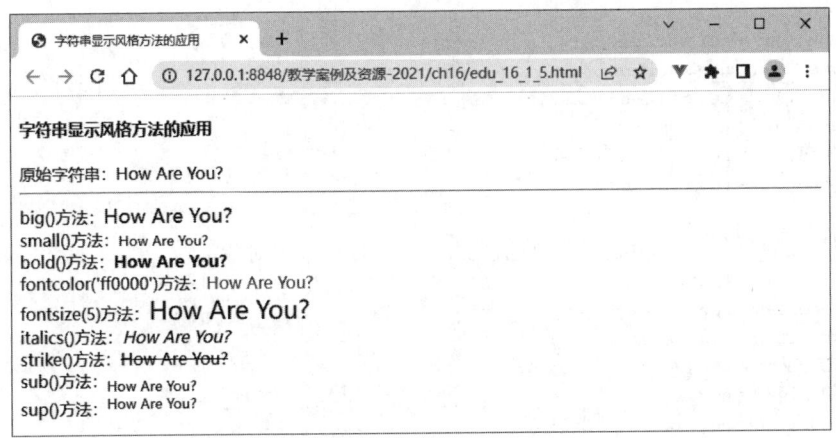

图 16-5　字符串显示风格实例

代码中第 12~21 行调用字符串显示风格转换函数对字符串"How Are You?"进行各种风格的转换处理。

5．字符串的大小写转换

字符串对象提供了字符串中的字符大小写互相转换的方法，如表 16-7 所示。

表 16-7 字符串大小写转换的方法及说明

方 法 名	说 明	方 法 名	说 明
toLowerCase()	把字符串转换为小写	toUpperCase()	把字符串转换为大写

16.1.6 Boolean 对象

Boolean 对象是对应于原始逻辑数据类型的本地对象，它具有原始的 Boolean 值，只有 true 和 false 两个状态。在 JavaScript 脚本中，1 代表 true 状态，0 表 false 状态。在创建 Boolean 对象时可以用以下语句：

```
var boolean1 = new Boolean(value);    //构造方法
var boolean2 = Boolean(value);        //转换函数
```

第 1 句通过 Boolean 对象的构造函数创建对象的实例 boolean1，并用以参数形式传入的 value 值将其初始化；第 2 句使用 Boolean() 函数创建 Boolean 对象的实例 boolean2，并用以参数形式传入的 value 值将其初始化。

```
var b1 = Boolean("");                 //空字符串转换为 false
var b2 = Boolean("hello");            //非空字符串转换为 true
var b1 = Boolean(50);                 //非零数字转换为 true
var b1 = Boolean(null);               //null 转换为 false
var b1 = Boolean(0);                  //零转换为 false
var b1 = Boolean(new object());       //对象转换为 true
```

需要注意的是，如果省略 value 参数，或者设置为 0、−0、null、""、false、undefined 或 NaN，则该对象设置为 false，否则设置为 true（即使 value 参数是字符串"false"）。

下面所有的代码行都会创建初始值为 false 的 Boolean 对象：

```
var myBoolean = new Boolean();
var myBoolean = new Boolean(0);
var myBoolean = new Boolean(null);
var myBoolean = new Boolean("");
var myBoolean = new Boolean(false);
var myBoolean = new Boolean(NaN);
```

下面所有的代码行都会创建初始值为 true 的 Boolean 对象：

```
var myBoolean = new Boolean(1);
var myBoolean = new Boolean(true);
var myBoolean = new Boolean("true");
var myBoolean = new Boolean("false");
var myBoolean = new Boolean("Bill Gates");
```

Boolean 对象主要有 3 个方法，分别是 toSource()、toString() 及 valueOf() 方法。

toSource()方法返回表示当前 Boolean 对象实例创建代码的字符串；toString()方法返回当前 Boolean 对象实例的字符串("true"或"false")；valueOf()方法得到一个 Boolean 对象实例的原始 Boolean 值。

16.2　HTML DOM

16.2.1　DOM 简介

　　document 对象是客户端 JavaScript 最为常用的对象之一，在浏览器对象模型中，它位于 window 对象的下一层级。document 对象包含一些简单的属性，提供了有关浏览器中显示文档的相关信息，例如该文档的 URL、字体颜色、修改日期等。另外，document 对象还包含一些引用数组的属性，这些属性可以代表文档中的表单、图像、链接、锚以及 applet。和其他对象一样，document 对象还定义了一系列的方法，通过这些方法，可以使 JavaScript 在解析文档时动态地将 HTML 文本添加到文档中。

　　正是由于 document 对象特有的重要性，所以从它出现开始，就在不停地扩展。遗憾的是，一开始 document 对象的扩展并没有统一的规范，不同的浏览器有不同的定义，而且彼此不兼容。为了解决不兼容带来的问题，万维网联盟（W3C）制定了一种规范，目的是创建一个通用的文档对象模型（Document Object Model，DOM），得到所有浏览器的支持。DOM 也是一个发展中的标准，它指定了 JavaScript 等脚本语言访问和操作 HTML 或者 XML 文档各个结构的方法，随着技术的发展和需求的变化，DOM 中的对象、属性和方法也在不断地变化。

　　DOM 的设计是以对象管理组织（OMG）的规约为基础的，因此可以用于任何编程语言。最初人们认为它是一种让 JavaScript 在浏览器间进行移植的方法，不过 DOM 的应用已经远远超出这个范围。DOM 技术使得用户页面可以动态地变化，例如可以动态地显示或隐藏一个元素、改变元素的属性、增加一个元素等，DOM 技术使得页面的交互性大大增强。

16.2.2　DOM 节点树

　　HTML DOM 定义了访问和操作 HTML 文档的标准方法。DOM 将 HTML 文档表达为树结构，如图 16-6 所示。HTML 文档结构好像倒置的一棵树，其中<html>标记就是树的根节点，<head>、<body>是树的两个子节点。这种描述页面标记关系的树形结构称为 DOM 节点树（文档树）。

　　【例 16-2-1】　编写如图 16-6 所示的 DOM 节点树对应的 HTML 文档。其代码如下：

```
 1  <!-- edu_16_2_1.html -->
 2  <!doctype html>
 3  <html lang="en">
 4      <head>
 5          <meta charset="UTF-8">
 6          <title>DOM节点树的应用</title>
 7      </head>
 8      <body>
 9          <h1>欢迎您回到祖国的怀抱</h1>
10          <a href="http://www.gov.cn/">中央人民政府</a>
```

```
11    </body>
12 </html>
```

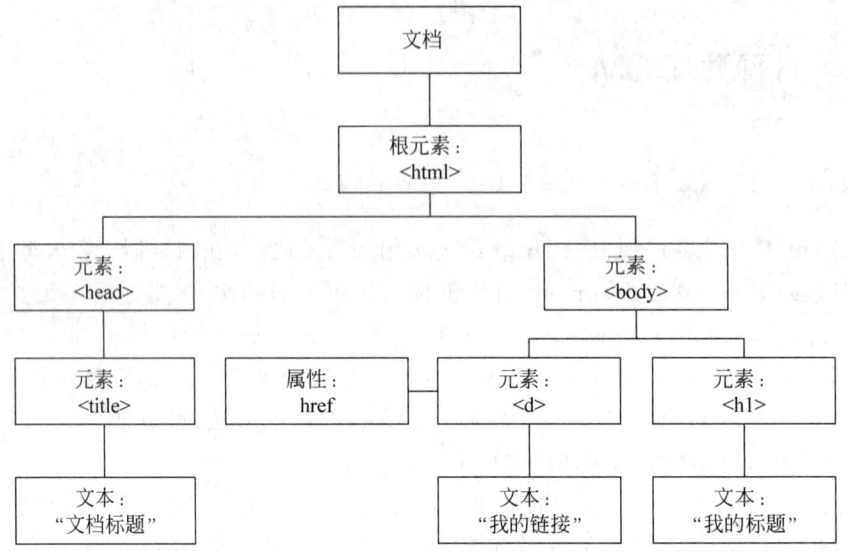

图 16-6 DOM 节点树

例 16-2-1 中的页面由<html>、<head>、<title>、<body>、<h1>、<a>等标记组成。图 16-6 展示的 DOM 节点树模型就是对例 16-2-1 中所包含的文档结构的说明。

16.2.3 DOM 节点

根据 HTML DOM 规范,HTML 文档中的每个成分都是一个节点。其具体规定如下:
- 整个文档是一个文档节点。
- 每个 HTML 标记是一个元素节点。
- 包含在 HTML 元素中的文本是文本节点。
- 每一个 HTML 属性是一个属性节点。
- 注释属于注释节点。

通过 document 对象的 documentElement 属性可以获得整个 DOM 节点树上的任何一个元素。例如:

```
var root = document.documentElement;                    //获取根节点
```

通过节点的 firstChild 和 lastChild 属性来获得它的第一个和最后一个子节点。DOM 规定一个页面只有一个根节点,根节点是没有父节点的,除此之外其他节点都可以通过 parentNode 属性获得自己的父节点,例如:

```
document.write(root.firstChild.nodeName);               //输出 HEAD
document.write(root.lastChild.nodeName);                //输出 BODY
var parentNode = bNode.parentNode;                      //parentNode 属性
```

同一父节点下位于同一层次的节点称为"兄弟节点",一个子节点的前一个节点可以用 previousSibling 属性获取,对应的后一个节点可以用 nextSibling 属性获取。在图 16-6 中,

head 节点下的子节点 title 节点以及 script 节点互为"兄弟节点"。从 DOM 树中可以看出根节点没有父节点,而最末端的节点没有子节点。不同节点对应的 HTML 元素是不同的,因此节点有不同类型。文档树中每个节点对象都有 nodeType 属性,该属性返回节点的类型,常用的节点类型及其说明如表 16-8 所示。

```
var nodeList = root.childNodes;
document.write(nodeList[0].nextSibling.nodeName);      //输出 BODY
document.write(nodeList[1].previousSibling.nodeName);  //输出 HEAD
```

表 16-8 常用的节点类型及说明

节 点 类 型	nodeType 值	说　　　明
Element	1	元素节点,表示文档中的 HTML 元素
Attr	2	属性节点,表示文档中 HTML 元素的属性
Text	3	文本节点,表示文档中的文本内容
Comment	8	注释节点,表示文档中的注释内容
Document	9	文档节点,表示当前文档

从表 16-8 中可以看出,如果某个节点的 nodeType 值为 9,则说明该节点对象为一个 document 对象;如果某个节点的 nodeType 值为 1,则说明节点对象为一个 Element 对象。不同类型的节点还可以包含其他类型的节点,相互连接在一起就构成了一个完整的树形结构。对于大多数 HTML 文档来说,元素节点、文本节点及属性节点是必不可少的。

1．元素节点(Element Node)

元素节点构成了 DOM 基础。在文档结构中,< html >、< head >、< body >、< h1 >、< p >和< ul >等标记都是元素节点。各种标记提供了元素的名称,例如文本段落元素的名称是 p、无序列表元素的名称是 ul 等。元素可以包含其他元素,也可以被其他元素包含。图 16-6 显示了这种包含与被包含的关系,唯独 html 元素没有被其他元素包含,因为它是根元素,代表整个文档。

2．文本节点(Text Node)

元素节点只是节点树中的一种类型,如果文档完全由元素组成,那么这份文档本身将不包含任何信息,因此文档结构也就失去了存在的价值。在 HTML 文档中,文本节点包含在元素节点内,例如 h1、p、li 等节点就可以包含一些文本节点。

3．属性节点(Attribute Node)

元素一般都会包含一些属性,属性的作用是对元素做出更具体的描述。例如,元素一般都有 title 属性,该属性能够对元素进行详细的描述或说明,以便用户了解该元素的用途、作用或功能。示例如下:

```
< img src = "image2.jpg" title = "三星手机"/>
```

在上例的 img 标记中,title 就是一个属性节点,由于属性总是被放在起始标记内,所以属性节点总是被包含在元素节点当中,可以通过元素节点对象调用 getAttribute()方法来获取属性节点。

16.2.4 DOM 节点访问

访问节点的方式有很多种,可以通过 document 对象的方法来访问节点,也可以通过元素节点的属性来访问节点。下面结合例 16-2-2 来进行具体分析。

【例 16-2-2】 DOM 节点访问的应用。其代码如下。

```
1  <!--  edu_16_2_2.html -->
2  <!doctype html>
3  <html lang="en">
4    <head>
5      <meta charset="UTF-8">
6      <title>DOM 节点访问</title>
7      <script type="text/javascript">
8        function validate()
9        {
10           //此处为用户登录时的校验处理代码
11       }
12     </script>
13   </head>
14   <body>
15     <form method="post" action="" name="myform">
16       <fieldset style="width:350px;height:150px;text-align:center;">
17         <legend align="center">用户信息</legend>
18         用户名:<input type="text" name="username" id="username"><br>
19         密码:<input type="password" name="password" id="password"><br>
20         邮箱:<input type="text" name="email" id="email"><br>
21         <input type="button" value="提交" onclick="validate();">
22         <input type="reset">
23       </fieldset>
24     </form>
25   </body>
26 </html>
```

如果要对例 16-2-2 中的用户名文本输入框、密码输入框及邮箱地址文本输入框进行访问,可以通过以下几种方式。

1. 通过 getElementById()方法访问节点

通过 document 对象的 getElementById()方法可以访问页面中的节点,该方法在使用时必须指定一个目标元素的 id 作为参数。

1)基本语法

```
var s = document.getElementById(id);  //在调用时参数需要加双引号
```

在使用该方法时需要注意以下两点:
- id 为必选项,对应于页面元素属性 id 的属性值,类型为字符串型。在进行页面设计时最好给每一个需要交互的元素设定一个唯一的 id,以便查找。
- 该方法返回的是一个页面元素的引用,如果页面上的不同元素使用了同一个 id,则该方法返回的只是找到的第一个页面元素;如果给定的 id 没有找到对应的元素,则返回 null。

通过此方法可以编写一个通过 id 获取 HTML 文档上元素的通用方法 $(id)。

```
function $(id){return document.getElementById(id);} //在调用时参数需要加双引号
```

对例 16-2-2 中的脚本做一些修改,当用户输入用户名、密码及邮箱地址后,单击"提交"按钮,触发该按钮的单击事件,调用其绑定的事件处理函数 validate(),通过告警消息框显示用户输入的用户名、密码及邮箱等信息。其代码如下：

```
 1  <script type = "text/javascript">
 2    function $(id){return document.getElementById(id);}
 3    function validate(){
 4      var msg = "用户名为: "
 5      var username = $("username").value;
 6      var psw = $("password").value;
 7      var email = $("email").value;
 8      msg = msg + username + "\n密码为:" + psw + "\n邮箱地址为:" + email;
 9      alert(msg);        //输出
10    }
11  </script>
```

2) 代码解释

代码中用户名文本输入框、密码输入框、邮箱文本输入框的 id 分别为 username、password、email。代码中定义了 $(id) 和 validate() 两个函数，其中，$(id) 的功能是通过 id 获取 HTML 页面上的任一元素；validate() 的功能是通过 $(id) 函数获取特定元素，并获取该元素的 value 值。代码中的第 5~7 行通过 id 获取每个文本框中输入的值，然后通过告警消息框输出信息。

2．通过 getElementsByName() 方法访问节点

除可以通过元素的 id 获取对象外，还可以通过元素的名字来访问。

1) 基本语法

```
var s = document.getElementsByName("name");
```

在使用该方法时需要注意以下两点：

- name 为必选项，对应于页面元素属性 name 的值，类型为字符串型。该方法在调用时返回的是一个数组，即使对应于该名字的元素只有一个。
- 如果指定名字，在页面中没有相应的元素存在，则返回一个长度为 0 的数组，在程序中可以通过判断数组的 length 属性值是否为 0 判断是否找到了对应的元素。

通过此方法可以编写一个通过 name 获取 HTML 文档中一组元素的通用方法 $name(name)，此方法返回一个对象数组。

```
function $name(name){return document.getElementsByName(name);}
//在调用时参数需要加双引号
```

如果将 JavaScript 程序中的 getElementById() 方法替换成 getElementsByName() 方法来获取用户名、密码及邮箱地址，则脚本代码需要做如下修改：

```
 1  <script type = "text/javascript">
 2    function $name(name){return document.getElementsByName(name);}
 3    function validate(){
 4      var msg = "用户名为: "
 5      var username = $name("username")[0].value;   //获取用户名
 6      var psw = $name("password")[0].value;        //获取密码
 7      var email = $name("email")[0].value;         //获取邮箱
```

```
 8        msg = msg + username + "\n密码为:" + psw + "\n邮箱地址为:" + email;
 9        alert(msg);                        //输出
10      }
11  </script>
```

2）代码解释

代码中用户名文本输入框、密码输入框、邮箱文本输入框的 name 分别为 username、password、email。代码中定义了 $ name(name) 和 validate() 两个函数，其中，$ name(name) 的功能是通过 name 获取 HTML 页面上的特定元素数组；validate() 的功能是通过 $ name(name) 函数获取特定元素数组中的第 0 个元素，格式为 $ name("username")[0]，并获取该元素的 value 值。代码中的第 5～7 行可以获取每个文本框中输入的内容，然后通过告警消息框输出信息。

3．通过 getElementsByTagName() 方法访问节点

除了可以通过元素的 id 和 name 获得对应的元素外，还可以通过标记名称来获得页面上所有同类的元素，例如表单中的所有 input 元素。

1）基本语法

```
var s = document.getElementsByTagName(tagname);
```

在使用该方法时需要注意以下两点：
- tagname 为必选项，对应于页面元素的类型，为字符串型的数据。该方法在调用时返回的是一个数组，即使页面中对应于该类型的元素只有一个。
- 通过判断数组的 length 属性值来获知页面上该类型元素的总数。

通过此方法可以编写一个通过 tagname 获取 HTML 文档中一组元素的通用方法 $ tag(tagname)，此方法返回一个对象数组。

```
function $ tag(tagname){return document.getElementsByTagName(tagname);}
//在调用时参数需要加双引号
```

如果在 JavaScript 程序中用 getElementsByTagName() 方法来获取用户名、密码及邮箱地址，则脚本代码需要做如下修改：

```
 1  <script type = "text/javascript">
 2      function $ tag(tagname){return document.getElementsByTagName
        (tagname);}
 3      function validate(){
 4        var msg = "用户名为："
 5        var username = $ tag("input")[0].value;      //获取用户名
 6        var psw = $ tag("input")[1].value;           //获取密码
 7        var email = $ tag("input")[2].value;         //获取邮箱
 8        msg = msg + username + "\n密码为:" + psw + "\n邮箱地址为:" + email;
 9        alert(msg);                                  //输出
10      }
11  </script>
```

2）代码解释

在例 16-2-2 中，由于用户名输入框、密码输入框、邮箱输入框及按钮都是 <input> 类型的元素，所以可以通过 $ tag(tagname) 函数一次获取页面上所有的 input 标记元素，得到的

是一个input类型的元素数组,然后依次访问数组中的每个成员。代码中的第5~7行通过数组的下标依次获取每个文本框的值,然后通过告警消息框输出信息。

4．通过form元素访问节点

如果要获取页面中的form对象,除了使用getElementById()、getElementsByName()方法外,还可以通过document对象的forms属性来获取。表单是用户与网页进行交互的重要手段,通过表单可以一次性获取表单中大量元素的信息。获取例16-2-2文档中的form对象的方法如下:

```
var myform = document.forms;            //通过document的forms属性获取数组对象
var myloginform = myform[0];            //获取数组中的第一个form对象
```

当然也可以通过form对象的name属性来访问页面中的form对象,格式如下:

```
var myform = document.loginform;    //loginform为form对象的名称
```

在获取form对象之后,如果想得到form对象包含的其他元素,可以通过form对象的elements属性或该元素的name属性来获取。例如,前面的代码获取了form对象,可以通过以下程序获取该form对象包含的用户输入框、密码框或邮箱地址框。

```
var username1 = loginform.elements[0];      //通过elements属性来访问用户名输入框
var username2 = loginform.username;         //通过name属性来访问用户名输入框
var password1 = loginform.elements[1];      //通过elements属性来访问密码输入框
var password2 = loginform.password;         //通过name属性来访问密码输入框
var email1 = loginform.elements[2];         //通过elements属性来访问邮箱地址输入框
var email2 = loginform.email;               //通过name属性来访问邮箱地址输入框
```

16.2.5 DOM节点操作

前面已经学过了如何访问文档中的不同节点,不过这仅仅是使用DOM所能实现的功能中的一小部分。DOM的应用非常广泛,例如可以通过document对象实现表格的动态添加和删除,可以通过document对象替换文本节点的内容等。

1．创建和修改节点

document对象有很多创建和修改不同类型节点的方法,常用方法如表16-9所示。

表16-9 创建和修改节点的方法及说明

方 法 名	说 明
createElement(tagname)	创建标记名为tagname的节点
createTextNode(text)	创建包含文本text的文本节点
createDocumentFragment()	创建文档碎片
createAttribute()	创建属性节点
createComment(text)	创建注释节点
removeChild(node)	删除一个名为node的子节点
appendChild(node)	添加一个名为node的子节点
insertBefore(nodeB,nodeA)	在名为nodeA的节点前插入一个名为nodeB的节点
replaceChild(nodeB,nodeA)	用一个名为nodeB的节点替换另一个名为nodeA的节点

方法名	说明
cloneNode(boolean)	复制一个节点,它接收一个 boolean 参数,当为 true 时表示该节点带文字;当为 false 时表示该节点不带文字

假设要在一个 HTML 页面中添加一个<p>节点,<p>节点内的文本内容是"Hello World!",在此可以使用 createElement()、createTextNode()及 appendChild()方法来实现。

【例 16-2-3】 运用 document 对象在网页中创建文本节点,其页面效果如图 16-7 所示。

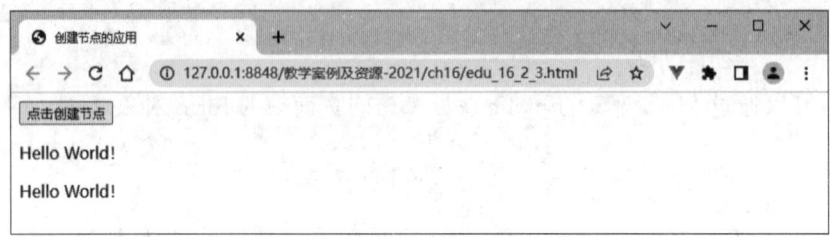

图 16-7 创建节点的实例

在此例中创建段落 p 元素并为段落设置文本节点内容,共分 4 个步骤:

```
var newp = document.createElement("p");           //第1步,创建p元素节点
var ptext = document.createTextNode("hello world!"); //第2步,创建文本节点
newp.appendChild(ptext);                           //第3步,将文本节点加入p元素中
document.forms[0].appendChild(newp);               //第4步,将p元素节点插入表单form中
```

按照以上给定的步骤编写代码如下:

```
1  <!--  edu_16_2_3.html -->
2  <!doctype html>
3  <html lang="en">
4    <head>
5      <meta charset="UTF-8">
6      <title>创建节点的应用</title>
7      <script type="text/javascript">
8        function createP(){
9          var newp = document.createElement("p");
10         var ptext = document.createTextNode("Hello World!");
11         newp.appendChild(ptext);
12         document.forms[0].appendChild(newp);
13       }
14     </script>
15   </head>
16   <body>
17     <form name="form1">
18       <input type="button" value="单击创建节点" onClick="createP()">
19     </form>
20   </body>
21 </html>
```

上述代码中第 8~13 行定义了一个 JavaScript 函数,名为 createP();第 17~19 行定义了一个表单,在表单中插入一个普通按钮,并为该按钮的 onClick 事件句柄绑定了事件处理函数 createP()。当单击"单击创建节点"按钮时会触发 Click 事件调用 createP()向表单中添加节点<p>,并将其文本内容设置为"Hello World!"。

除了添加一个节点外,用户也可以使用 removeChild()、insertBefore()和 replaceChild()方法删除、插入和替换节点。

【例 16-2-4】 节点的删除、插入和替换。其代码如下,页面效果如图 16-8 所示。

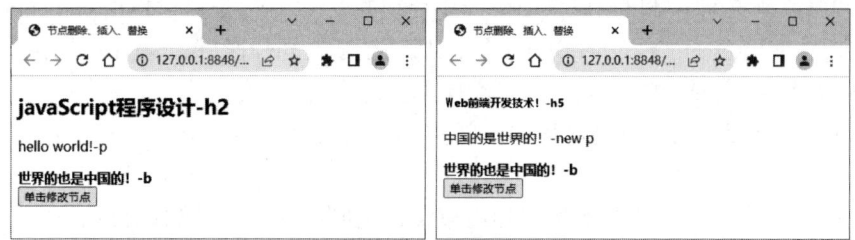

图 16-8 节点修改前/后的界面

```
1   <!-- edu_16_2_4.html -->
2   <!doctype html>
3   <html lang = "en">
4       <head>
5           <meta charset = "UTF-8">
6           <title>节点的删除、插入、替换</title>
7           <script type = "text/javascript">
8               function $tag(tagname){
                    return document.getElementsByTagName(tagname);}
9               function operateNode(){
10                  //删除<p>元素
11                  var p = $tag("p")[0];
12                  document.form1.removeChild(p);
13                  //将<h2>元素更换为<h5>元素,并重新设置文本节点内容
14                  var h5 = document.createElement("h5");
15                  var ptext = document.createTextNode("Web前端开发技术!-h5");
16                  h5.appendChild(ptext);
17                  var h2 = $tag("h2")[0];
18                  document.form1.replaceChild(h5,h2);
19                  //在b元素前插入一个<p>元素
20                  var newp = document.createElement("p");
21                  var ptext1 = document.createTextNode("中国的是世界的!-new p");
22                  newp.appendChild(ptext1);
23                  document.form1.insertBefore(newp, $tag("b")[0]);
24              }
25          </script>
26      </head>
27      <body>
28          <form name = "form1">
29              <h2>JavaScript程序设计-h2</h2>
30              <p>hello world!-p</p>
31              <b>世界的也是中国的!-b</b><br>
32              <input type = "button" value = "单击修改节点" onClick = "operateNode()">
33          </form>
34      </body>
35  </html>
```

上述代码中第 7~25 行定义了两个 JavaScript 函数,分别为 $tag(tagname)、operateNode();第 28~33 行定义了一个表单对象,表单中有<h2>、<p>、<b>、<input> 4 个节点,并设置普通按钮的 onClick 属性值为 operateNode()。当单击"单击修改节点"按钮

时会触发Click事件调用operateNode(),执行其中的代码。在代码执行的过程中,首先会将页面上的<p>节点删除,然后将<h2>节点替换成<h5>节点并将<h5>节点中的文本内容设置为"Web前端开发技术! -h5",最后在<b>节点前插入一个<p>节点并将该节点中的文本内容设置为"中国的是世界的! -new p"。

创建和修改节点除了可以用以例16-2-4中介绍的方法以外,还可以使用cloneNode()方法复制一个节点,使用createDocumentFragment()方法创建文档片段,在此就不一一举例了。

2．节点的innerText和innerHTML属性

在DOM中有两个很重要的属性,分别是innerText和innerHTML,通过这两个属性可以更方便地进行文档操作。

innerText属性用来修改起始标记和结束标记之间的文本。例如,假设有个空的<div>节点,如果希望在该<div>节点设置文本内容为"中国你好!!",则按照前面的介绍,代码需要这样编写：

```
oDiv.appendChild(document.createTextNode("中国你好!!"));
```

如果使用innerText,代码可以这样编写：

```
oDiv.innerText = "中国你好!!";
```

使用innerText,代码更加简洁,且更容易理解。另外,innerText会自动将小于号、大于号、引号和&符号进行HTML编码,所以用户不需要担心这些特殊字符。

使用innerHTML属性可以直接给元素分配HTML字符串,而不需要考虑使用DOM的方法来创建元素。例如,为空的<div>节点创建<strong>子节点,运用DOM方法创建的代码如下：

```
var strong1 = document.createElement("strong");
var otext = document.createTextNode("hello world!");
strong1.appendChild(otext);
oDiv.appendChild(strong1);
```

如果使用innerHTML属性,代码变成：

```
oDiv.innerHTML = "<strong> hello world!</strong>";
```

使用innerHTML属性,4行代码变成一行,通俗易懂。

用户还可以使用innerText和innerHTML属性获取元素的内容。如果元素只包含文本,则innerText和innerHTML返回相同的值。如果元素同时包含文本和其他元素,innerText将只返回文本的内容,而innerHTML将返回所有元素和文本的HTML代码。

【例16-2-5】 document对象的innerText和innerHTML属性的应用。其代码如下,页面效果如图16-9所示。

```
1  <!--  edu_16_2_5.html -->
2  <!doctype html>
3  <html lang = "en">
4      <head>
5          <meta charset = "UTF - 8">
```

第16章 DOM和BOM

```
6          <title>innerText、innerHTML 举例</title>
7          <script type = "text/javascript">
8              function textGet(){
9                  var oDiv = document.getElementById("oDiv");
10                 var msg = "通过 innerText 属性获得: ";
11                 msg += oDiv.innerText;
12                 msg += "\n 通过 innerHTML 属性获得: "
13                 msg += oDiv.innerHTML;
14                 alert(msg);
15             }
16         </script>
17     </head>
18     <body onload = "textGet()">
19         <div id = "oDiv"><strong>Web 前端开发技术,不错!</strong></div>
20     </body>
21 </html>
```

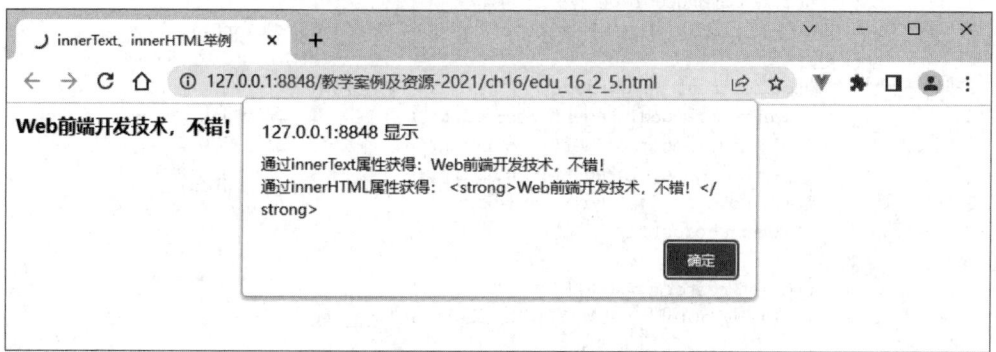

图 16-9 innerText、innerHTML 属性的应用

上述代码中第 7~16 行定义了一个 JavaScript 函数,名为 textGet();第 18 行给 body 标记设置 onLoad 事件句柄,绑定了事件处理函数 textGet()。窗口装载时,调用事件处理函数 textGet(),通过告警消息框输出信息,如图 16-9 所示。

3. 获取并设置指定元素属性

在 DOM 中,如果需要动态地获取及设置节点属性,可以通过 getAttribute() 方法、setAttribute() 方法来处理,具体方法的使用说明如表 16-10 所示。

表 16-10 获取和设置节点属性的方法及说明

方 法 名	说 明
getAttribute(name)	该方法用于获取元素指定属性的值。参数 name 为字符串,表示属性的名称
setAttribute(name,value)	该方法用于设置元素指定属性的值。参数 name 为字符串,表示要设置的属性的名称,参数 value 为字符串,表示属性的值

【例 16-2-6】 DOM 节点属性的获取和设置方法。其代码如下,页面效果如图 16-10 所示。

```
1 <!-- edu_16_2_6.html -->
2 <!doctype html>
3 <html lang = "en">
```

```html
4    <head>
5      <meta charset="UTF-8">
6      <title>获得、设置节点属性</title>
7      <style type="text/css">
8        td{text-align:center;}
9      </style>
10     <script type="text/javascript">
11       var bg_begin;                              //保存原始值
12       function getBgColor(){
13         bg_begin = $("myTable").getAttribute("bgColor");
                                                    //保存原始值
14       }
15       function $(id){return document.getElementById(id);}
16       function randomInteger(){                  //随机产生0~255的整数
17         var int = Math.floor(Math.random()*256);
18         return int;
19       }
20       function changeColor(){
21         $("myTable").setAttribute("bgColor",createHexColor());
22       }
23       function createHexColor(){//产生十六进制颜色串#FFFFFF
24         var rc = randomInteger().toString(16);   //转换为十六进制
25         var gc = randomInteger().toString(16);   //转换为十六进制
26         var bc = randomInteger().toString(16);   //转换为十六进制
27         var color1 = "#" + rc + gc + bc;         //形成6位十六进制数
28         return color1;
29       }
30       function restoreColor(){
31         $("myTable").setAttribute("bgColor",bg_begin);
32       }
33     </script>
34   </head>
35   <body onload="getBgColor()">
36     <form method="post" action="">
37       <table id="myTable" align="center" border="1" bgColor="#99CCCC" width="500px">
38         <tr>
39           <caption>专业学生花名册</caption>
40           <td>序号</td><td>姓名</td><td>学号</td><td>专业</td>
41         </tr>
42         <tr>
43           <td>1</td><td>储致衡</td><td>1209520112</td><td>计算机科学与技术</td>
44         </tr>
45         <tr>
46           <td>2</td><td>李大磊</td><td>1303020122</td><td>软件工程</td>
47         </tr>
48         <tr>
49           <td colspan="4"><input type="button" value="设置新颜色" onclick="changeColor()"><input type="button" value="恢复原颜色(获取)" onclick="restoreColor()"></td>
50         </tr>
51       </table>
52     </form>
53   </body>
54 </html>
```

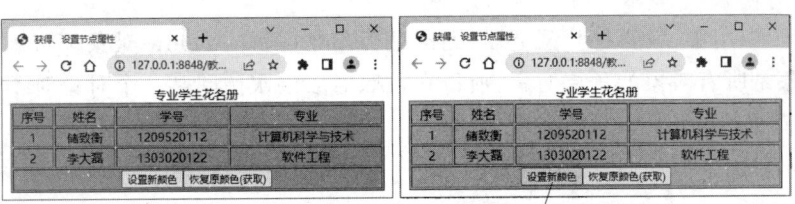

图 16-10 获取、设置节点属性方法的应用

代码中第 10～33 行定义了 6 个 JavaScript 函数,分别是 $(id)、randomInteger()、changeColor()、restoreColor()、createHexColor()、getBgColor(),其中 $(id) 的功能是通过 id 获取页面元素;randomInteger() 的功能是产生 0～255 的任意一个整数;changeColor() 的功能是改变表的背景颜色;restoreColor() 的功能是恢复表的上次背景颜色;createHexColor() 的功能是产生一个十六进制的颜色,例如 #FF88EE;getBgColor() 的功能是获取表格的初始背景颜色。

第 37～51 行定义了一个表格,表格的背景颜色属性 bgColor 的初始值为 #99CCCC。第 49 行定义了一个"设置新颜色"按钮,并为该按钮设置了 onClick 事件句柄,每单击一次调用一次 changeColor() 更改表格的背景颜色。第 49 行还定义了一个"恢复原颜色(获取)"按钮,并为该按钮设置了 onClick 事件句柄,单击一次调用 restoreColor() 还原为表格上一次的背景颜色。

16.3 BOM

在实际应用中,经常使用 JavaScript 操作浏览器窗口以及窗口上的控件,从而实现用户和页面的动态交互功能。因而浏览器预定义了很多内置对象,这些对象都含有相应的属性和方法,通过这些属性和方法控制浏览器窗口及其控件。客户端浏览器的这些预定义的对象统称为浏览器对象,它们按照某种层次组织起来的模型统称为浏览器对象模型(Browser Object Model,BOM)。浏览器对象模型定义了浏览器对象的组成和相互关系,描述了浏览器对象的层次结构,是 Web 页面中内置对象的组织形式。

浏览器对象的模型如图 16-11 所示,从图中不仅可以看到浏览器对象的组成,还可以看到不同对象的层次关系,window 对象是顶层对象,包含了 document、history、location、navigator、screen 及 frame 对象。这些对象都含有若干属性和方法,使用这些属性和方法可以操作 Web 浏览器窗口中的不同对象,控制和访问 HTML 页面中的不同内容。

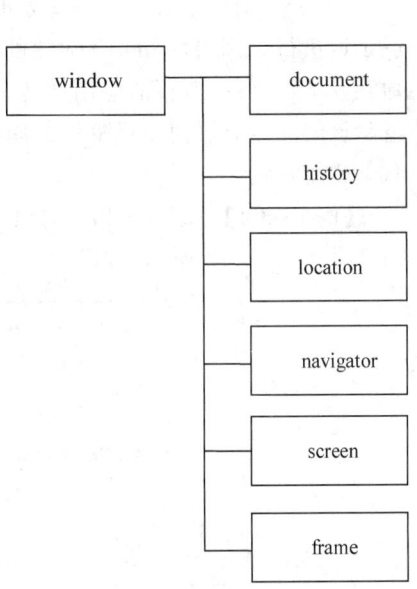

图 16-11 浏览器对象模型

16.3.1 window 对象

window 对象位于浏览器对象模型的顶层,是 document、frame、location 等其他对象的

父类。在实际应用中,只要打开浏览器,无论是否存在页面,window 对象都将被创建。由于 window 对象是所有对象的顶层对象,所以在按照对象层次访问某一个对象时不必显式地注明 window 对象。

window 对象内置了许多方法供用户操作,下面列出最常用的 window 对象的方法,如表 16-11 所示。

表 16-11 window 对象的方法及说明

方 法 名	说 明
alert(message)	显示带有一段消息和一个确认按钮的告警框
confirm(question)	显示带有一段消息以及确认按钮和取消按钮的对话框
prompt(PromptInformation,default)	显示可提示用户输入的对话框
open(url,name,features,replace)	打开一个新的浏览器窗口或查找一个已命名的窗口
blur()	把键盘焦点从顶层窗口移开
close()	关闭浏览器窗口
focus()	把键盘焦点给予一个窗口
setInterval(code,interval)	按照指定的周期(以毫秒计)来调用函数或计算表达式
clearInterval(intervalID)	取消由 setInterval()设置的 timeout
setTimeout(code,delay)	在指定的毫秒数后调用函数或计算表达式
clearTimeout(timeoutID)	取消由 setTimeout()方法设置的 timeout

window 对象提供了 3 种用于客户与页面交互的对话框,分别是告警框、确认框和提示框,这 3 种对话框的使用方法已经在 14.2.3 节中介绍过了,在此不再重复。

window 对象还提供了一些定时器方法,这些方法可以使 JavaScript 代码周期性地重复或延迟执行。例如,window 对象的 setInterval()方法用于设置在指定的时间间隔内周期性地触发某个事件,典型的应用如动态状态栏、动态显示当前时间等;clearInterval()方法用于清除该间隔定时器使目标事件的周期性触发失效。下面的例子中调用这两个方法实现窗口状态栏的移动。

【例 16-3-1】 用 window 对象的定时器方法实现 div 内字符串的移动。其代码如下,页面效果如图 16-12 所示。

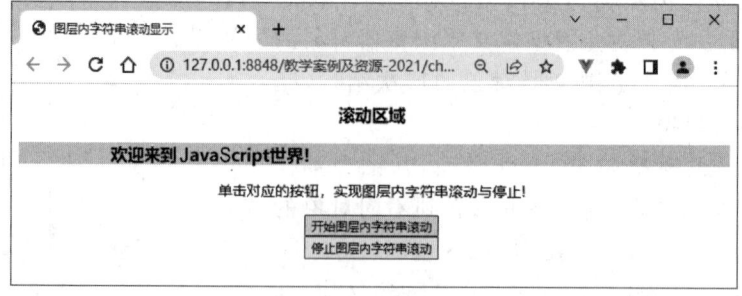

图 16-12 图层内字符串滚动显示界面

```
1 <!-- edu_16_3_1.html -->
2 <!doctype html>
3 < html lang = "en">
4     < head >
```

```
5       <meta charset = "UTF-8">
6       <title>图层内字符串滚动显示</title>
7       <style type = "text/css">
8           #myDiv{width:100%;height:24px;background:#DDFFAA;}
9       </style>
10      <script type = "text/javascript">
11          var TimerID;
12          var loop = 1;                       //设置启动次数,防止多次启动
13          var dir = 1;                        //设置方向变量的初值
14          var str_num = 0;                    //用于动态显示的目标字符串
15          var str = "欢迎来到JavaScript世界!";
16          function $(id){return document.getElementById(id);}
17          function startMove(){
18                                              //设定图层内动态显示的字符串信息
19              var str_space = "";
20              str_num = str_num + 1 * dir;    //动态改变运动步长
21              if(str_num > 50 || str_num < 0){dir = -1 * dir;}   //改变运动方向
22              for(var i = 0;i < str_num;i++){str_space += " ";}
23              $("myDiv").innerHTML = "<h3>" + str_space + str + "</h3>";   //动态赋值
24          }
25          function MyStart(){
26              //图层内字符串的滚动开始
27              if (loop == 1){TimerID = setInterval("startMove();",100);}
28              loop++;
29          }
30          function MyStop(){
31              //图层内字符串的滚动结束,并更新图层内的字符串
32              clearInterval(TimerID);
33              loop = 1;                       //恢复初始值
34              $("myDiv").innerHTML = "<h3>图层内字符串滚动结束!</h3>";
35          }
36      </script>
37  </head>
38  <body>
39      <h3 align = "center">滚动区域</h3>
40      <div name = "" id = "myDiv">欢迎来到JavaScript世界!</div>
41      <div style = "text-align:center;">
42          <p>单击对应的按钮,实现图层内字符串滚动与停止!</p>
43          <form name = "MyForm">
44              <input type = "button" value = "开始图层内字符串滚动" onclick = "MyStart()"><br>
45              <input type = "button" value = "停止图层内字符串滚动" onclick = "MyStop()"><br>
46          </form>
47      </div>
48  </body>
49  </html>
```

代码中第10～36行定义了4个JavaScript函数,分别为$(id)、startMove()、MyStart()、MyStop();第44行、第45行定义了两个普通按钮,分别是"开始图层内字符串滚动"按钮和"停止图层内字符串滚动"按钮,并为这两个按钮设置了onClick事件句柄。

当单击"开始图层内字符串滚动"按钮时会触发事件调用MyStart(),执行其中的代码"TimerID = setInterval("startMove();",100);",这条语句的作用是间隔100ms执行startMove(),实现div内字符串的滚动效果,并把返回值赋给变量TimerID;当单击"停止

图层内字符串滚动"按钮时会触发事件调用 MyStop(),代码"clearInterval(TimerID);"的作用是清除该间隔定时器使目标事件的周期性触发失效。代码第 27 行的作用是单击一次"开始图层内字符串滚动"按钮时启动间隔执行 startMove(),当多次单击此按钮时不重复执行。

16.3.2 navigator 对象

navigator 对象用于获取与用户浏览器相关的信息。该对象是以 Netscape Navigator 命名的,在 Navigator 和 IE 浏览器中都得到了支持。navigator 对象包含若干属性,主要用来描述浏览器的信息,但不同浏览器所支持的 navigator 对象的属性也是不同的,常用的属性如表 16-12 所示。

表 16-12 navigator 对象的属性及说明

属 性 名	说　　明
appName	返回浏览器的名称
appVersion	返回浏览器的平台和版本信息
platform	返回运行浏览器的操作系统平台
systemLanguage	返回操作系统使用的默认语言
userAgent	返回由客户机发送服务器的 user-agent 头部的值
appCodeName	返回浏览器的代码名

另外,navigator 对象还支持一系列的方法,与属性一样,不同浏览器支持的方法也不完全相同,常用的方法如表 16-13 所示。

表 16-13 navigator 对象的方法及说明

方 法 名	说　　明
taintEnabled()	规定浏览器是否启用数据污点(data tainting)
javaEnabled()	规定浏览器是否启用 Java
preference()	查询或者设置用户的优先级,该方法只能用在 Navigator 浏览器中
savePreference()	保存用户的优先级,该方法只能用在 Navigator 浏览器中

【例 16-3-2】 navigator 对象的应用。其代码如下,页面效果如图 16-13 所示。

```
1  <!--   edu_16_3_2.html -->
2  <!doctype html>
3  <html>
4      <body>
5          <div id="example"></div>
6          <script>
7              txt = "<p>1.Browser CodeName: " + navigator.appCodeName + "</p>";
8              txt += "<p>2.Browser Name: " + navigator.appName + "</p>";
9              txt += "<p>3.Browser Version: " + navigator.appVersion + "</p>";
10             txt += "<p>4.Cookies Enabled: " + navigator.cookieEnabled + "</p>";
11             txt += "<p>5.Platform: " + navigator.platform + "</p>";
12             txt += "<p>6.User-agent header: " + navigator.userAgent + "</p>";
13             txt += "<p>7.User-agent language: " + navigator.systemLanguage +
                    "</p>";
```

```
14            document.getElementById("example").innerHTML = txt;
15        </script>
16    </body>
17 </html>
```

图 16-13　navigator 对象的应用

代码中第 7~13 行获取浏览器对象的属性值给变量 txt 赋值，第 14 行通过 id 获取页面中的 div，将 txt 的值赋给 div 的 innerHTML 属性。

16.3.3　screen 对象

screen 对象用于获取与用户屏幕设置相关的信息，主要包括显示尺寸和可用颜色的数量信息。表 16-14 中给出了 screen 对象的常用属性，这些属性得到了各种浏览器的普遍支持。

表 16-14　screen 对象的属性及说明

属 性 名	说　　明	属 性 名	说　　明
availWidth	返回屏幕的可用宽度	height	返回屏幕的显示高度
availHeight	返回屏幕的可用高度	width	返回屏幕的显示宽度

在浏览器窗口被打开的时候，可以通过 screen 对象的属性来获取与屏幕设置相关的信息。

【例 16-3-3】　screen 对象的应用。其代码如下，页面效果如图 16-14 所示。

```
1  <!-- edu_16_3_3.html -->
2  <!doctype html>
3  <html lang="en">
4     <head>
5        <meta charset="UTF-8">
6        <title>screen 对象的应用</title>
7        <script type="text/javascript">
8        function getScreenInfo(){
9            document.write("<h3>screen 对象的信息</h3><br>");
10           document.write("屏幕的总高度: " + screen.height + "<br>");
```

```
11          document.write("屏幕的可用高度: " + screen.availHeight + "<br>");
12          document.write("屏幕的总宽度: " + screen.width + "<br>");
13          document.write("屏幕的可用宽度: " + screen.availWidth + "<br>");
14        }
15     </script>
16   </head>
17   <body onload = "getScreenInfo()">
18   </body>
19 </html>
```

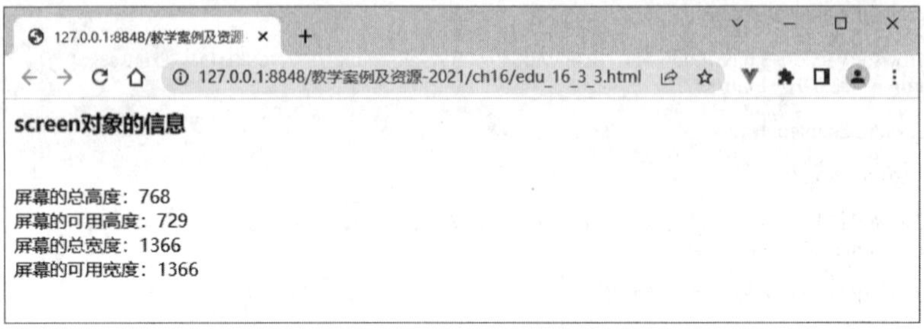

图 16-14 screen 对象的应用

代码中第 8~14 行定义了一个 JavaScript 函数,名为 getScreenInfo();第 17 行为 body 标记设置了 onLoad 事件句柄,当浏览器加载该页面时调用 getScreenInfo(),执行代码。

16.3.4 history 对象

history 对象表示窗口的浏览历史,并由 window 对象的 history 属性引用该窗口的 history 对象。history 对象是一个数组,其中的元素存储了浏览历史中的 URL,用来维护在 Web 浏览器的当前会话内所有曾经打开的历史文件列表。history 对象有 3 个常用的方法,如表 16-15 所示。

表 16-15 history 对象的方法及说明

方 法 名	说 明
forward()	加载 history 列表中的下一个 URL
back()	加载 history 列表中的前一个 URL
go(number|URL)	加载 history 列表中的某个具体页面。URL 参数指定要访问的 URL;number 参数指定要访问的 URL 在 history 的 URL 列表中的位置

history 对象的这 3 个方法与浏览器软件中的"后退"和"前进"按钮的功能一致。需要注意的是,如果没有使用过"后退"按钮或跳转菜单在历史记录中移动,而且 JavaScript 没有调用 history.back() 或 history.go() 方法,那么调用 history.forward() 方法不会产生任何效果,因为浏览器已经处在 URL 列表的尾部,没有可以前进访问的 URL 了。在实际应用中的代码如下:

```
history.back()          //与单击浏览器"后退"按钮执行的操作一样
history.go(-2)          //与单击两次浏览器"后退"按钮执行的操作一样
history.forward()       //等价于单击浏览器"前进"按钮或调用 history.go(1)
```

16.3.5 location 对象

location 对象用来表示浏览器窗口中加载的当前文档的 URL，该对象的属性说明了 URL 中的各个部分，如图 16-15 所示。

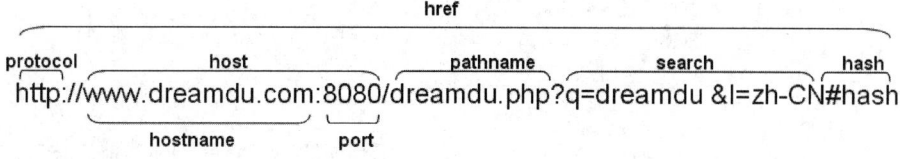

图 16-15　location 对象的属性示意图

location 对象的常用属性如表 16-16 所示。

表 16-16　location 对象的属性及说明

属性名	说　　明	属性名	说　　明
hash	设置或返回从井号（#）开始的 URL（锚）	port	设置或返回当前 URL 的端口号
href	设置或返回完整的 URL	pathname	设置或返回当前 URL 的路径部分
hostname	设置或返回 URL 中的主机名	host	设置或返回 URL 中的主机名和端口号的组合
protocol	设置或返回当前 URL 的协议	search	设置或返回从问号（?）开始的 URL（查询部分）

通过设置 location 对象的属性可以修改对应的 URL 部分，而且一旦 location 对象的属性发生变化，就相当于生成了一个新的 URL，浏览器便会尝试打开新的 URL。虽然可以通过改变 location 对象的任何属性加载新的页面，但是一般不建议这么做，正确的方法是修改 location 对象的 href 属性，将其设置为一个完整的 URL 地址，从而实现加载新页面的功能。

location 对象和 document 对象的 location 属性是不同的，document 对象的 location 属性是一个只读字符串，不具备 location 对象的任何特性，所以也不能通过修改 document 对象的 location 属性实现重新加载页面的功能。

location 对象除了上面所述的属性以外，还具有 3 个常用的方法，用于实现对浏览器位置的控制。location 对象的方法如表 16-17 所示。

表 16-17　location 对象的方法及说明

方　法　名	说　　明	方　法　名	说　　明
reload()	重新加载当前文档	replace()	用新的文档替换当前文档
assign()	加载新的文档		

在实际应用中的代码如下：

```
location.assign("obj.html");    //转到指定的 URL 资源
location.reload("obj.html");    //加载指定的 URL 资源
location.replace("obj.html");   //新的 URL 资源会替换当前的资源
```

【例 16-3-4】location 对象的应用。其代码如下，页面效果如图 16-16 所示。

```
 1  <!-- edu_16_3_4.html -->
 2  <!doctype html>
 3  <html lang="en">
 4      <head>
 5          <meta charset="UTF-8">
 6          <script type="text/javascript">
 7              function currLocation(){alert(window.location)}
 8              function newLocation(){location.href="http://www.baidu.com"}
 9          </script>
10      </head>
11      <body>
12          <input type="button" onclick="currLocation()" value="显示当前的URL">
13          <input type="button" onclick="newLocation()" value="改变URL-百度">
14      </body>
15  </html>
```

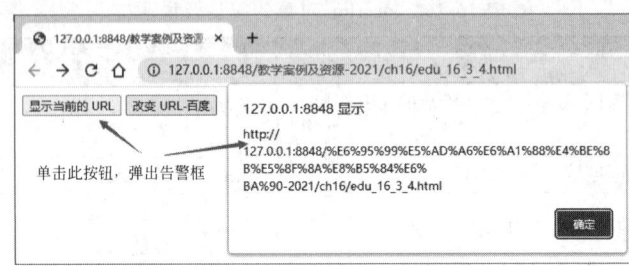

图 16-16　location 对象的应用

上述代码中第 7 行、第 8 行定义了两个函数，分别为 currLocation()、newLocation()；第 12 行、第 13 行在 body 标记插入了两个普通按钮，分别是"显示当前的 URL"和"改变 URL-百度"。当单击"显示当前的 URL"按钮时，通过告警消息框输出当前的 URL；当单击"改变 URL-百度"按钮时，在本窗口中打开百度页面。

扫一扫

视频讲解

16.4　综合案例 4——福彩投注站的投注小程序

本例使用 JavaScript 对象和 DOM 对象的方法实现中国福利彩票中"七乐彩"机选福彩投注小程序，通过水平导航菜单切换显示 Array、Math、DOM 操作方法等相关信息和投注小程序等来构建页面，效果如图 16-17 所示。

设计要求：

导航中设置 4 个超链接，分别为"福彩投注站投注小程序""JavaScript 对象-Array""JavaScript 对象-Math""DOM 操作方法"，实现鼠标指针在导航上盘旋时显示相关信息。

(1)"福彩投注站投注小程序"超链接是该案例的重点和难点，主要是采用表单和表格嵌套布局构建子页面，采用 DOM 对象操作方法和数组对象、数学对象的相关方法来实现福利彩票投注小程序。

- "机选 1 注""机选 5 注""机选 10 注"按钮的功能：都是调用 selectNumber(n)函数，将 1、5、10 实参带入函数分别产生 1、5、10 注福彩号码形成字符串后添加到列表框中，并将每次产生的第 1 行号码作为预选项，高亮显示，如图 16-17 所示。其中 selectNumber(n)函数生成 n 注福彩号码。

图 16-17 中国福利彩票投注站投注小程序的初始页面

- "删除"按钮的功能:将列表框中选中的选项删除,如果列表框中无选项可删,则用告警消息框提示出错信息,如图 16-18(a)所示。
- "全部删除"按钮的功能:将列表框中的所有选项全部删除,如果列表框中无选项可删,则用告警消息框提示出错信息,如图 16-18(b)所示。

(2)鼠标指针在"JavaScript 对象-Array"超链接时盘旋时显示的页面效果如图 16-19 所示。

(3)鼠标指针在"JavaScript 对象-Math""DOM 操作方法"超链接上盘旋时显示的信息局部效果如图 16-19 所示。

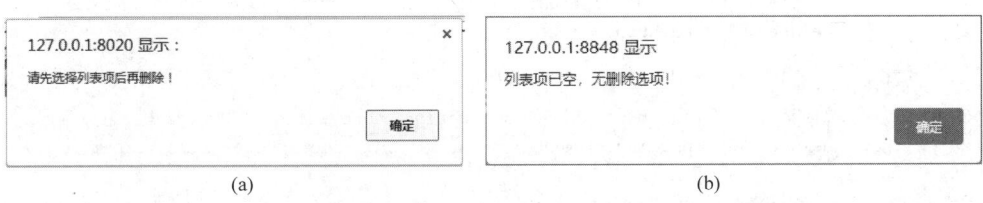

图 16-18 删除时未选选项、全部删除后无选项可删时的出错信息

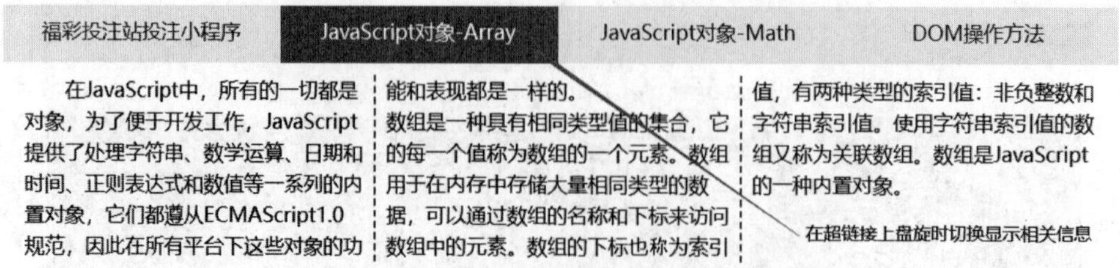

| 福彩投注站投注小程序 | JavaScript对象-Array | JavaScript对象-Math | DOM操作方法 |

在JavaScript中,所有的一切都是对象,为了便于开发工作,JavaScript提供了处理字符串、数学运算、日期和时间、正则表达式和数值等一系列的内置对象,它们都遵从ECMAScript1.0规范,因此在所有平台下这些对象的功能和表现都是一样的。

数组是一种具有相同类型值的集合,它的每一个值称为数组的一个元素。数组用于在内存中存储大量相同类型的数据,可以通过数组的名称和下标来访问数组中的元素。数组的下标也称为索引值,有两种类型的索引值:非负整数和字符串索引值。使用字符串索引值的数组又称为关联数组。数组是JavaScript的一种内置对象。

在超链接上盘旋时切换显示相关信息

(a) 在 "JavaScript对象-Array" 超链接上盘旋时的页面

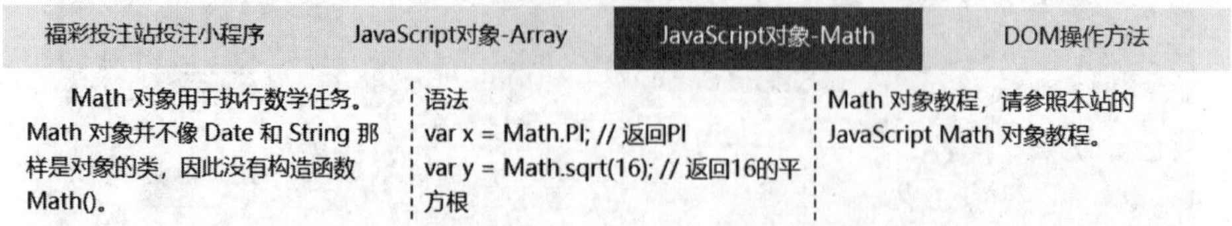

| 福彩投注站投注小程序 | JavaScript对象-Array | JavaScript对象-Math | DOM操作方法 |

Math 对象用于执行数学任务。Math 对象并不像 Date 和 String 那样是对象的类,因此没有构造函数 Math()。

语法
var x = Math.PI; // 返回PI
var y = Math.sqrt(16); // 返回16的平方根

Math 对象教程,请参照本站的 JavaScript Math 对象教程。

(b) 在 "JavaScript对象-Math" 超链接上盘旋时的页面

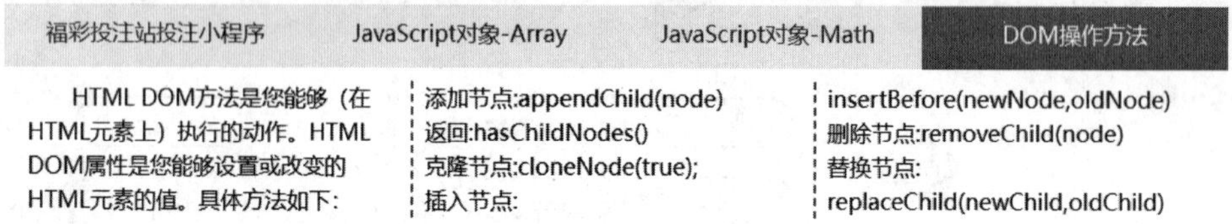

| 福彩投注站投注小程序 | JavaScript对象-Array | JavaScript对象-Math | DOM操作方法 |

HTML DOM方法是您能够(在HTML元素上)执行的动作。HTML DOM属性是您能够设置或改变的HTML元素的值。具体方法如下:

添加节点:appendChild(node)
返回:hasChildNodes()
克隆节点:cloneNode(true);
插入节点:

insertBefore(newNode,oldNode)
删除节点:removeChild(node)
替换节点:
replaceChild(newChild,oldChild)

(c) 在 "DOM操作方法" 超链接上盘旋时的页面

图 16-19 在第 2~4 个超链接上盘旋时的信息页面

其代码如下:

```
1  <!-- edu_16_4_1.html -->
2  <!doctype html>
3  <html lang = "en">
4    <head>
5      <meta charset = "UTF-8">
6      <title>DOM 对象操作方法</title>
7      <style type = "text/css">
8        * {padding: 0;margin: 0;}
9        #container {
10         background: url("image-16-4-1.png") no-repeat center top;
11         width: 1000px;height: 810px;margin: 0 auto;
12         box-shadow: 0px 0px 5px 5px #F1F2F3;padding: 10px;
13       }
14       #header {width: 100%;height: 360px;}
15       .content {display: none;}
16       .active {display: block;}
17       .main {width: 1000px;height: 310px;position: relative;}
18       .menu {
19         display: inline-block;float: left;width: 250px;
20         height: 50px;background-color: #F1F2F3;
21       }
22       a {
23         display: inline-block;text-decoration: none;width: 250px;
24         height: 30px;padding: 10px 0px;text-align: center;font-size: 18px;
25       }
26       a:hover {background-color: #FE1111;color: white;}
27       .content {
28         width: 960px;height: 240px;padding: 10px 20px;
```

```
29          position: absolute;top: 50px;left: 0;
30        }
31     .menu:hover.content {display: inline - block;background - color: white;}
32     .content p {
33            text - indent: 2em;font - size: 18px;line - height: 1.5em;
34       column - count: 3;column - gap: 20px;column - rule: 2px dashed #FE1111;
35     }
36     form table {
37       margin: 30px auto;box - shadow: 0px 0px 5px 5px #F1F2F3;
38     }
39     #info {text - align: center;padding: 20px;}
40     select {width: 300px;height: 180px;font - size: 18px;}
41     input {width: 135px;height: 40px;border - radius: 25px;font - size: 22px;}
42     input:hover {background - color: red;color: white;}
43     #footer {text - align: center;margin: 0 auto;}
44     #footer p {padding: 0;margin: 0;}
45  </style>
46  <script type = "text/javascript">
47     function $(id) {return document.getElementById(id);}
48     function selectNumber(n) {
49  var haoqiu = new Array();                  //存入号码球
50       var number = new Array();             //存放摇出的号码
51       var objsel = $("number8");            //获取列表框对象
52       var selnum = objsel.options.length;   //保存选项添加前的总数
53       for (j = 0; j <= n - 1; j++) {
54         for (var i = 0; i < 30; i++) {      //把号球放入数组中
55           haoqiu[i] = ((i + 1 > 9) ? (i + 1) : "0" + (i + 1)).toString();
56         }
57         var list = "";                      //存放1注号码
58         for (i = 0; i <= 7; i++) {          //产生1注号码
59           var hao = Math.floor(Math.random() * haoqiu.length);
60           number[i] = haoqiu[hao];          //下标对应位置上的号取出
61           haoqiu.splice(hao, 1);
62         }
63         list = number.join(" ");            //1注彩票号码
64         //写入列表框中
65         var option = document.createElement("option");   //产生选项节点
66         var option_text = document.createTextNode(list); //产生文本节点
67         option.value = j;                   //记下添加列表项的个数
68         option.appendChild(option_text);    //将文本添加给选项
69         objsel.appendChild(option);         //将选项添加给列表框
70       }
71       //始终将新添加的第一个列表项作为预选项
72       objsel.selectedIndex = selnum;
73     }
74     function delSelect() {
75       var objSelect = $("number8");
76       var strIndex = objSelect.selectedIndex;
77       if (strIndex != -1) {
78         //objSelect.options.remove(strIndex); //select对象方法
79         objSelect.removeChild(objSelect.options[strIndex]);
80       } else {
81         alert("请先选择列表项后再删除!");
82       }
83     }
84     function delSelectAll() {
85       var objSelect = $("number8");
86       var strIndex = objSelect.length; //objSelect.options.length;
```

```
 87            if (strIndex > 0) {
 88                for (i = 0; i <= strIndex - 1; i++) {
 89                    objSelect.options.remove(0);    //select 对象方法
 90                }
 91            } else {
 92                alert("列表项已空,无选项删除!");
 93            }
 94        }
 95    </script>
 96 </head>
 97 <body>
 98    <div id = "container" class = "">
 99        <div id = "header"></div>
100        <div class = "main">
101            <div class = "menu">
102                <a href = "#">福彩投注站投注小程序</a>
103                <div class = "content active">
104                    <form method = "post" action = "">
105                        <table align = "center" border = "0">
106                            <tr>
107                                <td rowspan = "3" id = "info"><img src = "image - 16 - 4 - 2.png">
108                                    <h3>1 注投注号码组成</h3>
109                                    <h4>7 位基本号 + 1 位特别号</h4>
110                                </td>
111                                <td><input type = "button" value = "机选 1 注" onclick = "selectNumber(1);"></td>
112                                <td rowspan = "3">
113                                    <select name = "number8" id = "number8" size = "5">
114                                    </select>
115                                </td>
116                                <td><input type = "button" value = "删除" onclick = "delSelect();"></td>
117                            </tr>
118                            <tr>
119                                <td><input type = "button" value = "机选 5 注" onclick = "selectNumber(5);"></td>
120                                <td> </td>
121                            </tr>
122                            <tr>
123                                <td><input type = "button" value = "机选 10 注" onclick = "selectNumber(10);"></td>
124                                <td><input type = "button" value = "全部删除" onclick = "delSelectAll();"></td>
125                            </tr>
126                        </table>
127                    </form>
128                </div>
129            </div>
130            <div class = "menu">
131                <a href = "#">JavaScript 对象 - Array</a>
132                <div class = "content">
133                    <p>在 JavaScript 中,所有的一切都是对象,为了便于开发工作,JavaScript 提供了处理字符串、数学运算、日期和时间、正则表达式和数值等一系列的内置对象,它们都遵从 ECMAScript 1.0 规范,因此在所有平台下这些对象的功能和表现都是一样的。<br>数组是一种具有相同类型值的集合,它的每一个值称为数组的一个元素。数组用于在内存中存储大量相同类型的数据,可以通过数组的名称和下标来访问数组中的元素。数组的下标也称为索引值,有两种类型的索引值:非负整数和字符串索引值。使用字符串索引值的数组又称为关联数组。数组是 JavaScript 的一种内置对象。</p>
```

```
134            </div>
135          </div>
136          <div class = "menu">
137            <a href = "#">JavaScript 对象 - Math</a>
138            <div class = "content">
139              <p>Math 对象用于执行数学任务。Math 对象并不像 Date 和 String 那样是对象的类，
                 因此没有构造函数 Math()。<br>语法<br>var x = Math.PI; // 返回 PI<br>var y
                 = Math.sqrt(16); // 返回 16 的平方根<br>Math 对象教程，请参照本站的 JavaScript
                 Math 对象教程。</p>
140            </div>
141          </div>
142          <div class = "menu">
143            <a href = "#">DOM 操作方法</a>
144            <div class = "content">
145              <p>HTML DOM 方法是您能够(在 HTML 元素上)执行的动作。HTML DOM 属性是您能
                 够设置或改变的 HTML 元素的值。具体方法如下：<br>添加节点：appendChild
                 (node)<br>返回：hasChildNodes()<br>克隆节点：cloneNode(true);<br>插入
                 节点：<br>insertBefore(newNode, oldNode) <br>删除节点：removeChild
                 (node)<br>替换节点：<br>replaceChild(newChild,oldChild) </p>
146            </div>
147          </div>
148        </div>
149        <div id = "footer">
150          <img src = "image-16-4-3.png">
151          <p><a href = "#">Web 前端开发工作室 </a>&copy;版权所有  网站主办：
                 OM 技术应用与培训中心</p>
152        </div>
153      </div>
154    </body>
155 </html>
```

本章小结

本章介绍了 JavaScript 对象的概念以及 Array、Date、Math、Number、String、Boolean 等常用的核心对象，通过大量的示例讲解了在实际开发中如何运用这些对象的方法和属性。

HTML 文档中的每个标记都是一个节点，这些标记之间存在着一定的关系，这种描述页面标记关系的树形结构称为 DOM 节点树。对于 DOM 节点，除了可以通过 form 对象的 elements 属性或该节点的 name 属性来访问外，还可以通过 document 对象的 getElementById()、getElementsByName()、getElementsByTagName()等方法来访问。document 对象的应用非常广泛，除了可以访问节点外，还可以调用该对象的方法和属性来动态地创建和修改节点、设置节点的属性。

BOM 定义了浏览器对象(window、history、document、location、screen、navigator、frame 等对象)的组成和相互关系，描述了浏览器对象的层次结构。在 BOM 中，每个对象都含有若干属性和方法，使用这些属性和方法可以操作 Web 浏览器窗口中的不同对象，控制和访问 HTML 页面中的不同内容。

练习 16

1. 选择题

（1）定义 JavaScript 数组的方法正确的是(　　)。

扫一扫

自测题

A. var arrayList={"cat","dog","monkey"}
B. var arrayList=new Array{"cat","dog","monkey"}
C. var arrayList=new Array("cat","dog","monkey")
D. var arrayList=new Array["cat","dog","monkey"]

(2) 在利用下标来访问数组时,最小下标是从(　　)开始的。
    A. 0   B. 1   C. −1   D. 2

(3) 求3和5中最小数的正确的函数是(　　)。
    A. Math.min(3,5)   B. Math.ceil(3,5)
    C. Math.max(3,5)   D. min(3,5)

(4) 在以下选项中,可以获得值为false的Boolean对象的是(　　)。
    A. var a = new Boolean(1)   B. var a = new Boolean("abc")
    C. var a = new Boolean(true)   D. var a = new Boolean()

(5) 下列不属于访问指定节点的方法的是(　　)。
    A. obj.value   B. getElementsByTagName()
    C. getElementsByName()   D. getElementById()

(6) 能够创建元素节点的方法的是(　　)。
    A. createElement()   B. getElementById()
    C. getElementByName()   D. forms.length

(7) 下列代码分析正确的是(　　)。

```
1 function createNode(){
2     var p1 = document.createElement("p");
3     var txt = document.createTextNode("Hello!");
4     p1.appendChild(txt);
5     document.appendChild(p);
6 }
```

A. 代码第2行是创建一个<p>元素标记
B. 代码第4行是为文档添加文本节点
C. <p>是文本节点的子节点
D. 函数的功能是创建新的文本节点

(8) 在告警消息框中输出"hello world!"信息正确的是(　　)。
    A. alertBox("hello world!")   B. msgBox("hello world!")
    C. alert("hello world!")   D. alertMsg("hello world!")

(9) 下面这两行代码的功能是(　　)。

```
1 <a href="javascript:history.back()"></a>
2 <a href="javascript:history.forward()"></a>
```

A. 代码第1行的功能相当于"后退"按钮
B. 代码第2行的功能相当于"后退"按钮
C. 代码第1行的功能相当于"前进"按钮
D. 以上表述都不正确

(10) 对location对象的href属性的叙述错误的是(　　)。
    A. 可以获取当前路径   B. 可以改变当前路径

C. 可以用来刷新页面　　　　　　　　D. 是只读属性

(11) 使用 location 对象的(　　)方法可以实现用新 URL 取代当前窗口的 URL。

A. load()　　　　B. onload()　　　　C. replace()　　　　D. open()

2．填空题

(1) 可以通过 Array 对象的_____属性来获得数组的长度。

(2) 使用 Math 对象的_____方法可以获得 0～1 的随机数，使用 Math 对象的_____属性可以获得圆周率。

(3) 在 JavaScript 中，Boolean 对象只有两种状态，分别是_____和_____。

(4) DOM 是_____的英文缩写，一个最基本的DOM树通常由3种类型的节点组成，分别是_____、_____和_____。

(5) document 对象中包含了 3 个访问文档节点的方法，这 3 个方法分别是_____、_____和_____。

(6) document 对象包含一些创建和修改节点的方法，例如可以通过调用 document 对象的_____方法来创建一个元素节点，通过调用 document 对象的_____方法来删除一个子节点，通过调用 document 对象的_____方法来添加一个子节点。

(7) 使用 document 对象的_____和_____属性可以获取节点的内容。

(8) 浏览器对象模型(BOM)主要包含_____、_____、_____、_____、_____、frame 和 document 共 7 个对象，_____对象是最顶层对象。

(9) 在实际的开发中，使用 window 对象的_____方法可以产生确认框，使用 window 对象的_____方法可以产生告警框，使用 window 对象的_____方法可以产生提示框。

(10) _____对象用于获取与用户浏览器相关的信息。

3．简答题

(1) 什么是 document 对象？如何获取文档对象上的元素？

(2) 什么是浏览器对象模型？它包含哪些对象？

(3) 简述 window 对象有哪些常用的属性和方法。

实验 16

1. 按图 16-20 所示的页面效果，利用 div＋form＋DOM 完成页面设计。设计要求：

(1) 单击"发表留言"按钮时，能够将多行文本域中的内容添加到按钮下面的 div 中，同时在信息前面加上日期和时间，在信息后面加上一个"X"，单击此"X"可以删除该留言，之后留言总数减 1。

(2) 单击"留言统计"按钮时，通过告警信息框输出一共发布了多少条留言。

(3) CSS 规则设计。容器 div 样式：有边框阴影(5px、#003370)、宽度 400px、高度 20px、背景颜色#F2E3D3、圆角边框(半径 25px)。命令按钮样式：圆角边框(半径 20px)、宽度 120px、高度 20px。存放留言的 div 样式：高度 100px、宽度 280px、溢出时滚动。

2. 按如图 16-21 所示的布局完成下列功能。

(1) 单击"随机产生 20 个整数"按钮时，能够随机产生 20 个 4 位整数(1000～9999)，并将产生的 20 个整数写入数组中，将其从小到大进行排序，输出在多行文本框中。

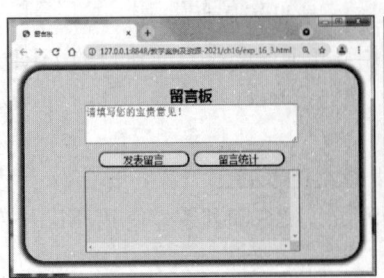
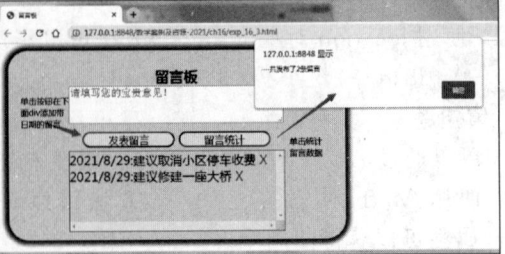

图 16-20　留言发表与统计页面

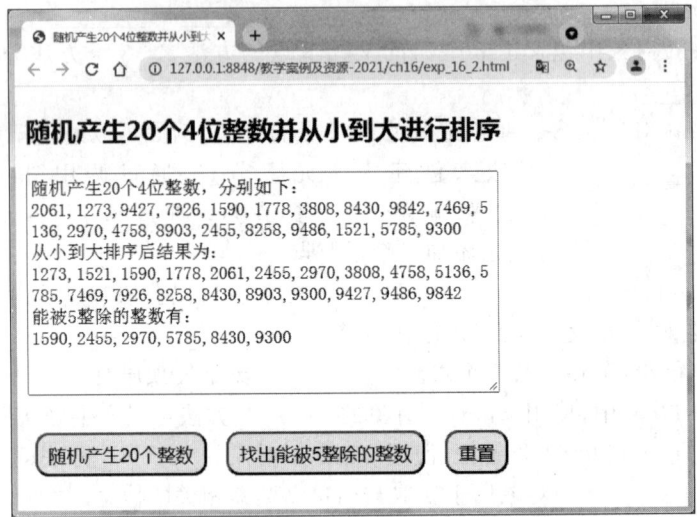

图 16-21　随机产生批量整数、排序、找特征数

（2）单击"找出能被 5 整除的整数"按钮时，从产生的 20 个随机整数中找出能够被 5 整除的整数，并在多行文本框中输出。

（3）单击"重置"按钮时，将多行文本框中的所有内容清空。

（4）按钮样式：圆角边框（半径 10px）、边界（上下 2px、左右 5px）、填充（上下 5px、左右 8px）。

CHAPTER 17

第 17 章

HTML5高级应用

本章学习目标

HTML5 高级应用主要涉及需要借助于 JavaScript 脚本才能实现的功能,例如 Web 存储、Canvas、拖放、Web Worker 等,学会利用这些新特性解决实际工程中的应用问题,提高 Web 页面的用户体验度,改善交互界面。

Web 前端开发工程师应知应会以下内容:
- 学会使用 Web 本地存储对象解决客户端数据存储问题。
- 掌握 Canvas 的基本语法和学会绘制各种图形、文字及图像。
- 学会使用 Web 拖放技术解决简单的实际应用问题。
- 理解 Web Worker 多线程工作原理,学会使用多线程解决简单的实际应用问题。

17.1 HTML5 Web Storage

HTML5 提供了两种在客户端存储数据的新方法,分别是持久化的数据存储 localStorage、会话式的数据存储 sessionStorage。HTML5 之前的客户端数据存储是由 cookie 完成的,由于 cookie 不能存储大量数据,需要通过服务器的请求来传递,往往造成 cookie 响应速度慢、效率低。在 HTML5 中,数据不需要由每个服务器进行请求传递,只需在有请求时使用数据,这样就不会影响网站的性能,而且能够存储大量数据。数据通常以键-值对(key-value pair)的形式存在,Web 网页的数据只允许该网页访问使用。

17.1.1 localStorage 对象

localStorage 对象存储的数据没有时间限制,所以称为持久化存储,其数据存储长期可用。在使用此类对象之前,最好先检查一下浏览器是否支持。检查代码如下:

```
if(typeof(Storage)!== "undefined") {
    //是的!支持 localStorage sessionStorage 对象!//一些代码…}
else { //抱歉!不支持 Web 存储.}
```

localStorage 对象和 sessionStorage 对象具有同样的方法,仅仅是对象名称不同而已。下面列出 localStorage 对象的常用方法。

- localStorage.setItem(key,value):保存数据。
- localStorage.getItem(key):读取数据。
- localStorage.removeItem(key):删除单个数据。
- localStorage.clear():删除所有数据。
- localStorage.key(index):得到某个索引的 key。

视频讲解

【例 17-1-1】 localStorage 对象的应用。其代码如下,页面效果如图 17-1 所示。

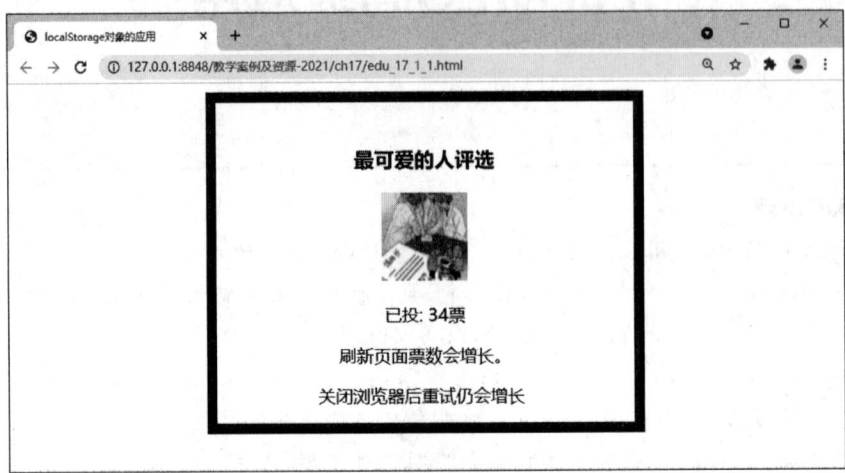

图 17-1　HTML5 localStorage 对象的应用

```
1   <!-- edu_17_1_1.html -->
2   <!doctype html>
3   <html>
4     <head>
5       <meta charset="UTF-8">
6       <title>localStorage 对象的应用</title>
7       <style type="text/css">
8         div {
9           text-align: center;padding: 20px;margin: 0 auto;
10          border: 10px ridge #005A9C;width: 350px;height: 250px;
11        }
12      </style>
13    </head>
14    <body>
15      <div>
16        <h3>最可爱的人评选</h3>
17        <img src="image-17-1-1.jpg" width="80" height="80" title="你的名字叫英雄"><br>
18        <p id="result"></p>
19        <p>刷新页面票数会增长。</p>
20        <p>关闭浏览器后重试仍会增长</p>
21      </div>
22      <script type="text/javascript">
```

```
23        if (localStorage.tickets) {
24          localStorage.tickets = parseInt(localStorage.tickets) + 1;
25        } else {
26          localStorage.tickets = 1;
27        }
28        document.getElementById("result").innerHTML = "已投:" +
          localStorage.tickets + "票";
29    </script>
30  </body>
31 </html>
```

17.1.2 sessionStorage 对象

sessionStorage 对象针对一个 session 进行数据存储,数据存储周期短,当用户关闭浏览器窗口后数据会被删除。该对象的方法与 localStorage 对象的方法相同。

【例 17-1-2】 用 localStorage 对象实现简易通讯录。其代码如下,页面效果如图 17-2 所示。

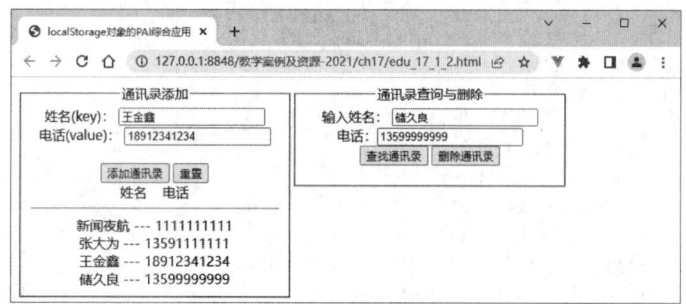

图 17-2 用 localStorage 对象实现的简易通讯录

```
1  <!-- edu_17_1_2.html -->
2  <!doctype html>
3  <html>
4    <head>
5      <meta charset = "UTF-8">
6      <title>localStorage 对象的 API 综合应用</title>
7      <script>
8        //载入存储在 localStorage 中的所有通讯录信息
9        loadAllInfo();
10       //保存一条通讯记录数据,同时显示在 div 中
11       function $ (id){return document.getElementById(id);}
12       function saveInfo(){
13         var name1 = $ ("username").value;        //获取姓名
14         var phone1 = $ ("userphone").value;      //获取电话
15         if (name1!="" && phone1!="")             //不为空处理
16         {
17           localStorage.setItem(name1,phone1);
18           loadAllInfo();
19           alert("添加成功");
20         }else{                    //姓名或电话为空,告警并获得焦点
21           alert("请输入姓名和电话!");
```

```
22            $("username").focus();
23        }
24    }
25    //以姓名查找通讯录信息
26    function findForName(){
27        var searchname = $("search_name").value;
28        var searchphone = localStorage.getItem(searchname);        //获取电话
29        $("userphone1").value = searchphone;                        //填充电话
30    }
31    //从localStorage中取出所有通讯录信息,并展现到界面上
32    function loadAllInfo(){
33        //localStorage.clear();
34        var result = "";
35        if(localStorage.length > 0){
36            result += "姓名    电话</br><hr>";
37            for(var i = 0; i < localStorage.length; i++){
38                var name = localStorage.key(i);
39                var phone = localStorage.getItem(name);
40                result += name + "    ---    " + phone + "</br>";
41            }
42            $("displayallinfo").innerHTML = result;
43        }else{
44            $("displayallinfo").innerHTML = "数据为空……";
45        }
46    }
47    //删除某一条通信信息
48    function deleteName(){
49        localStorage.removeItem($("search_name").value);            //获取电话
50        $("search_name").value = "";                                //填充电话
51        loadAllInfo();
52    }
53    </script>
54    </head>
55    <body>
56        <fieldset style="float:left;width:300px;text-align:center;">
57            <legend>通讯录添加</legend><label for="name">姓名(key): </label>
58            <input type="text" id="username" name="username" required/><br/>
59            <label for="telphone">电话(value): </label>
60            <input type="text" id="userphone" name="userphone" required/><br/>
61            <br><input type="button" onclick="saveInfo()" value="添加通讯录"/>
62            <input type="reset">
63            <div id="displayallinfo" name="displayallinfo"></div>
64        </fieldset>
65        <fieldset style="float:left;width:300px;height:100px;text-align:center;">
66            <legend>通讯录查询与删除</legend>
67            <label for="search_phone">输入姓名: </label>
68    <input type="text" id="search_name" name="search_name" required/><br>
69    <label>电话: </label><input type="text" name="" id="userphone1" readonly>
70            <br><input type="button" onclick="findForName()" value="查找通讯录"/>
71            <input type="button" onclick="deleteName()" value="删除通讯录"/>
72        </fieldset>
73    </body>
74 </html>
```

17.1.3 浏览器端数据库 IndexedDB

简单来说，IndexedDB 是一种轻量级 NoSQL（Not Only SQL，泛指非关系型）数据库，用来持久化大量（250MB）客户端数据。它可以让 Web 应用程序具有非常强的查询能力，并且可以离线工作。IndexedDB 的数据操作直接使用 JS 脚本，不依赖 SQL 语句（最初的 Web SQL 数据库已被废弃），操作返回均采用异步。localStorage 和 sessionStorage 对象是采用同步技术实现少量（2.5～10MB）客户端数据（字符串）存储。一个网站可能有一个或多个 IndexedDB 数据库，每个数据库必须具有唯一的名称。WebStorage 可以用来存储键值对（key-value pair），然而它无法提供按顺序检索、高性能地按值查询或存储重复的键的功能。

使用 IndexedDB 的基本步骤如下：

- 打开数据库并且开始一个事务。
- 创建一个对象仓库（Object Store）。
- 构建一个请求来执行一些数据库操作，例如增加或提取数据等。
- 通过监听正确类型的 DOM 事件以等待操作完成。
- 在操作结果上进行一些操作（可以在 request 对象中找到）。

1．浏览器支持 IndexedDB 数据库情况判断

由于 IndexedDB 的规范尚未最终定稿，不同的浏览器厂商使用不同的浏览器前缀实现 IndexedDB API，例如基于 Gecko 内核的浏览器使用 moz 前缀，基于 WebKit 内核的浏览器使用 webkit 前缀。为了能够支持多种厂家的浏览器，建议采用 window.indexedDB 来判断浏览器是否支持 IndexedDB 数据库。其代码如下：

```
var indexedDB = window.indexedDB || window.mozIndexedDB ||
    window.webkitIndexedDB;    //获得 IndexedDB 对象
    if(window.indexedDB){
        alert("您的浏览器支持 IndexedDB 数据库.");
    }else{
        alert("您的浏览器不支持 IndexedDB 数据库.");
    }
```

2．数据库的创建与打开

使用 window.indexedDB.open(DBName, DBVersion) 打开数据库。其语法如下：

```
var request = window.indexedDB.open(DBName, DBVersion);
//若数据库存在,打开它,否则创建
```

若 DBName 数据库在创建之前并不存在，则会调用 onupgradeneeded 函数，在这个函数中可以进行数据库的初始化和创建索引。

【例 17-1-3】 创建名为 myBooks 的数据库，并创建名为 books（ObjectStore 相当于表）的数据仓库，为数据仓库添加两个对象（两本图书）数据，数据库和对象仓库的建立情况如图 17-3 所示。

其代码如下：

```
var request = window.indexedDB.open("myBooks",1);    //若数据库存在,则打开它,否则创建
```

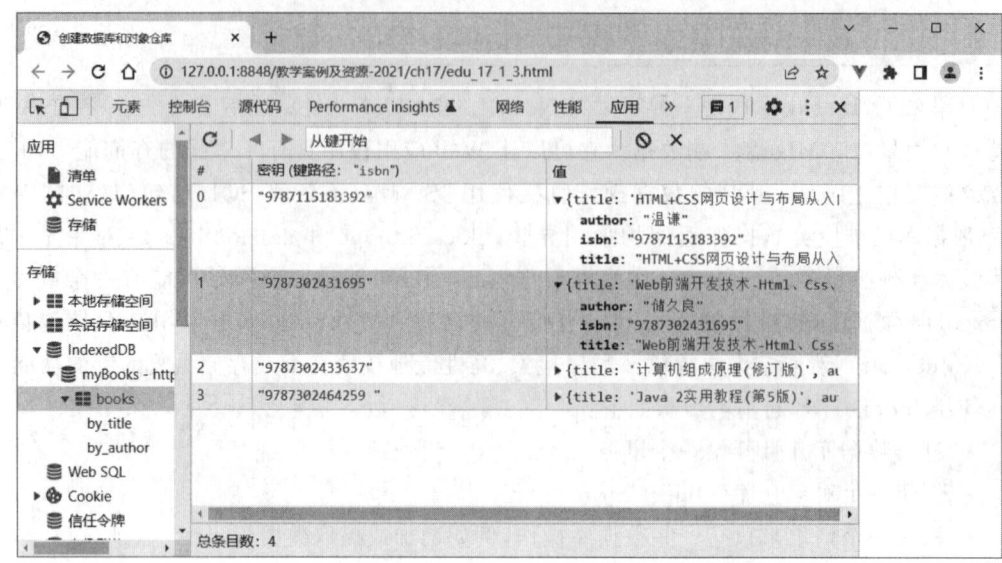

图 17-3 创建 myBooks 数据库和 books 对象仓库的结构图

```
request.onerror = function(event) {                    //捕获连接失败事件,并处理
    alert("数据库连接失败: " + event.target.errorCode);   //提示错误信息
}
request.onupgradeneeded = function(event) {
    //当此数据库在创建前不存在时,进行初始化
    var db = request.result;
    var store = db.createObjectStore("books", {keyPath: "isbn"});
    var titleIndex = store.createIndex("by_title", "title", {unique:
true});                                                //标题索引
    var authorIndex = store.createIndex("by_author", "author");  //作者索引
    //填入初始值,添加两本书的信息
    store.put({title:"计算机组成原理(修订版)",author:"张功萱", isbn:
"9787302433637"});
    store.put({title:"Java 2 实用教程(第 5 版)", author: "耿祥义", isbn:
"9787302464259 "});
}
request.onsuccess = function(event) {                  //捕获连接成功事件,并处理
    db = event.target.result;    //连接成功时获取数据库对象(也可用 request.result)
    alert("数据库连接成功");
}
```

在连接到数据库后,request 会监听 3 种状态。

- success:打开或创建数据库成功后绑定指定函数。
- error:打开或创建数据库失败后绑定指定函数。
- upgradeneeded:更新数据库后绑定指定函数。

upgradeneeded 状态在 indexedDB 创建新的数据库时和 indexedDB.open(DBName, DBVersion)DBVersion(数据库版本号)发生变化时才能监听到。当版本号不发生变化时不会触发此状态。数据库的 ObjectStore 的创建、删除等都是在这个监听事件下执行的。

用户需要注意以下两点:

(1) 当数据库连接时,open()方法返回一个 IDBOpenDBRequest 对象,调用函数定义在这个对象上。

（2）在连接建立成功时，会触发 onSuccess 事件，调用函数接收一个事件对象 event 作为参数，其 target.result 属性指向打开的 IndexedDB 数据库。用户也可以使用监听器来捕获 3 个事件，分别为 success、error、upgradeneeded。可以通过下列方法为页面元素（对象）添加事件监听器。

```
element.addEventListener(event, function, useCapture);
```

代码中的 addEventListener()方法有 3 个参数。第 1 个参数为 event，用于为某元素指定监听事件名称，例如 success、click 等，而不是 onSuccess、onClick 等事件句柄。第 2 个参数为 function，用于为某个事件绑定（指派）事件处理函数。第 3 个参数为 useCapture，可选，布尔值，指定事件是否在捕获或冒泡阶段执行。其值为 true 表示事件句柄在捕获阶段执行；默认值 false 表示事件句柄在冒泡阶段执行。

IndexedDB 对象的 open()方法需要监听的事件代码如下：

```
request.addEventListener('success', function(event){    //打开或创建数据库成功
}, false);                                              //第 3 个参数为 false,表示在冒泡阶段执行
request.addEventListener('error', function(event){      //打开或创建数据库失败
}, false);                                              //第 3 个参数为 false,表示在冒泡阶段执行
request.addEventListener('upgradeneeded', function(event){
                                                        //更新数据库时执行
}, false);                                              //第 3 个参数为 false,表示在冒泡阶段执行
```

3．创建与删除 ObjectStore

ObjectStore（对象仓库，又称对象存储空间）是 IndexedDB 数据库的基础，在 IndexedDB 中并没有关系型数据库的表，而是使用对象仓库（相当于关系型数据库的表）来存储数据。

1）用 createObjectStore()方法创建对象仓库

```
var store = db.createObjectStore(storeName,{keyPath: primaryKey,
autoIncrement: true|false});     //keyPath 称为键路径,作为 ObjectStore 的搜索关键字
```

例如创建一个 books 对象仓库，keyPath 为 isbn（书号）。其代码如下：

```
var store = db.createObjectStore("books", {keyPath:"isbn"});
```

2）用 deleteObjectStore()方法删除对象仓库

```
db.deleteObjectStore(objectStoreName);      //基本语法
db.deleteObjectStore("books");              //举例－删除 books 对象仓库
```

3）用 createIndex()方法为对象仓库创建索引

```
var indexName = store.createIndex(index_name, index_key, {unique:
true|false});
```

代码中参数 index_name 是索引名称，例如 by_title 表示按标题建立索引；index_key 是索引键值名称；{unique:true|false}是可选项，表示是否唯一，true 为唯一，false 为不唯一。

【例 17-1-4】 为 books 对象仓库按标题（title）和作者（author）建立索引。其代码如下：

```
var titleIndex = store.createIndex("by_title", "title", {unique:false});
                                                                    //标题索引
var authorIndex = store.createIndex("by_author", "author");  //作者索引
```

4）用 objectStoreNames 属性检查对象仓库是否存在

objectStoreNames 属性返回一个 DOMStringList 对象，里面包含了当前数据库的所有"对象仓库"名称。用户可以使用 DOMStringList 对象的 contains()方法检查数据库是否包含某个"对象仓库"。其代码如下：

```
if(!db.objectStoreNames.contains("books")) {   //判断某个对象仓库是否存在
    db.createObjectStore("books");              //若不存在,创建该对象仓库
}
```

4．使用事务

需要使用事务在对象存储上执行所有读取和写入操作。类似于关系型数据库中事务的工作原理，IndexedDB 事务提供了数据库写入操作的一个原子集合，这个集合要么完全提交，要么完全不提交。IndexedDB 事务还拥有数据库操作的一个中止和提交工具。

1）IndexedDB 中的事务模式

- readonly：提供对某个对象存储的只读访问，在查询对象存储时使用。
- readwrite：提供对某个对象存储的读取和写入访问权。
- versionchange：提供读取和写入访问权来修改对象存储定义，或者创建一个新的对象存储。

默认的事务模式为 readonly。用户可在任何给定时刻打开多个并发的 readonly 事务，但只能打开一个 readwrite 事务，因此只有在数据更新时才考虑使用 readwrite 事务。单独的(表示不能打开任何其他并发事务)versionchange 事务操作一个数据库或对象存储。另外可以在 onupgradeneeded 事件处理函数中使用 versionchange 事务创建、修改或删除一个对象存储，或者将一个索引添加到对象存储。

2）创建事务的基本语法

```
var transaction = db.transaction(storeName, [transactionmode]);    //基本语法
var objectStore = transaction.objectStore(storeName);              //获取指定的对象仓库
```

其中 db 为已连接的数据库对象；storeName 为对象仓库列表，列表是由多个对象仓库组成的字符串数组，不同的对象仓库名之间用逗号分隔。例如["students"，"teachers"]表示同时为两个对象仓库创建一个事务。[transactionmode]为可选项，取值可以为 readonly、readwrite、versionchange。如果不设置此参数，默认为只读。transaction()方法返回一个事务对象，该对象的 objectStore()方法用于获取指定的对象仓库。

【例 17-1-5】 为 books、press 对象仓库创建一个读写事务。其代码如下：

```
var transaction1 = db.transaction("books", "readwrite");
                                            //为一个对象创建一个读写事务
var transaction2 = db.transaction(["books","press"],"readwrite");
                                            //为两个对象库创建一个读写事务
var objectStore = transaction1.objectStore("books ");  //获取 books 对象仓库
```

3）transaction()方法的事件类型

该方法有 3 种事件，分别是中断、完成和错误。

- abort：事务中断。
- complete：事务完成。
- error：事务出错。

事件处理代码结构如下：

```
var transaction = db.transaction(["books"], "readonly");
transaction.oncomplete = function(event) {
    console.log("数据添加成功!");   //alert("数据保存成功!");
};
transaction.onerror = function(event) {
    console.log("Error",e.target.error.name);
    //错误处理
};
transaction.onabort = function(event) {
    alert("数据保存失败!");
};
```

5．数据库的增、删、改、查

数据库的增加、更新、删除和读取都会触发两个事件，分别是 success（检索请求成功）和 error（检索请求失败），所以在编程时需要为它们指定事件处理函数。

1）存储数据的准备

给 books 对象仓库定义 3 个对象，存放在 booklists 数组中。其中每对{}中定义一个对象，每个对象之间用逗号分隔，准备写入对象仓库中。其代码如下：

```
var booklists=[{title:"Web 前端开发技术 - HTML、CSS、JavaScript",author:"储久良",isbn:"9787302431695"},{title:"计算机组成原理(修订版)", author:"张功萱",isbn:"9787302433637"},{title:"Java 2 实用教程(第 5 版)", author:"耿祥义",isbn:"9787302464259 "}];
```

2）数据库的增加、更新、删除

```
objectStore.add(objectName);     //添加数据,当关键字存在时数据不会添加
objectStore.put(objectName);
                                 //更新数据,当关键字存在时覆盖数据,不存在时会添加数据
objectStore.delete(value);       //删除数据,删除指定的关键字对应的数据
objectStore.clear();             //清除 objectStore
```

3）数据库中数据的读取

```
var request = objectStore.get(value);   //查找数据,根据关键字查找指定的数据
```

- 常用方式：分配事件句柄，并绑定事件处理函数。

```
request.onsuccess = function(e){
    var books = e.target.result;
    console.log(books.title);     //在控制台输出图书的标题
};
request.onerror = function(e){
    console.log("数据读取失败!");   //在控制台输出图书的标题
};
```

- 事件监听方式：分配事件句柄，并绑定事件处理函数。

```
request.addEventListener('success', function(event){    //增加事件监听器
    //异步查找后的调用函数,省略
}, false);
request.addEventListener('error', function(event){      //增加事件监听器
    //错误处理函数,省略
}, false);
```

【例 17-1-6】 将已定义的 3 个对象添加到 books 对象仓库中。其代码如下：

```
for(var i = 0; i < booklists.length;i++){//用 for 循环将 3 个对象添加到指定对象仓库
    request = objectStore.add(booklists[i]);
                                         //添加对象到 books 中,也可以用 put()方法
request.onerror = function(){
        console.error('数据库中已有该对象,不能重复添加!!');
    };
request.onsuccess = function(){          //在控制台输出或某个 HTML 标记内输出
        console.log('对象已成功存入对象仓库中!')
    };
}
```

6. 遍历数据方法 openCursor()

使用对象仓库的 openCursor()方法可以遍历数据。该方法可以获取游标对象，然后利用游标移动来实现数据遍历。openCursor()方法还可以接受第二个参数，表示遍历方向，其默认值为 next，其他值为 prev、nextunique 和 prevunique。后两个值表示如果遇到重复值，会自动跳过。openCursor()方法是异步执行的，它有两个事件，分别是 success（检索请求成功）和 error（检索请求失败），可以为它们指定事件处理函数。

1）非索引查找

【例 17-1-7】 不使用索引，直接使用游标遍历数据。其代码如下：

```
var tx = db.transaction(["books"], "readonly");    //创建事件对象
var objectStore = tx.objectStore("books");          //利用事务对象获取指定的对象仓库
var cursor = objectStore.openCursor();              //通过对象仓库打开游标
cursor.onsuccess = function(e){
    var result = e.target.result;                   //获取结果集
    if(result){                         //条件成立时,在控制台输出或某个 HTML 标记内输出信息
        console.log("key", result.key);             //输出键名,例如 isbn
        console.dir("data", result.value);          //列出该对象的所有属性和方法
        result.continue();                          //游标移到下一个数据对象上
    }else{
console.log("没有数据可遍历!");
    }
};
cursor.onerror = function(e){
console.log("没有数据可遍历!");
    };
```

代码中事件处理函数的参数为事件对象，该对象的 target.result 属性指向当前数据对象。当前数据对象的 key 和 value 分别返回键名和键值（即实际存入的数据）。continue()方法将游标移到下一个数据对象，如果当前数据对象已经是最后一个数据了，则游标指向 null。

在编程时可以用 console.log() 方法来取代 alert() 或 document.write() 方法, 使用 console.dir() 可以显示一个对象的所有属性和方法。

2) IDBKeyRange 对象

通过索引可以读取指定范围内的数据。使用浏览器原生的 IDBKeyRange 对象能够生成指定范围的 range 对象, 生成方法有以下 4 种。

- lowerBound() 方法：指定范围的下限。
- upperBound() 方法：指定范围的上限。
- bound() 方法：指定范围的上/下限。
- only() 方法：指定范围中只有一个值。

【例 17-1-8】 使用 IDBKeyRange 对象生成 range 对象的各种情形。其代码如下：

```
var range1 = IDBKeyRange.upperBound(x);              //All keys ≤ x
var range2 = IDBKeyRange.upperBound(x, true);        //All keys < x
var range3 = IDBKeyRange.lowerBound(y);              //All keys ≥ y
var range4 = IDBKeyRange.lowerBound(y, true);        //All keys > y
var range5 = IDBKeyRange.bound(x, y);                //x ≤ All keys ≤ y
var range6 = IDBKeyRange.bound(x, y, true, true);    //x < All keys < y
var range7 = IDBKeyRange.bound(x, y, true, false);   //x < All keys ≤ y
var range8 = IDBKeyRange.bound(x, y, false, true);   //x ≤ All keys < y
var range9 = IDBKeyRange.only(z);                    //The key = z
```

代码中参数为 true 表示某个界限值为开区间, false 表示某个界限值为闭区间。如果有两个参数为逻辑值, 分别表示下限值、上限值为开区间或闭区间。

3) 按索引查找数据

使用对象仓库的 index() 方法来实现检索。其代码如下：

```
var index = objectStore.index(indexName);            //indexName 为已建立的索引名称
var cursor = index.openCursor(range);                //用 IDBKeyRange 生成范围 range
cursor.addEventListener('success', function(event){  //启动成功监听
    var result = event.target.result;                //返回检索结果集
    if(result){
        console.log(result.value);                   //输出数据
        result.continue();                           //迭代, 游标下移
    }
}, false);
cursor.addEventListener('error', function(event){console.log("失败!");
}, false);
```

在按索引的范围查找数据时需要定义 range 范围。当 range 为 null 时, 查找所有数据; 当 range 为指定值时, 查找索引满足该条件的对应数据; 当 range 为 IDBKeyRange 对象时, 根据条件查找满足条件的指定范围的数据。

【例 17-1-9】 按姓名的开始字母范围(B~D)来检索数据。其部分代码如下：

```
var person = {                                       //定义对象
    name:name,
    email:email,
    created:new Date()
}
var transaction = db.transaction(["people"],"readonly");
```

```
    var objectStore = transaction.objectStore("people");    //为people定义只读事件
    var index = objectStore.index("name");                  //获取people对象仓库
    var range = IDBKeyRange.bound('B', 'D');                //按姓名进行索引
    index.openCursor(range).onsuccess = function(e){        //生成范围range对象

        var cursor = e.target.result;                       //打开索引游标,启动成功监听事件
        if(cursor){                                         //获取结果集
            console.log(cursor.key + ":");                  //通过控制台输出相关信息
            for(var field in cursor.value) {
                console.log(cursor.value[field]);
            }
            cursor.continue();                              //下移游标,迭代执行
        }
    };
```

【例17-1-10】 使用IndexedDB实现学生基本信息采集系统,页面效果如图17-4所示。学生信息包括学生姓名、入学年龄、性别等信息。根据如图17-4所示的页面效果编写代码实现添加数据、获取数据和删除数据库等功能。其代码如下:

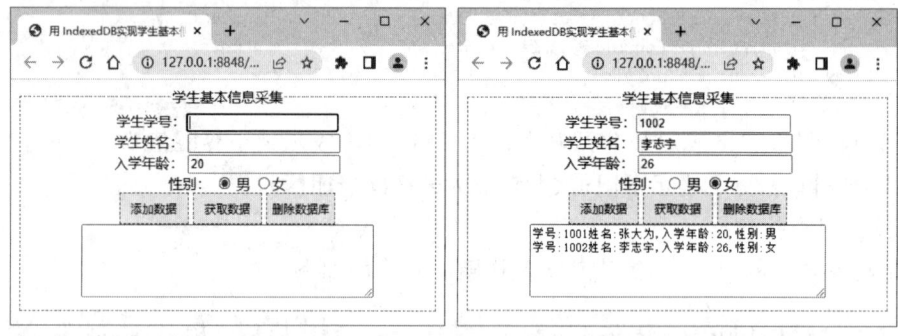

图17-4 学生基本信息采集初始页面和添加与查询页面

```
1  <!-- edu_17_1_10.html -->
2  <!doctype html>
3  <html>
4    <head>
5      <meta charset="UTF-8"/>
6      <title>用IndexedDB实现学生基本信息采集</title>
7      <style>
8        /*2.页面表现设计*/
9        fieldset{text-align: center; border: 1px dashed #FF0000;}
10       .myBtn{width: 80px;height: 35px;border: 1px dashed #0066FF;}
11     </style>
12     <script type="text/javascript">
13       //定义全局变量结果集、IDBOpenDBRequest、对象仓库
14       var db, request, objectStore;
15       function createDB(dbName) {
16         request = indexedDB.open(dbName, 1);
17         request.onerror = function() {
18           alert("打开数据库失败:" + event.target.errorCode);
19         }
```

```
20          request.onsuccess = function(event) {
21              alert("打开数据库成功!");
22              db = event.target.result;
23              var transaction = db.transaction("user",
                "readwrite");
24              objectStore = transaction.objectStore("user");
25          }
26          request.onupgradeneeded = function(event) {
27              alert("版本已经发生改变!");
28              db = event.target.result;              //获取结果集
29              objectStore = db.createObjectStore("user", {
30                  keyPath: "userNo"
31              });
32              indexNo = objectStore.createIndex("by_userNo",
                "userNo", {
33                  unique: true
34              });
35          }
36      }
37      createDB('userinfo');                          //打开数据库
38      function deleteDB(dbName) {                    //删除数据库
39          request = indexedDB.deleteDatabase(dbName);
40          request.onerror = function() {
41              alert("删除数据库失败!");
42          }
43          request.onsuccess = function(event) {
44              alert("删除数据库成功!");
45              var ta = document.getElementById("display");
46              ta.innerHTML = '';
47              window.location.reload();
48          }
49      }
50      function getObject() {
51          var txtAear = document.getElementById("display");
52          txtAear.innerHTML = "";    //在获取数据前先清理一下页面已显示的数据
53          if(!db) {
54              alert("请先打开数据库!");
55              return false;
56          }
57          var store = db.transaction("user").objectStore("user");
58          var keyRange = IDBKeyRange.lowerBound(0); //规定从 0 开始
59          var cursorRequest = store.openCursor(keyRange);
                                                       //设置开启游标
60          cursorRequest.onsuccess = function(e) {
61              var result = e.target.result;
62              if(!!result == false)
63                  return;
64              getOneObject(result.value);            //获取一个对象数据
65              result.continue();                     //这里执行轮询读取
66          };
67          cursorRequest.onerror = function(e) {
68              alert("数据检索失败!");
69          };
70      }
71      function getOneObject(e) {                     //获取一个对象数据
72          var ta = document.getElementById("display");
73          ta.innerHTML += "学号:" + e.userNo + "姓名:" + e.username
```

```
                    + ",入学年龄:" + e.userage + ",性别:" + e.usersex + "\n";
74              }
75          function addObject() {
76              var userID = document.getElementById("xuehao").value;
77              var name = document.getElementById("name").value;
78              var age = document.getElementById("age").value;
79              var sex, flag = document.getElementById("nan").checked;
80              sex = (flag) ? "男" : "女";   //条件表达式
81          if(userID.length > 0 && name.length > 0 && age >= 0 && sex.length > 0) {
82                  //定义存储在对象仓库中的对象
83                  var detail = {
84                      userNo: userID, username: name, userage:
                        age, usersex: sex
85                  }
86                  if(!db) {
87                      alert("请先打开数据库!");
88                      return false;
89                  }
90                  var transaction = db.transaction(["user"],
                    "readwrite");
91                  objectStore = transaction.objectStore("user");
92                  objectStore.add(detail);
93                  alert("数据添加成功!");
94                  myFrm.Reset();
95              } else {
96                  alert("输入数据不合法!请重新输入");
97                  myFrm.xuehao.focus();
98              }
99          }
100     </script>
101 </head>
102 <body>
103     <!-- 1.页面内容设计 -->
104     <form name = "myFrm">
105         <fieldset>
106             <legend align = "center">学生基本信息采集</legend>
107             学生学号:<input type = "text" name = "xuehao" id = "xuehao"
                required = "required"><br/>学生姓名:
108             <input type = "text" name = "name" id = "name" required =
                "required"><br/>入学年龄:
109             <input type = "number" id = "age" value = "20" min = 1><br/>性别:
110             <input type = "radio" id = "nan"name = "xb" value = "male" checked>男
111 <input type = "radio" id = "nv" name = "xb" value = "female">女<br/>
112 <input type = "button" class = "myBtn" onclick = "addObject()"
            value = "添加数据">
113 <input type = "button" class = "myBtn" onclick = "getObject()" value =
            "获取数据">
114         <input type = "button" class = "myBtn" onclick = "deleteDB
                ('userinfo')"value = "删除数据库"><br/>
115             <textarea id = "display" rows = "5" cols = "45"></textarea>
116         </fieldset>
117     </form>
118 </body>
119 </html>
```

本案例中创建的数据库名为 userinfo,创建的对象仓库名为 user。createDB(dbName)

函数的功能是根据指定参数创建数据库;deleteDB(dbName)函数的功能是根据指定参数删除数据库;getObject()函数的功能是获取满足条件的所有对象,并在多行文本域中分行显示;getOneObject(e)函数的功能是读取某一个对象,并显示在多行文本域中;addObject()函数的功能是将用户在表单中输入的信息添加到对象仓库 user 中。

17.2 HTML5 Canvas 画布

HTML5 的 canvas 标记用于图形的绘制,并通过脚本(JavaScript)来完成绘图。canvas 标记本身并没有绘图能力,所有的绘制工作必须在 JavaScript 内部完成。canvas 标记作为图形的容器,可以通过多种方法使用 canvas 绘制路径、盒、圆、字符以及添加图像。

17.2.1 canvas 标记

canvas 标记是双标记,必须设置宽度、高度及 id。

1. 基本语法

```
< canvas id = "oneCanvas" width = "" height = ""></canvas >
```

在默认情况下,canvas 标记的 width 为 300px、高度 height 为 200px,页面上没有边框和内容。除非通过 CSS 定义边框样式,才可以显示效果,所以必须借助于 JavaScript 才能绘图。常用的绘制颜色、样式和阴影属性及说明如表 17-1 所示。

表 17-1 颜色、样式和阴影属性及说明

属性	说明
fillStyle	设置或返回用于填充绘画的颜色、渐变或模式
strokeStyle	设置或返回用于笔触的颜色、渐变或模式
shadowColor	设置或返回用于阴影的颜色
shadowBlur	设置或返回用于阴影的模糊级别
shadowOffsetX	设置或返回阴影与形状的水平距离
shadowOffsetY	设置或返回阴影与形状的垂直距离

绘制一个矩形的代码如下:

```
< body >
    < canvas id = "aCanvas" width = "200" height = "100"></canvas >
    < script type = "text/javascript">
        var myCanvas = document.getElementById("aCanvas");
                                          //获取 Canvas 对象
        var conText = myCanvas.getContext("2d");  //获取绘图环境(上下文环境)
        conText.fillStyle = "#FF0000";            //设置填充样式
        conText.fillRect(10,10,150,75);           //绘制矩形
    </script >
</body >
```

2. 绘制图形

使用 canvas 标记绘制图形一般需要经过下列步骤:

(1)在 body 标记中插入 canvas 标记,并设置 id、width、height。

```
< canvas id = "aCanvas" width = "200" height = "100"></canvas >
```

(2) 在 body 标记中插入 script 标记,并在该标记内插入相关 JavaScript 代码。
(3) 通过 id 获取页面上的 canvas 对象。

```
var myCanvas = document.getElementById("aCanvas");    //获取 Canvas 对象
```

(4) 创建具有绘图功能的环境对象 context,参数为 2d 或 3d。

```
var conText = myCanvas.getContext("2d");              //获取绘图环境(也称上下文环境)
```

(5) 在绘图环境对象内绘图。
- 填充:分为填充样式和填充图形。

```
conText.fillStyle = "#FF0000";              //设置填充样式
conText.fillRect(10,10,150,75);             //绘制矩形
```

- 绘制边框(外轮廓):绘制样式和绘制图形及绘制线条的宽度(相当于画笔粗细)。

```
conText.strokeStyle = "#FF0000";            //设置边框样式
conText.lineWidth = 8;                      //图形边框宽度,不加单位 px
conText.strokeRect(0,0,200,100);            //绘制边框
```

- 清除矩形区域。

```
conText.clearRect(x,y,width,height)
```

【例 17-2-1】 用 canvas 标记绘制矩形。其代码如下,页面效果如图 17-5 所示。

```
 1  <!-- edu_17_2_1.html -->
 2  <!doctype html>
 3  < html lang = "en">
 4      < head >
 5          < meta charset = "UTF-8">
 6          <title>用 canvas 标记绘制矩形</title>
 7      </head>
 8      < body >
 9          < canvas id = "oneCanvas" width = "" height = "" style = "border:1px solid blue"></canvas >
10          < script type = "text/javascript">
11              var myCanvas = document.getElementById("oneCanvas");
                   //获取画布对象
12              var conText = myCanvas.getContext("2d");
                   //获取绘图环境(上下文环境)
13              conText.fillStyle = "#00FF00";              //设置填充样式
14              conText.fillRect(0,0,200,100);              //填充矩形
15              conText.strokeStyle = "#FF0000";            //设置边框样式
16              conText.lineWidth = 8;                      //图形边框宽度
17              conText.strokeRect(0,0,200,100);            //绘制边框
18          </script>
19      </body>
20  </html>
```

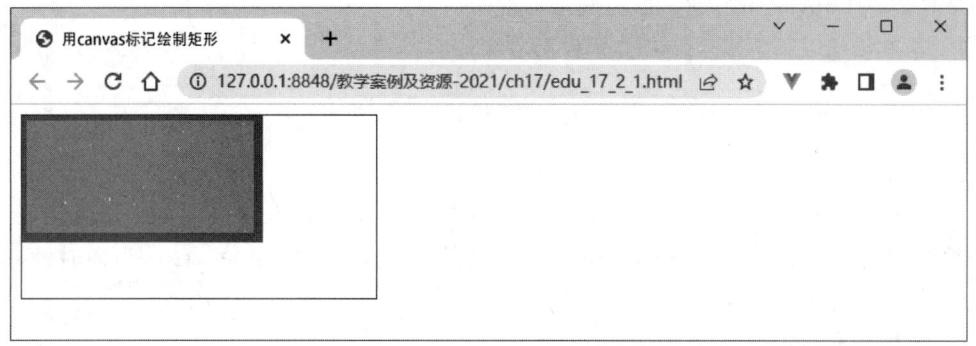

图 17-5　用 canvas 标记绘制矩形效果图

17.2.2　Canvas 坐标

Canvas 画布是一个二维网格，分 X 轴和 Y 轴，其中 X 轴方向从左向右，Y 轴方向从上到下。绘制矩形的方法是 fillRect（X，Y，width，height），其中 X、Y 参数分别表示 X 轴、Y 轴的坐标，其余两个参数分别表示矩形的宽度和高度，如图 17-6 所示。Canvas 绘图环境对象的左上角坐标为(0,0)。例如 fillRect（0,0，200,175）表示在画布上绘制 200px×175px 的矩形，从左上角(0,0)开始绘制。

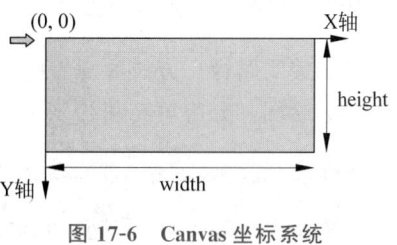

图 17-6　Canvas 坐标系统

17.2.3　Canvas 路径

在 Canvas 上除了可以绘制矩形、正方形和直线外，还可以使用路径进行绘图。在绘制前需要使用 beginPath()方法开始路径，然后形成绘制路径，结束后需要使用 closePath()方法关闭路径，最后才开始填充或绘制。常用绘制路径方法及说明如表 17-2 所示。

表 17-2　常用绘制路径方法及说明

方　　法	说　　明
fill()	填充当前绘图(路径)
stroke()	绘制已定义的路径(边框)
beginPath()	起始一条路径，或重置当前路径
moveTo()	把路径移动到画布中的指定点，不创建线条
closePath()	创建从当前点回到起始点的路径
lineTo()	添加一个新点，然后在画布中创建从该点到最后指定点的线条
clip()	从原始画布剪切任意形状和尺寸的区域
quadraticCurveTo()	创建二次贝塞尔曲线
bezierCurveTo()	创建三次贝塞尔曲线
arc()	创建弧/曲线(用于创建圆形或部分圆)
arcTo()	创建两切线之间的弧/曲线
isPointInPath()	如果指定的点位于当前路径中，返回 true，否则返回 false

下面以在 Canvas 中绘制圆形为例进行说明。

1. 基本语法

```
context.arc(x, y, radius, startAngle, endAngle, anticlockwise)
```

2. 语法说明

x、y、radius 分别为圆心的 x 坐标、y 坐标和半径。startAngle、endAngle 分别表示绘制开始角度和绘制结束角度。anticlockwise 表示绘制方向是否为逆时针，true 为逆时针，false 为顺时针。

3. 具体步骤

前 4 步与绘制矩形的步骤相同，此处省略，后续步骤如下：

（1）开始路径。方法为 conText.beginPath()。

（2）绘制路径。方法如下：

```
conText.arc(150, 150, 100, 0, Math.PI * 2, true);    //绘制路径
```

（3）关闭路径。方法为 conText.closePath()。

（4）绘图。分为填充和绘制圆形边框，与绘制矩形类似。

```
conText.fillStyle = 'rgba(255,0,0,0.75)';       //填充样式
conText.fill();                                  //填充绘图
conText.strokeStyle = 'rgba(0,255,0,0.50)';     //绘图样式
conText.lineWidth = 20;                          //绘制边框宽度
conText.stroke();                                //填充绘图
```

rgba 是以 RGB 为基础再加上不透明度的属性。格式如下：

```
rgba(red, green, blue, opacity)
```

opacity 属性表示透明度，允许的值为 0~1 带有小数的数值。

【例 17-2-2】 用 canvas 标记绘制圆形。其代码如下，页面效果如图 17-7 所示。

```
1  <!-- edu_17_2_2.html -->
2  <!doctype html>
3  <html lang="en">
4    <head>
5      <meta charset="UTF-8">
6      <title>用 canvas 标记绘制圆形</title>
7    </head>
8    <body>
9      <canvas id="oneCanvas" width="300" height="300" style="background:#F0F0F0;">
       </canvas>
10     <script type="text/javascript">
11       var myCanvas = document.getElementById("oneCanvas");
                                                             //获取 Canvas 对象
12       var conText = myCanvas.getContext("2d");            //获取绘图环境(上下文环境)
13       conText.beginPath();                                //开始路径
14       conText.arc(150, 150, 100, 0, Math.PI * 2, true);   //绘制路径
15       conText.closePath();                                //关闭路径
16       conText.fillStyle = 'rgba(255,0,0,0.75)';
                                                  //填充样式,第 4 个参数表示透明度
```

```
17            conText.fill();                              //填充绘图
18            conText.strokeStyle = 'rgba(0,255,0,0.50)';
                                                           //绘图样式,第 4 个参数表示透明度
19            conText.lineWidth = 20;                      //绘制边框宽度
20            conText.stroke();                            //绘制边框
21        </script>
22    </body>
23 </html>
```

17.2.4 用 Canvas 绘制线段

使用 canvas 标记可以绘制线段,常用的方法有 moveTo(x,y) 和 lineTo(x,y)。

1. 基本语法

```
context.moveTo(x,y)      //定义线段开始坐标,x 为 X 轴坐标,y 为 Y 轴坐标
context.lineTo(x,y)      //定义线段结束坐标,x 为 X 轴坐标,y 为 Y 轴坐标
```

2. 语法说明

两个方法的参数相同,x 为 X 轴坐标,y 为 Y 轴坐标。moveTo() 表示设置线段的起点;lineTo() 表示设置线段的终点。第 1 条线段的起点用 moveTo() 方法与 lineTo() 方法的作用相同。从第 2 条线段开始,如果没有 moveTo() 设置线段起点,则说明下一条线段的起点与上一条线段的终点相同。

【例 17-2-3】 用 canvas 标记绘制直线,其代码如下,页面效果如图 17-8 所示。

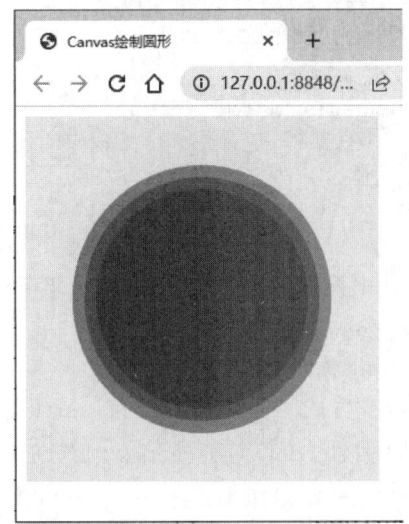

图 17-7 用 canvas 标记绘制圆形

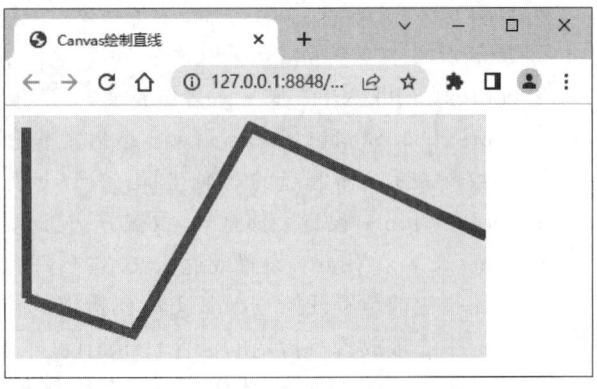

图 17-8 用 canvas 标记绘制直线

```
1 <!-- edu_17_2_3.html -->
2 <!doctype html>
3 <html lang="en">
4   <head>
5     <meta charset="UTF-8">
6     <title>用 canvas 标记绘制直线</title>
7   </head>
```

```
 8    <body>
 9      <canvas id="oneCanvas" width="400" height="200" style="background:
         #F0F0F0;"></canvas>
10      <script type="text/javascript">
11        var myCanvas = document.getElementById("oneCanvas");   //获取 Canvas 对象
12        var conText = myCanvas.getContext("2d");               //获取绘图环境(上下文环境)
13        conText.strokeStyle = "rgb(250,0,0)";
14        conText.fillStyle = "rgb(250,0,0)"
15        conText.moveTo(10,10);                                 //第 1 条线段的起点
16        conText.lineTo(10,150);                                //第 1 条线段的终点
17        conText.moveTo(10,150);                                //第 2 条线段的起点
18        conText.lineTo(100,180);                               //第 2 条线段的终点
19        conText.lineTo(200,10);                                //第 3 条以第 2 条的终点为起点
20        conText.lineTo(400,100);                               //第 4 条以第 3 条的终点为起点
21        conText.lineWidth = 8;                                 //绘制边框宽度
22        conText.stroke();                                      //绘制边框
23      </script>
24    </body>
25  </html>
```

17.2.5 用 Canvas 绘制文本

使用 Canvas 除了可以绘制矩形、圆形等以外,还可以绘制文本。

1. 基本语法

```
Context.fillText(text,x,y)                                     //在 Canvas 上绘制实心的文本
Context.strokeText(text,x,y)                                   //在 Canvas 上绘制空心的文本
context.font = "font-style font-weight font-variant font-size/line-height
font-family"
context.textAlign = "start|end|left|right|center"              //水平对齐
context.textBaseline = "alphabetic|top|hanging|middle|ideographic|bottom";
                                                               //垂直对齐
```

2. 语法说明

- context.fillText(text,x,y):填充文本。
- context.strokeText(text,x,y):绘制文本轮廓。其中参数 text 表示要绘制的文本;参数 x 表示文本起点的 X 轴坐标;参数 y 表示文本起点的 Y 轴坐标。
- context.font:设置字体样式,设置方法与 CSS 的 font 属性的设置方法相同。
- context.textAlign:设置或返回文本内容的当前对齐方式。其值可设置为 start(文本从指定的位置开始)、end(文本在指定的位置结束)、left(文本左对齐)、center(文本的中心被放置在指定的位置)、right(文本右对齐)。
- context.textBaseline:设置或返回在绘制文本时使用的当前文本基线(垂直对齐方式)。其值可设置为 top(顶部)、hanging(悬挂,比 top 略高些)、middle(中部)、alphabetic(默认,普通的字母基线)、ideographic(表意基线,与 bottom 效果同)、bottom(底部)。textBaseline 属性在不同的浏览器上效果不同,特别是使用"hanging"或"ideographic"时,在不同浏览器中效果不同。绘制文本的格式如下:

```
context.textAlign = "start";                                   //设置提示信息的水平对齐方法
context.font = "24px 黑体";                                    //设置提示信息的字体
context.fillText("文本基线位置: ",0,220);                       //设置提示信息
```

17.2.6 Canvas 渐变

渐变可以填充在矩形、圆形、线条、文本等上。各种形状可以定义不同的颜色。

1．基本语法

```
var grad = context.createLinearGradient(xstart,ystart,xend,yend);
                                    //创建线条渐变
grad.addColorStop(offset,color);    //指定颜色停止,offset 可以是 0～1
var grad = context.createRadialGradient(xstart,ystart,radiusstart,xend,
yend,radiusend)
                                    //圆形的径向渐变
context.fillStyle = grad;           //渐变对象变量
context.fillRect(x,y,width,height);
```

2．语法说明

在 createLinearGradient()中，参数 xstart 表示渐变开始点的 x 坐标；ystart 表示渐变开始点的 y 坐标；xEnd 表示渐变结束点的 x 坐标；yEnd 表示渐变结束点的 y 坐标。在 addColorStop()中，参数 offset 表示设定的颜色离渐变结束点的偏移量(0～1)；color 表示绘制时要使用的颜色。

createRadialGradient()中有 6 个参数，前 3 个参数表示径向渐变开始的圆心坐标和半径；后 3 个参数表示径向渐变结束的圆心坐标和半径。

当使用渐变对象时，必须使用两种或两种以上的停止颜色，设置 fillStyle 或 strokeStyle 的值为渐变，然后绘制形状，例如矩形、文本或一条线。

绘制渐变线条的部分代码如下，效果如图 17-9 的右中部所示。

```
var grad = context.createLinearGradient(50,280,400,50);    //创建线条渐变
grad.addColorStop(0,"#FF0000");                            //设置偏移量为 0 以及渐变停止颜色
grad.addColorStop(1,"#00FF00");                            //设置偏移量为 1 以及渐变停止颜色
context.fillStyle = grad;                                  //设置填充样式为渐变
context.fillRect(50,280,400,50);                           //填充矩形
```

图 17-9　综合运用 Canvas 绘制文本、图像、渐变

17.2.7 用 Canvas 绘制图像

把一幅图像放置到画布上,即在 Canvas 上画出图像。

1. 基本语法

```
context.drawImage(image,x,y);                              //在坐标(x,y)处开始绘制图像 image
context.createPattern(image,type);                         //图像平铺
context.clip()                                             //图像裁剪
var imagedata = context.getImageData(sx,sy,sw,sh);         //像素处理
context.drawImage(image,x,y,width,height);                 //按指定宽度和高度绘图
context.drawImage(image,sx,sy,sw,sh,dx,dy,dw,dh);          //选取图像的部分矩形区域进行绘制
```

2. 语法说明

在 drawImage(image,x,y)方法中,参数 x 表示绘制图像的 x 坐标;y 表示绘制图像的 y 坐标;image 表示图像对象。

在 createPattern(image,type)方法中,参数 type 的取值有 4 种,其中 no-repeat 表示不平铺、repeat-x 表示横方向平铺、repeat-y 表示纵方向平铺、repeat 表示全方向平铺;image 为图像对象。

context.clip()方法只绘制封闭路径区域内的图像,不绘制路径外部的图像。在使用时先创建裁剪区域,再绘制图像。其代码如下,效果如图 17-9 中的右边所示。

```
context.beginPath();                                       //开始路径
context.arc(200, 150, 100, 0, Math.PI * 2, true);          //形成圆形路径
context.closePath();                                       //结束路径
context.clip();                                            //从原 image 中剪裁出圆形部分图像
context.drawImage(image,50,380);                           //除剪裁部分外,其余不可见
```

在 drawImage(image,x,y,width,height)方法中,参数 x 表示绘制图像的 x 坐标;y 表示绘制图像的 y 坐标;width 表示绘制图像的宽度;height 表示绘制图像的高度。

在 drawImage(image,sx,sy,sw,sh,dx,dy,dw,dh)方法中,参数 sx 表示图像上的 x 坐标;sy 表示图像上的 y 坐标;sw 表示矩形区域的宽度;sh 表示矩形区域的高度;dx 表示画在 Canvas 上的 x 坐标;dy 表示画在 Canvas 上的 y 坐标;dw 表示画出来的宽度;dh 表示画出来的高度。各个参数的标注如图 17-10 所示。

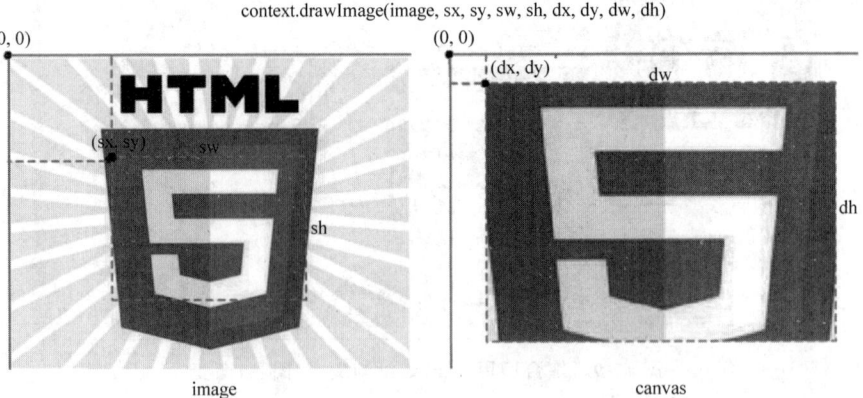

图 17-10 选取图像的部分矩形区域进行绘制

【例 17-2-4】 综合运用 Canvas 绘制文本、图像、渐变。其代码如下,页面效果如图 17-9 所示。

```html
1  <!-- edu_17_2_4.html -->
2  <!doctype html>
3  <html lang="en">
4      <head>
5          <meta charset="UTF-8">
6          <title>用 Canvas 绘制文本、图像、渐变</title>
7          <script type="text/javascript">
8          <!--
9              function showPage(){
10                 var myCanvas = document.getElementById("oneCanvas");    //获取画布对象
11                 var conText = myCanvas.getContext("2d");                //获取绘图环境对象
12                 conText.strokeStyle = "rgb(250,0,0)";
13                 conText.fillStyle = "rgb(0,0,0)";
14                 //在 X 轴 150 处绘制垂直红线
15                 conText.textAlign = "start";                            //设置提示信息的水平对齐方法
16                 conText.font = "24px 黑体";                              //设置提示信息的字体
17                 conText.fillText("文本对齐方式: ",0,24);                  //设置提示信息
18                 conText.strokeStyle = "red";
19                 conText.moveTo(350,20);
20                 conText.lineTo(350,170);
21                 conText.stroke();
22                 //绘制文本 - textAlign 属性的应用
23                 conText.font = "24px Arial";
24                 conText.textAlign = "start";
25                 conText.fillText("在指定位置开始 start",350,60);
26                 conText.textAlign = "end";
27                 conText.fillText("在指定位置结束 end",350,80);
28                 conText.textAlign = "center";
29                 conText.fillText("文本中心在指定位置 center",350,120);
30                 conText.lineWidth = 1;
31                 conText.fill();
32                 //在 Y 轴 250 处绘制一条水平红线
33                 conText.textAlign = "start";                            //设置提示信息的水平对齐方法
34                 conText.font = "24px 黑体";                              //设置提示信息的字体
35                 conText.fillText("文本基线位置: ",0,220);                 //设置提示信息
36                 conText.strokeStyle = "red";
37                 conText.moveTo(0,250);
38                 conText.lineTo(700,250);
39                 conText.stroke();
40                 //在 Y 轴 250 处设置不同的 textBaseline 值,显示单词的位置
41                 conText.font = "20px Arial";
42                 conText.textBaseline = "top";
43                 conText.fillText("Top - Hag",20,250);                   //Hag 表示字母组合
44                 conText.textBaseline = "bottom";
45                 conText.fillText("Bottom - aXg",100,250);               //aXg 表示字母组合
46                 conText.textBaseline = "middle";
47                 conText.fillText("Middle",220,250);
48                 conText.textBaseline = "alphabetic";
49                 conText.fillText("Alphabetic - aXg",300,250);           //aXg 表示字母组合
50                 conText.textBaseline = "ideographic";
51                 conText.fillText("ideographic - aXg",460,250);
                                                                          //aXg 表示字母组合
52                 conText.textBaseline = "hanging";
```

```
53          conText.fillText("Hanging",620,250);
54          //绘制渐变
55          conText.font = "20px 黑体";
56          conText.textBaseline = "bottom";
57          conText.fillText("渐变：",0,320);
58          var grad = conText.createLinearGradient(50,280,400,50);
                                                              //创建线条渐变
59          grad.addColorStop(0,"#FF0000");               //设置渐变停止颜色1
60          grad.addColorStop(1,"#00FF00");               //设置渐变停止颜色2
61          conText.fillStyle = grad;                      //设置填充样式为渐变
62          conText.fillRect(50,280,400,50);               //填充矩形
63          /*绘制图像*/
64          var myCanvas = document.getElementById("oneCanvas");
                                                              //获取画布对象
65          var conText = myCanvas.getContext("2d");       //获取绘图环境对象
66          conText.font = "20px 黑体";
67          conText.textBaseline = "bottom";
68          conText.fillText("图像：",0,380);
69          var img = new Image();
70          img.src = "image-17-2-4.jpg";
71          conText.drawImage(img,50,380);                 //在指定位置处开始绘图
72          conText.drawImage(img,450,680,100,100);        //按指定宽度和高度绘图
73          /*选取图像的部分矩形区域进行绘制*/
74          conText.drawImage(img,200,200,100,100,550,660,120,120);
75          /*图像按圆形剪裁*/
76          conText.fillStyle = "#F8F8F8";                 //填充样式
77          conText.fillRect(680,378,400,400);             //填充
78          conText.beginPath();                           //开始路径
79          conText.arc(890, 578, 100, 0, Math.PI * 2, true);
                                                              //形成圆形路径
80          conText.closePath();                           //结束路径
81          conText.clip();                                //按圆形剪裁
82          conText.drawImage(img,680,378);                //按圆形剪裁图像,其余部分不可见
83        }
84                                                         //-->
85      </script>
86    </head>
87    <body onload = "showPage();">
88      <div>
89        <img src = "image-17-2-4.jpg" id = "myimg" style = "float:left;"/>
90        <canvas id = "oneCanvas" width = "1100" height = "800" style =
          "background:#F0F0F0;"></canvas>
91      </div>
92    </body>
93  </html>
```

17.3 HTML5 拖放

拖放(Drag 和 Drop)是一种常见的特性,即抓取对象以后将其拖到另一个位置。拖放是 HTML5 标准的组成部分,任何元素都能拖放,只要设置 draggable 属性为 true 即可。IE 9、Firefox、Opera、Chrome 以及 Safari6 等高版本的浏览器均支持拖放。

为了使元素可拖动,可采取下列步骤。

17.3.1 设置元素为可拖放

将元素的 draggable 属性值设置为 true。代码如下：

`< img id = "" src = "" draggable = "true">`

17.3.2 拖放事件

在拖动过程中会触发很多事件，事件、事件的属性及说明如表 17-3 所示。

表 17-3 拖放过程中触发的事件及说明

事件	事件的属性	说明
dragstart	ondragstart	网页元素开始拖动时触发
drag	ondrag	被拖动的元素在拖动过程中持续触发
dragenter	ondragenter	被拖动的元素进入目标元素时触发，应在目标元素监听该事件
dragleave	ondragleave	被拖动的元素离开目标元素时触发，应在目标元素监听该事件
dragover	ondragover	被拖动的元素停留在目标元素之中时持续触发，应在目标元素监听该事件
drop	ondrop	拖动操作结束，放置元素时触发。监听器负责检索被拖动的数据以及在放置位置插入它
dragend	ondragend	网页元素拖动结束时触发

17.3.3 dataTransfer 对象

dataTransfer 是 event 对象的一个属性，用于从被拖动元素向放置目标传递字符串格式的数据，可在拖放事件的事件处理程序中访问 dataTransfer 对象。该对象的常用属性及说明如表 17-4 所示，常用方法及说明如表 17-5 所示。

表 17-4 dataTransfer 对象的常用属性及说明

属性	说明
dropEffect	拖放的操作类型，决定了浏览器如何显示鼠标指针针形状，其值可为 copy、move、link 和 none
effectAllowed	指定所允许的操作，其值可为 copy、move、link、copyLink、copyMove、linkMove、all、none 和 uninitialized（默认值，等同于 all，即允许一切操作）
files	包含一个 FileList 对象，表示拖放所涉及的文件，主要用于处理从文件系统拖入浏览器的文件
types	存储在 dataTransfer 对象上的数据的类型

例如，在开始拖放时，在 dataTransfer 对象上存储一条文本信息，内容为"Hello World!"。当拖放结束时，可以用 getData()方法取出这条信息。代码如下：

```
draggableElement.addEventListener('dragstart', function(event) {
    event.dataTransfer.setData('text', 'Hello World!');   //存储信息
});
```

表 17-5　dataTransfer 对象的常用方法及说明

方　　法	说　　明
setData(format,data)	在 dataTransfer 对象上存储数据。第 1 个参数 format 用来指定存储的数据类型,例如 text、url、text/html 等
getData(format)	从 dataTransfer 对象取出数据
clearData(format)	清除 dataTransfer 对象所存储的数据。如果指定了 format 参数,则只清除该格式的数据,否则清除所有数据
setDragImage (imgElement,x,y)	指定拖动过程中显示的图像。在默认情况下,许多浏览器显示一个被拖动元素的半透明版本。参数 imgElement 必须是一个图像元素,而不是指向图像的路径,参数 x 和 y 表示图像相对于鼠标指针的位置

17.3.4　拖放操作的实现步骤

拖放元素的过程可分为创建可拖放对象、设置放置对象两个步骤,具体如下:

1. 创建一个可拖放对象

这里以一个<img>标记为例,要使该标记成为拖放对象,需要设置该元素的 draggable 属性为 true,同时给该标记的 dragstart 事件设置一个事件监听器存储拖放数据,事件监听器 dragstart 会设置允许的效果(copy、move、link 或者是组合形式的)。ondragstart 属性绑定 drag(event)函数,它规定了被拖动的数据。通过 dataTransfer.setData()方法设置被拖放数据的数据类型和值。具体代码格式如下:

```
< img src = "45567.jpg" draggable = "true" ondragstart = "drag(event)" id = "drag1"/>
function drag(ev){ev.dataTransfer.setData("Text",ev.target.id);}
```

参数 1 是数据类型,值为"Text";参数 2 是数据信息,值为可拖动元素的 id("drag1")。

2. 设置放置对象

能够接受拖放元素的对象称为放置对象(或目标对象),放置对象至少要监听两个事件。

(1) dragover 事件:该事件对应的事件句柄为 ondragover,当被拖动元素停留在放置对象之中时持续触发。在默认方式下,无法将数据/元素放置到其他元素中,需要设置允许放置,必须阻止对元素的默认处理方式。通过给 ondragover 事件属性绑定 allowDrag(event)函数,在函数中使用 event.preventDefault()方法来实现阻止默认处理方式。其代码如下:

```
< div id = "div1" ondrop = "drop(event)" ondragover = "allowDrop(event)">
function allowDrop(ev){
    ev.preventDefault();        //阻止对元素的默认处理方式
}
```

(2) drop 事件:该事件对应的事件句柄为 ondrop,允许执行真正的放置。ondrop 属性绑定 drop(event)函数完成放置功能。当放置被拖动数据时会发生 drop 事件,该事件将阻止对元素的默认处理方式、获得拖放元素的数据信息、添加被拖放的元素。其代码如下:

```
function drop(ev){                              //放置
  ev.preventDefault();
//阻止对元素的默认处理方式,默认行为是以链接形式打开
```

```
        var data = ev.dataTransfer.getData("Text");         //获取拖放数据,data 中存储的元素 id
        ev.target.appendChild(document.getElementById(data));
                                                             //将被拖元素追加到放置元素中
    }
```

这里以图层 div 为例,把 div 作为目标对象,设置图层的 ondrop 和 ondragover 事件属性,并绑定相关事件处理代码。代码如下:

```
    <div id = "div1" ondrop = "drop(event)" ondragover = "allowDrop(event)">
```

【例 17-3-1】 HTML5 拖放图像的应用。其代码如下,页面效果如图 17-11 所示。

图 17-11 HTML5 拖放图像的应用

```
1   <!-- edu_17_3_1.html -->
2   <!doctype html>
3   <html lang = "en">
4     <head>
5       <meta charset = "UTF-8">
6       <title>HTML5 拖放图像</title>
7       <style type = "text/css">
8         #div1, #div2 {display: inline-block;width: 200px;height: 200px;
9          margin: 0 10px;border: 1px solid #9944FF;}
10        #drag1 {width: 200px;height: 200px;}
11        body{text-align: center;}
12      </style>
13      <script type = "text/javascript">
14        function $ (id) {return document.getElementById(id);}    //获取元素
15        function allowDrop(ev) {
16          //阻止对元素的默认处理方式
17          ev.preventDefault();
18        }
19        function drag(ev) {
20          //设置被拖数据的数据类型和值
21          ev.dataTransfer.setData("Text", ev.target.id);
22        }
23        function drop(ev) {
24          ev.preventDefault();                          //阻止对元素的默认处理方式
25          var data = ev.dataTransfer.getData("Text");//获得被拖的数据
26          ev.target.appendChild( $ (data));             //添加拖拽元素
27        }
28      </script>
29    </head>
30    <body>
31      <h3>图像在两个 div 中互拖放</h3>
32      <hr>
33      <div id = "div1" ondrop = "drop(event)" ondragover = "allowDrop(event)">
```

```
34          < img src = "image - 17 - 3 - 1.jpg" draggable = "true" ondragstart = "drag(event)"
            id = "drag1" />
35      </div>
36      < div id = "div2" ondrop = "drop(event)" ondragover = "allowDrop(event)"></div>
37  </body>
38 </html>
```

17.4 HTML5 Web Worker

在 HTML5 中提出了 Web Worker(工作线程)的概念,并且规范出 Web Worker 的三大主要特征:能够长时间运行(响应)、理想的启动性能以及理想的内存消耗。Web Worker 允许开发人员编写能够长时间运行且不被用户中断的后台程序去执行事务或者逻辑,并同时保证页面对用户的及时响应。

17.4.1 Web Worker 的工作原理

Web Worker 的工作原理是在当前 JavaScript 脚本的主线程中使用 Worker 类创建一个 Worker,并向其传入一个参数,该参数是需要在另一个线程中运行的 JavaScript 文件名称(myWorker.js),然后在这个实例上监听 onmessage 事件,利用这个 JavaScript 文件来运行一个新的线程,起到互不阻塞执行的效果。主线程和新线程之间的数据交换可通过 postMessage()方法和 onmessage 捕获来传递和接收数据。

17.4.2 创建 Web Worker 文件

利用 JavaScript 创建一个外部 Web Worker 文件 myWorker.js。它是一个独立的 JavaScript 脚本文件,主要功能是每隔 1s 随机产生 10 个 100 以内的两位整数,保存在数组中,并通过 postMessage() 方法将数组元素传递给主线程。其调用方法如下:

```
worker.postMessage(data)                //data 可以是一个字符串或者 JSON 对象
```

编写外部 JavaScript 文件,代码如下:

```
/* myWorker.js,每隔 1s 随机产生 10 个 10～99 的整数 */
var tenInteger = new Array();           //定义保存随机的两位整数的数组
function createTenInteger(){            //产生 10 个随机整数
    for (var j = 0;j < 10;j++)          //循环 10 次
    {   //利用数学函数随机产生 10～99 的整数,并存入数组中
        tenInteger[j] = Math.floor(Math.random() * 90 + 10);
    }
    postMessage(tenInteger.sort());     //数组元素排序后传递给主线程
    setTimeout("createTenInteger()",1000);  //每隔 1s 重新产生一次
}
createTenInteger();                     //调用方法
```

在通常情况下,Web Worker 不用于如此简单的脚本,而是用于更耗费 CPU 资源的任务。

17.4.3 创建 Web Worker 对象

在编辑完 Web Worker 文件后,需要利用 Worker 类创建一个新的 Worker 线程,并为

其传入一个参数,该参数就是 myWorker.js 文件,从而实现调用。代码如下:

```
var worker = new Worker("myWorker.js");    //定义 Worker,并传入参数
```

在通常情况下,需要检测一下 Worker 对象是否存在。若不存在,则自动创建一个新的 Worker 对象,然后运行 myWorker.js 中的代码。代码如下:

```
if(typeof(worker) == "undefined"){          //未定义,其类型为 undefined
    worker = new Worker("myWorker.js");     //创建一个 Worker
}
```

然后就可以从 Web Worker 发送和接收消息。为 Web Worker 对象添加一个 onmessage 事件监听器来接收消息。代码如下:

```
worker.onmessage = function(event){         //动态分配事件属性,并绑定无名事件处理函数
    document.getElementById("result").innerHTML = event.data;
                                            //将接收的消息显示在指定的标记内
}
```

event.data 中存放新线程 postMessage(data)方法回传的数据 data。

当然 Worker 新线程也可以通过 postMessage(data)方法向主线程发送数据、通过绑定 onmessage 方法接收主线程发送过来的数据。

17.4.4 终止 Web Worker

Web Worker 不能自行停止,但是启动它们的页面可以通过调用 terminate()方法停止它们,并释放浏览器/计算机资源。代码如下:

```
worker.terminate();        //终止新线程
```

在 Web Worker 应用中还会遇到同时加载多个脚本的情况,此时可以在 Worker 中通过 importScripts(url)加载其他的脚本文件,也可以使用 setTimeout()、clearTimeout()、setInterval()、clearInterval()等方法定时或周期性地启动或停止相关代码。

【例 17-4-1】 用 HTML5 Web Worker 多线程实现每隔 1s 随机产生一组 10 个 100 以内的两位整数。其代码如下,页面效果如图 17-12 所示。

```
 1  <!-- edu_17_4_1.html -->
 2  <!doctype html>
 3  <html lang="en">
 4      <head>
 5          <title>Web Worker 应用</title>
 6          <meta charset="UTF-8">
 7      </head>
 8      <body>
 9          <h3>随机产生 10 个 100 以内的两位整数:</h3>
10          <p><output id="result"></output></p>
11          <button onclick="startMyWorker()">开始 Worker-每秒产生 10 个整数
            </button>
12          <br/><button onclick="stopMyWorker()">停止 Worker</button>
13          <script>
```

```
14        var worker;                //定义全局变量
15        function $ (id){return document.getElementById(id);}
                                     //通过 id 获取对象
16        function startMyWorker(){   //启动我的 worker
17          if(typeof(Worker)!== "undefined")
                                     //判断浏览器是否支持 Web Worker
18          {
19            if(typeof(worker) == "undefined")  //判断 worker 是否存在
20            {
21              worker = new Worker("myWorker.js");  //不存在则创建
22            }
23            worker.onmessage = function (event) {  //捕获传递的消息
24              $ ("result").innerHTML = event.data;  //显示在指定的标记内
25            }
26          }else{                   //浏览器不支持 Web Worker
27            $ ("result").innerHTML = "对不起,您的浏览器不支持 Web Worker…";
28          }
29        }
30        function stopMyWorker(){
31          worker.terminate();       //终止线程
32        }
33      </script>
34    </body>
35  </html>
```

(a) 初始状态　　　　　(b) 开始线程　　　　　(c) 停止线程

图 17-12　HTML5 工作线程的应用

17.5　综合案例 5——简易图书管理系统

利用 IndexedDB 实现简易图书管理系统,要求页面内容、页面表现与行为充分分离。HTML 页面采用 HTML5 新增结构标记来设计,主要包括 header、section、nav、footer 等标记,设计图书汇总、添加图书、系统设置 3 个导航,采用 3 个 section 设计 3 个不同的用户界面,页面效果如图 17-13~图 17-19 所示。

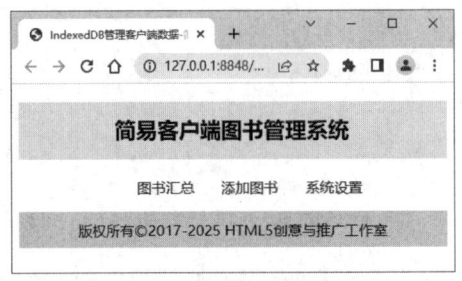

图 17-13　初始界面

第17章 HTML5高级应用

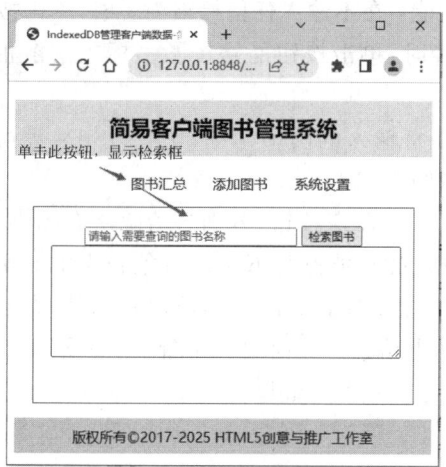

图 17-14　图书汇总页面

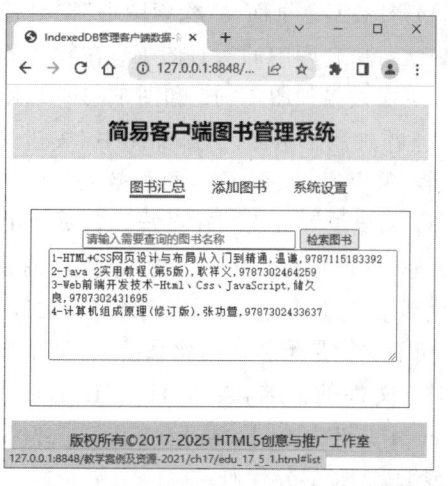

图 17-15　未输入检索内容对的检索图书页面

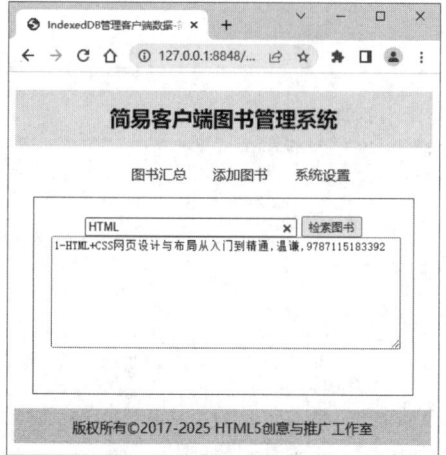

图 17-16　输入 HTML 后的检索图书页面

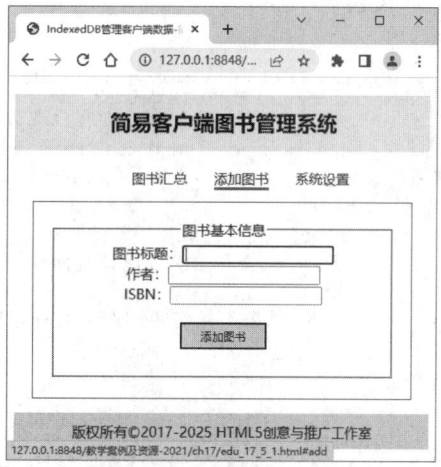

图 17-17　添加图书初始界面

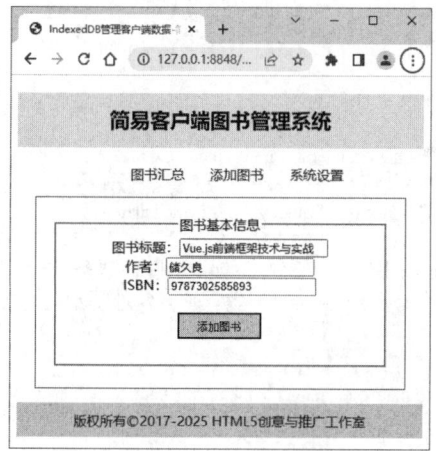

图 17-18　图书添加页面

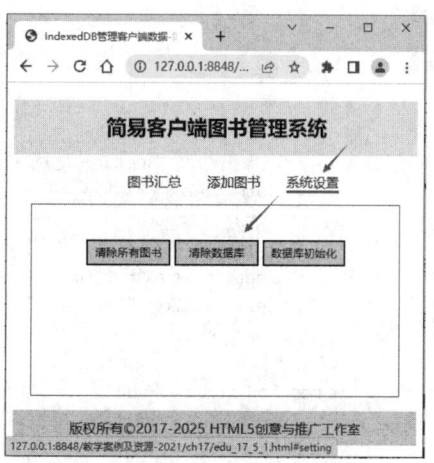

图 17-19　系统设置页面

（1）图书汇总页面。"检索图书"按钮有两个功能：在不输入任何检索内容时，单击按钮能够检索对象仓库中的所有图书；在输入检索内容时，单击按钮能够按图书标题检索相关图书。页面效果如图 17-15 和图 17-16 所示。

（2）添加图书页面。"添加图书"按钮的功能是将输入的图书标题、作者、ISBN 等信息添加到对象仓库 books 中。页面效果如图 17-17 和图 17-18 所示。

（3）系统设置页面。在系统设置页面中设置了 3 个命令按钮，分别是清除所有图书、清除数据库、数据库初始化。其中"清除所有图书"按钮的功能是将 books 对象仓库中的所有对象全部删除；"清除数据库"按钮的功能是将整个数据库（myBooks）删除；"数据库初始化"按钮的功能是重新初始化系统，自动添加 5 种图书信息。页面效果如图 17-19 所示。

对于文件的命名，要求 HTML 文件为 edu_17_5_1.html，CSS 文件为 books.css，JavaScript 文件为 mybooks.js。

- HTML 部分代码。

```html
1  <!-- edu_17_5_1.html -->
2  <!doctype html>
3  <html>
4    <head>
5      <meta charset = "UTF-8">
6      <title>IndexedDB 管理客户端数据-简易图书管理系统</title>
7      <link type = "text/css" rel = "stylesheet" href = "books.css" />
8      <script type = "text/javascript" src = "mybooks.js"></script>
9    </head>
10   <body class = "list">
11     <!-- 1.采用 HTML5 设计页面内容 -->
12     <header>
13       <h2>简易客户端图书管理系统</h2>
14       <nav>
15         <ul>
16           <li><a id = "a1" href = "#list" class = "list">图书汇总</a></li>
17           <li><a id = "a2" href = "#add" class = "add">添加图书</a></li>
18           <li><a id = "a3" href = "#setting" class = "setting">系统设置</a></li>
19         </ul>
20       </nav>
21     </header>
22     <!-- 采用 3 个 section 设计 3 个不同的导航页面 -->
23     <section class = "list">
24       <!-- 第 1 个 section 是图书列表清单 -->
25       <form name = "list">
26         <input type = "search" size = "30" name = "query" placeholder = "请输入需要查询的图书名称"/>
27         <input type = "button" value = "检索图书" onclick = "showBooks();"/><br/>
28         <textarea id = "booklist" rows = "8"></textarea><!-- 显示查询结果 -->
29       </form>
30     </section>
31     <section class = "add">
32       <!-- 第 2 个 section 是图书添加 -->
33       <form name = "add">
34         <fieldset>
35           <legend align = "center">图书基本信息</legend>
```

```
36              图书标题:<input type="text" name="title" autocomplete="true"/><br/>
37              作者:<input type="text" name="author" autocomplete="true" required/>
                    <br/>
38              ISBN:<input type="text" name="isbn" autocomplete="true" pattern="[0-9]
                    {13}" required/><br/>
39              <input type="button" class="myButton" value="添加图书" onclick="addBook();">
40            </fieldset>
41          </form>
42        </section>
43        <section class="setting">
44          <!-- 第3个section是系统设置 -->
45          <form name="setting">
46              <input type="button" value="清除所有图书" class="myButton"
                    onclick="deleteAllBooks();"/>
47              <input type="button" value="清除数据库" class="myButton"
                    onclick="deleteDatabase();"/>
48              <input type="button" value="数据库初始化" class="myButton"
                    onclick="loadBooks()"/>
49          </form>
50        </section>
51        <footer>
52            <p>版权所有&copy;2017-2025 HTML5创意与推广工作室</p>
53        </footer>
54    </body>
55 </html>
```

- CSS部分代码。

```
1  /* books.css */
2  /*2.表现设计(定义域和列表框样式)*/
3  form {width: 400px;margin: 5px auto;
4      height: 180px;border: 1px double #0066FF;padding: 20px;}
5  form {text-align: center;}
6  ul{list-style-type: none;text-align: center;}
7  ul li {display: inline-block;width: 90px;}
8  ul li a:link,ul li a:active,
9  ul li a:visited {text-decoration: none;}
10 ul li a:hover {border-bottom: 3px solid red;}
11 h2 {height: 48px;text-align: center;background: #EAEAEA;
12     padding-top: 15px;vertical-align: middle;}
13 .myButton {margin: 20px auto; width: 100px;
14     height: 30px; background: #DADADA;}
15 /*初始时所有section均不可见*/
16 section {display: none;}
17 /*当body和section具有相同的class属性时,section显示*/
18 body.list section.list,body.add section.add,
19 body.setting section.setting {display: block;}
20 footer {padding: 0px; margin: 0 auto;
21     text-align: center; background: #DADADA;height: 40px;}
22 p {padding-top: 10px; font-size: 16px;}
23 #booklist{width:100%;}
```

- JavaScript代码。

```
1  /* mybooks.js */
2  /*3.交互行为设计*/
```

```
 3  //3.1 系统变量的初始化
 4  var db = null; //定义保存数据对象结果集的变量
 5  var request,objStore1;
 6  var DBName = "myBooks",DBVersion = 1; //定义数据库名称和版本号
 7  var bookLists = [{title: "Web前端开发技术-HTML、CSS、JavaScript",
 8        author: "储久良",isbn: "9787302431695"},
 9      { title: "计算机组成原理(修订版)",author: "张功萱",
10        isbn: "9787302433637"},
11      { title: "HTML/CSS/JavaScript标准教程",
12        author: "本书编委会",isbn: "9787121079344"},
13      { title: "HTML+CSS网页设计与布局从入门到精通",
14        author: "温谦",isbn: "9787115183392"},
15      { title: "Java 2 实用教程(第5版)",
16        author: "耿祥义",isbn: "9787302464259"}];
17  //3.2 浏览器的支持判断
18  var indexedDB = window.indexedDB || window.mozIndexedDB || window.msIndexedDB ||
    window.webkitIndexedDB;
19  //3.3 定义创建indexedDB数据库的方法,并监听3个事件
20  function createDB(dbName, dbVersion) {
21      request = indexedDB.open(dbName, dbVersion);    //返回一个IDBrequest对象
22      request.onerror = function(event) {
23          alert("打开数据库失败:" + event.target.errorCode);
24          console.log("打开数据库失败:" + event.target.errorCode);
25      }
26      request.onsuccess = function(event) {
27          alert("打开数据库成功!");
28          //console.log("打开数据库成功!");
29          db = event.target.result;                   //给db赋值
30          var trans1 = db.transaction(["books"], "readwrite");
31          objStore1 = trans1.objectStore("books");    //创建books对象仓库
32      }
33      request.onupgradeneeded = function(event) {
34          alert("版本变化!" +"版本号为" + event.newVersion);
35          console.log("版本变化!" + event.newVersion);
36          db = event.target.result;
37          //为books对象仓库创建事件对象
38          //var trans1 = db.transaction(["books"],"readwrite");
39          if(!db.objectStoreNames.contains("books")){    //如果不存在,则创建
40              objStore1 = db.createObjectStore("books", {keyPath: "isbn"});
                                                           //创建对象仓库
41              objStore1.createIndex("by_title", 'title', {unique: false});
42              objStore1.createIndex("by_author", 'author', {unique: false});
43              objStore1.createIndex("by_isbn", 'isbn', {unique: true});
44          }
45          loadBooks();                                //初始化图书
46          window.location.reload();
47          window.location.hash = "#list";
48          $("booklist").value = "";
49      }
50  }
51  //3.4 启动创建数据库事件处理程序
52  createDB(DBName, DBVersion);                        //数据库的初始化
53  function $ (id) {
54      return document.getElementById(id);
55  }
56
```

```javascript
57  function loadBooks() {                                    //初始化加载5种图书
58      $("booklist").innerHTML = "";                         //加载前先清空列表
59      alert("开始装载图书....");
60      var trans = db.transaction("books","readwrite");
61      var objStore1 = trans.objectStore("books");
62      for(var i = 0; i < bookLists.length; i++) {
                                                              //采用for循环将3个对象添加到指定对象仓库
63          var request = objStore1.put(bookLists[i]);
                                                              //put存在则更新,不存在则添加对象到books中
64          request.onerror = function() {
65              console.error('数据库中已有该对象,不能重复添加!!');
66          };
67          request.onsuccess = function() {      //控制台输出或某个HTML标记内输出
68              console.log('对象已成功存入对象仓库中!')
69              //console.dir(request.value);
70          };
71      }
72  }
73  function showBooks() {                                    //显示所有图书
74      var query = document.forms.list.query.value;
75      $("booklist").value = "";                             //加载前先清空列表
76      var transaction = db.transaction(["books"], "readonly");
                                                              //为books定义只读事件
77      var objStore = transaction.objectStore("books");
                                                              //获取books对象仓库
78      var index = objStore.index("by_title");               //按title进行索引
79      var range = IDBKeyRange.bound(query,query + "z");     //生成范围range对象
80      //alert(range.value);
81      var result = (query.length > 0) ? index.openCursor(range): index.openCursor();
82      var i = 1;
83      result.onsuccess = function(e) {      //打开索引游标,启动成功监听事件
84          var cursor = e.target.result;                     //获取结果集
85          if(cursor) {                                      //通过控制台输出相关信息
86              text1 = i + "-" + cursor.value.title + "," +
                              cursor.value.author + "," + cursor.value.isbn;
87              $("booklist").value += text1 + "\n"
88              cursor.continue();                            //下移游标,迭代执行
89              i++;
90          } else {
91              console.log("没有检索内容");
92              //$("booklist").value = "没有检索到所需要的图书!"
93          }
94      };
95      result.onerror = function(e) {console.log("检索失败!")};
96  }
97  function addBook() {
98      //添加一本图书进入客户端图书库
99      var title = document.add.title.value;
100     var author = document.add.author.value;
101     var isbn = document.add.isbn.value;
102     var onebook = {
103         title: title,
104         author: author,
105         isbn: isbn
106     };
107     if(title.length > 0 && author.length > 0 && isbn.length > 0) {
```

```
108      var trans2 = db.transaction("books","readwrite");
109      var objStore2 = trans2.objectStore("books"); //获取 books 对象仓库
110      var request1 = objStore2.add(onebook);
111      trans2.oncomplete = function(event) {
112         alert("图书成功添加!界面即将被清空!");
113         document.forms.add.title.value = "";
114         document.forms.add.author.value = "";
115         document.forms.add.isbn.value = "";
116         window.location.reload();
117         //location.hash = "#list";
118      };
119   }
120 }
121 function deleteDatabase() {
122    if(indexedDB) {
123       var deleteDB = indexedDB.deleteDatabase("books");
124       deleteDB.onsuccess = function(e) {
125          alert("数据库删除成功,即将重新初始化...");
126          window.location.reload();
127       }
128    }
129 }
130 function deleteAllBooks() {
131    var trans1 = db.transaction("books", "readwrite");
132    var objStore1 = trans1.objectStore("books");
133    objStore1.clear();
134    trans1.oncomplete = function(e) {
135       alert("所有图书清除成功!");
136    }
137    trans1.onerror = function(e) {
138       alert("所有图书清除失败!");
139    }
140    window.location.reload();
141 }
142 /* 监听 hashchange 事件,并绑定事件处理函数
143     根据 hash 值动态地给 body 修改 class 属性值
144     完成 section 随导航自动切换
145 */
146 window.addEventListener('hashchange', function() {
147    switch(location.hash) {
148       case "#add":
149          document.body.className = "add";
150          break;
151       case "#setting":
152          document.body.className = "setting";
153          break;
154       default:
155          document.body.className = "list";
156    }
157 }, false);
```

使用 Chrome 浏览器查看页面效果,并使用开发者工具(按 F12 键),选择 Application 菜单,从左侧的 Storage 目录中选择 IndexedDB,单击展开对象仓库 books,可以看到索引和具体的存储对象等信息,如图 17-20 所示。

第17章 HTML5高级应用

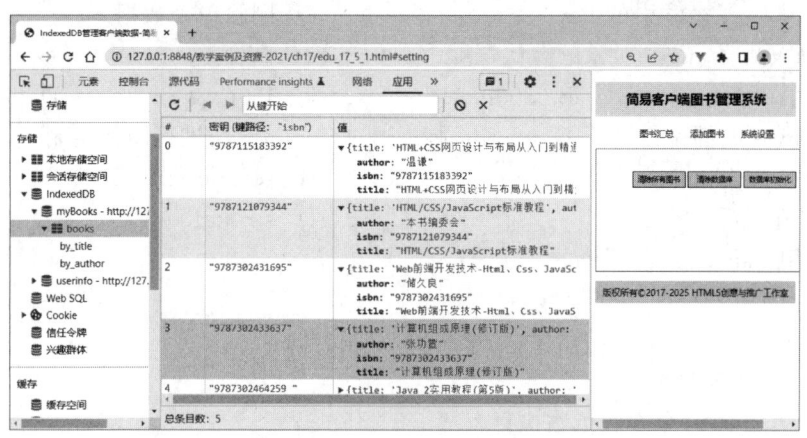

图 17-20　用开发者工具查看 IndexedDB 中的数据

本章小结

本章介绍了 HTML5 中的一些需要借助 JavaScript 脚本来完成的功能，主要有客户端存储 Web Storage、画布 Canvas、拖放 Drag & Drop、多线程 Web Worker 等，通过大量的示范案例讲解了在实际开发中如何运用这些对象的方法和属性。

本章重点介绍了 Web Storage 和 IndexedDB 等客户端存储技术。其中，localStorage、sessionStorage 对象可以存储少量客户端数据，IndexedDB 数据库可以存储大量客户端数据。

HTML5 Canvas 通过 JavaScript 脚本来完成绘图。canvas 标记本身并没有绘图能力，所有的绘制工作必须在 JavaScript 内部完成。用户可以通过多种方法使用 Canvas 绘制路径、盒、圆、字符以及添加图像。

拖放（Drag 和 Drop）是一种常见的特性，即抓取对象以后将其拖到另一个位置。任何元素都能够拖放，只要设置 draggable 属性为 true 即可。

Web Worker 允许长时间运行脚本，而不阻塞脚本响应单击或者其他用户交互，它还允许执行长期任务而无须页面保持响应。

练习 17

1. 选择题

(1) 能够保存 localStorage 对象数据的方法是（　　）。
　　A. localStorage.setItem(key,value)　　B. localStorage.getItem(key)
　　C. localStorage.removeItem(key)　　　D. localStorage.key(index)

(2) 能够从 sessionStorage 对象中读取数据的方法是（　　）。
　　A. sessionStorage.setItem(key,value)　B. sessionStorage.key(index)
　　C. sessionStorage.removeItem(key)　　D. sessionStorage.getItem(key)

(3) sessionStorage.key(index)方法的作用是（　　）。
　　A. 保存数据　　　　　　　　　　　　B. 读取数据

扫一扫

自测题

C. 得到某个索引的 key D. 删除单个数据
(4) HTML5 Canvas 对象的默认宽度为 300px,默认高度是( )。
　　A. 200px　　　　　B. 300px　　　　　C. 400px　　　　　D. 500px
(5) Canvas 绘图是借助于 JavaScript 脚本通过( )方法进行图像绘制。
　　A. getElementById()　　　　　　　B. getContext("2d")
　　C. fillRect()　　　　　　　　　　　D. strokeRect()
(6) 使用 Canvas 绘制圆形的方法是( )。
　　A. beginPath()
　　B. arc(x,y,100,开始角度,结束角度,绘制方向)
　　C. closePath()
　　D. A、B、C 3 个方法依次执行
(7) 绘制直线的方法是( )。
　　A. moveTo(x,y)　　B. lineTo(x,y)　　C. arc()　　　　　D. arcTo()
(8) 绘制实心文本正确的方法是( )。
　　A. lineTo(x,y)　　　　　　　　　　B. moveTo(x,y)
　　C. strokeText(text,x,y)　　　　　　D. fillText(text,x,y)
(9) 在设置线性渐变时至少需要指定( )次颜色停止。
　　A. 2　　　　　　　B. 3　　　　　　　C. 4　　　　　　　D. 1
(10) 绘制图像裁剪的方法是( )。
　　A. drawImage(image,x,y)
　　B. createPattern(image,type)
　　C. clip()
　　D. drawImage(image,x,y,width,height)

2．填空题

(1) 在(x,y)处绘制宽度为 width、高度为 height 的图像 image 的方法是 _____；选择从位置(sx,sy)开始,指定宽度为 sw、高度为 sy 的区域,在画布上的(dx,dy)处绘制宽度为 dw、高度为 dy 的图像 image 的方法是 _____。

(2) 设置放置对象必须通过 _____ 和 _____ 事件属性来监听是否允许拖放和放置。

(3) 要使图像 img 标记成为拖放对象,必须设置 _____ 属性为 true,同时还要通过 _____ 事件属性(事件句柄)来监听 dragstart 事件。

(4) 放置对象必须通过 _____ 事件属性来监听放置事件,并绑定相关事件处理函数接收被放置的对象。

(5) Web Worker 对象可以通过 _____ 运算符来创建。

(6) 创建一个新线程(Worker),必须传入一个参数,这个参数是 _____ 文件。

(7) 在主线程中可以通过给 Worker 对象添加一个 _____ 事件属性绑定事件处理函数来接收新线程的数据,新线程可以通过 _____ 方法向主线程传递数据。

(8) 线程一旦创建,将不能自己停止,可以通过 _____ 方法停止新线程的运行,并释放资源。

(9) Web 本地存储常用的两个对象是 _____ 和 _____。它们具有相同的方法,分别是_____、_____、_____、_____。

3．简答题

（1）两个Web本地存储对象在使用中有什么区别？

（2）在IndexedDB中，对象仓库的更新与添加方法有什么区别？

（3）简述Web Worker的工作原理。主线程和新线程之间是如何进行数据交换的？

实验17

1．运用HTML5 Web本地存储设计简易手机通讯录，实现通讯录的添加、查询、删除、重置等功能。通讯录的内容为姓名、电话。页面效果如图17-21所示。

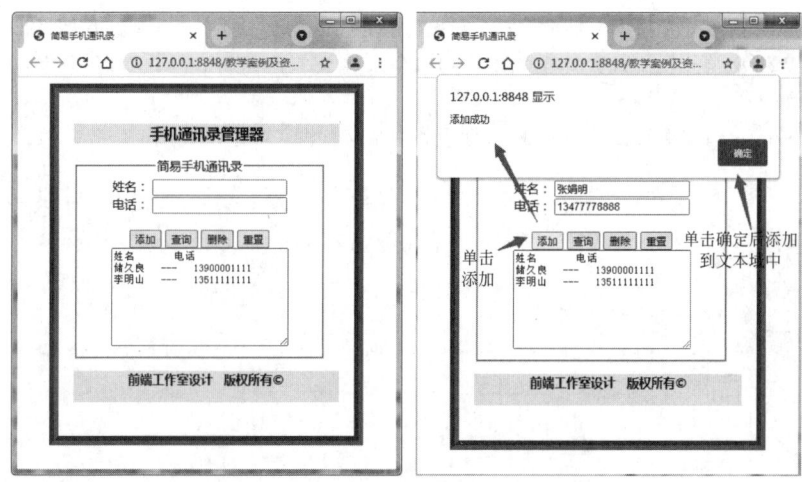

图17-21　简易手机通讯录管理程序页面

按钮功能的设计要求："添加"按钮的功能是将用户在表单中输入的合法用户姓名和电话添加到phone对象仓库中，并同时添加到下面的多行文本域中。"查询"按钮的功能是根据用户在"姓名"文本框中输入的内容在对象仓库中查询，并显示在"电话"对应的文本框中。"删除"按钮的功能是根据用户在"姓名"文本框中输入的内容查找对应的对象，并删除，同时自动更新下方的通讯录。"重置"按钮的功能是将表单输入域中的内容清空。

2．使用IndexedDB数据库实现手机通讯录管理功能，效果如图17-21所示。程序设计要求：

（1）创建phoneInfo数据库，创建phone对象仓库，用于保存每个用户的通信信息。

（2）手机通信信息结构为姓名name、电话phone。

（3）按钮的功能参照本实验第1题中的要求。

3．上机实验并调试例17-3-1中的全部代码。

4．上机实验并调试例17-4-1中的全部代码。

参考文献

[1] 储久良. Web前端开发技术——HTML、CSS、JavaScript[M]. 北京：清华大学出版社，2013.

[2] 储久良. Web前端开发技术实验与实践——HTML、CSS、JavaScript[M]. 北京：清华大学出版社，2013.

[3] 储久良. Web前端开发技术——HTML、CSS、JavaScript[M]. 2版. 北京：清华大学出版社，2016.

[4] 储久良. Web前端开发技术实验与实践——HTML、CSS、JavaScript[M]. 2版. 北京：清华大学出版社，2016.

[5] 储久良. Web前端开发技术——HTML5、CSS3、JavaScript[M]. 3版. 北京：清华大学出版社，2018.

[6] 储久良. Web前端开发技术实验与实践——HTML5、CSS3、JavaScript[M]. 3版. 北京：清华大学出版社，2018.

[7] 储久良. Vue.js前端框架技术与实战（微课视频版）[M]. 北京：清华大学出版社，2022.

图书资源支持

感谢您一直以来对清华版图书的支持和爱护。为了配合本书的使用,本书提供配套的资源,有需求的读者请扫描下方的"书圈"微信公众号二维码,在图书专区下载,也可以拨打电话或发送电子邮件咨询。

如果您在使用本书的过程中遇到了什么问题,或者有相关图书出版计划,也请您发邮件告诉我们,以便我们更好地为您服务。

我们的联系方式:

地　　址:北京市海淀区双清路学研大厦A座714

邮　　编:100084

电　　话:010-83470236　010-83470237

客服邮箱:2301891038@qq.com

QQ:2301891038(请写明您的单位和姓名)

资源下载: 关注公众号"书圈"下载配套资源。

书圈

清华计算机学堂

观看课程直播